材料科学与工程基础

Fundamentals of Materials Science and Engineering

主　编　杨　兵　　薛龙建　　雷　燕
副主编　郭嘉琳　　陈燕鸣　　雷祎凤
编　委　万　亮　　李成林　　陈燕鸣　　杨　兵
　　　　郝华丽　　夏　力　　郭嘉琳　　雷　燕
　　　　雷祎凤　　薛龙建

WUHAN UNIVERSITY PRESS
武汉大学出版社

图书在版编目(CIP)数据

材料科学与工程基础/杨兵等主编.—武汉:武汉大学出版社,2023.5
(2024.8 重印)
ISBN 978-7-307-23574-8

Ⅰ.材…　Ⅱ.杨…　Ⅲ.材料科学—高等学校—教材　Ⅳ.TB3

中国国家版本馆 CIP 数据核字(2023)第 015791 号

责任编辑:胡　艳　　责任校对:汪欣怡　　版式设计:马　佳

出版发行:**武汉大学出版社**　(430072　武昌　珞珈山)
　　　　(电子邮箱:cbs22@whu.edu.cn　网址:www.wdp.com.cn)
印刷:湖北金海印务有限公司
开本:787×1092　1/16　印张:20　字数:459 千字　　插页:1
版次:2023 年 5 月第 1 版　　2024 年 8 月第 2 次印刷
ISBN 978-7-307-23574-8　　定价:55.00 元

前　言

材料是科技进步的先导，人类社会的每一次进步都和材料密切相关，材料研究水平已经成为国家核心竞争力的重要体现。材料科学与工程可以分为材料科学和材料工程两部分。材料科学与工程的研究对象主要包括材料结构（structure）、性质（properties）、加工（processing）以及使用效能（performance）四个部分。材料科学是材料工程的理论基础，可以为设计、选材和发展新材料提供指导，而材料工程可以将工程应用中的实际需求反馈给材料科学，为材料科学的研究指明方向，促进材料科学的发展，两者相辅相成，相互之间有一定的交叉，并没有明显的界限。在科学技术飞速发展的牵引及社会需求的强力推动下，材料科学与工程学科与其他学科专业的交叉正不断增强和扩大，涉及材料的更多的交叉学科将不断涌现，材料科学与工程正朝着"大材料"的方向发展。

随着社会对人才需求的变化和发展，目前高校人才培养目标基本上都在朝"宽口径、厚基础"的方向发展。宽口径教学的目标就是要培养基础知识扎实、知识面宽的人才。这势必要加强一级学科基础课程的教学比重，拓宽基础知识面。材料科学与工程是一门实践性很强的基础学科，材料科学与工程知识的学习对其他各个不同专业的学习具有良好的支撑作用。现有教材大多把材料科学和材料工程分为两门课程，不利于学生系统的掌握材料基础理论和材料工程应用的知识。为此，本书尝试将材料科学和材料工程两门课程有机合并到一门课程中，力图使学生在有限的学时内全面了解材料科学与材料工程的相关知识。

本书主要分为两大部分内容。第 1 章到第 8 章为材料科学相关内容；第 9 章到第 15 章为材料工程相关内容。

对于一些难以理解的基本概念和基本理论，本教材在编写时注意由浅入深、循序渐进，注意理论联系实际，避免过多的理论阐述；为了使学生学会总结归纳所学的知识并训练学生分析问题和解决问题的能力，各章后面都有附相应的思考题，并在书末列出了可进一步学习的参考文献。本教材授课理论学时需要 40 学时左右，实验学时约 10 学时，考虑到各学校对本课程具体学时安排不尽相同，在使用本教材时可对有关内容做适当的调整。

本书由武汉大学杨兵、薛龙建、雷燕等老师共同编写。其中，第 1、8 和 13 章由杨兵编写，第 2 章由郝华丽和夏力编写，第 3、9 章由雷燕编写，第 4 章由陈燕鸣和雷祎凤编写，第 5 章由万亮编写，第 6、12 章由郭嘉琳编写，第 7、10 章由陈燕鸣编写，第 11、15 章由薛龙建编写，第 14 章由李成林编写，第 16、17 章由雷祎凤编写。

　　本书编写过程中得到学校和学院的大力支持。由于作者水平有限，加之时间仓促，书中难免存在不足和错误，敬请读者批评指正。

编者

2023 年 1 月

目　　录

第1章 概 述

1.1 材料与人类文明

1.1.1 材料和物质

所谓材料，就是人类用于制造各种物品和机器等产品的物质的统称。材料和物质之间有何关联呢？一般材料都是物质，但并不是所有物质都可以称为材料，如燃料、药物、化学原料以及食物等都是物质，它们往往称为原料，一般都不算作材料。但这个定义并不严格，如炸药和固体火箭推进剂，一般也可以称为"含能材料"，因为它们属于火炮或火箭的组成部分。材料总是和一定的使用场合相联系，可以由一种或多种物质构成。由于加工方法的不同，也可成为用途迥异的不同类型和性质的材料。常见的金属、陶瓷、塑料、玻璃和纤维等，都可以称为材料。

1.1.2 材料和人类文明

信息、材料和能源被誉为当代文明的三大支柱。人类日常的衣、食、住和行均离不开各种类型的材料，材料是人类赖以生存和发展的物质基础，也可以说，人类对材料的认识和利用的能力决定了人类社会形态和生活质量。根据所使用的主导材料不同，人类社会的文明进程分为石器时代、铜器时代、铁器时代、钢铁时代和合成材料时代。

1. 石器时代的材料

早期人类的历史时期分为旧石器时代、中石器时代与新石器时代。时间从两三百万年前开始，到公元前2000多年结束，即是从出现人类开始到青铜器的出现。旧石器时代指使用打制石器为主的时代，从距今260万年延续到1万多年以前，这个时期的人类学会了对石头等材料进行破碎加工方法，即通过改变石头等材料的外在轮廓来获取所需要的工具。随着工具使用时间的延长和石器制作水平的提高，磨制法逐步取代打制法，人类进入了新石器时代。人类学会了制作更为复杂的工具，如农业收割用的石镰等。根据使用的特殊需要，人类还可以在石镰上加工出各种不同的齿形。典型代表有河南新郑裴李岗村出土的锯齿刃和石镰。除了制造复杂石器之外，这个时期的人类还学会了制造陶器。陶器的制造主要通过高温烧制泥土来获得，其中河南省三门峡市仰韶村出土的鱼纹陶器就是其中的代表性器件。

2. 青铜器时代的材料

青铜器时代又称为青铜时代或青铜文明，以青铜器的使用为标志，是人类文化发展的一个重要阶段，其时间从公元前 4000 年到公元初年。青铜器指以青铜为基本原料加工而制成的器具。世界各地不同的地区进入青铜时代的时间有所不同。例如古希腊两河流域一带在公元前 4000—前 3000 年已使用青铜器，欧洲其他区域进入青铜时代的时间也比较类似；相对而言，埃及和印度进入青铜时代的时间相对较晚，直到公元前 3000—前 2000 年才有了自己的青铜器；其他非洲国家公元前 1000 年至公元初年才开始使用青铜器。中国应用青铜器的时间相对较早，在公元前 3000 年就掌握了青铜冶炼技术。

青铜是古代人民将铜与锡或铅配合熔化铸造而成的合金，青铜器又被称为“金”或“吉金”。青铜名称的由来主要和其表面颜色相关，由于青铜表面的铜锈一般呈现青绿色，所以称为青铜。在古代，青铜器不只是一种器物，统治阶层有意识地赋予了它独特的社会地位。对于金属材料而言，表面比较容易产生腐蚀，时间越久，腐蚀越严重，所以四五千年以上的青铜器能遗留下来的不多。青铜和纯铜相比，其熔点比纯铜低，而且熔化的青铜凝固后，其体积不但不减少，同时还会有所增加，因此其铸造填充性较好，产生的铸造气孔较少，意味着青铜具有更好的铸造性能，这使得青铜在应用上具有更广泛的适应性。此外，青铜硬度比纯铜高，作为器件使用时，其耐磨性比纯铜更好。掺入锡合成的青铜制造的武器韧性好，受打击时不容易破碎，比脆性的石器更可靠，因而受到古代人民的欢迎，成为生产工具的重要组成部分。青铜生产工具的出现，大幅度促进了青铜时代生产力的发展。

青铜器历史悠久，最早的青铜器约 6000 年前出现于两河流域，例如雕有狮子形象的大型铜刀是国外早期青铜器的代表。中国青铜器的使用历史也源远流长，从新石器时代晚期开始流行，一直到秦汉时代都在使用，尤其是以商周时期的青铜器物最为精美。在商周时期，青铜器具不仅具有容器的功能，同时也是统治阶层宗庙中象征权势的礼器。《史记》曾记载：“黄帝采首山铜，铸鼎于荆山下。鼎既成，有龙垂胡髯下迎黄帝。”有史书说：“黄帝作宝鼎三，象天地人。”其意思就是说黄帝铸天、地、人三大铜器，这也是青铜器作为权力象征的开始。青铜器数量的多少可以表示身份地位的高低，青铜器形制的大小和权力的等级相对应。特别是西周中晚期，在我国还形成了列鼎制度，对不同职位官员的用鼎规模进行了限定。据《春秋公羊传》记载，天子可以用九鼎，而诸侯只能用七鼎，至于卿大夫只能用五鼎，士只能用三鼎或一鼎。

春秋战国时期，齐国工匠写成的《考工记》一书中，首次提出了“金有六齐”的说法，这里的“金”有两种说法：一是指青铜，二是指纯铜。而这里的“齐”，则和剂量的“剂”通假字，指的是含铜和锡量的多少，这也是世界科技史上最早的冶铜经验的总结，对青铜的生产起到了很好的指导作用。中国青铜器的典型代表有四川广汉南兴镇三星堆出土的立人像、河南安阳武官村出土的司母戊鼎等。其中，后母戊方鼎是中国商代晚期最重的青铜器，为商王文丁祭祀其母“戊”制作的大型礼器，也是现存最大的保持较为完好的青铜器。此外，越王勾践剑和曾侯乙尊盘也是青铜器中不可多得的精品，如图 1.1 所示。但铜和青铜价格昂贵，产量低，一般用来作为各种礼器，不能广泛地用来制造武器和工具，后来逐渐被铁器所取代。

（a）三星堆出土的立人像　　（b）后母戊鼎　　（c）越王勾践剑　　（d）曾侯乙尊盘

图 1.1　青铜器时代的典型器件

3. 铁器时代的材料

铁器时代是人类发展史中使用铁制器具的一个极为重要的时代。在人类学会炼铁之前，大自然中的铁来自外太空的陨石。铁在古代具有很高的地位，古埃及人称铁为神物。由于地球上的天然铁比较稀少，铁的冶炼和铁制品的制造经历了一个很长的探索过程。当人类逐渐掌握了铁的冶炼技术之后，大规模的铁器时代就到来了。赫梯（土耳其北部）古代人民墓葬中出土的铜柄铁刃匕首，是目前发现的最古老冶铁制品。大约距今 4500 年（公元前 2500 年）。公元前 1200 年，中东地区也掌握了铁的冶炼技术，制造出了自己的铁器。欧洲铁器制造时间较晚，是由古希腊在吸收了赫梯帝国的冶铁技术后传播过去的。

中国铁器冶炼出现时间和中东比较类似，目前考古发现的最古老冶炼铁器距今有 3510 年至 3310 年，出土于甘肃省临潭县磨沟寺洼文化墓葬的两块铁条，是目前中国境内出土的最早人工冶铁的证据。春秋晚期到战国早期，铁器已形成一种新的生产力登上了历史舞台。部分农业和手工业已开始使用铁器，初期制作的铁器多是凹口锄和刀等小工具，铁制的农具数量不多，品种也比较少，在农耕中还没有占据主导地位，铁制工具也未达到取代青铜工具的程度。战国中期以后，铁器已推广到社会生产和生活的各个方面，铁工具在农业、手工业中逐步取得支配地位，在社会生产中发挥了巨大的作用。战国中晚期，炼铁技术进一步提高，铁器已遍及七国地区，并见于北方的东胡、匈奴和南方的百越。在农业和手工业部门中，铁器已经基本上代替了青铜器取得支配地位，对社会发展产生了深远的影响。尤其是当普通农民买得起铁制工具时，使得农业生产率大大提高。

4. 钢铁时代（后铁器时代）的材料

明清以前，中国的冶铁技术一直占据着世界领先地位，但由于思想封闭和排外，中国和世界的交流逐步减少，欧洲后来居上，导致我国失去了材料强国的地位。从17世纪开始的席卷欧洲的思想启蒙运动，结束了中世纪以来1000多年的黑暗时期，促进了自然科学、哲学、伦理学等学科的繁荣发展，近代材料科学研究在欧洲蓬勃兴起。随着科学技术的进一步发展，钢铁的冶炼及制造技术得到了进一步提升。可以说，18世纪钢铁工业的发展为产业革命奠定了坚实的物质基础。特别是19世纪中期现代平炉和转炉炼钢技术的出现，有效提高了钢的质量水平，从而使人类真正地进入了钢铁时代。

人类对于钢铁的研究和使用经历了漫长的过程，其中三个里程碑式的发展值得一提：一是赫梯人的炼铁技术；二是中国的生铁冶炼技术；三是贝塞麦发明的转炉炼钢技术。在转炉炼钢技术发明之前，平炉炼钢技术是主流，基本上大部分钢材是采用平炉炼钢技术生产的。由于平炉炼钢技术是由德国人西门子和法国人马丁共同完成，因此炼钢平炉也称为西门子-马丁平炉。转炉炼钢技术的发明不但可以提高钢的性能，同时还可以大幅度降低生产成本，使其迅速成为20世纪中期世界炼钢的主流技术。在此以后，围绕钢铁生产的需要，各种新技术和新材料层出不穷，开发出了适合于不同场合使用的钢铁材料，一些国家因此而跻身世界工业强国。

汉阳铁厂是我国1893年在湖北建成的第一个现代化钢铁企业，由张之洞主持兴建，对当时钢铁工业进步发挥了一些作用，但后续发展艰难。进入21世纪后，我国的钢铁产量呈现出爆发式的增长，但高端钢铁材料研发乏力，特种钢材欠缺，低端产能严重过剩，关键材料仍靠进口，和钢材大国的地位不匹配。要想重回材料强国，仍需一段漫长的路要走。

5. 合成材料时代

20世纪初，伴随着物理学和化学等领域的不断发展以及各种先进材料检测分析技术的出现，材料科学的研究得到了很大进展。随着合成材料经验的不断增长，人类开始进入人工合成新材料的新阶段。合成高分子材料是人工合成材料的开端，主要是为了满足航空航天及衣食住行的需要，如人工合成塑料、合成纤维及合成橡胶等。在短短的半个世纪时间里，高分子材料进展和应用非常迅速，并在年产量上超过了钢铁，成为航空航天及国防等高科技领域不可缺少的支撑材料。高分子材料、金属材料和陶瓷材料（无机非金属材料），共同构成了现代材料的三大支柱。

20世纪50年代，利用金属和陶瓷复合制造出金属陶瓷材料，标志着复合材料新时代的到来。随后又出现了更多种类的复合材料，如玻璃纤维和树脂复合做成的玻璃钢、铝和塑料复合制备的铝塑薄膜等。除合成高分子复合材料以外，合金材料和无机非金属材料也是人们研究的重点。特别是超导材料、半导体材料和光纤等材料，是这一历史阶段的杰出代表。50年代，合成化工原料和特殊制备工艺对设备材料的需求，使陶瓷材料得到了飞速发展，传统陶瓷向先进陶瓷转变。在此基础上，许多新型功能陶瓷的开发，满足了电力电子、航天技术以及半导体行业的发展和需要。

20世纪中叶的信息革命对人类社会产生了深远的影响，给材料学科带来了史无前例的推动和促进作用。其中大规模集成电路的发展对硅基材料的发展具有极其重要的作用，使单晶硅材料及其制备加工技术迅猛发展；在微电子领域，化合物半导体材料的迅速崛起并发挥出越来越重要的作用。Si 和 GaAs 是第一代和第二代半导体材料典型代表，在半导体行业中具有非常广泛的应用。近年来，以 SiC 和 GaN 为代表的第三代宽禁带半导体材料也蓬勃兴起。除此之外，在社会中需要记录大量的信息，从原始的壁画和竹简，到纸张和印刷术的发明，每一种新的记录材料的发明都意味着社会的迅速发展。特别是到现代的信息社会后，记录大量信息的磁存储介质材料和光存储介质材料成为信息材料的重要类型。信息记录材料的每一次变革不但促进记录技术的进步，而且也促进了人类社会的发展。

21 世纪以来，除了传统材料之外，材料的发展又出现了新的局面。各种信息功能材料与器件、高新能源转换与储能材料、生物医用与仿生材料、环境友好材料等使得材料设计与先进制备技术使得材料科学正在由单纯的材料科学与工程向与众多高新科学技术领域交叉融合的方向发展。

6. 材料与工业革命

近代的两次工业革命都与材料科学与技术的发展密切相关。第一次产业革命发生于18 世纪中叶，以英国为中心，从纺织机械革新起，以蒸汽机的广泛使用为标志，实现了机械化对传统手工工具的替代，其后果就是使以机器为主体的工厂代替了以手工技术为基础的手工工场，将人类社会推入了蒸汽时代。第一次工业革命的成功和钢铁材料的大规模发展密不可分，没有钢铁材料的广泛应用，人们就无法制造出大量的纺织机和蒸汽装备，从而为社会创造巨大的财富，促进社会的发展。社会经济的发展反过来又促使钢铁材料工业的迅速增长，进一步刺激了各种新材料的研发，提升了钢铁材料的质量水平，从而带动了金属材料学科的迅速发展。

第二次产业革命发生于 19 世纪后半期到 20 世纪中叶，其典型特征为新能源的广泛利用、石油的大量开发、远距离传递信息手段的新发展等。第二次工业革命也和众多新材料的开发和应用密切相关，如各种高性能合金钢和铝合金等的应用，就是这次工业革命的基础。制造工业如汽车工业的高速发展，使合金钢的优异性能充分展现出来，尤其是航空工业的发展，促进了铝合金、钛合金、镍基高温合金等特殊合金材料以及耐高温的结构陶瓷的研究与开发。

第三次产业革命是继蒸汽技术革命和电力技术革命后的又一次重大飞跃。从 19 世纪末期以来，物理学得到了重大进展，从 X 射线、放射性和电子的发现，到相对论、量子理论的创立，为第三次产业革命奠定了良好的基础。第三次科技革命以原子能、电子计算机和生物工程等的发明和应用为主要标志，涉及信息技术、新能源技术、新材料技术等诸多领域，不仅极大地推动了人类社会政治、经济、文化领域的变革，而且也在很大程度上影响了人类的生活方式和思维方式。

第四次产业革命是以石墨烯、基因、虚拟现实、量子信息、可控核聚变、清洁能源以及生物技术为突破口的工业革命。以物联网、大数据、机器人及人工智能等技术为驱动力的第四次工业革命正以前所未有的态势席卷全球，从前三次工业革命引起的世界格局的变化来看，这场浪潮会重塑未来世界经济格局。

1.2　材料的分类及其特征

按照材料的化学组成和特性，可分为金属材料、无机非金属材料、有机高分子材料及复合材料四大类。按照材料的使用性能不同，可分为结构材料与功能材料两大类。按照应用对象不同，可分为信息材料、能源材料、建筑材料和航空航天材料等多种类别，如图1.2 所示。

1.2.1　金属材料

以金属元素为主构成的具有金属特性的材料，统称为金属材料，主要包括纯金属、合金、金属间化合物和特种金属材料等。常见的纯金属有铁、铜和铝等材料。而合金则指两种或两种以上的金属或金属与非金属结合而成且具有金属特性的材料，常见的合金如铁和碳所组成的钢，铜和锌所形成的黄铜等。金属材料通常分为黑色金属、有色金属和特种金属材料。

金属材料在性能上具有导电、导热、化学性质稳定和工艺性好等优点，是现代仪器仪表和装备中不可缺少的材料。在各类金属材料中，钢铁是目前应用最广泛的材料，从建筑业到航空航天业，都要用到各种钢铁。此外，由于有色金属具有密度低，材料相对较轻，比强度较高等优点，使其在对重量具有苛刻要求的航空航天中得到广泛应用。针对特殊工况的需要，还开发了具有特殊的物理性能的特种金属，如形状记忆合金等，可以满足特殊工况的需要。

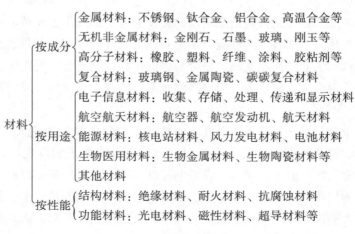

图 1.2　材料的分类

1.2.2 无机非金属材料

无机非金属材料是以某些元素的氧化物、碳化物、氮化物、卤素化合物、磷酸盐等物质组成的材料，是除了有机高分子材料和金属材料以外的所有材料的统称。其品种繁多，用途差异较大，目前还没有一个统一的分类方法。一般分为传统无机非金属和先进无机非金属材料两大类。

传统的无机非金属材料是指已经应用多年的无机材料，主要包括建筑业使用的各种水泥、建筑陶瓷和搪瓷制品等。传统陶瓷材料制备方法简单，材料来源广泛，硬度较高，但脆性大，可塑性较差，主要用于对性能要求较低的食器和装饰。陶瓷在我国有悠久的发展和应用历史，西安出土的秦始皇陵中大批陶兵马俑就属于陶器，是典型的无机非金属材料。陶兵马俑外形结构上气势宏伟，人物形象逼真，具有很高的技术水平和艺术价值。此外，唐代的唐三彩以及明清时期的景德镇瓷器也久负盛名。

先进无机非金属材料也称为精细陶瓷，是以人工合成的高纯超细粉末为原料，在严格控制的条件下，经过成型、烧结等程序制成的无机非金属材料，主要有先进陶瓷、非晶态材料、人工晶体和无机涂层等。

1.2.3 高分子材料

通用高分子材料已广泛应用于交通运输、建筑、农业、医疗以及航空航天等领域，同时也和人们的衣食住行密切相关。高分子材料是指以高分子化合物为基础的材料。高分子材料分类方法繁杂，如果按来源分，可分为天然高分子材料和合成高分子材料；按用途分，则可以分为通用高分子材料、特种高分子材料和功能高分子材料三大类。日常生活所用的橡胶、塑料、纤维、涂料等都是高分子材料。特种高分子材料主要是指具有优良机械强度和耐热性能的高分子材料，如绝缘用的聚四氟乙烯材料，具有较好强度的耐热聚醚醚酮材料等。功能高分子材料是指具有特定功能的高分子化合物，包括医用高分子材料、液晶高分子材料等。

1.2.4 复合材料

复合材料使用的历史可以追溯到古代，例如稻草或麦秸复合所制备的土墙，以及现代因航空工业的需要而发展的玻璃纤维增强塑料(玻璃钢)。复合材料是指两种或两种以上具有不同性能特性的材料，通过物理或化学的方法，在宏观或微观尺度上组成具有某些新性能的材料。不同的材料之间在性能上取长补短，产生协同增强效应，使复合材料的综合性能优于原组成材料，从而能满足各种不同工况的使用要求。复合材料对现代高科技的发展具有显著的影响，已成为衡量一个国家科学技术水平的重要标志之一。复合材料用途广泛，主要用于航空航天、汽车工业、化工和医学等领域。例如，碳纤维复合材料可用于制造医用 X 光机和矫形支架等，主要原因是其具有优异的力学性能和不吸收 X 射线特性；碳纤维复合材料还可用作生物医学材料，主要是利用其生物组织相容性和血液相容性；体育运动器件也是复合材料应用的一个主要领域。

1.3　材料科学与工程的内涵和外延

　　材料是人类赖以生存和发展的物质基础，但材料科学与工程作为一个独立的学科却只有约 70 年短暂的历史。但在仅仅 70 年的发展过程中，材料科学与工程学科已经充分显示了其在人类社会发展中所处的重要地位。苏联和美国是材料科学研究较早的国家，从 20 世纪 50 年代就开始了系统深入的研究。航空航天业对材料的需求，进一步促进了材料科学的发展。由此可见，材料科学与工程学科是伴随着社会发展对材料研究的需要而形成和发展的。

　　材料科学与工程是一门交叉学科，主要涉及物理学、化学、计算科学、工程学和材料学，也与工程制造技术紧密相连。材料科学与工程学科的每一个微小的进步，都可以迅速辐射到其他学科领域。可以说，材料科学与工程学科已经成为工程领域的基础学科。

　　材料科学与工程可以分为材料科学和材料工程两部分。材料科学与工程的研究对象主要包括材料结构、性质、加工以及使用效能四个部分。它们之间的相互关联可以用如图 1.3 所示的四面体来表征。材料科学和材料工程的研究目的不同。材料科学主要研究材料的组织、结构与性能的关系，它考虑的是成分与结构对性质、使用性能的影响，探索相关规律，以便能更好地指导材料的生产及应用。材料工程则主要研究材料在制备过程中的工艺和工程技术问题，它考虑的是合成与加工对材料性质和使用效能的影响。简言之，材料科学是材料工程的理论基础，可以为设计、选材和发展新材料提供指导，而材料工程反过来可以为材料科学的研究提供必要的物质基础和研究课题，两者相辅相成，相互之间有一定的交叉，并没有明显的界限。

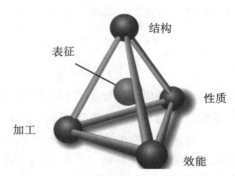

图 1.3　材料科学与工程的四面体关系

　　（1）材料的性质：是指材料对载荷、电、磁、光、热等外界激励的反应，可以分为材料的力学性能、物理性能和化学性能等。

　　（2）成分与结构：组成某种材料的原子类型和含量称为材料的成分，而它们的排列方式和空间分布则称为材料的结构。材料性能主要由材料的成分和结构决定，通过调控材料的成分和结构就可以调控材料的性能。只有控制材料的成分和结构，才能达到人们所追求的性能。例如，材料晶粒强化的方法就是通过细化材料的晶粒，增加晶界数量，阻碍材料变形时的位错运动，从而达到提高材料强度的效果。

（3）合成与加工：这是控制材料成分和结构的基础和必要手段，是将原材料制备成具体产品的具体方式，其中间控制过程直接决定最终产品的质量、成本和市场竞争力。例如，钢铁材料经过退火、淬火和回火等不同的热处理方式，可改变其内部结构，从而达到预期的性能。

（4）使用效能：指材料在最终的使用过程中的行为和表现。由于材料所面对的工况差异较大，有些使用条件和环境极其复杂，因此材料在使用过程中的表现和行为是对所开发的材料的最有效的考验，也是衡量某种材料应用价值的主要依据。例如，泰坦尼克号沉没的一个重要原因就是所使用的钢材在低温下变脆。

1.4　材料科学与工程的新发展

随着社会对人才需求的变化和发展，目前高校人才培养目标基本上都在朝"宽口径、厚基础"的方向发展。宽口径教学的目标就是要培养基础知识扎实，知识面宽的人才。这势必要加强一级学科基础课程的教学比重，拓宽基础知识面。材料科学与工程是一门实践性很强的基础学科，材料科学与工程知识的学习对其他各不同专业的学习具有良好的支撑作用。

在 20 世纪 60 年代以前，在材料研究领域，人们的研究主要以块体材料为主。随着科技的进步，目前各种新的结构材料和功能材料所占比例逐步增加。人们有目的地通过材料微结构的调控来获得新的材料，如各种超导体、超晶格材料等。特别是半导体行业的进步，促进了新型人工结构材料的出现层出不穷。新结构材料的出现又会反过来进一步促进新器件的发展和行业的进步。除了各种微纳结构新材料外，传统材料的复合也是材料研究中发展的一个重要方向，即充分利用金属、陶瓷、高分子的优势或者结构上的优化设计，研究新型的结构和功能材料，如陶瓷基复合材料、碳/碳复合材料以及金属陶瓷复合材料等。智能材料的研究，也是近年来发展的一个主要发展方向，如自愈合材料等。

自 20 世纪 80 年代起，科学技术的革新和社会经济的发展越来越依赖各种新材料的发明和进步。目前，从新材料的最初发现到最终工业化应用所需的时间较长，一般需要 10～20 年，例如锂电池就是一个典型的例子，其发明到应用花了接近 20 年的时间。随着全球科学技术的快速发展，新材料的研发速度已经不能满足社会发展的需要，材料科学家和工程师们正努力缩短新材料的设计、研究到应用的研发周期。

传统材料科学研究较慢主要和研究方法有关，其主要依赖于"试错"的实验方法，即按照"提出假设—实验验证"的顺序进行实验，从而不断优化实验方案来逼近目标材料。由于周期较长，已无法满足工业快速发展对新材料的需求，急需通过变革研究方法来提升材料科学的加速发展。在这种背景下，旨在缩短研发周期和研发成本的材料基因组计划一经推出，就获得了广泛的关注和响应，吸引了大量的研究人员。材料基因组主要综合利用分子动力学、第一性原理以及其他的计算软件对要合成的材料先进行模拟，优化材料成分及结构，实现从理论—模拟—实验的发展途径，从根本上改变传统材料研发模式。

以往的研究有时把基础研究和应用研究相割裂，不能很好地实现新成果到新产品的快速转变。而材料科学与工程学科重视理论与实际应用的结合，改变传统把材料分为金属、非金属、陶瓷等孤立领域进行研究的思路，强调应用驱动为导向的研究，加强合成加工过程的探索，促进从研究到应用的进程。欧美一些国家已经认识到只重视新材料结构和性能的基础理论研究而忽视其合成和加工技术的工程进程，将会失去竞争优势。他们已经改变了传统的研究思维，正在实施"设计—制造一体化"项目，主要是高速高效地将科技成果转化为商品。和传统研究工作的区别在于，实现了设计—材料—工艺三者的早期结合和全过程的模拟仿真。

人类每一个重大的历史时期都会用材料来命名，比如"旧石器时代""新石器时代""青铜器时代"等，说明材料对人类的发展起到很大作用。目前科学家正在利用人工智能来预言新材料，研究—开发—生产—应用一体化是材料科学与工程学科发展的新趋势。

☞ 阅读材料

材料基因组

人类有基因组计划，材料界也有一个材料基因组计划。

2011 年 6 月 24 日，美国前总统奥巴马在卡耐基·梅隆大学以"先进制造业伙伴关系"为主题发表演讲，提出了"材料基因组计划"（The Materials Genome Initiative，MGI）。一年之后，白宫科技政策办公室和美国国家标准与技术研究院（NIST）在白宫开了一次以"促成一个全国性的运动"为目标的会议，要求广泛参与和大力促成材料基因组问题。此后，材料基因组的概念得到了全球材料科学家的响应。

材料基因组和人类基因组有何差别？难道材料内部也有跟人类一样的类似于基因的东西吗？答案是否定的，材料中当然没有基因，但是材料基因组计划与人类基因组计划还是很相似的。人类基因中的 DNA 和 RNA 的排列决定人体的主要机能；而材料中原子的性质和排列以及晶体结构和缺陷等则决定了材料的内在性能。材料基因组计划是在利用现有数据库平台的基础上，通过数学计算、材料的原理来预测要达到某种材料所需要的组成，然后再通过实验合成，并检测结构和性能是否符合要求。材料基因组把传统的"研发产品"过程翻转过来，即从应用需求出发，设计开发出符合要求的新材料。

1.5 学习材料科学与工程课程的必要性

现代材料科学的基础涉及物理学、化学以及计算机科学等方面的知识，材料科学的学习使人们能更好地去理解、操控和拓展材料世界。尽管材料科学偏重于基础研究，但它对新材料的发展具有很大的影响，从超级合金到聚合物复合材料，从三维材料到低维材料，这些材料的发现和应用都和材料科学研究密切相关。材料科学与工程学科以材料的成分、结构、工艺和性能以及应用为主要研究对象。材料的成分研究主要与化学、物理等学科相联系；材料的结构研究主要与固体物理学、电子学、光学及计算科学等相关；而材料工艺研究则主要与机械、化工以及工程学等学科相联系；材料应用性能研究方面更是几乎与所有的高科技领域紧密结合，包括建筑、生命、医药、电子和航空航天等众多领域。在科学技术飞速发展的牵引及社会需求的强力推动下，材料科学与工程学科与其他学科专业的交叉正不断增强和扩大，涉及材料的更多的边缘学科将不断涌现，材料科学与工程正朝着"大材料"的方向发展。

材料科学与工程课程的学习，对于非材料专业的学生也具有必要性，可以给其他专业的学习提供必要的支撑，这是因为材料已经影响到人们生活的方方面面。

(1) 材料和人类生活密不可分。人类的衣食住行离不开材料，和材料密不可分，各种新材料的应用都可以在日常生活中找到例子。例如，人类使用的厚度仅为 2mm 的纳米气凝胶御寒外套具有良好的保温效果，和 40mm 羽绒外套效果类似，使人们能够更灵活地运动。日常使用的智能手机也和新材料密切相关，比如其散热部分以及电池组件不乏石墨烯等新材料的应用。快速止血和伤口封闭是临床上一个急需解决的问题，每年很多病人都因无法有效控制出血而死亡，目前已经研发了一种能够在短时间内完全止住大出血的仿生水凝胶材料，挽救了很多生命。增材制造是近年来研究的热门领域，世界上已有金属 3D 打印的多节段胸腰椎植入物替代被彻底切除的脊椎，开启了人工椎体的新时代。

(2) 材料研究长期占据研究热点。材料的发展历史悠久，同时也是个持续更新的热门的研究领域，如纳米碳管、石墨烯等总是引领着很多领域的发展前沿。*Nature* 和 *Science* 作为当今全球最具权威的学术期刊，已发表了大量的纳米材料、能源材料、金属材料研究论文，其中纳米材料的文章占多数，说明了纳米材料研究的火热程度。

(3) 材料是各专业实现交叉创新的较好的途径。交叉学科，顾名思义就是两种或者多种学科交叉融合的产物，比如生物化学、计算材料学等。随着科学技术的不断发展，单一学科往往不能解决的复杂问题，需要借助其他学科的帮助来共同解决问题，这种由科学问题本身衍生出的动力促进了学科的自然交叉，打破了原有的方法和学科的界限。交叉学科促进了很多学科的进一步发展，例如材料力学、生物力学和地球动力学等。纵观近年来科技期刊发表的文章以及科技进步的报道，发现各行各业都在从事材料创新及应用的研究活动。以碳纳米管和石墨烯为例，其可以应用到涂料行业和半导体行业等，所以导致很多相关的企业都在进行材料的研究。将石墨烯应用在手机电池上，主要利用石墨烯良好的导热性能提升电池的散热效果。由于导电性能好，也有公司使用石墨烯提升汽车电池的功率密度。

（4）材料是科技进步的先导。从历史上看，人类社会的每一次进步都和材料密切相关，如水泥的发明促进了现代建筑的进步；硅材料的应用导致了半导体技术的迅速发展，没有硅材料的进步就没有现在广泛应用的各类半导体器件；复合材料的应用促进了航空发动机叶片的发展，叶片耐受温度的提高和叶片材料的不断改进是密不可分的。随着科学的发展，诸如医学以及航空等领域的高速发展使材料学面临着技术突破的问题。新材料的研发至关重要，例如光纤的发明促进了通信技术的进步，复合材料的开发促进了风电等能源技术的发展，钛合金在飞机上的使用促进了航空发动机的进步，热障涂层的应用进一步提高了涡轮发动机叶片使用温度。

（5）材料研究水平是国家核心竞争力的重要体现。材料研究对一个国家的经济福祉和安全的重要性现在已经得到了肯定，世界各国都在寻求国家项目来支持材料研究，并促进材料研究向市场应用的迅速过渡。发达国家和发展中国家在包括智能制造和材料科学在内的现代经济驱动力领导权方面的激烈竞争长期以来一直存在。例如航空发动机是国之重器，发动机中的材料问题是最为突出的瓶颈问题。尽快在这一领域实现突破，对于促进国民经济发展和提升国家核心竞争力具有重大意义。与欧美国家相比，亚洲国家目前在材料研究方面的投资占其国内生产总值的比例更大。总之，材料研究是经济增长以及国防的重要基础。世界上许多较大国家和经济体已经充分认识到这种关系，许多国家已制定并阐述了国家投资战略，以确保在材料研究方面取得强劲进展，提高自己在全球经济中的竞争力。

思考题

1. 材料应用在从猿到人的进化过程中起到什么作用？

2. 材料的进步为什么会促进人类的发展？

3. 材料发展和工业革命之间有何关系？

4. 材料是依据什么进行分类的？有哪些常见的材料？

5. 简述金属材料、无机非金属材料、高分子材料及复合材料的特征及其关系。

6. 什么叫材料科学？什么叫材料工程？两者之间有何关系？

7. 列举常见的3~5种新材料，并介绍其应用。

8. 材料基因组和人类的基因组有何差别？

9. 简述材料技术进步和国家发展之间的关系。

第2章 材料的微观结构

物质是由原子组成的，原子则是由位于原子中心带正电的原子核和核外带负电的电子构成的。在材料科学中，通常最关心的是原子的核外电子结构，因为原子结构中的电子结构决定了原子的键合方式。掌握原子的结构既有助于对材料进行分类，也有助于从本质上理解材料的物理、化学、光学、热学、磁学、电学和力学等特性。

2.1 原子的结合方式

众所周知，一切物质均由无数微粒按一定方式聚集而成，这些微粒可能是原子、离子或分子。分子是物质中能够独立存在的相对稳定并保持该物质物理化学特性的最小单元。分子的直径很小，如水分子的直径约为 0.2nm。分子的质量则有大有小，氢气分子是世界最小的分子，它的相对分子质量只有 2，而高分子的质量则很大，如天然高分子化合物蛋白质分子的相对分子质量可高达几百万。进一步分析表明，分子则由更小的原子组成。在化学中，分子可以再分，而原子却不能再分，故原子是化学变化中的最小微粒，但不是构成物质的最小粒子，它具有复杂结构，其结构直接影响原子间的结合方式。

2.1.1 原子结构

近代科学实验证明，原子是由质子和中子组成的原子核，以及核外电子所构成的。其中，中子呈电中性，质子带正电荷，一个质子的正电荷量与一个电子的负电荷量相等。在一个原子中，电子和质子因电磁力而相互吸引，也是这个力将带负电荷的电子牢牢地束缚在原子核周围。当质子数与电子数相同时，原子就是电中性的；否则，就是带有电荷的离子。根据质子和中子数量的不同，原子的类型也不同。

原子的体积很小，直径的数量级约为 10^{-10} m，其原子核直径更小，仅为 10^{-15} m 数量级。原子的质量极小，一般在 10^{-27} 数量级，其质量主要集中在原子核。

2.1.2 原子间的键合

材料中原子、离子或分子之间的结合键可分为化学键和物理键两大类。使原子或离子键合的作用力称为化学键，是主价键。包括金属键、离子键和共价键三种类型；由这三种类型结合的质点间具有强烈的相互作用。除此之外，在分子间还存在着一种较弱的相互作用力，即物理键，也称为范德华力。此外，还有一种相互作用力介于化学键和范德华力之间的氢键。范德华力和氢键都是次级键。

1. 金属键

在金属材料中，金属原子的最外层价电子极易挣脱原子核的束缚而成为自由电子。这些自由电子不专属于某个金属离子，而是为整个金属原子所共有，它们在整个晶体内穿梭运动。这种由原子共用的自由电子与全部金属正离子相互作用所构成的键合，称为金属键，如图 2.1 所示。由金属键结合形成的晶体为金属晶体。

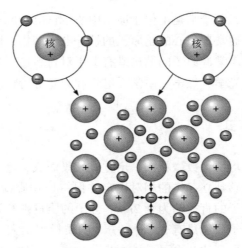

图 2.1　金属键示意图

金属的最外层电子较少，只有少数的价电子能用于成键，因此金属晶体趋于形成低能量的密堆结构，使每个原子尽可能同更多的原子相键合。由于金属晶体内自由电子的存在，金属一般有良好的导电性和导热性。并且，由于自由电子的共用，当金属受力变形而改变原子之间的相互位置时不至于使金属键破坏，这就使得金属材料具有良好延展性，可用于轧制、锻造、挤压等加工工艺。此外，由于电子的自由运动，金属键没有固定的方向，金属的很多特性，如熔点和沸点等，都随金属键强度的增加而升高。

2. 离子键

不同元素的原子获得或失去电子的能力不同，这种差异可以用电负性表示，电负性越大，表明元素原子越容易获得电子。当电负性相差较大的元素原子相互接触时，电负性较小的元素原子，如金属原子，将失去电子形成正离子，而电负性较大的元素原子，如非金属原子，将获得电子形成负离子。正、负离子依靠静电引力结合在一起，形成稳定的化学键，这种化学键称为离子键。大多数盐类、碱类、金属氧化物和金属氢化物主要以这种方式结合。这种结合的基本特点是以离子而不是以原子为结合单元。离子键是由正、负离子之间通过静电作用形成，要求正、负离子相间排列，并使带相反电荷离子之间的吸引力达到最大，而带相同电荷离子间的斥力为最小，如图 2.2 所示。由于静电引力没有方向性，正、负离子可以在任何方向发生静电作用，所以离子键没有方向性。离子晶体中的离子一般都有较高的配位数。

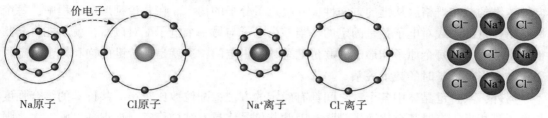

图 2.2 离子键示意图

一般离子晶体中正负离子静电引力较强，结合力大。因此，其熔点高、硬度大、热膨胀系数小，并且耐磨性好，但离子晶体的脆性大。由于在离子晶体中很难产生自由电子，因此，它们都是良好的电绝缘体。然而，当处在高温熔融状态时，正负离子在外电场作用下可定向运动，呈现价电子导电性。

3. 共价键

共价键是由两个或多个电负性相差不大的原子间通过共用电子对而形成的化学键，被共用的电子同时属于两个相邻原子。与离子键的不同，共价键中原子间没有电子得失，原子向外不显示电荷，形成的化合物中不存在正负离子。一般共价键结合的产物是分子，在少数情况下也可以形成晶体，如金刚石晶体、单质硅晶体等。

根据两个原子对电子的吸引能力，共价键可分成非极性键和极性键两种。如果两个原子吸引电子的能力不同，共用电子会偏向吸引电子能力强的一方，相对地显示正电性，而另一方则相对地显示负电性，这样形成的共价键叫做极性共价键。如果是同种元素的原子，则吸引电子的能力相同，原子显示电中性，形成的共价键叫做非极性共价键，如氢分子中两个氢原子的结合是最典型的非极性键共价键。亚金属(碳、硅、锡等)、聚合物和无机非金属材料等都是以共价键方式结合。图 2.3 所示为 SiO_2 中硅和氧原子间的共价键示意图。

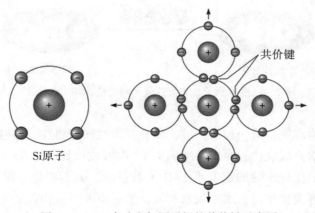

图 2.3 SiO_2 中硅和氧原子间的共价键示意图

原子结构理论表明，除 s 亚层的电子云呈球形对称外，其他亚层，如 p，d 等的电子云都有一定的方向性，所以共价键在形成时，轨道重叠有固定的方向，这表明共价键有方向性；键的分布严格服从键的方向性，并决定了分子的构形。在共价键形成过程中，每个原子所提供的未成对电子数是固定的，当一个电子与另一个电子配对以后，就不能再与其他电子配对，即每个原子能形成的共价键总数是一定的，这就是共价键的饱和性，决定了原子结合形成分子时的数量关系。

另外，共价键晶体中各个键之间都有确定的方位，配位数比较小。共价键的结合强度与离子键相近，有时甚至比离子键强，因此共价晶体具有结构稳定、熔点高、硬度大、强度高、脆性大等特点。由于束缚在相邻原子间的共用电子对不能自由地运动，于是以共价键结合形成的材料一般是良好的绝缘体，其导电性能和导热性能差。

4. 范德华力

范德华力也称为分子间作用力或分子力，它是没有电子的得失、共有或公有形成的分子或原子之间的静电相互作用。尽管每个原子或分子都是独立的单元，但由于近邻原子的相互作用引起电荷位移而形成偶极子。范德华力是借助这种微弱的、瞬时的电偶极矩的感应作用将原来具有稳定结构的原子或分子结合为一体的键合，如图 2.4 所示。范德华力主要有三个来源：静电力、诱导力和色散力。静电力又称取向力，是由极性分子的永久偶极之间的静电相互作用所引起的，分子的极性越大，静电力越大。诱导力存在于极性分子和非极性分子之间，以及极性分子与极性分子之间，是指极性分子的永久偶极所产生的电场使非极性分子产生诱导偶极或使极性分子的偶极增大；诱导力与极性分子偶极矩的平方成正比。色散力又称为伦敦力，是由于电子的运动导致瞬间电子的位置与电子核不对称，从而产生瞬时偶极间的相互作用力。所有原子或分子间都存在色散力，大多数分子的范德华力主要是色散力，比如一般非极性高分子材料中色散力可占分子间范德华力的 80% ~ 100%。

图 2.4 极性分子与非极性分子间的范德华力示意图

范德华力属于物理键，是一种次价键，没有方向性和饱和性，它包括引力和斥力，其中引力和距离的 6 次方成反比，斥力与距离的 12 次方成反比。它是一种弱作用，只有几到几十焦耳每摩尔，比化学键的键能小 1~2 个数量级，远不如化学键结合牢固，如将水加热到沸点可以破坏范德华力，水变为水蒸气，然而要破坏氢和氧之间的共价键则需要极高温度。

范德华力具有加和性，在大量大分子间的相互作用会变得十分稳固，比如高分子材料中总的范德华力超过化学键的作用，在所有范德华力作用消失前，化学键早已断裂了，所以高分子通常没有气态，只有液态和固态。

范德华力也能很大程度上改变材料的性质，如高分子聚合物的分子间主要通过范德华力结合，所以其熔点较低，硬度和强度较小；石墨的低硬度和强度也是因为石墨层片状结构中，层与层之间是通过范德华力结合的。

5. 氢键

氢键是一种特殊的分子间作用力。它是由与电负性很大的 X 原子形成共价键结合的氢原子与另一个电负性很大而原子半径较小的 Y 原子(O、F、N 等)之间(X—H…Y)产生的键力。氢键比化学键的键力要小，但是比范德华力要大，具有饱和性和方向性，如图 2.5 所示。氢键既可以存在于分子之间，也可以存在于分子内，它对化合物的性质有一定的影响，如分子间形成的氢键，可以显著提高化合物的熔点和沸点。氢键对高分子，如纤维素、尼龙、蛋白质、核酸等，具有特别重要的意义。

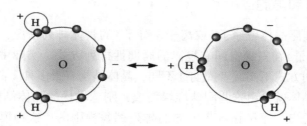

图 2.5 氢键示意图

2.2 原子的规则排列

物质通常有三种聚集状态：气态、液态和固态。其中，固态物质按照原子(或离子、分子)排列的规律性，又可分为晶体和非晶体两大类。

晶体与非晶体最本质的区别在于晶体中的质点(原子、离子或分子)长程有序，而非晶体中的质点长程无序，短程有序，即晶体中的质点在三维空间呈有规则的周期性重复排列，表现为平移对称、旋转对称、镜面对称或角对称等；而非晶体的质点(原子或分子)仅与其近邻原子呈有序排列，长程上则表现为无规则排列。固态材料的原子排列在决定材料的组织和性能中起着极其重要的作用。金属、陶瓷和高分子材料的一系列特性都与其原子的排列密切相关，不同的结构对材料性能的影响程度是不同。例如，具有面心立方晶体结构的金属，如 Cu、Al 等，通常有优异的延展性能，而密排六方晶体结构的金属，如 Zn、Cd 等，则塑性变形能力差，延展性低；具有线性分子链的橡胶弹性好、韧性高、耐磨性好，而具有三维网络结构的热固性树脂则强度高、耐热性好、抗腐蚀、耐老化、尺寸稳定性好。因此，研究固态物质内部结构，了解原子、离子或分子的三维空间排列和分布规律，是掌握材料光学、热学、磁学、电学、力学等性能的基础；只有这样，才能从内部找到改善材料性能以及开发新材料新工艺的途径。

必须指出的是，晶态与非晶态是可以互相转化的。因为非晶态内能高，结构不稳定，由非晶态转化为晶态可以自发进行；反之，由晶态转化为非晶态则需要外能。材料是处于晶态还是非晶态，取决于环境条件和加工工艺。液态金属的原子排列是无序的，凝固后，原子则呈周期性规则排列，变成晶体；在极快冷却的条件下，液态原子的无序排列方式保留至固态中，形成固态非晶体，故非晶体也称为"过冷液体"或"金属玻璃"。

晶体结构的基本特征是原子(或离子、分子)在三维空间呈周期性重复排列，即短程、长程均有序，与非晶体物质在性能上区别主要有两点：①晶体具有固定的熔点，而非晶体没有确定的熔点，并且具有玻璃转变温度；②晶体具有各向异性，而非晶体却为各向同性。由于晶体在不同方向上的排列密度不同，因此，不同方向上晶体的性能存在差异。当然，当晶体内部的质点在各个方向上的排列相同时，则不存在各向异性，如 NaCl、KCl 等晶体都是各向同性的。

2.2.1　空间点阵和晶胞

晶体结构是指实际晶体中原子(或离子、分子)的具体排列情况，也就是晶体内的质点(原子、离子或分子)在三维空间有规律的周期性排列方式。实际中，由于组成晶体的质点类型不同、排列方式不同或者周期性不同，晶体结构有很多种。假定把晶体中的质点看作固定刚球，则晶体就是由这些刚球堆垛而成，刚球堆垛的晶体结构模型如图 2.6(a)所示。从图中可以看出，原子在各个方向的排列都是规则的。这种模型的优点是立体感强、直观性强；缺点是很难看清原子排列的规律和特点，不便于研究探讨材料结构与性能关系。为了清楚地表明质点在空间排列的规律性，常将构成晶体的实际质点忽略，而将它们抽象为纯粹的几何点，那么晶体结构可以抽象成无数个三维空间成规则排列的点阵，该点阵称为空间点阵。其中，抽象的几何点称为阵点、点阵点或结点，这些阵点可以是原子、离子、分子、原子群或分子群等结构单元的质心位置或等价的点，各个阵点间的周围环境都相同。为了方便起见，由阵点所连接而成的无限几何图形，称为空间格子或晶格，如图 2.6(b)所示，其实质仍是空间点阵，两者通常不加以区别。空间点阵只是一种抽象模型，仅仅反映晶体结构的几何特征，与结构单元一起构成晶体结构。

由于晶格中阵点排列具有周期性，为了简便起见，可以从晶格中选取一个能够最大程度反映晶格特征的最小重复几何单元来分析阵点排列的规律性，这个最小的几何单元称为晶胞。晶胞可以反映晶体的宏观对成性。晶胞的大小和形状由晶胞三条棱边的长度 a、b、c 及棱边夹角 α、β、γ 6 个参数表示，如图 2.6(c)所示，图中沿晶胞三条相交于一点的棱边设置了 3 个坐标轴(或晶轴)x、y、z。习惯上，以原点前、右、上方为轴的正方向，反之为负方向。晶胞的棱边长度一般称为晶格常数或点阵常数，在 x、y、z 轴上分别以 a、b、c 表示，晶格常数的单位通常为纳米或者埃米。晶胞的棱间夹角又称为轴间夹角，通常 y-z 轴、z-x 轴和 x-y 轴的夹角分别用 α、β、γ 表示。

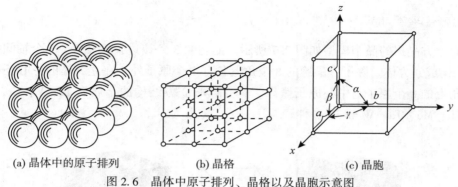

(a) 晶体中的原子排列　　　　(b) 晶格　　　　(c) 晶胞

图 2.6　晶体中原子排列、晶格以及晶胞示意图

2.2.2　三种典型的金属晶体结构

自然界中的晶体有成千上万种，根据晶体的宏观对称性，晶体的空间点阵可分为 14 种类型，这是法国物理学家布拉菲(Bravais)在 1845 年首次推导证明的。根据晶胞的 6 个参数，考虑晶胞的 3 个晶格常数是否相等，以及三个轴间夹角是否为 90°，可将 14 种空间点阵归属为立方、四方、三方(棱方)、六方(六角)、正交、单斜和三斜 7 个晶系，如表 2.1 所示。其中，最典型、最常见的晶体结构有体心立方结构、面心立方结构和密排六方结构三种类型，前两种属于立方晶系，后一种属于六方晶系。由于金属中原子之间的结合力较强，且无方向性，金属原子趋向于紧密排列。工业中常用的金属中，在室温下，有 85%～90% 金属的晶体结构都属于这三种比较简单的晶体结构。

表 2.1　　　　　　　　　　**7 个晶系和 14 种空间点阵**

晶系	特征	空间点阵	对成元素
三斜 Triclinic	$a \neq b \neq c$, $\alpha \neq \beta \neq \gamma$	简单三斜(无转轴)	既无对称轴，也无对称面
单斜 Monoclinic	$a \neq b \neq c$, $\alpha = \beta = 90°$, $\gamma \neq 90°$	简单单斜，底心单斜	1 个二次旋转轴，镜面对称
正交 Orthorhombic	$a \neq b \neq c$, $\alpha = \beta = \gamma = 90°$	简单正交，底心正交，体心正交，面心正交	3 个互相垂直的二次旋转轴
三方 Rhombohedral	$a = b = c$, $\alpha = \beta = \gamma \neq 90°$	斜方	1 个三次旋转轴
四方 Tetragonal	$a = b \neq c$, $\alpha = \beta = \gamma = 90°$	简单四方，体心四方	1 个四次旋转轴
六方 Hexagonal	$a = b \neq c$, $\alpha = \beta = 90°$, $\gamma = 120°$	六角	1 个六次旋转轴
立方 Cubic	$a = b = c$, $\alpha = \beta = \gamma = 90°$	简单立方，体心立方，面心立方	4 个三次旋转轴

1. 体心立方晶格

体心立方晶格的晶胞模型如图 2.7 所示。晶胞的 3 条棱边长度相等，3 个轴间夹角均为 90°，构成立方体。除了在晶胞的 8 个角上各有 1 个原子外，在立方体的中心还有 1 个原子，角上的 8 个原子与中心原子紧靠。具有体心立方结构的金属有 Li、V、Cr、α-Fe、β-Zr、Nb、Mo、Ta、W 等 30 多种。

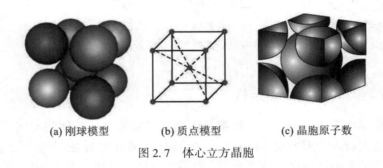

(a) 刚球模型　　　　(b) 质点模型　　　　(c) 晶胞原子数

图 2.7　体心立方晶胞

（1）原子半径。在体心立方晶胞中，沿着晶胞体对角线方向，原子紧密排列着，如图 2.7 所示。设晶胞的点阵常数（或晶格常数）为 a，则立方体对角线的长度为 $\sqrt{3}a$，等于 4 个原子半径，所以体心立方晶胞中的原子半径 $r = \sqrt{3}a/4$。

（2）原子数。由于晶格是由大量晶胞堆垛而成，因而晶胞每个角上的原子为与其相邻的 8 个晶胞所共有，故只有 1/8 个原子属于这个晶胞，晶胞中心的原子完全属于这个晶胞，所以体心立方晶胞中的原子数为 $8 \times 1/8 + 1 = 2$，如图 2.7（c）所示。

（3）配位数和致密度。晶胞中原子排列的紧密程度也是反映晶体结构特征的一个重要因素，可以用配位数和致密度两个参数表征。

①配位数，是指晶体结构中与任意一个原子最近邻、等距离的原子数目。显然，配位数越大，晶体中的原子排列越紧密。在体心立方晶格中，以立方体中心的原子来看，与其最近邻、等距离的原子数有 8 个，所以体心立方晶胞的配位数为 8。

②致密度，是指晶胞中原子本身所占的体积百分数。若把原子看成刚性圆球，那么原子之间必然存在空隙，原子排列的紧密程度可用晶胞中原子所占体积与晶胞体积的比值表示，也称为密集系数。晶体的致密度 $K = nV_1/V$，其中，n 为晶胞中的原子数，V_1 为一个原子的体积，V 为晶胞的体积。

体心立方晶格的晶胞中包含 2 个原子，晶胞的晶格常数为 a，原子半径为 $r = \sqrt{3}a/4$，其致密度为 $K = nV_1/V = 2 \times 4\pi r^3/3a^3 \approx 0.68$，其值表明，在体心立方晶格中，有 68% 的体积为原子所占据，其余 32% 为间隙体积。

2. 面心立方晶格

面心立方晶格的晶胞如图 2.8 所示。晶胞的 3 条棱边长度相等，3 个轴间夹角均为

90°，构成立方体。在晶胞的 8 个角上和 6 个面的中心各有 1 个原子。Al、γ-Fe、Ni、Cu、Ag、Pt、Au 等约 20 种金属具有这种晶体结构。

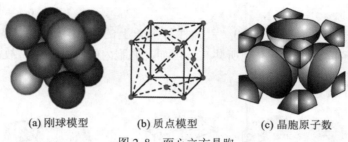

(a) 刚球模型　　　　(b) 质点模型　　　　(c) 晶胞原子数

图 2.8　面心立方晶胞

由图 2.8 可以看出，每个角上的原子为 8 个晶胞所共有，每个晶胞实际占有该原子的 1/8，而位于 6 个面中心的原子同时为相邻的两个晶胞所共有，每个晶胞只分到面心原子的 1/2，因此面心立方晶胞中的原子数为 $8 \times 1/8 + 6 \times 1/2 = 4$。

在面心立方晶胞中，沿着晶胞 6 个面的对角线方向，原子紧密排列着，是互相接触的，面对角线的长度为 $\sqrt{2}a$，它与 4 个原子半径的长度相等，所以面心立方晶胞的原子半径 $r = \sqrt{2}a/4$。

从图 2.9 可以看出，以面中心的原子为例，与之最近邻的原子是它周围顶角上的 4 个原子，这 5 个原子构成了一个平面，共有 3 个这样的平面，且它们彼此相互垂直，具有相同的结构形式，所以与该原子最近邻、等距离的原子共有 $4 \times 3 = 12$(个)。因此，面心立方晶格的配位数为 12。

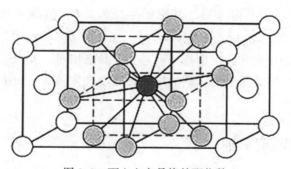

图 2.9　面心立方晶格的配位数

根据面心立方晶胞中的原子数和原子半径，可计算出其致密度 $K = nV_1/V = 4 \times 4\pi r^3/3a^3 \approx 0.74$，此值表明，在面心立方晶胞中，有 74% 的体积为原子所占据，其余 26% 为间隙体积。

3. 密排六方晶格

密排六方晶格的晶胞如图 2.10 所示。在六角晶胞的 12 个顶角上各有 1 个原子，构成六方柱体，在上、下两个底面的中心各有 1 个原子，晶胞内部半高处还有 3 个共面原子。密排六方晶格的晶格常数有两个：一个是正六边形底面的边长 a，另一个是上、下两底面之间的距离 c。c 与 a 之比 c/a 称为轴比。具有密排六方晶格的金属有 Mg、α-Ti、Zn、α-Zr、Cd 等。

晶胞中的原子数可参照图 2.10。六方柱每个角上的原子均属 6 个晶胞所共有，上、下底面中心的原子同时为两个晶胞所共有，再加上晶胞内的 3 个原子，故晶胞中的原子数为 $1/6 \times 12 + 1/2 \times 2 + 3 = 6$(个)。

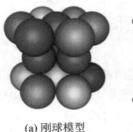

(a) 刚球模型　　　　(b) 质点模型　　　　(c) 晶胞原子数

图 2.10　密排六方晶胞

在典型的密排六方晶格中，原子刚球十分紧密地堆垛排列，如晶胞上底面中心的原子，它不仅与周围 6 个角上的原子相接触，而且与其下面的 3 个位于晶胞之内的原子以及与其上相邻晶胞内的 3 个原子相接触，故配位数为 12，此时的轴比 $c/a = \sqrt{8/3} \approx 1.633$。但是，实际的密排六方晶格金属，其轴比或大或小地偏离这一数值，在 $1.57 \sim 1.64$ 之间波动。

对于典型的密排六方晶格金属，其原子半径为 $a/2$，故致密度为 $K = nV_1/V = 6 \times 4\pi r^3/(3 \times \sqrt{8/3} \times 3\sqrt{3}\,a^3/2) = \sqrt{2}\,\pi/6 \approx 0.74$。

密排六方晶格的配位数和致密度均与面心立方晶格相同，说明这两种晶格晶胞中原子的紧密排列程度相同，均为最紧密排列的结构；体心立方晶格的配位数和致密度较小，是原子次紧密的排列结构。

2.3　原子的不规则排列

在大多数实际晶体中，原子的排列不可能像理想晶体那样规则和完整，晶体内部结构的完整性总是不可避免受到破坏，一些原子偏离了理想晶体结构，这样就造成了晶体缺陷。一般说来，金属中这些偏离其规定位置的原子数目很少，即使在最严重的情况下，晶体中位置偏离很大的原子数目最多占总原子数的千分之一，因此从整体上看，其结构还是接近完整的。晶体中的缺陷并非静止稳定不变的，它们可以产生、发展和运动，并且可以交互作用，甚至合并消失。晶体缺陷会显著影响晶体性能，对晶体的强度、塑性、扩散以及其他结构敏感性问题具有决定性的作用，因此，研究晶体缺陷具有重要的实际意义。

根据晶体缺陷的几何形态特征，可将其分为以下三类：

（1）点缺陷，是晶体中晶格上的一种局部错乱，发生在一个或几个原子尺度内，影响范围只有邻近几个原子。其特征是三个方向上的尺寸都很小，例如空位、间隙原子、置换原子等。

（2）线缺陷，是晶体中发生在一维方向的缺陷。其特征是在两个方向的尺寸很小，而第三个方向上的尺寸相对很大，甚至可以贯穿整个晶体，也称为一维缺陷。属于这一类的缺陷主要是位错。

（3）面缺陷，是晶体中偏离周期性点阵结构的二维缺陷。其特征是在一个方向上的尺寸很小，而另两个方向上的尺寸相对很大，有几个原子层厚度，例如晶界、亚晶界等。

2.3.1 点缺陷

晶体中的点缺陷是最简单的晶体缺陷，是晶体晶格结点上或邻近区域原子偏离其理想结构结点的一种缺陷。常见的点缺陷有空位、间隙原子和置换原子，如图 2.11 所示。

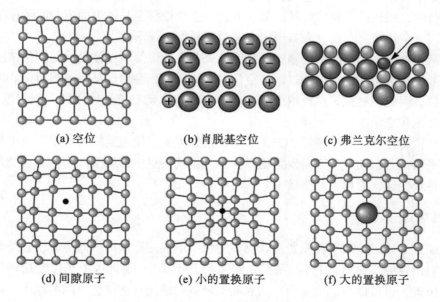

(a) 空位　　　　　(b) 肖脱基空位　　　　　(c) 弗兰克尔空位

(d) 间隙原子　　　　　(e) 小的置换原子　　　　　(f) 大的置换原子

图 2.11　晶体中的各种点缺陷

1. 空位

在高于绝对零度的温度下，金属晶体中点阵结点上的原子以其平衡位置为中心吸收热能而不间断地进行着热振动。原子的振幅大小与温度有关，温度越高，原子振动的振幅越大。在一定的温度下，某些原子的能量高于平均能量，其振幅较大；而某些原子的能量低于平均能量，其振幅较小。对一个原子而言，其振动的能量服从麦克斯韦-玻尔兹曼概率分布，能量呈现涨落，这种现象称为能量起伏。如果某一瞬间，原子的能量大到足以克服周围原子对它的约束，该原子则会脱离原来的平衡位置，并在原位置上形成空结点，称为空位，如图 2.11(a)所示。

脱离平衡位置的原子大致有四个去处：一是正常结点上的原子，获得能量后迁移到晶体的表面上，而在晶体内部留下空位，这样所产生的空位叫肖脱基空位，如图 2.11(b)所示；二是能量大的原子进入晶格间隙位置，而在原来位置上形成的空位，这种空位叫弗兰克尔空位，如图 2.11(c)所示；三是迁移到其他空位处，这样虽然不产生新的空位，但可使空位变换位置；四是几个空位合并在一起，形成复合空位。其中，由于间隙原子的能量高于晶格结点上原子的能量，因此形成弗兰克尔空位需要更多的能量来克服高位垒；这种缺陷处于亚稳定状态。在金属晶体中，主要形成的是肖脱基空位。

空位是一种热平衡缺陷，热缺陷的多少仅与晶体所处的温度有关。在一定温度下，空位有一定的平衡浓度；晶体中的空位浓度随着温度的升高而增加。这是因为，当温度升高时，原子的振动能量升高，平均振幅增大，由于振动而脱离平衡位的原子数增多，从而使空位浓度提高。空位在晶体中处于形成、运动和消失的不断变化中。一方面，由于热振动，周围原子可以与空位发生置换，使空位移动一个原子间距，形成新的空位，当这种置换不断进行时，就造成空位的移动；另一方面，空位迁移至晶体表面或与间隙原子相遇而消失，但因为空位浓度不变，在其他地方又会有新的空位形成。

通过某些处理，如高能粒子辐照、高温淬火及冷加工等，可使晶体的空位浓度高于平衡浓度而处于过饱和状态，这种过饱和空位是不稳定的，会通过某些过程消失或形成稳定的复合空位。因此，过饱和空位浓度随温度的变化与平衡空位浓度不同，当温度升高时，晶体中的过饱和空位浓度会下降。

由于空位的存在，其周围原子失去了一个近邻原子而使相互间的作用失去平衡，它们将会偏离平衡位置，向空位方向发生稍许移动，这就在空位的周围产生一个涉及几个原子范围的弹性畸变区，简称为晶格畸变。

2. 间隙原子

间隙原子是原子脱离平衡位置进入晶格间隙中形成的点缺陷。间隙原子总是与弗兰克尔空位成对出现的，如图 2.11(c)所示。间隙原子可以由一个间隙原子位置迁移到另一个间隙原子位置，也可以与空位复合，回到能态较低的结点平衡位置。间隙原子可以是同类的，也可以是异类的。由于晶格的间隙是有限的，金属中的间隙原子大多是原子半径很小的异类原子，如钢中的碳、氢、氧、氮等原子。当原子挤入很小的晶格间隙中后，造成的晶格畸变较之空位更为严重，整个晶体倾向膨胀，如图 2.11(d)所示。

间隙原子也是一种热平衡缺陷，在一定温度下具有确定的平衡浓度。对于异类间隙原子而言，常将这一平衡浓度称为固溶度或溶解度。

3. 置换原子

在晶体晶格中，占据原来基体原子平衡位置的异类原子称为置换原子。由于置换原子与基体原子的大小不同，因此其周围邻近原子也将偏离其平衡位置，造成晶格畸变，如图2.13(e)和(f)所示。置换原子也是热缺陷的一种，在一定温度下也有一个平衡浓度值，一般称为固溶度或溶解度。当置换原子与基体原子的直径相差不大时，容易形成置换固溶体；而当置换原子与基体原子的直径相差较大时，容易形成间隙固溶体。置换固溶体的固溶度一般比间隙固溶体的固溶度大，比如镍原子可以取代铜晶格上任意位置的铜原子。

综上所述，点缺陷会造成晶格畸变，影响金属的性能，如金属的电阻增加，体积膨胀，密度减小；过饱和缺陷则有利于金属屈服强度的提高。此外，点缺陷的产生、迁移和复合，会加速金属中的原子扩散过程，因此，晶体中空位与间隙原子的浓度和运动对固态相变、表面化学热处理、烧结等与扩散有关的行为以及晶体的塑性变形有重要影响。

2.3.2 线缺陷

晶体中的线缺陷就是各种类型的位错。位错是晶体原子排列的一种特殊组态，它是晶体中某些区域发生一列或若干列原子有规律的错排，从而导致原子的局部不规则排列。错排区的长度可达几百至几万个原子间距，而宽度仅有几个原子间距。位错可看作晶体已滑移区域和未滑移区域的分界线。位错有多种类型，根据位错的几何结构，可分为两种基本类型：一种是刃型位错；另一种是螺型位错。位错是一种极为重要的晶体缺陷，它对金属材料热加工过程中加工硬化和动态软化，材料的强度和韧性等力学性能，以及塑性变形和蠕变等行为等起着决定性的作用。这里主要介绍位错的基本类型和一些基本概念。

1. 刃型位错

刃型位错的典型特征是多余的半原子面，其结构模型如图2.12所示。设有一简单立方晶体，原子面 $EFGH$ 在晶面 $ABCD$ 上中断，这个原子平面中断处的边缘 EF 就是一个刃型位错，犹如用一把锋利的钢刀将晶体上半部切开，沿切口硬插入一额外半原子面，将刃口处的原子列称为刃型位错线。位错周围的点阵会发生弹性畸变，既有切应力，也有正应力。

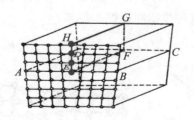
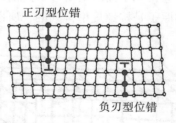

图 2.12　刃型位错示意图

刃型位错有正负之分，一般若多出的半原子面位于晶体滑移面的上半部，则此处的位错线称为正刃型位错，以符号"⊥"表示；反之，若多出的半原子面位于晶体滑移面的下半部，则称为负刃型位错，以符号"⊤"表示。实际上，这种正负之分并无本质上的区别，只是为了表示两者的相对位置。

刃型位错可以理解为晶体中已滑移区和未滑移区的边界。如图 2.13 所示，晶体在塑性变形时，局部区域的晶体发生滑移，即可形成位错。设想在晶体右上角施加一切应力，促使右上角晶体中原子沿着滑移面自右至左移动一个原子间距，由于此时晶体左上角原子尚未滑移，于是在晶体内部就出现了已滑移区和未滑移区的边界，在边界附近，原子排列的周期性和完整性遭到了破坏，此边界线就相当于图中多余半原子面的边缘，其结构恰好是一个正刃型位错。它可以是直线、折线或者曲线；垂直于位错滑移的方向，也垂直于滑移矢量。刃型位错和滑移矢量与滑移面共面。

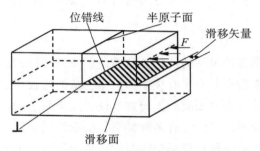

图 2.13　晶体局部滑移形成刃型位错

2. 螺型位错

如图 2.14 所示，设想在立方晶体右端施加一切应力，使右端上下两部分沿滑移面 *ABCD* 发生了一个原子间距的相对切变，于是就出现了已滑移区域 *ABbb'* 和未滑移区域 *CDbb'* 的边界 *bb'*，*bb'* 就是螺型位错线。从滑移面上下相邻两层晶面上原子排列的情况可以看出，在 *aa'* 的右侧，晶体的上下两部分相对错动了一个原子间距，但在 *aa'* 和 *bb'* 之间，则发现上下两层相邻原子发生了错排和不对齐的现象。这一地带称为过渡地带，此过渡地带的原子被扭曲成了螺旋型。如果从 *a* 开始，按顺时针方向依次连接此过渡地带的各原子，每旋转一周，原子面就沿滑移方向前进一个原子间距，犹如一个右旋螺纹一样。由于位错线附近的原子是按螺旋型排列的，所以这种位错叫做螺型位错。

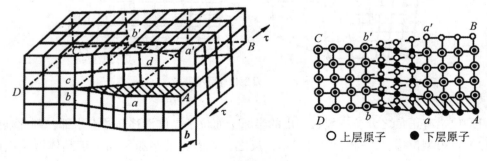

图 2.14　螺型位错示意图

根据位错线附近呈螺旋型排列的原子的旋转方向不同，螺型位错可分为左螺型位错和右螺型位错两种。通常用拇指代表螺旋的前进方向，以其余四指代表螺旋的旋转方向。凡符合右手法则的称为右螺型位错，符合左手法则的称为左螺型位错。螺型位错的位错线与滑移矢量平行，而且一定是直线；其周围的点阵发生的弹性畸变，只有切应力，没有正应力，不会引起体积的变化。

3. 位错密度

金属材料中的位错组态及分布可以利用透射电子显微镜、场离子显微镜和原子探针直接观测，也可用一些物理或者化学方法使晶体中的位错显示出来。比如，利用侵蚀技术显示晶体表面的位错，由于位错附近的晶格畸变，原子具有较高的能量，腐蚀速率比基体快，因此，在适当的侵蚀条件下，位错在晶体表面露头处会产生较深的腐蚀坑，位错蚀坑与位错是一一对应的，利用金相显微镜可以观察到晶体中位错的分布。

由于位错是已滑移区和未滑移区的边界线，所以一根位错线不能在晶体内部中断，只能终止在晶体表面或晶界上。在晶体内部，位错线一定是封闭的，或自身封闭成一个位错环，或与其他位错相连接构成三维位错网络，图 2.15 是晶体位错在空间呈网状分布示意图，图 2.16 是晶体中位错的实际照片。

实际晶体中位错的量通常用位错密度表示，可定义为单位体积中所包含的位错线的总长度，位错密度 $\rho = L/V$，其中 V 为晶体体积，单位为 m^3；L 为该晶体中位错线的总长度，单位为 m；ρ 的单位则为 m^{-2}；也可用穿过单位截面积的位错线数目定义位错密度，单位也是 m^{-2}。一般纯金属单晶中位错密度低于 $10^7 m^{-2}$；在经过充分退火的多晶体金属中，位错密度高达 $10^{10} \sim 10^{12} m^{-2}$，超高强度钢淬火后形成的板条马氏体中位错密度高达 $10^{14} \sim 10^{15} m^{-2}$。而经过剧烈冷塑性变形的金属，其位错密度高达 $10^{15} \sim 10^{16} m^{-2}$，这相当于在 $1cm^3$ 的金属内，含有千百万公里长的位错线。

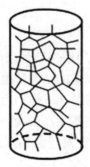

图 2.15　晶体位错在空间呈网状分布示意图

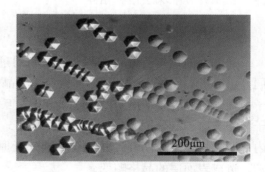

200μm

图 2.16　晶体中位错的实际照片

位错对金属材料的扩散、相变、力学性能以及晶体的生长等过程有着重要的影响。如果金属中不含位错，那么它将不易发生塑性变形，且有极高的强度。目前采用一些特殊的方法已能制造出几乎不含位错的小尺寸晶须（直径为 0.05~2μm，长度为 2~10mm），其晶体结构完整，强度接近甚至达到理论值。例如直径 1.6μm 的铁晶须，其抗拉强度高达 13.4GPa，而工业上应用的退火纯铁，抗拉强度则低于 300MPa，两者相差 40 多倍；1.25μm 的铜晶须，其抗拉强度高达 3GPa，比大块纯铜高出 20 多倍。金属经过大的冷塑性变形，可以提高其位错密度，从而导致金属的强度增加。金属强度与位错密度之间的关系如图 2.17 所示，退火状态下，金属的位错密度最小，其抗拉强度最低；当经过冷塑性变形后，位错密度由变形前的 $10^8 \sim 10^{10} m^{-2}$（退火态）增加到 $10^{13} \sim 10^{14} m^{-2}$，由于位错密度的增加和发生相互作用，晶体的强度开始上升。

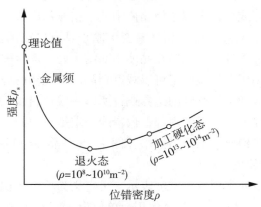

图 2.17　晶体的强度与位错密度的关系

2.3.3　面缺陷

晶体的面缺陷作为二维缺陷，包括晶体的外表面和内界面两类。外表面有表面或自由界面；它与摩擦、磨损、氧化、腐蚀、偏析、催化和吸附等现象密切相关。内界面有晶界、亚晶界、堆垛层错和相界等。

1. 晶体表面

晶体表面是指晶体和外部介质之间的过渡层。晶体表面的结构及性质与晶体内部不同。由于近表面原子的近邻原子数目少于晶体内部的原子，相应的结合键也减少，表面原子有强烈的倾向与环境中的原子或分子相互作用；且表面原子的相互作用力远高于表面原子与外来原子或分子的相互作用力，因此，表面原子会偏离正常阵点位置，不再具有晶体内部原子的三维周期性，并且会牵连邻近原子偏离平衡位置，对近邻的几层原子产生影响，造成表面层的晶格畸变。

由于在表面层产生晶格畸变，表面原子比晶体内部原子具有更高的能量，将单位面积增加而引起的能量改变称为比表面能，简称表面能，单位用 J/m^2 表示。表面能也可以用单位长度上的表面张力表示，其单位通常为 N/m。

2. 晶界

多晶中相邻晶粒的晶体结构相同但取向不同, 晶粒之间的接合区域称为晶粒间界, 简称晶界。根据相邻晶粒的位向差不同, 可分为大角度晶界和小角度晶界。相邻晶粒位向差大于 15° 的晶界称为大角度晶界, 如图 2.18(a) 所示; 位向差小于 15° 的晶界称为小角度晶界, 如图 2.18(b) 所示。现在普遍认为, 小角度晶界由一系列位错构成, 晶界的结构和性质与位向差有关系。大角度晶界的结构则十分复杂, 晶界的结构和性质与位向差关系不大。多晶中大角度晶界占多数。

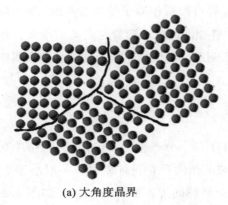

(a) 大角度晶界   (b) 小角度晶界

图 2.18　晶界示意图

(1)小角度晶界。根据相邻晶粒位向差的形式不同, 小角度晶界可分为对称倾斜晶界、非对称倾斜晶界和扭转晶界等。图 2.19(a) 所示为对称倾斜晶界的结构模型, 它是由两个晶粒相互倾斜 $\theta/2$ 角($\theta<15°$)所构成, 其晶界是由一系列平行的刃型位错所构成, 这些位错也可称为"位错墙"。如果两晶粒之间的位向差仍是 θ, 但晶界的界面对于两个晶粒不是对称的, 则称为非对称倾斜晶界。图 2.19(b) 所示为扭转晶界的结构模型。它是两部分晶体沿垂直于共同晶面的转轴旋转 θ 角($\theta<15°$)所构成的。扭转晶界由互相交叉的螺型位错所组成。

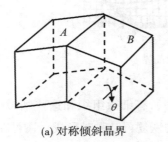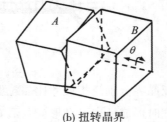

(a) 对称倾斜晶界   (b) 扭转晶界

图 2.19　小角度晶界

小角度晶界都可以看作两部分晶体绕某一轴旋转而成。倾侧晶界的转轴在晶界内，而扭转晶界的转轴垂直于晶界。对于大多数小角度晶界，转轴既不平行于晶界，也不垂直于晶界，一般由刃型位错和螺型位错组合组成。

（2）大角度晶界。一般认为，大角度界面两侧的点阵不存在明显的对应关系，孪晶界等特殊情形除外，因为孪晶界作为特殊的大角度晶界，两部分晶体沿孪晶面构成镜面对称的位向关系。一般大角度晶界不是光滑的曲面，而是由形状不规则的台阶组成，其结构不能用位错模型描述。界面上既包含有不属于任意一晶粒的原子，也含有同时属于两晶粒的原子；既包含有压缩区，也包含有扩张区。大角度晶界中的某些区域原子排列比较紊乱，而某些区域则比较规则。因此，多数大角度晶界可以看作原子排列紊乱的区域（简称坏区域）与原子排列较规则的区域（简称好区域）交替相间而成。随着位向差的增大，坏区域所占比例增大。大角度晶界层很薄，由几个原子间距厚的区域组成。比如，纯金属中大角度晶界的厚度不超过 3 个原子间距。

3. 亚晶界

在实际晶体内，每个晶粒内的原子排列并不是十分齐整的，包含了更小的"亚组织"。这些亚组织由直径 $10 \sim 100 \mu m$ 的晶块组成，彼此位向存在稍许差异，一般小于 2°。这些小晶块称为亚晶，相邻亚晶之间的界面称为亚晶粒间界，简称亚晶界，如图 2.20 所示。亚晶界属于小角度晶界。

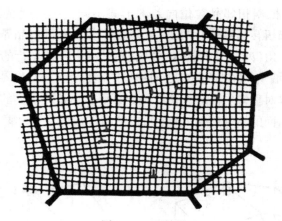

图 2.20　亚晶界

亚组织和亚晶界分别泛指尺寸比晶粒更小的所有细微组织和这些细微组织的分界面。它们可以在凝固时形成，也可在形变及形变后的恢复再结晶时形成，还可在固态相变时形成。如金属结晶时于晶粒内部出现的胞状组织和它们的界面，以及经变形和退火后（多边形化）出现的亚晶粒和它们之间的界面等均属于此类。

4. 晶界特性

和晶粒内规则的点阵结构相比，晶界处原子排列不规则，存在晶格畸变，使得晶界具有不同于晶粒内部的特性。首先，晶界处点阵畸变较大，晶界原子的平均能量较晶粒内部原子的能量高，晶界具有界面能或晶界能。在一般情况下，为了降低晶界的总能量，具有高界面能的晶界会自发向低界面能的晶界转化，这就构成了晶界迁移运动的驱动力。因此，晶粒长大和晶界的平直化都可减少晶体中晶界的总面积，降低晶界的总能量，从而使金属材料处于较稳定的状态。晶界的迁移依靠原子的扩散才能实现，因此，温度的升高和保温时间的增长，都有利于晶界的迁移。

由于界面能的存在，当金属中存在能够降低界面能的异类原子(如溶质或杂质)，这类原子会偏聚于晶界，这种现象叫做内吸附。反之，如果原子能提高界面能，在晶粒内部引起的畸变能低于在晶界引起的畸变能，则会在晶粒内偏聚，这种现象称为反内吸附。内吸附和反内吸会显著影响金属及合金的相变过程和某些性能。例如，钢中加入的微量硼、磷会在富集于晶界，其中硼的晶界富集会抑制第二相在晶界的形核长大，从而改善钢的淬火能力；而磷的晶界富集，则会增加钢的脆性。

在室温下，晶界能阻碍位错的运动，从而使金属材料的抗塑性变形能力提高，宏观表现为材料具有更高的强度和硬度。晶粒越细，金属材料的强度和硬度越高。因此，对于在较低温度下使用的金属材料，一般总是希望获得较细小的晶粒。而高温下由于晶界存在一定的黏滞性，相邻晶粒易发生相对滑动，材料的强度会下降。

晶界是畸变区，存在较多的缺陷，如空位、位错等，故晶界处原子的扩散速度比晶内快。在发生相变时，新相易于在晶界形核。此外，晶界原子较大的活性以及晶界杂质原子富集，使晶界易于腐蚀和氧化。

思考题

1. 原子间的结合键共有几种？简要分析它们的特点。
2. 晶体和非晶在结构和性能上最本质的区别是什么？
3. 列出几个晶系，并说出各大晶系的区别。
4. 按晶体的刚球模型，当 Fe 从面心立方结构转变成体心立方结构时，计算其体积变化。
5. 计算面心立方、体心立方和密排六方晶胞的致密度。
6. 锆是密排六方结构，其平均原子半径为 0.16nm，试计算其晶胞体积。
7. 纯金属晶体中主要点缺陷类型有哪些？这些点缺陷对金属的结构和性能有何影响？
8. 为什么室温下金属晶粒越细，强度硬度越高，塑性韧性也越好？
9. 晶界有哪些特性？

第3章 固态扩散及相变

3.1 固态扩散

3.1.1 概述

扩散是一种物质传递方式,即是物质中原子或分子发生迁移的现象。气体和液体分子迁移速率高,扩散过程容易被人们察觉。固态原子扩散速率远低于气态或液态原子和分子扩散速率,常温下发生的固态扩散难以被发现,只有在加热情况下才能在短时间内观察到扩散现象。以金属晶体固态材料为例,原子本身按一定规律呈周期性规则排列,处于各自的平衡位置,但并非静止不动,而是以很高的频率、在结点附近来回进行热振动。温度越高,原子热振动能力越强,就有可能挣脱平衡位置迁移到其他位置,而发生这种迁移的原子数量随温度升高越来越多,并且原子迁移速率也越来越快。大量原子微观上的迁移造成了物质宏观变化。因此,只要热力学温度不为零,金属原子就可能挣脱平衡位置发生扩散迁移。固态扩散要发生,需要符合以下四个条件:

(1)驱动力。驱动力可以是温度梯度、应力梯度、浓度梯度和表面能的降低等。胆矾在清水中的扩散,是浓度梯度造成的。

(2)扩散原子能固溶。扩散原子可以溶入基体中形成固溶体,否则无法进行扩散。

(3)扩散温度足够高。温度很低时,原子热振动能力弱,甚至接近零,能够被激活脱离平衡位置的概率很低,无法表现出物质输送的宏观效果。

(4)扩散时间足够长。原子跃迁 1mm 距离,也需要迁移亿万次才行,只有长时间的迁移才能造成物质的宏观定向移动。

固态扩散根据扩散过程是否发生浓度变化,分为以下两种:

(1)自扩散。扩散过程中没有浓度变化,基本发生在纯金属和均匀固溶体中,如晶粒的长大过程。

(2)互扩散。扩散过程伴有浓度变化,存在异类原子浓度差,如柯肯达尔效应。

固态扩散依据扩散方向是否与浓度梯度方向一致进行以下分类:

(1)下坡扩散。沿着浓度降低的方向进行,使浓度均匀化。

(2)上坡扩散。沿着浓度升高方向进行,使浓度差值继续增大。

根据扩散过程是否出现新相,分为原子扩散和反应扩散。扩散过程晶格类型保持不变,没有新相产生则为原子扩散,有新相产生则是反应扩散。

著名的柯肯达尔效应向人们证实了固态扩散现象，其实验设计如下：选择 Cu 和 Ni 两种固态金属，制成金属棒，横截面紧密接触在一起，即形成了一对扩散偶，如图 3.1(a)所示，然后把扩散偶加热到高温(低于两种金属熔点)保温一段时间后冷却到室温。随着时间的推移，金属界面颜色发生变化，界面变宽变模糊，如图 3.1(b)、(c)所示。对保温后的扩散偶进行化学成分分析，扩散偶两端纯金属被界面处的合金层分开了，表明两种金属原子相互扩散到对方金属晶格结构内部，发生了固态扩散。固态扩散需通过热处理、压力加工或者其他方式加速扩散速率才具有实际应用价值。此外，金属及合金的熔炼及结晶、陶瓷材料的烧结、各种材料的焊接，冷变形后金属的回复与再结晶等都与扩散有关。掌握固态扩散的规律可以更好地控制材料的制备与工艺，以获得更优秀的性能。

  (a)热处理前 Cu-Ni 扩散偶   (b)加热保温较短时间   (c)加热保温较长时间

图 3.1 Cu-Ni 扩散偶热处理前后金属成分的分布

3.1.2 扩散机制

金属晶体主要的扩散机制有空位扩散和间隙扩散，图 3.2 所示为两种扩散机制示意图。如图 3.2(a)所示，原子在扩散过程中是从常态的晶格阵点位置跃迁到邻近点阵空位，原来阵点位置就会产生新的空位，这个过程持续进行，就是空位扩散。空位扩散需要扩散原子的邻近空位预先存在，且主要在自扩散和涉及置换原子扩散过程中发生。间隙扩散是指晶体结构中的原子从一个间隙位置移动到另一个间隙位置，如图 3.2(b)所示。发生间隙扩散的原子通常是氢、碳、氮及氧等小半径原子，它们能够进入到晶格间隙中进行扩散，不需要空位，比空位扩散更易发生。

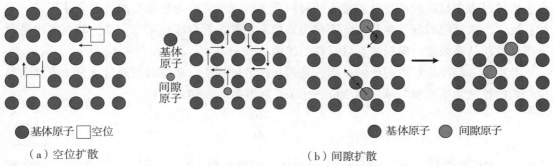

   (a)空位扩散   (b)间隙扩散

图 3.2 空位扩散和间隙扩散机制示意图

离子化合物的扩散比金属复杂得多，因为需要同时考虑两种电性相反的离子。离子晶体一般通过空位扩散机制进行，为了保持移动离子附近的电中性，离子空位会成对出现，叫空位对，如图 3.3 所示。此外，离子晶体空位扩散是在非化学计量比化合物中形成，基体原子与置换杂质原子价态不同。例如，Fe 与 O 形成的陶瓷化合物，若同时存在 Fe^{2+} 和 Fe^{3+}，则每产生两个 Fe^{3+}，就需要形成一个 Fe^{2+} 空位来实现晶体电中性。因此，离子扩散必然伴随具有相同或相反电荷的载体粒子配合该离子的扩散，这也使得材料内部扩散速率受迁移速率慢的粒子限制。

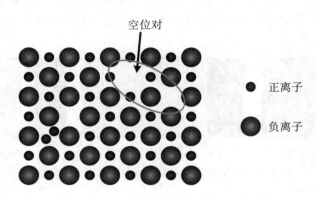

图 3.3　离子晶体点缺陷示意图

聚合物扩散的核心是分子链之间的异质小分子（例如 H_2O、CO_2、O_2 以及 CH_4 等）的扩散，它们的扩散对材料性能影响大。一般小分子的异质分子扩散速率高于大分子。具有化学惰性的异质分子比那些与高分子发生化学反应的分子扩散速率快。非晶区的扩散规律类似于金属的间隙扩散机制，其扩散速率高于结晶区的扩散速率。

3.1.3　扩散定律

在固体材料中，扩散是物质传输的唯一方式。对固态扩散过程进行量化研究，是制定扩散工艺参数的重要依据，从而实现精准控制材料的成分和性能。以合金扩散过程为例，合金扩散过程中材料内部各处浓度不随时间而变的现象，称为稳态扩散，遵守菲克第一定律；反之，浓度随时间发生改变，则称为非稳态扩散，符合菲克第二定律。菲克定律是用来描述物质从高浓度区向低浓度区迁移的扩散方程。

菲克第一定律是扩散理论的基础，是指在扩散过程中，单位时间通过垂直于横截面单位面积的扩散物质质量与浓度梯度成正比关系，其数学表达式为：

$$J = -D \frac{dC}{dx} \tag{3-1}$$

式中，J 为扩散通量，单位 $g/(cm^2 \cdot s)$；D 为扩散系数，单位 cm^2/s；$\frac{dC}{dx}$ 为体积浓度梯度，负号表示物质扩散方向与浓度梯度方向相反。

菲克第二定律描述的是非稳态扩散现象，在扩散过程中，材料各处浓度不仅随距离变化，而且还随时间变化，这类扩散也是实际经常遇到的情况。图 3.4 所示为扩散通过微小体积的示意图。设微小体积浓度为 C，则 $A\mathrm{d}x$ 体积内物质积存速率可表示如下：

$$\frac{\partial(CA\mathrm{d}x)}{\partial \mathrm{t}} = \frac{\partial C}{\partial \mathrm{t}}A\mathrm{d}x \qquad (3\text{-}2)$$

同时，该物质积存速率还可以表示为

$$J_1A - J_2A = -\frac{\partial J}{\partial x}A\mathrm{d}x \qquad (3\text{-}3)$$

由式(3-2)和式(3-3)可得

$$\frac{\partial C}{\partial t} = -\frac{\partial J}{\partial x} \qquad (3\text{-}4)$$

将式(3-1)代入式(3-4)后得

$$\frac{\partial C}{\partial t} = \frac{\partial}{\partial x}\left(D\frac{\partial C}{\partial x}\right) \qquad (3\text{-}5)$$

若扩散系数与浓度 C、距离无关，则式(3-5)为

$$\frac{\partial C}{\partial t} = D\frac{\partial^2 C}{\partial x^2} \qquad (3\text{-}6)$$

式(3-6)表示的就是菲克第二定律。

式(3-1)和式(3-6)都是偏微分方程，无法直接用于实际生产，只有在获得具体的扩散起始条件和边界条件，得到微分方程的解后才能应用，通常表达式为 $C = f(x, t)$。

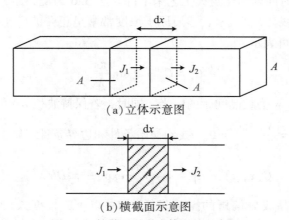

(a)立体示意图

(b)横截面示意图

图 3.4 扩散通过微小体积的示意图

3.1.4 扩散的应用

扩散焊、钎焊、电镀、渗碳、半导体硅片掺杂等工艺都和扩散过程有关。半导体集成电路制造中最重要的一个环节是在单晶硅片上错综复杂且精细的图形中微小空间范围内掺入精确浓度的杂质原子，其中一种方式可通过原子的扩散过程来实现。如果采用预沉积方

式扩散，即杂质原子通常从分压恒定的气相中扩散进入硅基体，则表面的杂质原子浓度保持恒定，硅基体内部的浓度变化如图 3.5 所示。因此，扩散过程的起始条件和边界条件都能确定，菲克第二定律方程可表示为

$$C(x、t) = \frac{Q_0}{\sqrt{\pi Dt}}\exp\left(-\frac{x^2}{4Dt}\right) \tag{3-7}$$

式中，x 表示离硅表面的距离，t 表示扩散时间，Q_0 表示单位面积扩散的杂质原子数，D 是扩散系数。利用式(3-7)可以精准控制硅片中杂质原子浓度。

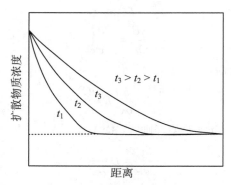

图 3.5   Si 基体浓度随位置的变化规律

合金固溶体浇铸后组织经常出现不同程度的枝晶偏析，会损害材料的力学性能，但这种偏析可通过高温长时间均匀化退火工艺来消除。图 3.6 为浇铸组织内枝晶偏析示意图，横截面上二次晶轴连线 AB 直线上，溶质原子浓度常常呈正弦波变化。由此可知，任意位置 X 处溶质原子分布可表示为：

$$C_x = C_p + A_0\sin\frac{\pi x}{\lambda} \tag{3-8}$$

式中，$A_0 = C_{max} - C_p$，λ 为枝晶间距的一半。同时，若保持波长 λ 不变，可知道 $x=0$ 位置时，浓度为 C_p，且 $x = \frac{\lambda}{2}$，$\frac{dC}{dx} = 0$。找到初始条件和边界条件，则扩散方程的解为

$$C(x, t) - C_p = A_0\sin\frac{\pi x}{\lambda}\exp(-\pi^2 Dt/\lambda^2) \tag{3-9}$$

若要求退火后枝晶成分偏析的振幅降低到 1% 以下，根据式(3-9)计算所需退火时间为

$$t = 0.467\frac{\lambda^2}{D} \tag{3-10}$$

式(3-10)表明，退火所需时间与树枝晶间距平方成正比，与扩散系数 D 成反比。均匀化退火前进行锻造使枝晶破碎，可减小枝晶间距，缩短退火时间。提高退火温度，增大扩散系数 D，也能减少退火时间。

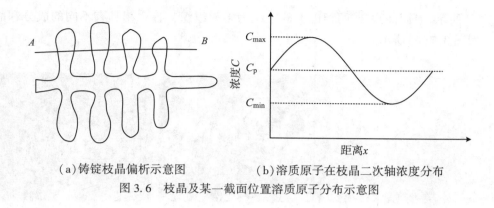

（a）铸锭枝晶偏析示意图　　（b）溶质原子在枝晶二次轴浓度分布

图 3.6　枝晶及某一截面位置溶质原子分布示意图

3.2　相及相变

3.2.1　概述

H_2O 分子可以构成液态的水、固态的冰和气态的云，这三种物质成分相同，但分子排列方式和聚集程度不同。冰中存在的水分子排列紧密，表现为长程有序分布；液态中的水分子之间间距较大，呈现长程无序排列，但在某些微区处也存在短程有序排列；而在云中的水分子间距很大，相互之间几乎没有作用力，是完全的无序排列。水分子组成的这三种物态也可以被称为水的固相、气相和液相。

相是指具有同一聚集状态，同一晶体结构，成分基本相同（不发生突变），并有明确界面与其他部分分开的均匀部分或连续变化的部分。因此，聚集态、晶体结构和化学成分这三个要素中任何一个或者多个发生变化，就意味着相变。例如，纯铁在不同温度下具有不同的晶体结构，面心立方的 γ-Fe 和体心立方的 α-Fe 即为两个相，Fe 的同素异构转变是一种相变。铜和铝都是面心立方结构，但成分不同，也为两个相。

材料宏观外在性能取决于材料内部的组织结构，好的组织对应好的性能，差的组织对应差的性能，而组织是相变的产物。控制相变过程可以获得所需要的组织结构，最终实现性能优化。组织是一个与相紧密相关的概念，若相的数量、大小或分布状态不同，则形成不同的组织。一个组织可能由一个相构成，也可能是多个相构成。从观察的角度看组织，光学显微镜下能够独立分辨的部分即为一个组织。

图 3.7 是钢中常见组织金相照片。从图 3.7（a）可知，能够独立分辨的部分只有白色的铁素体晶粒，即一个铁素体相构成一个铁素体组织。图 3.7（b）中能够独立分辨的部分明显包含了两处：白色区域和黑白相间两个区域，白色区域是铁素体组织，黑白相间处为珠光体组织（铁素体和渗碳体两相间隔排列形成），因此这张照片的组织是铁素体和珠光体，相则有铁素体相和渗碳体相。在图 3.7（c）中，独立分辨的部分只有黑白相间区域，即珠光体组织，但包含了铁素体与渗碳体两个相。根据相的数量，组织可分为单相组织和多相组织。具有单一相的组织为单相组织，即所有晶粒的晶体结构和化学成分都相同，如

图3.7(a)所示。具有两相或两相以上的组织为多相组织,各个相具有不同的成分和晶体结构,如图3.7(c)所示。

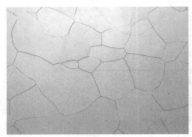 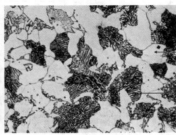 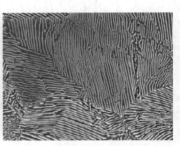

<table>
<tr><td>(a)铁素体组织</td><td>(b)铁素体组织+珠光体组织</td><td>(c)珠光体组织</td></tr>
<tr><td>(铁素体相)</td><td>(铁素体相+渗碳体相)</td><td>(铁素体相+渗碳体相)</td></tr>
</table>

图3.7 钢中常见组织光学显微镜照片

3.2.2 相变过程

固态相变过程按照动力学方式分为以下两类:

(1)扩散型相变。该相变依靠原子(或离子)的扩散来实现,要求温度足够高,原子(或离子)活动能力足够强。例如,平衡态下的金属同素异构转变、纯金属的凝固、合金的回复与再结晶。

(2)非扩散型相变。这类相变通常在较低温度下发生,原子仅作有规律的短程迁移,使晶体点阵发生改组。迁移中,相邻原子间相对位置不发生改变,相对移动距离不超过原子间距。相变前后只发生晶体结构改变,不发生成分改变,例如,金属的马氏体相变,陶瓷的同素异构转变。ZrO_2若发生如下同素异构转变:

$$c - ZrO_2 \xrightarrow{2370℃} t - ZrO_2 \xrightarrow{1000℃} m - ZrO_2$$

上述ZrO_2晶体结构分别为立方、正方和单斜,如图3.8所示。由图3.8可知,Zr^+和O^-并没有发生长程扩散,只是沿特定的晶面和晶向整体作有规律的位移,结构发生畸变实现了非扩散型相变。

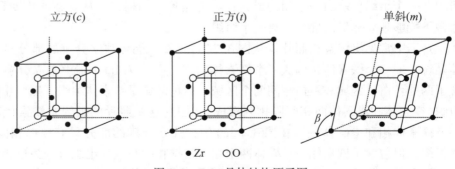

图3.8 ZrO_2晶体结构原子图

实际固态相变也可能同时具有扩散型相变和非扩散型相变的特征，例如，贝氏体转变。以最常见的扩散型固态相变为例分析相变过程。扩散型相变反应是一个需要时间逐步完成的物质迁移过程，首先是形成与母相结构或成分不同的新相小块体，然后小块体渐渐长大，直到反应结束。相变过程可分为两个阶段：形核和长大。形核是指由上千个原子组成的小颗粒作为新相原子核出现。长大是指这些新相原子核尺寸逐渐变大，母相逐渐减少，最后母相全部消失，反应达到平衡的过程，此时，相变才结束。

1. 形核

固态相变形核分为均匀形核和非均匀形核。均匀形核是指新相晶核在母相内无选择性地均匀形核。非均匀形核是指新核优先在母相某些位置择优形成，例如晶界、位错、杂质和容器壁等。均匀形核属于理想情况，实际工业生产中普遍存在的是非均匀形核。任何固态相变要发生，吉布斯自由能变化必须为负值，即 $\Delta G < 0$，反应才会自发进行。如图 3.9 所示，以合金固态相变为例，系统总的自由能变化表示如下：

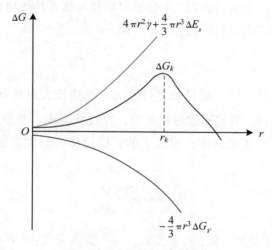

图 3.9 ΔG 与 r 的曲线关系

$$\Delta G = - V\Delta G_V + A\gamma + V\Delta E_s \qquad (3\text{-}11)$$

式中，ΔG_V 为形成单位体积新相产生的体积自由能变化值；ΔE_s 为形成新相的应变能变化值；γ 表示新相和母相界面处单位面积界面能；V 为新相体积；A 为表面积。从式（3-11）中可知，形核的驱动力是体积自由能变化，阻力为表面能和应变能。

假设新相晶核呈球形，半径为 r，式（3-11）也可表示为以下形式：

$$\Delta G = - \frac{4}{3}\pi r^3 \Delta G_v + 4\pi r^2\gamma + \frac{4}{3}\pi r^3 \Delta E_s \qquad (3\text{-}12)$$

将式(3-12)中 ΔG 与 r 之间函数关系作图，得到如图 3.9 所示曲线。从图中可知，只有晶坯尺寸大于 r_k 时，晶坯继续长大，才能使系统自由能降低，晶坯成为稳定的晶核发生长大。当 $\dfrac{\partial(\Delta G)}{\partial r} = 0$，求出临界值 r_k 和对应自由能临界值 ΔG_k 如下：

$$r_k = \frac{2\gamma}{\Delta G_v - \Delta E_s} \tag{3-13}$$

$$\Delta G_k = \frac{16\pi\gamma^3}{3(\Delta G_v - \Delta E_s)^2} \tag{3-14}$$

固态相变形核与液态结晶形核一样，大多数为非均匀形核。非均匀形核体系自由能变化为

$$\Delta G_{非} = -V\Delta G_v + A\gamma + V\Delta E_s - \Delta G_d \tag{3-15}$$

式中，各字母的意义与式(3-11)相同，仅多了一项 ΔG_d，表示在缺陷处形核系统自由能降低的部分。

对比式(3-11)和式(3-15)可知，均匀形核时，仅系统体积自由能降低是反应的驱动力；而非均匀形核时，系统体积自由能降低和缺陷处形核系统自由能降低都是反应的驱动力，因此非均匀形核更易发生。非均匀形核临界半径与临界晶核功也可通过公式(3-15)计算出，且计算值一定小于均匀形核需要的临界值。

2. 长大

相变过程中，只要晶坯尺寸超过临界尺寸 r_k，晶核长大过程就开始了。在长大过程中，原子做长程扩散运动。首先通过母相扩散，穿过相界面，然后进入新相晶核。因此，晶核长大速率取决于原子扩散速率，而原子的扩散速率与温度紧密相关，它们之间关系如下：

$$\mathring{G} = C\exp\left(-\frac{Q}{kt}\right) \tag{3-16}$$

式中，$\mathring{G}$ 是长大速率；Q 是激活能；C 是常数，都与温度无关；t 表示温度。

$\mathring{G}$ 与温度函数关系如图 3.10 中曲线 2 所示，曲线 3 为形核率 $\mathring{N}$ 与温度的关系，曲线 3 表示固态相变的总体相变速率。在某一特定温度下，总体相变速率是由 $\mathring{G}$ 和 $\mathring{N}$ 共同影响形成，是两者的乘积。若以冷却过程发生相变为研究对象，则相变温度较高时，原子扩散速率快，但过冷度和相变驱动力较小，晶核长大速率取决于 $\mathring{N}$。相变温度较低时，过冷度和相变驱动力较大，原子扩散速率低，$\mathring{G}$ 成为晶核长大的控制因素。

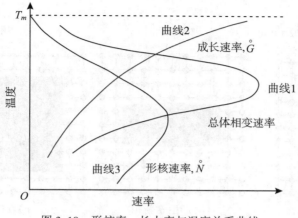

图 3.10 形核率、长大率与温度关系曲线

3.2.3 固态相变的应用

固溶处理和人工时效是铝合金常用的热处理工艺，能使合金产生相变强化，从而提升材料的力学性能，这类相变属于扩散型相变。例如，将 Al-4%Cu 合金加热到 550℃后，让 Cu 原子扩散进 Al 基体中形成 α 固溶体，随后快速冷却得到过饱和 α 固溶体。由于 Cu 原子在 Al 基体中的高温溶解度显著大于低温溶解度，过饱和 α 固溶体是一个不稳定相，若加热到 130~150℃保温一段时间，进行人工时效，则合金原子会发生扩散迁移产生稳定的新相。如图 3.11(a)所示过饱和 α 固溶体中原子首先通过扩散在铝基体中形成富铜的偏聚区，简称 GP，GP 区不是新相。一部分 GP 区直接转变成 θ″相，另一部分 GP 区溶解了，并把 Cu 原子送到 θ″新相中。从图 3.11(b)中可看到出，θ″相附近存在晶格点阵畸变，会阻碍材料发生塑性变形时的位错运动，从而使合金变得更硬、更强。随着时效进行，θ″相溶解，θ′相形核长大，仍然与基体保持共格或半共格关系，材料仍然为强化状态。θ′相进一步长大，产生的应变达到一定程度，只能形成新的稳定相 θ，如图 3.11(c)所示。相变前为单相 α 固溶体，相变后为弥散细小的 θ 相分布在 α 基体相中，产生沉淀硬化效果，提高了材料硬度、强度。

非扩散型相变最具代表性的例子是马氏体相变，马氏体相变几乎成了非扩散型相变的代名词，也是钢中最常用、最经济的一种强化材料力学性能的途径。马氏体相变最早是在钢中发现，当把将钢加热到一定温度奥氏体化后迅速冷却，能够得到一种能使钢变硬、增强的淬火组织，这个转变过程就是马氏体相变。淬火组织就是马氏体，即碳在 α-Fe 中过饱和固溶体。马氏体相变在较低温度进行，转变时，铁原子和碳原子都不发生扩散，参与相变的所有原子运动协同一致，相邻原子的相对位置不变，而且相对位移量小于一个原子间距。图 3.12 所示为马氏体相变过程原子位移示意图。马氏体相变产生的均匀切变称为点阵切变，造成结构变化，试样表面出现浮凸现象，马氏体中过饱和的碳会对基体产生强烈的固溶强化，同时含有大量的位错或孪晶亚结构造成位错强化，这些都使马氏体组织强

41

度、硬度高于含碳量相同的奥氏体，从而使材料得到强化。

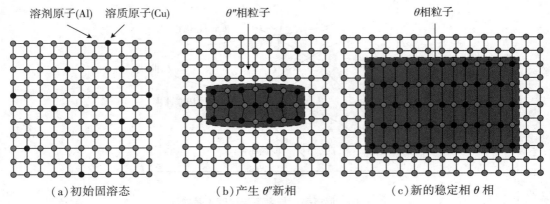

图 3.11　脱溶转变过程原子扩散分布示意图

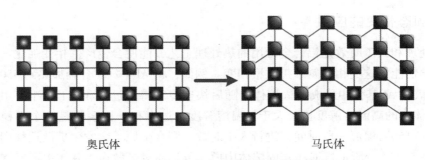

图 3.12　马氏体相变过程原子位移示意图

3.3　相结构及相图

3.3.1　概述

　　大部分金属材料需要通过热处理发生相变，才能得到所需要的性能。相图给出了温度、时间和相变之间的关系图解，是制定热处理工艺的重要依据。掌握相图分析方法可帮助了解材料组织状态和预测材料性能，以及设计开发新材料。金属及合金相图理论发展最早，最成熟，我们主要围绕金属材料来进行相图分析。

　　合金指两种或两种以上的金属，或金属与非金属，经过熔炼或烧结，或用其他方法组合而成的具有金属特性的物质。构成合金最基本的、独立的物质称为组元。组元可以是纯元素，也可以是稳定的化合物。例如，碳素钢的组元是铁和碳，或者是铁和渗碳体。白铜的组元是铜和镍。金属及合金中含有的相种类繁多，不同相的晶体结构也不同，根据相的晶体结构可分为固溶体和金属化合物两大类。

1. 固溶体

以合金中某一组元为溶剂，其他组元为溶质，形成的新相晶体结构与溶剂晶体结构相同、晶格常数稍有变化的固相就是固溶体。绝大部分金属都能在固态下溶解于其他元素形成固溶体，只是溶解度不同而已，且固溶体成分可在一定范围内变化，因此化学分子式的表达也是变化的。如图 3.13 所示，根据溶质原子在晶格中所占位置不同，固溶体分为以下两类：

（1）间隙固溶体，是指溶质原子位于溶剂晶格间隙中所形成的固溶体，如碳原子溶入 α-Fe 中形成铁素体。

（2）置换固溶体，是指溶质原子占据溶剂晶格某些结点位置形成的固溶体，如 Cu-Zn 固溶体。

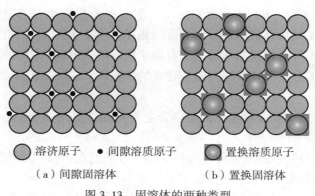

⬤ 溶济原子　• 间隙溶质原子　▣ 置换溶质原子

（a）间隙固溶体　　　　（b）置换固溶体

图 3.13　固溶体的两种类型

2. 金属化合物

金属化合物指溶质原子加入量超过溶剂基体固溶度极限时形成的一种新相，新相晶体结构不同于此相中的任意组元，这种新相即是金属化合物，也叫做中间相。图 3.14 给出了中间相 $MgCu_2$ 的晶体结构。从图中可知，$MgCu_2$ 为立方面心点阵，Mg 原子类似金刚石原子的排列，4 个 Cu 原子形成四面体，相互之间共用顶点连接起来，排布在 Mg 原子构成的晶体结构的空隙中。因此，$MgCu_2$ 晶体结构既不同于密排六方结构的金属 Mg，也不同于面心立方结构的金属 Cu。按影响中间相形成的因素可分为三类：

（1）正常价化合物，指两种电负性差较大的元素以化合价规律形成的化合物，如 MnS、MgS、SiC 等。

（2）电子化合物，是指按照电子浓度规律来进行化合的物质，如 CuZn、AgZn、NiAl 等。

（3）尺寸因素化合物，是指非金属原子半径与过渡族金属原子半径符合一定范围比值的化合物，即这种化合物的形成主要受组元之间相对尺寸控制，如 Fe_4N、Mo_2C、ZnH_2 等。

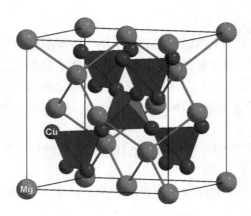

图 3.14　MgCu₂ 的晶体结构

从上述内容可知，固溶体与金属化合物最大的区别是：固溶体保留原有溶剂组元晶体结构，而中间相晶体结构与任何组元均不相同，它是一种新结构。中间相可以是化合物，也可以是以化合物为基的固溶体而成为二次固溶体。此外，固溶体原子间以金属键为主，中间相主要以共价键及离子键为主。固溶体的塑性、韧性好，中间相的强度、硬度高。

相图是描述平衡状态下系统中相的数目和类型与成分、温度以及压力之间关系的图解，又称为状态图和平衡图。实际工业生产大多在常压下进行，压力为常数，因此相图坐标轴的变量只有物质成分和温度。根据合金组元数目，相图可分为一元相图、二元相图和三元相图等。掌握相图的建立有助于更好地理解和使用相图，相图建立有实验法和计算法，但大部分相图是根据实验法建立的，现以 Cu-Ni 二元合金相图为例介绍实验法，具体过程如下：

（1）配置不同成分 Cu-Ni 合金，测出各合金冷却曲线见图 3.15（a），标注出曲线上特征点（转折点或平台两个端点）。

（2）将图 3.15（a）特征点对应标注在图 3.15（b）的温度-成分坐标图上。例如，$\omega_{Ni}\% = 30$ 的 Cu-Ni 合金成分线上的 a 和 a' 点。

（3）将意义相图的点连接成曲线，标上相应的数字和字母。在图 3.15（b）中，abc 是由液相结晶开始点连成，被称为液相线。$a'b'c'$ 是由结晶结束点连接成，被称为固相线。固相线、液相线不仅是相的区分线，也是结晶时两相成分随温度变化的成分曲线。

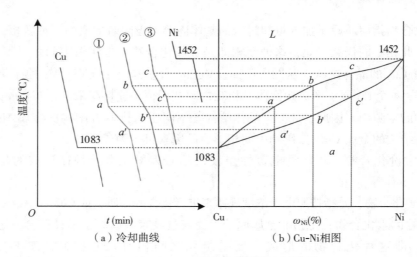

（a）冷却曲线　　　　　（b）Cu-Ni 相图

图 3.15　Cu-Ni 二元合金相图建立示意图

某成分合金，在两相区某一恒定温度下，液相和固相质量百分比可以通过杠杆定律计算求得，下面以 Cu-Ni 相图为对象，推导杠杆定律。如图 3.16 所示，选取 o 点成分合金，其对应 oo' 直线，然后在两相区任取某一温度水平线，该温度线与液相线和固相线线分别交于 a 和 b。a、b 点对应的成分即为液相和固相 α 的成分含量，分别以 ω_{Ni}^{L} 及 ω_{Ni}^{α} 表示。设合金总质量为 Q_o，此温度下液相质量设为 Q_L，固相 α 质量设为 Q_α，它们之间关系如下：

$$Q_o = Q_L + Q_\alpha \tag{3-17}$$

o 点合金中 Ni 含量等于液相中 Ni 含量与固相中 Ni 含量，关系如下式：

$$Q_o \omega_{Ni}^{o} = Q_L \omega_{Ni}^{L} + Q_\alpha \omega_{Ni}^{\alpha} \tag{3-18}$$

由式(3-17)和式(3-18)可推导出以下公式：

$$\frac{Q_\alpha}{Q_L} = \frac{\omega_{Ni}^{o} - \omega_{Ni}^{L}}{\omega_{Ni}^{\alpha} - \omega_{Ni}^{o}} \tag{3-19}$$

式(3-19)表示的液相含量与固相含量对比关系就像力学中的杠杆，如图 3.16 右图所示，因此被称为杠杆定律。

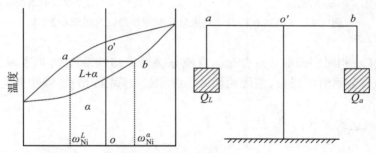

图 3.16 杠杆定律证明及示意图

从上述分析可知，任意成分的 Cu-Ni 合金在不同温度下的平衡状态，存在的相类型，相的成分及相对含量，以及在加热和冷却时可能发生哪些转变等，都能通过相图获知，相图是研究合金的重要工具。

3.3.2 二元简单相图

二元相图中最常见的相图有匀晶相图、共晶相图和包晶相图，这些相图也是分析其他复杂相图的基础。

1. 匀晶相图

匀晶反应是指从液相中结晶出一个固相的转变，即 $L \rightarrow \alpha$，只发生匀晶反应的相图称为匀晶相图。匀晶相图是最简单的相图，也是学习二元合金相图的基础，几乎所有二元合金相图都含有匀晶转变。以 Cu-Ni 二元合金相图为例分析匀晶反应，如图 3.17 所示，相图中特征点、线及区有：

(1)2 个点：a 和 b 分别代表纯铜、纯镍熔点。

(2)2 条线：ao_1b 和 ao_2b 分别为液相线和固相线。

(3)3 个区：从上往下依次为 L、$L+\alpha$ 和 α。液相线和固相线不仅是相区划分线，也是液相和固相在平衡结晶过程中的成分变化轨迹线。

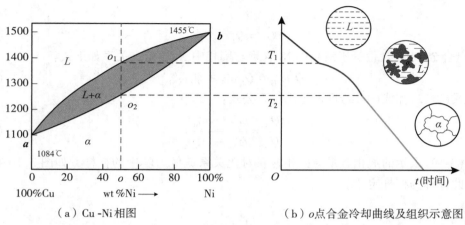

（a）Cu-Ni 相图　　　　　　　　　（b）o 点合金冷却曲线及组织示意图

图 3.17　Cu-Ni 相图及 o 点成分合金冷却曲线及组织示意图

在图 3.17(a)相图中任取 o 点合金，自液态缓慢冷却到温度 T_1 时，从液相中开始析出固相 α(α 为合金固溶体)进入液固两相区，继续缓慢降温到 T_2，液相消失，只有固相保留至室温。

结晶过程表达式如下：

$$L_0 \xrightarrow[L \to \alpha]{T_1 \sim T_2} L + \alpha \xrightarrow[无变化]{T < T_2} \alpha$$

从图 3.17(a)可看出，合金结晶是在一个温度范围内完成，而纯金属则是在恒温下结晶。图 3.17(b)为合金冷却曲线及冷却过程中不同阶段组织示意图。相图描述的是平衡结晶过程，即合金在极缓慢冷却条件下，使得每个扩散阶段都能完全进行，液相和固相成分整体处处均匀一致。实际工业生产时，结晶速率都较快，属于非平衡结晶，因此，相变过程与平衡相图规律并不完全相同。图 3.18 给出了匀晶系合金不平衡结晶。$L_1L_2L_3L_4$ 是液相线，$a_1a_2a_3a_4$ 为平衡转变时的固相线，$a'_1a'_2a'_3a'_4$ 是非平衡转变的固相平均成分线。在不平衡结晶时，通常假定液相原子扩散速率足够快，液相成分可均匀化，而固相原子扩散慢，固相成分无法完全均匀化。任取 C_0 成分固溶体，从液态冷却到 t_1 时，液相成分为 L_1，析出成分为 a_1 的固相。当温度降到 t_2 时，若是平衡结晶，固相成分全部变成 a_2，若是非平衡结晶，t_1 温度下析出的固相仍保持 a_1 成分，t_2 温度下新结晶固相为 a_2 成分，两种成分的平均值在 a'_2 处。温度继续下降到 t_3 时，液相为 L_3 成分，若是平衡结晶，固相成分全部变成 a_3，若是非平衡结晶，则 t_1 温度和 t_2 温度析出的固相仍分别保持 a_1 和 a_2 成分，只有此时析出的新相成分是 a_3。依此类推，则得到非平衡转变过程产生的固相平均成分线 $a'_1a'_2a'_3a'_4$，最后室温下得到的晶粒成分如图 3.19 所示。可以看出，晶粒内部化学成分不均匀,即产生了晶内偏析。晶内偏析会降低材料的力学性能,需要通过热处理等方法消除掉。

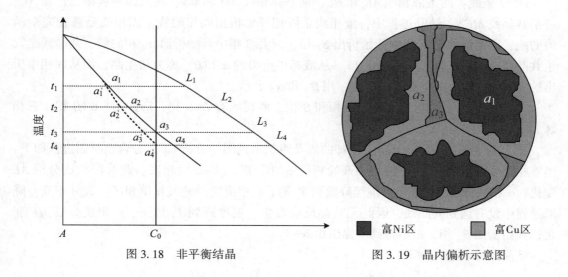

图 3.18 非平衡结晶   图 3.19 晶内偏析示意图

2. 共晶相图

共晶反应是指一个特定成分的液相在恒定温度下同时结晶出两个特定成分固相的转变,即 $L \xrightarrow{T} \alpha + \beta$,只发生共晶反应的相图称为共晶相图。图 3.20 为 Pb-Sn 二元共晶相图,图中特征点、线和区有:

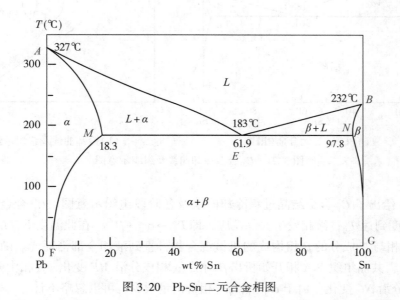

图 3.20 Pb-Sn 二元合金相图

（1）5 个点：E 为共晶点，M 为 Sn 在 α 相中最大固溶度，N 为 Pb 在 β 相中最大固溶度，A 和 B 分别为金属 Pb 和 Sn 熔点。

（2）7 条线：两条液相线 AE 和 BE，两条固相线 AM 和 BN，两条固溶度线 MF 和 NG，一条共晶线 MEN。结晶过程中，液相线是液相开始析出固相的线，固相线是液相完全消失的线，固溶度线是 α 相中开始析出 β_{II} 相，或者 β 相中开始析出 α_{II} 相的线，共晶线是发生共晶反应的线，即 $L_E \rightarrow \alpha_M + \beta_N$。从液相中析出的 α 和 β，称为初生晶，而从固相中析出的 α 和 β，称为次生晶或二次相，用 β_{II} 和 α_{II} 表示。

（3）7 个区：单相区有 L 相、α 相和 β 相，两相区有 $L+\alpha$ 相、$L+\beta$ 相、$\alpha+\beta$ 相，三相区 $L+\alpha+\beta$ 落在共晶线上。

图 3.21 给出了 C_0 成分合金冷却曲线及组织示意图。分析 C_0 成分合金凝固过程如下：当液相温度降低到 T_1 时，液相中开始析出 α 相，进入 $L+\alpha$ 两相区，此时液相成分沿 AE 变化，α 相成分沿 AM 变化。继续降温到 T_2 时，L 相消失，进入 α 单相区，成分不变。降温过程中没有遇到共晶线，因此无共晶反应发生。温度降到 T_3 以下，α 相成分沿 MF 变化，开始析出 β_{II} 相，最后得到室温组织 $\alpha+\beta_{\text{II}}$。

结晶过程表达式如下：

$$L_0 \xrightarrow[L \rightarrow \alpha]{T_2 < T < T_1} L + \alpha \xrightarrow[\text{无反应}]{T_3 < T < T_2} \alpha \xrightarrow[\alpha \rightarrow \beta_{\text{II}}]{T < T_3} \alpha + \beta_{\text{II}}$$

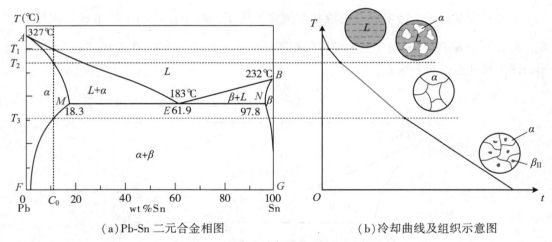

（a）Pb-Sn 二元合金相图　　　　（b）冷却曲线及组织示意图

图 3.21　C_0 合金冷却曲线及组织示意图

图 3.22 给出了 C_1 合金结晶过程冷却曲线及各阶段组织示意图。C_1 合金被称为共晶合金。当温度到达 T_E，液相发生共晶反应，即 $L_E \rightarrow \alpha_M + \beta_N$。在此温度下，$L$ 相逐渐生成 M 成分的 α 相与 N 成分的 β 相构成的机械混合物，直到液相全部消耗光。随温度继续下降到 T_E 以下，共晶组织中 α 相开始析出 β_{II} 相，α 相成分沿 MF 变化。β 相中开始析出 α_{II} 相，β 相成分沿 NG 变化。由于 α_{II} 相和 β_{II} 相析出量很少，可以忽略不计。

结晶过程表达式如下：

$$L_E \xrightarrow[L_E \to \alpha_M + \beta_N]{T = T_E} (\alpha_M + \beta_N)_{\text{共晶组织}} \xrightarrow[\substack{\beta \to \alpha_{\text{II}} \\ \alpha \to \beta_{\text{II}}}]{T < T_E} \alpha + \beta + \alpha_{\text{II}} + \beta_{\text{II}}$$

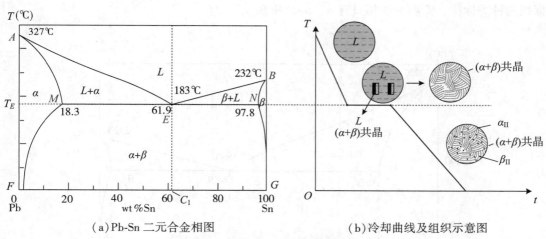

（a）Pb-Sn 二元合金相图　　　　　（b）冷却曲线及组织示意图

图 3.22　C_1 合金冷却曲线及组织示意图

　　图 3.23 给出了 C_2 合金结晶过程冷却曲线及各阶段组织示意图。液相温度低于 T_1 开始析出 β 相，β 相成分沿 BN 变化，液相成分沿 BE 变化。液相到达 T_E 时发生共晶反应，生成共晶组织 $\alpha_M + \beta_N$。当温度低于 T_E，先生成的 β 相逐渐析出 α_{II} 相，其成分沿 NG 变化，同时共晶组织内也析出 β_{II} 和 α_{II}。这个过程持续到室温，但 α_{II} 和 β_{II} 两相析出量较少，也可以忽略不计。

　　结晶过程表达式如下：

$$L_2 \xrightarrow[L \to \beta]{T_E < T < T_1} L + \beta \xrightarrow[L_E \to \alpha_M + \beta_N]{T = T_E} \beta + (\alpha_M + \beta_N)_{\text{共晶组织}} \xrightarrow[\beta \to \alpha_{\text{II}}]{T < T_E} \beta + (\alpha + \beta)_{\text{共晶组织}} + \alpha_{\text{II}}$$

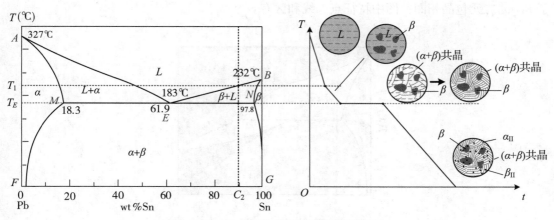

图 3.23　C_2 合金冷却曲线及组织示意图

Pb-Sn 合金成分不同，平衡结晶室温组织也不同，根据 Sn 含量从小到大依次为：

$$\alpha \rightarrow \alpha + \beta_{\text{II}} \rightarrow \alpha + \beta_{\text{II}} + (\alpha + \beta)_{共晶} \rightarrow (\alpha + \beta)_{共晶} \rightarrow \beta + \alpha_{\text{II}} + (\alpha + \beta)_{共晶} \rightarrow \beta + \alpha_{\text{II}} \rightarrow \beta$$

图 3.24 给出了按组织标注的 Pb-Sn 合金相图，要比图 3.20 复杂得多。图 3.20 是依据相的种类标注，室温平衡相只有 α、$\alpha+\beta$ 和 β。

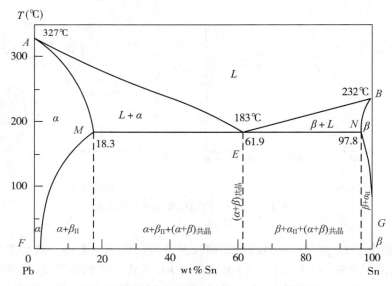

图 3.24　标注室温平衡组织的 Pb-Sn 合金相图

2. 包晶相图

包晶反应是指一个特定成分的液相与一个特定成分的固相在恒定温度下生成另外一个特定成分固相的转变，即 $L + \alpha \rightarrow \beta$。只发生包晶反应的相图称为包晶相图。图 3.25 给出了 Pt-Ag 二元包晶相图，图中特征点、线和区有：

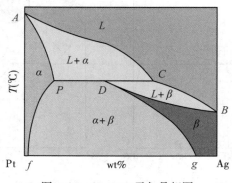

图 3.25　Pt-Ag 二元包晶相图

(1)5个点：A、B 分别为纯 Pt 和纯 Ag 熔点，D 为包晶点、P 为 Ag 在 α 相中最大溶解度、C 是包晶反应时液相成分。

(2)7条线：AC、CB 为液相线、AP 和 DB 为固相线、Pf 和 Dg 为固溶度线，PDC 为包晶线。结晶冷却过程中，液相线是开始析出固相的线，固相线是液相完全消失的线。Pf 是 α 相中开始析出 β 相的线，Dg 是 β 相中开始析出 α 相的线。包晶线上发生包晶反应 $L_C + \alpha_P \rightarrow \beta_P$。

(3)6个区：单相区有 L 相、α 相和 β 相，两相区有 $L+\alpha$、$L+\beta$、$\alpha+\beta$。三相区 $L+\beta+\alpha$ 落在 PDC 线上。

图 3.26 给出了 o 成分 Pt-Ag 合金结晶过程冷却曲线及组织示意图。液相降温到 T_1 处开始析出 α 相，进入 $L+\alpha$ 两相区，然后到达 PDC 线发生包晶反应 $L_C + \alpha_P \rightarrow \beta_D$，生成的 β 相在随后降温过程中继续析出 α_{II}，进入 $\beta + \alpha_{\text{II}}$ 两相区。

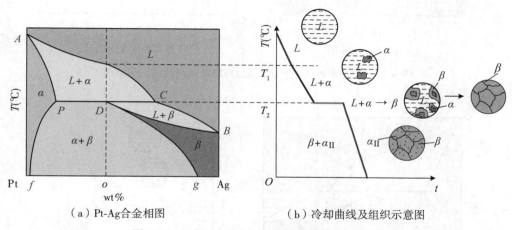

（a）Pt-Ag合金相图　　　　　（b）冷却曲线及组织示意图

图 3.26　o 点 Pt-Ag 合金冷却曲线及组织示意图

结晶过程表达式如下：

$$L_0 \xrightarrow[L \rightarrow \alpha]{T_2 < T < T_1} L + \alpha \xrightarrow[L_C + \alpha_P \rightarrow \beta_D]{T = T_2} \beta_D \xrightarrow[\beta \rightarrow \alpha_{\text{II}}]{T < T_2} \beta + \alpha_{\text{II}}$$

图 3.27 给出了成分 Pt-Ag 合金结晶过程冷却曲线及组织示意图。液相温度低于 T_1 时，开始析出 α 相，进入 $L+\alpha$ 两相区。此温度范围内，L 相成分随 AC 变化，α 相成分随 AP 变化。当到达共晶温度 T_2 时，发生包晶反应 $L_C + \alpha_P \rightarrow \beta_D$，该反应一直进行到液相全部消失，只剩下 P 成分的 α 相和 D 成分的 β 相。在包晶温度以下，到室温阶段，α 相中不断析出 β_{II} 相，β 相中不断析出 α_{II} 相，但是析出量较少，可忽略不计。

图 3.28 给出了 o'' 成分 Pt-Ag 合金结晶过程冷却曲线及组织示意图。合金结晶过程中，当液相温度低于 T_1 时，α 相开始析出，进入 $L+\alpha$ 两相区，且 L 相成分随 AC 变化，α 相成分沿 AP 变化。随后在包晶温度 T_2 处，L 相和 α 相按照固定比例发生包晶反应生成 P 成分

的 β 相, 反应一直进行到 α 相全部消失, 只有多余的 L 相和 β 相产物。温度继续下降到 $T_2 \sim T_3$ 之间, L 相不断消失, β 相不断增加, 最后所有的 L 相都转变成 β 相, 且 L 相成分沿 CB 变化, β 相成分沿 DB 变化。温度在 $T_3 \sim T_4$ 之间, β 相无变化。温度 T_4 以下, β 相中开始析出 α_{II} 相, 且 β 相成分沿 Dg 变化, 最后室温生成 $\beta + \alpha_{II}$。

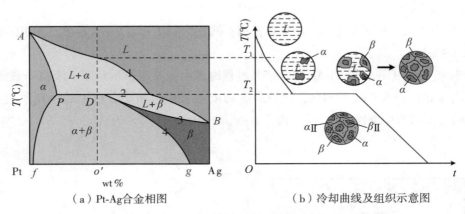

（a）Pt-Ag合金相图　　　　　　（b）冷却曲线及组织示意图

图 3.27　o' 成分 Pt-Ag 合金结晶过程冷却曲线及组织示意图

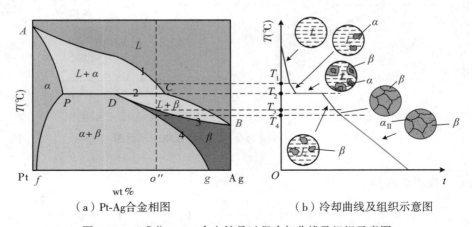

（a）Pt-Ag合金相图　　　　　　（b）冷却曲线及组织示意图

图 3.28　o'' 成分 Pt-Ag 合金结晶过程冷却曲线及组织示意图

结晶过程反应表达式为:

$$L_0 \xrightarrow[L \to \alpha]{T_2 < T < T_1} L + \alpha \xrightarrow[L_C + \alpha_P \to \beta_D]{T = T_2} L_C + \beta_D \xrightarrow[L \to \beta]{T_3 < T < T_2} L + \beta \xrightarrow[\text{无变化}]{T_4 < T < T_3} \beta \xrightarrow[\beta \to \alpha_{II}]{T < T_4} \beta + \alpha_{II}$$

除了上述匀晶、共晶和包晶三种最简单的二元相图外, 还有其他类型二元相图, 例如, 和共晶反应类似的分解反应有共析转变、偏晶转变、熔晶转变等; 和包晶反应类似的合成反应有包析转变、合晶转变等。实际工业生产中需要的二元相图包含的反应通常不止一种类型, 相图更复杂, 但仍可借鉴上述三种简单相图分析方法来研究。

3.3.3 铁碳相图

铁碳合金是应用最广泛的金属材料，铁碳相图是研究铁碳合金的重要工具。了解和掌握铁碳相图有助于指导制定铁碳合金热加工工艺，还能更好地研究和使用钢铁材料。含碳量高于 6.69% 的铁碳合金极脆，没有使用价值，因此人们主要研究含碳量低于 6.69% 的铁碳合金。

1. 铁碳合金组元和基本相

铁碳合金组元有纯铁和渗碳体（Fe_3C）或者纯铁和石墨。铁碳合金结晶过程更易生成渗碳体，但渗碳体是亚稳相，而石墨（C）是稳定相，在一定条件下渗碳体会分解成纯 Fe 及石墨。铁具有同素异构转变，如图 3.29 所示。α-Fe 和 δ-Fe 为体心立方晶体结构，γ-Fe 为面心立方晶体结构。纯铁塑性、韧性好，但强度、硬度低，具有铁磁性。渗碳体含碳量为 6.69%，用符号 C_m 表示，属于正交晶系，晶体结构复杂，如图 3.30 所示。渗碳体硬度很高，几乎没有塑性、韧性，230℃下略有铁磁性。

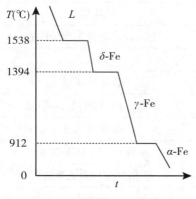

图 3.29　纯铁的同素异构转变

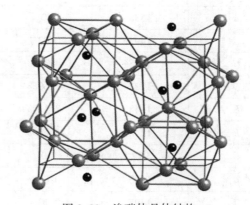

图 3.30　渗碳体晶体结构

铁碳合金中基本相有奥氏体、铁素体和渗碳体，重要组织有珠光体和莱氏体。奥氏体为碳溶解在 γ-Fe 中形成的固溶体，用 A 表示。碳溶解在 α-Fe 和 δ-Fe 中形成的间隙固溶体称为铁素体，用 F 表示。碳在奥氏体中最大溶解度是 1148℃温度下的 2.11%，铁素体中碳含量最高值为 727℃下的 0.0218%。奥氏体和铁素体都具有好的塑性和韧性。珠光体是铁素体与渗碳体片层相间形成的机械混合物，用 P 表示。莱氏体为奥氏体与渗碳体的机械混合物，用 L_d 表示。

2. 铁碳合金相图要素

图 3.31 为 Fe-Fe_3C 合金相图，图中各特性点温度、成分及意义列于表 3.1。

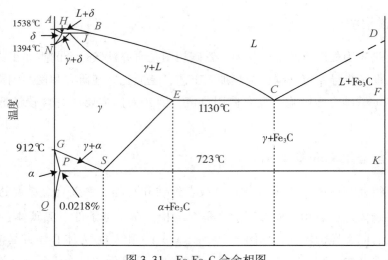

图 3.31　Fe-Fe₃C 合金相图

表 3.1　　　　　　　　　　　**Fe-Fe₃C 相图主要点温度、碳含量及意义**

点的符号	温度(℃)	含碳量 ω_C	说　　明
A	1538	0	纯铁熔点
B	1495	0.53%	包晶反应时液态合金成分
C	1148	4.30%	共晶点
D	1227	6.69%	渗碳体熔点
E	1148	2.11%	碳在 γ-Fe 中的最大溶解度
F	1148	6.69%	渗碳体成分
G	912	0	α-Fe $\Leftrightarrow$ γ-Fe 转变温度
H	1495	0.09%	碳在 δ-Fe 中最大溶解度
J	1495	0.17%	包晶点
K	727	6.69%.	渗碳体成分
N	1394	0	γ-Fe $\Leftrightarrow$ δ-Fe 转变温度
P	727	0.0218%	碳在 α-Fe 中最大溶解度
S	727	0.77%	共析点(A_1)
Q	600	0.0008%	600℃时碳在 α-Fe 中最大溶解度

　　铁碳相图中特征线有 14 条，包含 3 条液相线、2 条固相线、4 条固溶度线、2 条固溶反应结束线、3 条恒温转变线。固溶反应是指从一种固相中析出另一种固相的反应。下面以碳合金结晶过程为例，来说明这些线条的意义。AB、BC 和 CD 为液相线，即液相开始析出 δ 相、γ 相和 Fe₃C 相的线。AH 和 JE 为固相线，该温度以下，液相完全消失，进入

单一 δ 相区和单一 γ 相区。*HN*、*GS*、*ES* 和 *PQ* 为固溶度线，其中 *HN* 为 δ 相开始析出 γ 相的线，*GS* 是 γ 相中开始析出 α 相的线，*ES* 线指 γ 相开始析出 Fe_3C_{II} 相的线，*PQ* 线为 α 相中开始析出 Fe_3C_{III} 相的线。*JN* 和 *GP* 为固溶反应结束线，其中 *JN* 是 δ 相完全转变为 γ 相的线，*PQ* 为 γ 相完全转变为 α 相的线。特征线中最重要的是 3 条恒温转变线，即 *HJB* 包晶线、*ECF* 共晶线和 *PSK* 共析线。*HJB* 包晶线上发生的包晶反应为：

$$L_B + \delta_H \xrightleftharpoons{1495℃} \gamma_J$$

ECF 共晶线上发生的共晶反应为：

$$L_C \xrightleftharpoons{1148℃} \gamma_E + Fe_3C$$

共晶转变产物称为莱氏体组织。

PSK 共析线上发生的共析反应为：

$$\gamma_S \xrightleftharpoons{727℃} \alpha_P + Fe_3C$$

共析反应产物称为珠光体组织，用 *P* 表示。

如图 3.31 所示，铁碳相图中含有 4 个单相区、7 个二相区及 3 个三相区。5 个单相区分别是 L、δ、A(γ)、F(α)、Fe_3C。7 个二相区依次为 L+δ、L+γ、L+Fe_3C、δ+γ、γ+α、γ+Fe_3C 及 α+Fe_3C。三相区并不是具有一定面积的区域，而是落在 3 条恒温转变线上，分别为 L+γ+Fe_3C、L+δ+γ 和 γ+α+Fe_3C。

3. 铁碳合金平衡冷却过程

如图 3.32 所示，铁碳合金根据含碳量和室温平衡组织特征可分为：

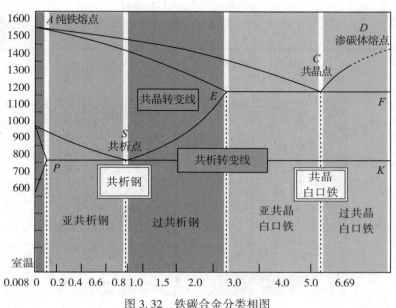

图 3.32　铁碳合金分类相图

（1）工业纯铁：含碳量小于 0.0218%，工业上很少直接用；

（2）碳钢：含碳量在 00218% ~ 2.11%，碳钢分为亚共析（0.0218% ~ 0.77%碳）、共析钢（0.77%碳）、过共析钢（0.77% ~ 2.11%）；

（3）铸铁：含碳量在 2.11% ~ 6.69%，铸铁分为亚共晶铸铁（2.11% ~ 4.3%C）、共晶铸铁（4.3%）和过共晶铸铁（4.3% ~ 6.69%）。

图 3.33 为共析钢平衡冷却曲线及组织转变示意图，可知，液态合金遇到温度 T_1 时，开始析出 γ 相，进入 $L+\gamma$ 两相区。随温度继续下降，液相成分沿 BC、γ 相成分沿 JE 变化，且 L 相越来越少，γ 相越来越多。到温度 T_2 时，L 相全部消失，剩余的 γ 相进入温度 $T_2 \sim T_3$ 之间保持成分不变，不发生任何反应。在共析温度 T_3 处，S 成分 γ 相发生共析反应同时生成 P 点的 α 相与含碳量为 6.69% 的 Fe_3C 相，即珠光体组织 P。共析反应在恒温下一直进行到 γ 相全部转变成珠光体才结束。珠光体组织金相照片如图 3.34 所示，由白色的铁素体与黑色的渗碳体相间隔排列形成。

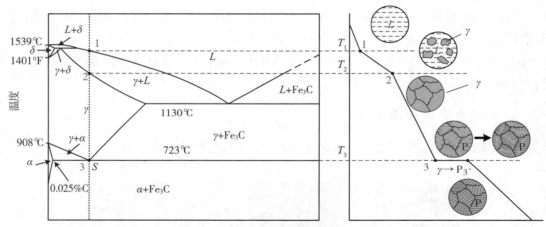

图 3.33　共析钢冷却曲线及组织示意图

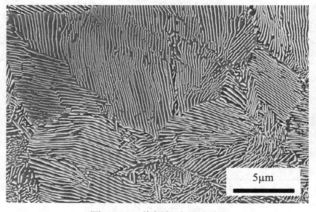

图 3.34　共析钢室温组织

共析钢结晶过程反应式如下:

$$L_S \xrightarrow[L \to \gamma]{T_2 < T < T_1} L + \gamma \xrightarrow[\text{无反应}]{T_3 < T < T_2} \gamma \xrightarrow[\gamma_s \to \alpha_p + Fe_3C]{T = T_3} P(\alpha_p + Fe_3C)$$

通过杠杆定律可计算室温下共析钢中 α 相与 Fe_3C 相质量百分比,列式如下:

$$\omega_\alpha = \frac{6.69 - 0.77}{6.69 - 0.0218} = 88.8\%$$

$$\omega_{Fe_3C} = \frac{0.77 - 0.0218}{6.69 - 0.0218} = 11.2\%$$

图 3.35 为共晶白口铁平衡冷却曲线及组织示意图。液相在温度 T_1 处发生共晶反应生成莱氏体组织。莱氏体是 E 成分的 γ 相与 Fe_3C 相构成的机械混合物。随着反应进行,液相越来越少,最后全部生成莱氏体组织,共晶反应结束。随后温度降低到 T_1 以下,莱氏体组织中 γ 相不断析出二次渗碳体 Fe_3C_{II},其成分沿 ES 变化,该反应一直进行到温度 T_2 结束。剩余的 γ 相在温度 T_2 处发生共析反应得到珠光体组织。共晶温度下形成的莱氏体冷却到室温后,形态基本保持不变,但其组成相已经发生变化了,因此被称为变态莱氏体组织,用 L'_d 表示。图 3.36 为共晶白口铁室温平衡组织,其中白色基体是共晶渗碳体,黑色颗粒为从共晶莱氏体转变而来的珠光体。

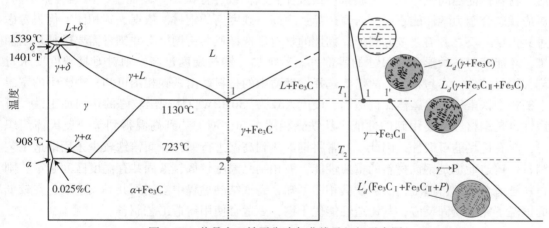

图 3.35 共晶白口铁平衡冷却曲线及组织示意图

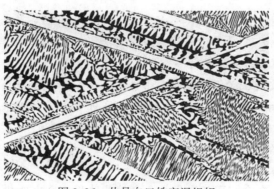

图 3.36 共晶白口铁室温组织

共晶白口铁结晶反应表达式如下：

$$L_c \xrightarrow[L_c \to L_d(\gamma_E + Fe_3C)]{T = T_1} L_d(\gamma_E + Fe_3C) \xrightarrow[\gamma \to Fe_3C_{II}]{T_2 < T < T_1} (\gamma + Fe_3C_{II} + Fe_3C)$$

$$\xrightarrow[\gamma_s \to P(\alpha_p + Fe_3C)]{T = T_2} L'_d(P + Fe_3C_{II} + Fe_3C)$$

由上述分析可知，铁碳合金室温平衡相只有铁素体相和渗碳体相。两相质量比随碳含量变化而变化，含碳量越高，渗碳体相越多，铁素体相越少。若从组织组成角度考虑，铁碳合金室温平衡组织种类较多，随碳含量增加，依次为 $F \to F+P \to P \to P+Fe_3C_{II} \to P+Fe_3C_{II}+L'_d \to L'_d \to L'_d+Fe_3C_I$。渗碳体相来源不同，则称呼不同，但仍是同一物相。液相中析出的渗碳体叫一次渗碳体，用 Fe_3C_I 表示。奥氏体中析出的渗碳体叫二次渗碳体，用 Fe_3C_{II} 表示。铁素体中析出的渗碳体叫三次渗碳体，用 Fe_3C_{III} 表示。共晶组织中渗碳体被称为共晶渗碳体，共析组织中渗碳体被称为共析渗碳体。

4. 铁碳合金相图的应用

前面已提到相图是反映材料状态与成分、温度之间关系的图解，此外，相图与相的组成、材料性能之间也存在一定联系。铁素体相软而韧，渗碳体相硬而脆，两相含量不同，对应铁碳合金力学性能不同。若要选择强度高、硬度高的钢材，依据铁碳相图，优先考虑过共析钢；反之，需要较好塑形、韧性的材料则选择亚共析钢。有些钢材需要进行切削加工，才能获得各种形状及尺寸的零部件。若被加工钢材硬度过高，则对刀具硬度要求苛刻，钢材较软，容易粘刀，故需要选择硬度适中的材料。由铁碳相图可知，中碳钢的室温平衡相中铁素体与渗碳体比例适当，硬度大致为 250HBW，体现出较好的切削加工性。可锻性也是钢材经常要用到的性能，从铁碳相图可知，钢加热到高温得到单一奥氏体组织时，具有优良的可锻性。因此，通常将钢加热到高温进行锻打，而铸铁较少采用锻造工艺制备。铸造性也是钢铁材料的重要性能，液相结晶温度较低，液固共存温度区间越窄，则材料越适合使用铸造工艺。从铁碳相图可知，铸铁结晶过程中会遇到共晶反应线，在较低的恒温下完成凝固反应，其铸造性能优于钢，更适合使用铸造工艺制备。

思考题

1. 发生固态扩散时，金属原子一定是从高浓度向低浓度扩散吗？如果不是，试举例说明，并分析扩散的驱动力是什么。

2. 柯肯达尔效应要发生必须满足哪些条件？

3. 二元合金非平衡凝固组织中产生的成分偏析可以消除吗？若可以，有哪些途径消除？

4. 说明组织与相的区分及关联。

5. 举例说明间隙相与中间相的区别。

6. 分析 Bi-Cd 二元合金相图任意成分合金结晶过程，画出冷却曲线及组织示意图。

7. 分析含碳量为 0.70% 的亚共析钢平衡冷却过程相变，画出冷却曲线及组织示意图，计算室温下各组织的相对含量。

8. 分析含碳量为 4.5% 的过共晶铸铁平衡冷却转变过程，计算室温下各相的质量百分比。

第4章　材料的性能

4.1　材料的物理性能

材料的物理性能，是指材料在受到外部作用时，其电、磁、光、热、声学方面的物理状态量，以及一些特殊变化量所发生的变化。材料的物理性能可以大致划分为电学性能、磁学性能、介电性能、光学性能、热学性能、声学性能等。

材料物理性能与物质结构密切相关。人类对于物质结构的探索已取得了巨大的成就，人们对周围世界发生的各种现象都可以从微观的角度得到解释，这在很大程度上要归功于人类对物质结构的了解。

4.1.1　材料的导电性能

材料中的电流来自电荷的定向运动，因此我们把材料导电过程中电荷的载体定义为"载流子"，宏观上材料的导电行为便是来源于微观上载流子在电场作用下的迁移运动。载流子是具有电荷的自由粒子，金属导体中的载流子主要是自由电子，此种导电行为被称为电子电导。而无机非金属材料中的载流子可以是电子和空穴；也可以是正离子和负离子，此种导电行为被称为离子电导。

理想完整的晶体在绝对零度的时候，载流子在晶体中的迁移运动不会受到任何的损失，也就是说，此时该晶体材料的电阻为零。但是由于温度会引起晶体中离子运动(热振动)振幅的变化，以及晶体中不可避免会存在异类原子、位错、点缺陷等缺陷，会使得晶体点阵的周期性遭到破坏，因此，当载流子通过这些晶体点阵完整性遭到破坏的地方时，电子波会受到散射而造成损失，这就是金属产生电阻的最根本原因。

1. 金属的导电性

人类对金属导电的认识是随着科学技术的发展而不断深入的。最初的经典自由电子理论是以所有自由电子都对金属电导率做出贡献为假设而推出的，但该理论在解释以下问题时遇到了困难：

(1)金属电子的比热容测量值只有依照经典自由电子理论得到的计算值的百分之一；

(2)实际测量的电子平均自由程比依照经典理论估测的要大许多；

(3)金属导体、绝缘体、半导体在导电性上存在着巨大的差异。

因此，物理学家们在经典自由电子理论的基础上，引入量子自由电子学说的理论，以加深对金属电子状态的认识，这就是金属的费密-索末菲自由电子理论。量子自由电子学说虽然认可经典自由电子学说中价电子是完全自由的理论，但认为自由电子的状态并不服从麦克斯韦-玻耳兹曼统计规律，而是服从费密-狄拉克(Fermi-Dirac)的量子统计规律，其核心思想是只有在费密面附近能级的电子才能对导电做出贡献。

现在我们知道，金属的导电是靠费密面附近能级的电子的定向运动来实现的，因此，金属导体中的载流子是费密面附近能级的自由电子。而环境温度的变化会对电子运动产生非常明显的影响，这是因为晶格点阵的离子热振动会随温度的升高而显著增强，所以导电性随温度升高而降低是导体材料的最为显著的特性之一。

绝大多数的金属在高于 1.2GPa 的流体静压力作用下，都会发生较为明显的电阻率下降的现象。这是因为金属原子的间距会在巨大的压力下变小，从而改变了电子的能带结构；同时，巨大的压力也会改变金属的内部缺陷、电子结构等，从而也会影响到金属的导电性。当压力极大时，甚至可使许多材料由原本的半导体或绝缘体转变为导体，甚至超导体。

2. 半导体的导电性

在绝对零度时，绝大部分的半导体纯净完整晶体都是绝缘体；而在室温时，半导体的电阻率一般介于 $10^{-2} \sim 10^{9}\Omega \cdot cm$ 之间。由于半导体的禁带的宽度通常比较窄($<2eV$)，所以可以通过热激发的方法把价带的电子激发到导带上去。因为温度对热激发的电子数目的影响是指数规律增加的，所以半导体的导电率也会随着温度的升高而呈指数型升高，这是半导体最为显著的特征之一。

半导体对电场、磁场、光照的敏感性以及对自身成分和结构的敏感性是半导体的另一个显著特征。半导体材料一般具有压电、光电、电子发光、光制发光等效应，因此能够被广泛应用于计算机集成电路、自动化控制等领域。

半导体的能带类似于绝缘体，但是其禁带宽度比绝缘体的禁带宽度要窄得多(如图4.1 所示)，所以半导体在室温下几乎不导电，而当温度较高时，部分获得了足够的能量的电子可以通过带间跃迁的方式从价带运动到导带上去，同时会在价带上留下等量的空穴。电子和空穴在电场的作用下会沿着相反的方向运动，共同参与半导体的导电过程。我们将半导体中的电子和空穴称为"本征载流子"，由本征载流子产生的导电行为则称为本征导电。因为热激发会不断地产生电子和空穴，同时电子和空穴也会不断地相互复合而消失，所以本征导电的载流子数目一般很少，相应的电导率也很低，基本没有实用价值。

为了提高半导体的导电性，掺杂是最为有效的方法。以单晶硅为例，通过在单晶硅中掺入极少量的硼元素，便可使得单晶硅的导电能力增大 1000 倍左右。掺杂半导体可分为N 型半导体(提供电子)和 P 型半导体(吸收电子，形成空穴)这两大类型。

(1)N 型半导体。在本征半导体中掺入 V 族元素(P、Sb、As 等)时，V 族元素可以提供额外的电子参与导电过程，因此 V 族元素也被称为施主杂质。例如，如果在四价的 Si单晶中掺入五价的 P 元素：Si 原子最外层有 4 个电子，形成四面体型的共价键，而 P 原子外层则有 5 个电子，当一个 P 原子取代一个 Si 原子后，4 个同相邻的 4 个 Si 原子形成

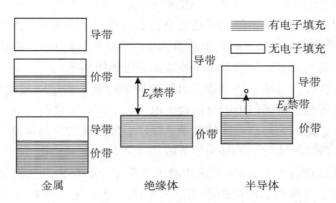

图 4.1 金属导体、半导体和绝缘体的能带结构示意图

共价键，还剩余 1 个电子，这个电子离导带很近（只差 0.05eV），仅为 Si 本身禁带宽度的 5% 左右，因此该电子很容易被激发到导带上去。我们把此类半导体称为 N 型半导体，因为在掺杂 V 族元素后半导体中的电子浓度会增加，我们把 N 型半导体中的电子称为多数载流子（多子），而空穴则称为少数载流子（少子）。

（2）P 型半导体。在本征半导体中掺入 III 族元素（B、Al、Ga、In 等）时，III 族元素可以提供额外的价带空穴参与导电过程，因此 III 族元素也被称为受主杂质。例如，如果在四价的 Si 单晶中掺入三价的 B 元素：B 元素外层只有三个价电子，当它和硅形成共价键时就缺少了 1 个电子，从而出现了一个空穴能级，这个空穴能级距离价带很近（只差 0.045eV），仅为 Si 本身禁带宽度的 5% 左右，因此价带中的电子激发到该空穴能级上远比越过整个禁带要容易。我们把此类半导体称为 P 型半导体，同时把 P 型半导体中的空穴称为多数载流子，而把电子则称为少数载流子。

3. 离子导体的导电性

离子导体的导电是带电荷的离子载流子在电场作用下的定向运动。离子型晶体的导电行为通常可以分为两种类型：一种是晶体点阵的基本离子由于热振动而离开晶格，从而形成了热缺陷，此种情况下，无论是离子或是空位，都可以在电场作用下成为载流子，这种类型的导电行为被称为离子晶体的本征导电；另一种是参与导电的载流子主要是离子晶体中的一些与晶格间存在弱联系的杂质元素，这种类型的导电行为被称为离子晶体的杂质导电。通常情况下，由于杂质离子与晶格的联系较弱，所以，在低温时杂质导电会表现得较为显著；而在高温时，由于晶格热振动的加剧会导致热缺陷的大量增加，此时本征导电会表现得更为显著。

离子导电的本质就是离子类载流子在电场的作用下的定向扩散运动。很明显，离子的尺寸和质量都比电子要大得多，因此，离子要从一个平衡位置跃迁到相邻的间隙位置时，需要从外界获取一定的能量，以克服能量势垒来完成一次跃迁，从而达到新的平衡位置。众多离子载流子的此种跃迁过程就形成了宏观上的离子迁移。

离子导体的导电过程显著地受到温度的影响,通常情况下,随着温度升高,离子更容易获取跃迁时所需的克服能量势垒的能量,因此,离子导体的电导率会呈指数上升型的迅速增大。此外,离子导体的导电过程也会受到离子性质和晶体结构等其他因素的影响。这些因素对离子电导的影响是通过改变导电活化能来实现的,而导电活化能的大小又取决于晶体间各粒子的结合力。一般而言,导电活化能主要受如下因素的影响:

(1)熔点。熔点高的晶体通常具有较大的原子间结合力,而较大的原子间结合力对应的导电活化能也较高,这会导致晶体离子中载流子的迁移率比较低,相应的电导率就会比较低。

(2)离子化合价。通常情况下,正离子的尺寸和其价数成正比,价数越低的正离子尺寸就越小,其相应的导电活化能就越小,离子载流子的迁移率则越高,相应的电导率也越高。高价正离子的价键一般比较强,其跃迁过程中要克服的能量势垒比较高,相应的迁移率和电导率都会比较低。

(3)晶体结构。因为从本质上而言,离子导电就是载流子在电场的作用下的定向扩散运动,而晶体结构则和载流子的扩散通道密切相关。通常而言,晶体的结合能越高,晶体结构堆积越紧密,则可供离子移动的扩散通道就越少,离子的扩散就越困难。所以,晶体结构致密的离子晶体往往电导率都比较低。例如,面心立方结构的离子晶体就比体心立方结构的离子晶体的电导率要低一些。

4. 超导体

1911 年,荷兰物理学家 H. K. Onnes 在实验中发现水银的电阻于 4.2K 附近突然降为 0,这是他在液化了氦气并在实验中达到 4.2K 的极低温后所观测到的一个非常重要的现象。之后,科学家们又发现了许多金属和合金也有类似的现象,即当冷却到足够低的温度(往往在液氦温区)时,电阻率突然降为零。这种材料在一定低温条件下突然失去电阻的现象称为超导电性,而发生这一现象时的温度则称为超导临界温度(T_c),材料电阻为零的这种状态被称为材料的超导态。

超导态下的直流电阻率是零或者是无限接近于零的,因此曾经有科学家持续观测了电流无衰减地在超导环内流动了一年以上的时间,直到最后索然无味而终止了试验。法勒(File)和迈尔斯(Mills)则利用精确核磁共振的方法测量了超导电流产生的磁场,并以此来研究螺线管内超导电流的衰变,最终的结论是超导电流衰变的时间不短于 10 万年。

除了零电阻的电学特性之外,超导体也展现出了特殊的磁学性能。科学家们通过试验观测得知,具有一定体积的超导体在弱磁场中的表现有如一个理想抗磁体,即在它的内部完全没有产生感应磁场。即便是我们把试样先放到磁场中磁化,然后再冷却到超导转变温度以下,原来存在于试样中的磁通也会被从试样中被排出,我们把这个现象称为迈斯纳效应。迈斯纳效应表明完全抗磁性是超导态的另一个基本性质。

超导电现象最初是在元素周期表内的许多金属元素中得以发现,随着科学研究的深入,科学家们发现在某些合金、金属间化合物、半导体以及氧化物陶瓷中也会出现超导电现象。早期的超导材料研究中发现的转变温度最高的材料是 Nb_3Ge,但其 T_c 也仅仅只有

23.2K。直至 1986 年贝诺兹(Bednorz)和穆勒(Muller)在钡铜氧化物(La-Ba-Cu-O 系)中发现 T_c 高达 35K 的超导转变，才一举打破了超导研究领域几十年来的僵局，他们也因此获得了 1988 年的诺贝尔物理学奖。此后，Y-Ba-Cu-O 系(~90K)、Ba-Sr-Ca-Cu-O 系(110K)等更多临界温度更高的超导材料逐步使得超导技术从液氦温区步入液氮温区甚至接近常温，超导材料及超导技术逐步迈入实用化阶段。

☞ **阅读材料**

　　超导材料最直接的应用就在于电能传输，如果室温超导材料能够以更方便维护、成本更低的方式应用，则能够使得电网在传输电能时减少 2 亿兆瓦的能量。同时，超导在悬浮列车、核磁共振成像方面也有多种应用。但人们距离触碰到这种珍贵的材料，还有两个必须跨越的坎——极低温、极高压。不管是实验室研究还是实际应用，这两个条件目前仍需要较高的成本去实现和维护。

　　美国罗切斯特大学物理系助理教授兰加·迪亚斯(Ranga Dias)的研究团队，创造出了一种碳质硫氢化合物固体分子，这种材料在约 15℃ 和约 267GPa 的压强下表现出超导性，该研究成果刊登在《自然》杂志封面。此次研究团队的结果在温度上实现了突破。他们选取了硫化氢和甲烷这两种氢化物混合在一起放在金刚石压腔中，用激光触发样品的化学反应，并观察晶体的形成。随后，研究团队开始降低实验温度，如果通过材料电流的电阻降到零，即表明样品已经变得超导了。随后研究团队开始增加压强，发现临界温度可以越来越高，团队的最佳结果是，当到达 267GPa 的高压时，只需把样品降低至 15℃，就能观察到电阻消失的现象。这一压强相当于海平面平均气压的约 260 万倍，而地球地心处的压力约为 300GPa。

　　此前，超导材料的最高临界温度由埃雷米茨以及美国伊利诺伊大学物理学家拉塞尔·赫姆利(Russell Hemley)的研究小组实现。该研究团队在 2019 年报告了镧超氢化物在 -23℃ 左右的超导性。

4.1.2　材料的介电性能

　　电介质材料早年主要是指电路中用于分隔电流作用的绝缘材料，但随着近年来电子技术、激光、红外等新技术的出现和发展，电介质材料的应用领域早已远远超出了电绝缘介质的范畴。虽然用于表征材料介电性能的基本参数仍然沿用了早期研究绝缘材料性能时提出来的四大参数，即介电系数、介电损耗、电导率和击穿强度，但随着电介质理论研究的不断深入和发展，介电材料科学已经逐步发展为以上述四大参数为基础，兼以研究材料的电极化过程的一门新兴学科。

　　电介质以感应而并非以传导的方式来传递电的作用和影响。束缚着的电荷在电介质中起着关键性的作用，这些束缚电荷在电场的作用下，以正、负电荷重心不重合等方式实现电介质的极化。因此，电介质也可以被定义为在对电场作用的响应中束缚电荷起主要作用的一类物质。

1. 介电的基本理论

电介质最早是以绝缘材料的身份出现的，但是随后的研究表明，电介质除了绝缘性能以外，也可以在电场的作用下产生极化，并能够贮存电荷。如果在两个平板之间充满均匀的电介质，在外部电场的作用下，与外电场垂直的电介质表面上会出现与外电场电极上的电荷符号相反的感应电荷。这些感应电荷不能自由移动，而且在总值上始终保持电中性，所以我们也称这类电荷为束缚电荷或是极化电荷，与之相对应的，我们称电极板上的充电电荷为自由电荷。束缚电荷产生的根本原因就是电介质的内部在外电场的作用下沿着电场方向产生了感应电偶极矩，我们把这种在电场中介质的表面出现感应电荷的现象称为电介质的电极化。

电介质极化以后，电介质表面的感应电荷所形成的电场与外电场极板上的自由电荷所形成的电场方向相反，由于感应电荷的出现将会削弱外电场极板上的自由电荷所形成的电场，我们称由感应电荷所产生的感应电场为退极化场。

从宏观上来看，电极化的过程就是电介质的正、负电荷的重心在电场的作用下不再重合，从而在电介质的表面出现了明显的电荷分布；从微观上来看，电极化的根本原因就是在外电场的作用下电介质的内部产生了大量的沿着电场方向取向的电偶极子，而电偶极子的产生源自"感应电矩"和"固有电矩"。

感应电矩是指组成电介质的原子(或离子)中的电子壳层在电场的作用下，发生了不同程度的畸变，偏离了原先的平衡位置(该极化机制称为电子位移极化)；或者是分子(或晶胞)中的正、负离子在外电场的作用下偏离了平衡位置，从而发生了相对位移(该极化机制称为离子位移极化)。

固有电矩指的是当分子(或晶胞)自身存在着天然不对称性时，该分子(或晶胞)就存在有固有电矩 μ_0。μ_0 值既不随时间而变，也一般不受外界宏观条件的影响，因此可以被视为某一固定值。在没有外电场作用的情况下，电介质中的这些固有电矩杂乱无章地排列，因此，在宏观上各方向的固有电矩相互抵消，不显示出带电特征；但是，如果将该电介质放入外电场内，这些杂乱无章排列的固有电矩就会转向并趋于和外电场的方向平行，从而在宏观上显现出材料的极化特征。我们把这种固有电矩沿电场方向规则取向的过程称为取向极化。

除了上述电子位移极化、离子位移极化、取向极化这三种微观极化机制以外，在一些电介质材料中，尤其是在一些微观不均匀的凝聚态物质中(如聚合物高分子、陶瓷材料、非晶态固体等)，还可能会存在一些其他的微观极化机制，本书不做进一步讨论。

2. 介电材料的击穿

当电介质所处的外部电场强度增加到某一临界值时，电介质的电导率会突然急剧增加，这意味着此时电介质的绝缘效能已经丧失，其固有的绝缘性能已被破坏，电介质从绝缘体转变成了导体，我们将这种现象称为电介质的击穿，将对应的电场强度临界值称为击穿电场强度(或介电强度、绝缘强度、抗电强度等)。

根据电介质的绝缘性能被破坏的形式，电介质的击穿可以分为热击穿、电击穿、和电化学击穿这三种类型。

（1）热击穿。当电介质中发生焦耳热，而该热量又不能及时通过传导或对流的方式散发出去，就会造成电介质局部热量集中，从而导致电介质局部区域温度的上升，直至出现永久性的破坏。电介质在电场作用下的介质损耗是导致热击穿的主要因素。此外，电介质所处的环境条件也对热击穿场强有着显著的影响，因此，热击穿场强并不是电介质的一个恒定不变的性能参数。

（2）电击穿。固体电介质的电击穿是指在电场的直接作用下瞬间发生的电子能量状态由量变到质变的过程。实践中突然发生的纯电击穿通常具有如下特点：电介质中有充足的导电电子，这些导电电子能够被加速，并能够在电场中获得相对于原子电离能而言在同一数量级的能量（通常为 5~10eV）。

（3）电化学击穿。电化学击穿在工程上也常被称为老化，是指电介质在长期的服役过程中受电、光、热以及周围媒质的影响，使得电介质发生了化学变化，从而导致其电性能发生不可逆的破坏，直至最后被击穿，在工程上也常把这一类的电击穿称为老化。电化学击穿在有机电介质中表现得尤为明显，而陶瓷电介质的化学性质则相对比较稳定，不容易发生电化学击穿。但是，对于长期在直流电场下使用的以银作电极的含钛陶瓷，也容易产生不可逆的破坏。这是因为其阳极上的银原子容易失去电子变成银离子，然后进入电介质并沿着电场方向从阳极迁移到阴极，并在阴极上获得电子而沉积在阴极附近。在长时间服役的情况下，阴极附近沉积的银会越来越多，并呈枝蔓状向电介质的内部延伸，从而变相地缩短了电极之间的距离，使得该电介质的击穿电压发生明显的下降。

3. 压电材料

居里兄弟于 1880 年在 α-石英晶体上首次发现了压电效应。他们在实验中发现，当在晶体的特定方向上施加压力或拉力时，该晶体的相应表面上会分别出现正电性和负电性的束缚电荷，束缚电荷的密度则与施加的压力大小成正比，这就是"正压电效应"。李普曼在发现压电效应后的第二年，依据热力学方法推断出在正压电效应之外，应该还存在"逆压电效应"。几个月后，居里兄弟便用实验方法验证了李普曼的推论。逆压电效应是指在能产生压电效应的晶体的特定方向施加外部电场时，在该晶体的特定方向上会产生应力和应变的一种物理现象。压电材料的历时发展大致经历了如下几个阶段：

第一阶段：直至第一次世界大战，人们都未对压电效应产生足够的重视，压电材料实际上尚未进入实用阶段。

第二阶段：第一次世界大战到第二次世界大战期间，在战争的刺激下，军备竞争极大地加速和推动了压电材料的研究和应用。1916 年，郎之万用压电石英晶体做成水下发射和接收的换能器，并用回波法来探测沉船和海底，使得当时的人们初步认识到了压电材料在军事领域的应用前景。随着 1921 年石英谱振器和滤波器的相继研制成功，压电晶体开始逐步在频率控制和通信方面得到进一步的应用。在 1942—1943 年期间，苏联、美国和日本几乎同时发现了 $BaTiO_3$ 这一压电性能优秀的压电晶体，这是压电材料发展史上一个非常重要的发现。

第三阶段：从第二次世界大战结束到 20 世纪 60 年代，是压电材料和压电理论迅猛发展的一段时期。尤其是在 1947 年首次发表的关于经极化的 $BaTiO_3$ 陶瓷压电性及其应用，在压电材料发展史上具有划时代的意义。随后在有机材料领域内，压电材料同样取得了很大的进展。从 20 世纪中期发现各种生物组织亦具有压电性起，有机压电材料开始为科学家们所重视。1969 年，聚偏氟乙烯（PVDF）薄膜被发现具有优良的压电性能，此后，诸如聚氟乙烯（PVF）、聚氯乙烯（PVC）以及聚氧内烯（PPO）等压电高分子材料也逐步被开发和应用。有机压电材料与压电晶体相比，虽然其压电效应往往比压电晶体要低数个量级，但具有轻质柔软等传统压电晶体不具备的特性。为了利用压电高分子材料轻质柔软的特性，同时又能兼备压电晶体的强压电性，由聚合物和压电陶瓷合成的复合材料近年来得到了广泛的研究和关注。

正压电效应的一般表现是晶体受力后会在特定端面上产生束缚电荷，其机理是，应力使得压电晶体产生了应变，应变则改变了晶体内原子的相对位置，原子相对位置的不对称性改变导致了晶体中电荷的正负中心不再重叠，从而产生了净电偶极矩和束缚电荷。因此，具有压电效应的压电材料首先在其晶体结构上是没有对称中心的。如果晶体结构有对称中心，那么在应力不足以破坏其对称结构的情况下，压电效应所产生的正、负电荷的对称排列是不会改变的，此时即使应力作用产生应变，由于具有对称中心的晶体总电矩仍然为零，晶体是不会产生净电偶极矩的。只有在晶体结构无对称中心的情况下，受应力前晶体的正、负电荷的重心是重合的，但在受应力后，正、负电荷的重心才会因为晶体结构不对称而不再重合，于是便产生了净电偶极矩。综上所述，从晶体结构上而言，晶体结构没有对称中心是产生压电效应的必要条件之一。然而，并不是所有没有对称中心的晶体都一定具有压电性，这是因为，压电晶体首先不能是导体，而必须是电介质（或至少具有半导体性质）；其次，其晶体结构中必须存在带正、负电荷的质点（例如离子或离子团）。换言之，压电晶体必须是离子晶体或者由离子团组成的分子晶体。

4.1.3 材料的光学性能

光学材料是指用于光学实验和光学仪器中的具有特定光学性质和功能的一类材料，其应用主要取决于其不同的光学性能。例如，正是不同材料对可见光的不同吸收和反射性，才能使得我们周围的世界呈现出五光十色。传统上，我们常把光学材料区分为晶态（光学晶体）、非晶态（光学玻璃）和有机化合物（光学塑料）。光学材料是各种光学仪器的核心，它们在各种高新技术上的应用已经越来越深入地改变着世界。

光学玻璃的生产距今已有 200 多年的历史，望远镜、显微镜、照相机、摄影机、摄谱仪等使用的光学透镜都是经典的线性光学玻璃的应用。而在线性光学材料之外，以激光材料为例，近 50 年来，以钕玻璃和掺钕钇铝石榴石晶体为核心的大功率激光发生器陆续被研制和大规模应用。早在 20 世纪 70 年代，国内外就先后采用钕玻璃建立了输出脉冲功率为 $10^9 \sim 10^{11} kW$ 的高功率激光装置，随后，掺钕钇铝石榴石晶体由于其优秀的工作温度阈值，在中小型脉冲激光器和连续激光器方面都得到了广泛的应用。

虽然兼具良好生物性能和光学性能的聚甲基丙烯酸甲酯(PMMA)等塑料已被广泛地应用在隐形眼镜和人工晶体上,但大多数橡胶和塑料在通常情况下都是对可见光不透明的。橡胶、塑料、半导体锗和硅等虽然对可见光不透明,却对红外线透明,因此半导体锗和硅由于其光学折射率大,多用来制造各种红外透镜。而许多陶瓷和密胺塑料虽然也对可见光不透明,但因为它们对微波透明,所以常被制作成微波炉可用的各种食品容器。

金属在通常情况下对可见光都是不透明的,研究表明,只有厚度小于 $0.1\mu m$ 的金属箔才能对可见光透明。但是由于大多数金属都具有很高的对光的反射系数,人们往往利用金属的这种性质,把其他材料作为衬底,然后镀上一层金属薄膜来做成反光镜。

1. 光传播的基本理论

光是人类最早认识和研究的一种自然现象,然而人类对于光本质的认识却经历了长期的争论和发展过程。最初以牛顿为代表的观点认为光是一种粒子流,因为实验观测到光可以直线行进和反射。后来以惠更斯为代表的观点却认为光是一种波动,因为光线可以发生干涉和衍射。然后麦克斯韦提出了电磁波理论,该理论解释了为什么光既可以直线行进和反射,又可以发生干涉和衍射。随后科学家们还观测到光的传播是具有一定速度的,因此在 19 世纪中期光的波动学说占据了主导地位。然而,在 19 世纪末,当科学家们开始深入探讨光的发生以及光与物质的相互作用(如黑体辐射和光电效应)时,波动说的理论却无法解释诸多实验现象。于是普朗克首先提出了光的量子假设,并以此成功地解释了黑体辐射。接着爱因斯坦进一步完善了光的量子理论,爱因斯坦的理论不仅完美地解释了光电效应,而且还为后来的康普顿效应等许多实验提供了强有力的理论支持。爱因斯坦将光子的能量、动量等表征粒子性质的物理量与频率、波长等表征波动性质的物理量联系起来,并建立了定量的关系,这在当时是一种完全不同于牛顿微粒学说的全新理论。此后,科学界开始认识到,粒子性和波动性是光的双重本性。

德布罗意在 1924 年提出了物质波假说。次年,该假说就被美国贝尔实验室的一次意外爆炸的真空镍板电子流实验所证实。至此,科学家们逐渐达成共识,即波动性和粒子性的统一不仅是光的本性,也是电子的本性,而且也是一切微观粒子的共同属性。在上述理论和实验的基础上,狄拉克在 1927 年提出了更为完善的电磁场量子化理论,进一步以严格的理论形式把波动理论和量子理论统一起来,极大地提高了科学界对于光本性的认识。

值得注意的是,电磁场量子化理论并不排除经典理论在一定范围内的正确性。例如,在涉及光传播特性的场合时(如干涉、衍射、偏振等),只要电磁波不是极为微弱,经典的电磁波理论仍然是完全正确的;但是,在涉及光与物质相互作用并发生能量、动量交换的场合时(如反射、投射、折射等),则需要把光当作具有确定能量和动量的粒子流来看待。

2. 光的干涉与衍射

光的干涉、衍射和偏振等特性是光波动性的主要体现。在双光束干涉实验中,两束光相遇时会在光的叠加区发生光强重新分布的情况,从而出现稳定且明暗相间的干涉条纹。

　　在日常生活中，当我们把两只日光灯同时照在某一地方时，我们只会发现光的强度增加了，但却仍然只能观察到光强均匀的光场，而没有明暗相间的条纹出现。这是因为这两只日光灯不是相干光源，所谓"相干"光源，指的是两个光源之间的振动方向一致、频率相同，而且有固定的位相关系。我们可以观察到漂浮于水面的油膜在受到日光照射到会显示出五颜六色的色彩，就是日光中各个波长的光波在经过油膜两层表面的反射之后，再到我们的眼中叠加起来而形成的干涉图像。

　　物理学常识告诉我们，光在自由空间是沿着直线传播的，那么，有没有光不沿着直线传播的情形呢？当光波在传播过程中遇到了障碍物，有可能会在一定程度上绕过该障碍物而进入障碍物背后的阴影区，我们把这种特殊的现象称为衍射（或绕射）。例如，当平行光束照射到一个很小的小圆盘之后投向前方的屏幕时，按照光的直线传播规律在屏幕上本该出现一个全暗的圆斑，可实际上却能观察到屏幕中央出现了一个亮点，这说明有一部分光绕过了圆盘的边缘而投射进了阴影区。但是如果我们把小圆盘换成尺寸较大的圆盘，我们就观察不到亮点而只能看到阴影了。这是因为衍射现象只有在光所遇到障碍物或狭缝的尺寸和光的波长相称的时候才会发生，而由于我们日常所见到的大部分物体的尺寸与光的波长相比都可以称得上是巨无霸型的障碍物，所以光波在我们日常生活中多展现出直线传播的性质。

3. 光的折射与反射

　　当光波入射到两种媒质的界面时，如果不考虑散射、吸收等其他形式的能量损耗，那么入射光就只会在这两种媒质的界面上发生反射和折射现象，入射光的能量会重新分配，但总能量保持恒定不变。事实上，在我们所经常接触到的实际光学问题中，衍射的作用几乎都可以被忽略掉。假如我们在光的传播过程中忽略掉光波的振幅以及光波在传播过程中的位相变化，而仅仅只关注光波的传播方向和光波等相面的形状，则可以抽象出光线和光波面（或等相面）这两个几何学的概念，在这两个几何学概念的基础之上再辅以几何定律和实验规律，就逐渐发展出了光学的基础——几何光学。

　　当一束光线入射到两种媒质的界面时，有一部分光会从界面上反射，从而形成了反射线。我们把入射线与入射点处界面的法线所构成的平面称为入射面，把法线和入射线及反射线所构成的角度分别称为入射角和反射角。除了部分入射光线会在界面处发生反射以外，其余的入射光线都会进入第二种媒质，并形成折射线，折射线与界面法线的夹角被称为折射角。

　　根据光线的折射定律，折射线的方向应满足如下两个条件：

　　（1）折射线位于入射面内，并且入射线和折射线分别位于法线的两侧。

　　（2）对单色光而言，入射角的正弦与折射角的正弦比值是一个常数，我们将其定义为第二介质相对于第一介质的相对折射率。相对折射率是和入射角无关的物理量，它仅和光波的波长以及界面两侧介质的性质有关。当第一介质为真空时，我们将其称为第二介质相对于真空的相对折射率，或第二介质的绝对折射率（通常被简称为折射率）。

　　由于介质对空气的相对折射率与其对真空的绝对折射率差别非常小，我们在分析光学问题时常常不会专门进行区分。介质的折射率一定是大于 1 的正数，例如空气的折射率为1.0003，水为 1.3330，固体氧化物为 1.3~2.7，硅酸盐玻璃为 1.5~1.9，同种介质如果具有不同的结构，其折射率也是不同的。

上面介绍了光在两种介质的界面上发生反射和折射时传播方向上的变化。但是，无论是惠更斯原理还是几何光学定律，都无法解释光波在反射前后和折射前后的能量变化规律。根据麦克斯韦方程组和电磁场的边界条件，我们可以分析解释相关的问题。我们定义反射率（或反射比）为反射光的功率对入射光的功率之比；经过折射进入第二介质的光为透射光，透射率（或透射比）为透射光与入射光功率之比。当光线由介质 1 入射到介质 2时，光会在介质界面上发生反射和折射，这种反射和折射可以连续进行。例如，当光线从空气进入介质时，一部分被反射回来，而另一部分则折射进入介质内部；当穿过介质传播到介质和空气的另一端面时，又会有一部分发生反射回到介质内部，而另一部分则折射进入空气。

反射会使得透过部分的光的强度降低，尤其是当两种介质折射率相差很大时，反射损失十分的显著。但如果两种介质的折射率相同或非常接近，当光学垂直入射时，光透过介质几乎没有什么损失。因此，考虑到陶瓷、玻璃等类型的材料的折射率比空气的折射率大，所以为了减小反射损失，我们经常采取以下措施：

（1）给透过介质的表面镀一层或多层增透膜；

（2）用折射率与玻璃相近的胶把多次透过的玻璃粘起来，以减少玻璃与玻璃间的空气界面所造成的反射损失。

4. 光的全反射与光纤

当光线从折射率较大的光密介质进入折射率较小的光疏介质时，其折射角是大于入射角的。当入射角大到某一角度（临界角）的时候，光线便会沿着介质的表面传播，此时的折射角为 90°；当入射角继续增加时，则不再会有折射线，取而代之的是入射光的能量全部回到光密介质中。我们把入射光全部回到光密介质中的这种现象称为全反射，对应的入射角度称为全反射的临界角。不同的介质具有不同的临界角大小：水对空气的临界角为48.6°，酒精对空气的临界角为 47.3°，而金刚石因为折射率很大（2.42），因此，临界角只有 24.4°，光线在金刚石中相对更容易发生全反射。钻石在进行切割时，经过选择特殊的切割加工角度，便可以使得进入钻石的光线发生全反射，并经色散后向其棱点部位射出，这样钻石看起来就有璀璨的光芒。

另一个对光的全反射现象加以利用且更具备工业价值的是光导纤维（通常简称为光纤）。光纤是由光学玻璃、光学石英或光学塑料制成的直径通常小于几十微米的细丝（也被称为纤芯），然后依次在纤芯的外层覆盖上直径 100~150μm 的包层和涂层。包层的作用是给纤芯提供光的全反射面，因此包层的折射率通常比纤芯要略低一点。当光线从光纤的一端以适当的角度射入纤芯内部时，将在纤芯和包层之间发生多次全反射而近乎无损地传播到光纤的另一端。只需要保证在光导纤维内传播的光线方向与纤芯表面的法向所成夹角大于 42°，则光线会全部内反射，哪怕是在光纤的弯曲部位，也能够不产生折射能量损耗地传递光线。涂层的作用是给为纤芯和包层提供基本的机械防护和化学防护。

在实际工程应用中，人们常将多根光纤聚集在一起构成光纤束或光缆，并在其外根据应用场合的要求再加以不同等级的防护。从光缆一端射入的图像，每根光纤都只负责传递入射到它内部的光线的一个像素。通过使光缆两端的每条光纤的排列次序完全一致，我们就可以将整个图像信号以等同于单根光纤那样的完整程度传递过去，从而在光缆的另一端观察到近乎均匀光强的整个图像。

4.1.4　材料的热学性能

材料的热学性能包括热容、热传导、热膨胀、热辐射、热电势、热稳定性等。在实际工程应用中，许多的应用场景都对材料的热学性能有着特殊的要求，例如航天飞行器在穿越大气层时要求外壁材料具有非常优秀的隔热性能，以隔绝外壁接近2000℃的高温，而燃气轮机的叶片、晶体管的散热器等又要求材料要具有优良的导热性能；电真空封装要求材料具有特定的热膨胀系数，以避免在受热的情况下封装失效，精密天平、标准尺、微波谐振腔等要求材料的热膨胀系数尽可能低，而热敏元件却要求材料具有尽可能有高的热膨胀系数；在设计热交换器时，为了计算其工作效率，我们又必须精确了解所用材料的导热系数。因此，在很多实际的工业应用场景下，材料的热性能往往成为设计和制造的关键之一。

通过之前章节的学习，我们知道当材料的组织结构发生变化时，通常都会产生一定的热效应。因此，借助对热函与温度关系的研究，我们就可以确定材料热容和潜热的变化，并相应地对材料进行热性能分析，这对于确定临界点并判断材料的相变特征等有着非常重要的意义。

我们知道，材料晶体点阵中的质点(如原子、离子等)在绝对零度以上温度时总是围绕着平衡位置做微小幅度的振动，这种振动称为晶格热振动。晶格热振动是三维的，但是为了便于分析，我们经常会根据空间力系，将其分解成为三个方向上的线性振动。由于材料中质点间总是存在很强的相互作用力，因此当晶格中的某一质点发生振动时，会带动临近的质点也随之振动，而又因为相邻质点间的振动往往是存在着一定的位相差的，所以晶格热振动可以被视为以弹性波的形式(也被称为晶格波或格波)在整个材料内传播的。晶格波本质上就是多个质点以多个频率振动时的组合波，它和材料的各种性能在物理本质上是相关的。

如果晶格中振动着的质点里包含频率较低的晶格波，且质点彼此之间的位相差又不大，则此时的晶格波非常类似于弹性体中的应变波，这种晶格波称为"声频支格波"。而如果晶格中振动着的质点里包含频率较高的晶格波，且质点间的位相差又很大，尤其是邻近质点的运动方向几乎相反时，此时晶格波的频率往往在红外光区，这种晶格波称为"光频支格波"。金属材料主要靠电子导热，而无机非金属材料在低温时主要以声频支格波的方式来导热，在极高温时则主要以光频支格波的方式来导热。

1. 材料的热容

当某个物体被加热时，它的温度将会升高，常识告诉我们，不同的物体升高相同温度所需要的热量和时间都是不同的。有的物体被加热到某一温度需要较长的时间和较大的功率，而有的物体却相对比较容易被加热。通常来讲，质量小的物体比质量大的物体要更容易被加热升温，这表明加热物体时所需要的热量与物体的质量有关。此外，加热物体的难易程度也和物体的性质有关，不同的物体即使有着相同的质量，其加热升温的难易程度也是不同的。我们定义热容为物体温度升高 1K 所需要增加的能量，它是表征分子热运动的能量随温度而变化的一个物理量。

对于某一具有给定质量的物体而言，它的热容也取决于它被加热的过程。如果在加热过程中该物体的体积不发生变化，那么加热时提供的热量只需要满足温度升高 1K 时该物体内能的增加，而不会以做功的形式传输出去，此时的热容称为定容热容。如果在加热过程中保持该物体的恒定环境压力，则该物体的体积会在加热过程中自发向外膨胀，此时该物体升高 1K 时所需的热量，除了用于满足它的内能增加之外，还必须补充它对外膨胀做功时的损耗，此时的热容称为定压热容。

比热容是指质量为 1kg 的物质在没有相以及化学反应的条件下，升高 1K 所需的热量。比热容和物质的本性相关，单位为 $J/(kg \cdot K)$，通常以小写的英文字母 c 表示。正如上文所述，每种物质都有定压比热容和定容比热容这两种比热容。对于固体材料而言，定压比热容可用实验的方法测得，而定容比热容则无法直接进行测量。因此，在我们讨论材料热容的时候，一般都是指的定压比热容。

自由电子和晶格波这两个因素共同决定了几乎所有的金属化合物、固溶体、中间相、陶瓷的热容。电子在极高温度和极低温度时对热容的贡献是相对显著的，这是因为电子在极高温度时具有很高的能量，会积极参与到热运动中；而在极低温度时，由于晶格振动幅度很小导致晶格热容微不足道，但电子热容仍然保持相对活跃；因此，在极高和极低温度时，电子导热起着主导性的作用。在通常温度下，自由电子贡献的热容与晶格波贡献的热容相比，开始变得微不足道，此时晶格波热容起着主导性的作用。德拜对材料热容与温度的关系进行了理论和实验上的分析推论，根据其热容理论，在高于德拜温度（德拜温度是反应原子间结合力的重要物理量）时，热容趋于常数 $25J/(K \cdot mol)$；在低于德拜温度时，热容与温度的三次方成正比。石墨的德拜温度为 1973K，BeO 为 1173K，Al_2O_3 为 923K 等。对于绝大多数的氧化物和碳化物而言，其热容都是从低温时较低的数值一直以温度的三次方关系增加，然后到 1273K 左右的德拜温近似于 $25J/(K \cdot mol)$ 的恒定值。当温度进一步增加时，材料的热容只会发生非常平缓的振幅，这部分的增幅如上所述，是由电子热容所贡献的。

陶瓷材料的热容与陶瓷材料的致密程度（或气孔率）有着非常密切的关系。多孔陶瓷因为质量轻热容小，所以提高多孔隔热砖的温度所需的热量比提高致密耐火砖的温度所需的热量要少得多。多孔的硅藻土砖、泡沫刚玉等隔热材料，因为其具有重量轻，可有效减少热量损耗，加快升降温速度，节省耗能等优点被广泛使用。热处理实验室里的热处理炉等加热设备也经常使用质量小的钼片、碳毡等作为隔热材料。

2. 材料的热膨胀

热膨胀是指物体的体积或长度随着温度的升高而增大的现象。通常来讲,温度降低时,物体的体积缩小;温度升高时,物体的体积增大,这就是我们所熟知的热胀冷缩现象。不同的物质具有不同的热膨胀特性,有的物质随温度的变化会有较明显的体积变化,而有的物质则相对不是那么明显;即使是同一种物质,如果其有多种晶体结构,不同的晶体结构也有不同的热膨胀性能。

热膨胀系数是固体材料重要的物理性能之一。在多晶、多相的固体材料和复合材料中,由于各相和材料在各个方向上的热膨胀系数不同而引起的热应力导致材料失效的现象,是材料设计和制造时必须解决的关键问题。通常来讲,材料的热膨胀系数大小与材料的热稳定性有着密切的联系。

热膨胀、热传导和高温时比热增大等热学现象是无法用传统的晶格线性振动或简谐振动理论来解释的,因为它们从根本上都与晶格中质点的非线性振动有关。因为,如果热运动不会改变质点的平衡位置,每一个质点运动时所受的力都是简谐振动的力,则质点间的作用力会与质点偏离平衡位置的远近成正比,那么不管是在什么温度下,晶体中质点的平衡位置就始终保持不变,晶体的大小和形状都不会发生任何改变,也就是说,当固体受热时,并不会产生热膨胀现象。很明显,这样的结论是与我们熟知的热胀冷缩现象是相违背的,因此,材料中的质点是以非线性振动的方式进行运动的。

X射线晶体结构分析同样表明,固态金属和合金在受热膨胀时,相邻原子之间的距离是在逐渐增大的。固体会发生热膨胀的根本原因就在于,使原子返回平衡位置的恢复力并不是位移的线性函数,而是比较复杂的不对称函数。这就导致了当质点处于小于平衡位置的时候,斥力随位移增大得很快;而当质点处于大于平衡位置的时候,引力则随位移增大得慢一些。在此种情况下,质点热振动时的平衡位置就不再是原点了,而是要逐渐右移。所以,相邻质点间的平均距离会随着材料中各质点的热振动而逐渐增加,温度越高则振幅越大,振幅越大则质点在平衡位置处受力不对称情况就越发显著,导致相邻质点间的平均距离就越来越大,从而导致了材料的热膨胀。

☞ **阅读材料**

一般物质都遵循"热胀冷缩"这一物理规律,可是,水却是个另类。水在4℃以上时的确是遵循"热胀冷缩"规律的,可是在0~4℃却遵守"热缩冷胀"规律。因此,水在4℃时体积最小,密度最大。我们把水的这个特性叫做反常膨胀。

我们知道,自然界的水总是先从表面开始冷却的,即表面水温总是低于下面的水温。那么,4℃以上的水从高于4℃的温度向4℃降低的过程中,由于是正常的热胀冷缩,所以上层的水密度会大于下层的水的密度,于是上层水下沉,下层水上升,从而形成对流,整个水体会很快达到相同的温度。但是,当水温从4℃向0℃继续降低的过程中,由于热缩冷胀,上层水的密度小于下层水的密度,上层水便不会再下沉,下层水也不会再上升，于是没有了对流现象，水的温度不再均匀。当表面的水结冰后，冰与水混合物温度为 0℃，于是，从表面到底部水温逐渐升高，由于 4℃ 水的密度最大，因此河底的水温为 4℃，水中的各种生物才得以安全生存。

3. 材料的热传导

不同温度的物体具有不同的内能，而同一物体在受热时间较短时，也常常在其不同区域有着不同的温度，这反映了其在各个区域的热运动的激烈程度不同，即含有不等的内能。这些不同温度的物体或同一物体不同温度的区域，在接触或是相互靠近时，就会以传热的方式来互相交换能量。热传导现象就是指由于材料相邻部分存在温差而发生的能量迁移。在热能工程、制冷工程、工件加热和冷却、设计工业炉、燃汽轮机叶片散热以及航空航天器的隔热等技术领域中，材料的导热性能都是非常重要的。

导热的机理取决于材料的类型和材料所处的状态（固态、液态和气态），因此，不同的材料在其各个状态下的导热能力也有着很大的区别。但是，它们都有一个共同点，那就是所有材料的热传导都是源于材料内部的微观粒子的相互碰撞和传递。在气态和液态中，材料热量的传导则通常是通过分子或原子间的相互作用火碰撞来实现的；而在固态中，热量的传导是通过晶格波（声频支格波、光频支格波）来实现的。由于晶格振动的能量是量子化的，我们把晶格波的能量量子称为声子，因此，无机非金属材料的热传导就可以看成声子相互作用和碰撞的结果。而在导电性良好的金属晶体中，热量的传导则主要是通过电子的相互作用和碰撞来实现的，与之相比，声子在金属中对热传导只有着微小的贡献。

在上述三种热导机制中，热量传导的速度以电子导热的机制最快，声子导热次之，分子和原子碰撞导热则相对最慢，这就是金属的导热系数一般比无机非金属大，而无机非金属大的导热系数又比空气大的原因。

固体中除了常温时的声子导热外，还有高温时的光子导热。在高温时，固体中分子、原子和电子的振动和转动等运动状态的改变，都会辐射出频率较高的电磁波。此电磁波覆盖了较宽的频谱，其中，具有较强热效应的是波长在可见光与部分近红外光的区域，我们把这部分的辐射线称为热射线。热辐射即是指的热射线的传热过程。由于这类热射线都在光频范围内，其传播过程和光在介质中传播的现象非常类似，同样有光的反射、折射、散射、衍射、吸收等，因此，我们可以把它们的导热过程近似看做光子在材料中传播的导热过程。当温度不太高时，固体中电磁辐射能很微弱，但在高温时，电磁辐射能就非常明显了，这是因为电磁辐射能的辐射能量是与温度的 4 次方成正比的。

对于固体中的辐射传热过程，我们可以将其定性地解释为：任何温度下的固体既能辐射出一定频率的射线，也能吸收类似的射线，固体中任一体积单元在热稳定状态下平均辐射的能量与平均吸收的能量相等。但是，当固体中存在温度梯度时，相邻的体积单元中温度高的体积单元辐射的能量大，而吸收的能量小；温度低的体积单元正好相反，辐射的能量小而吸收的能量大，这样便产生了能量的转移，使得整个固体中的热量从高温处向低温处传递。

4. 材料的热稳定性

热稳定性是指材料能承受温度的急剧变化而不被破坏的能力，所以有时也被称为抗热震性，热稳定性是无机非金属材料非常重要的工程物理性能。因服役环境的不同，在不同的应用条件下，我们对材料热稳定性的要求差别很大。例如，对于日用的瓷器，我们一般要求其能承受大约 200K 温差下的热冲击；而对于火箭喷嘴，则要求其能瞬时承受 3000~4000K 瞬间温差的热冲击，与此同时还要能经受高速气流的冲击和化学腐蚀。

无机非金属材料的热稳定性通常比较差，其在热冲击下的损坏主要有两种形式：一种是材料瞬时发生断裂，我们把材料抵抗这类瞬间断裂的性能称为抗热冲击断裂性；另一种是材料在循环热冲击的作用下，发生表面开裂、剥落等情况，并不断恶化，最终材料发生碎裂或变质，我们把材料抵抗这类破坏的性能称为抗热冲击损伤性。抗热冲击断裂性对于脆性或低延展性的材料尤为重要。而对于一些高延展性材料，抗热冲击损伤性则是主要的考虑因素，因为，在此类损坏模式下，虽然温度的变化不如热冲击时那么剧烈，但是其热应力水平也可能已经接近于材料的屈服强度，而且温度会反复发生变化，最终导致热疲劳破坏。

热稳定性能的评定因为几乎无法建立精确的数学或物理模型，一般只能采用如下直观测定方法：

（1）日用热稳定性表示：把一定规格的试样加热到一定温度，然后立即将其放在室温的流动水中急冷，再逐次提高加热温度，并重复急冷过程，直到能观察到试样开始产生裂纹，最后我们以产生裂纹前的最高加热温度来标定其热稳定性。

（2）普通耐火材料的热稳定性表示：将试样一端加热到 850℃ 并保温 40min，然后将其放在 10~20℃ 的流动水中急冷 3min 或放在空气中空冷 5~10min。重复这样的操作，直至试样失去 20% 的重量为止，最后以到达失重 20% 的操作次数来标定其热稳定性。

（3）对于某些高温陶瓷材料，则是以加热到一定温度后，将其放在水中急冷，最后测量其抗弯强度的损失率来标定其热稳定性。

4.2 材料的力学性能

很多结构材料在服役的过程中都会受到各种不同载荷的作用，例如拉伸、压缩、弯曲、扭转、冲击等载荷的作用。在不同的载荷作用下，必须了解材料的力学性能，才能进行合理的结构设计，以降低材料构件在服役过程中发生失效的可能性。

材料的力学行为是指材料在外加载荷的作用下所产生的形变行为。关键的力学性能包括弹性、塑性、强度、韧性、硬度等。材料的力学性能是确定各种工程材料设计参数的主要依据，具有良好力学性能的材料常被应用于各种构件中。

4.2.1 应力和应变

材料在服役过程中往往会受到外力的作用,这种外力也称为载荷。从性质来看,载荷具有拉伸、压缩、扭转或剪切等形式,如图 4.2 所示。从大小来看,载荷可以保持恒定不变或大小不断变化;从作用时间来看,载荷加载的时间长短可能存在较大的差别。另外,结构材料的服役环境也是非常重要的因素。

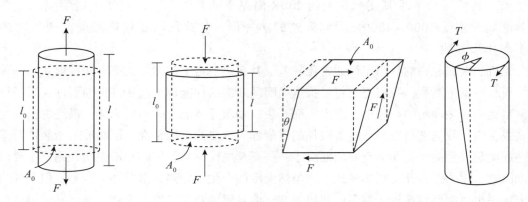

(a)拉伸载荷作用下,试　(b)压缩载荷作用下,试　(c)剪切载荷下,试样产　(d)扭转时,在力矩作
　样伸长,产生正应变　　　样压缩,产生负应变　　　生剪切应变　　　　　　用下产生扭转变形

图 4.2　载荷的不同加载方式(虚线为变形之前的形状,实线为变形之后的形状)

如果对材料作用的载荷为静载荷(即外力不随时间而变化)或随时间变化相对缓慢,并且其在材料的表面或横截面的大小分布均匀,我们可以对这种理想条件下材料的力学行为通过一种简单的应力-应变测试来表征。

1. 拉伸试验

常见的应力-应变试验为拉伸试验。拉伸试验可用于测定材料的多种力学性能。通常用拉伸实验来测试材料的性能,是因为它实施起来相对简单。

如图 4.3 所示,在沿试样的纵向方向加载一个连续增加的载荷,在拉力作用下,试样被拉伸,直至试样断裂。样品的两端被夹在仪器的夹具上,标准的拉伸试样一般采用图 4.3(b)所示形状,变形被限制在狭窄的中心区域。拉伸试验机被设定以恒定速率拉伸试样,并同时对瞬时载荷以及拉伸长度进行连续测量。

拉伸实验过程中,记录的数据为载荷随着伸长度的变化情况。为了标准化处理,载荷及伸长度被标准化为相应的应力和应变的参数。

应力的定义式如下:

$$\sigma = \frac{F}{A_0} \qquad\qquad (4-1)$$

式中,F 为垂直于试样横截面的载荷,单位为 N;A_0 为载荷作用前的横截面积,单位为

m^2。对应的，应力的单位为 $MPa(1MPa=10^6 N/m^2)$。

（a）拉伸试验机　（b）常用的拉伸试样形状　（c）拉伸样品直至断裂

图4.3　拉伸试验示意图

应变的定义式如下：

$$\varepsilon = \frac{l_i - l_0}{l_0} = \frac{\Delta l}{l_0} \tag{4-2}$$

式中，l_0 为载荷作用前样品的初始长度；l_i 是试样的瞬时长度；$\Delta l = l_i - l_0$，表示试样的长度变化。应变无量纲，有时候也会以百分数来表示应变。

2. 压缩试验

类似的，当试样受到压缩载荷时，对样品进行压缩应力-应变实验。其原理与上述拉伸试验类似，但是压缩试验中，对试样作用的载荷为压缩载荷。在压力作用下，试样沿着压力方向被压缩。式(4-1)和式(4-2)用于计算压缩应力和压缩应变。不同的是，压缩载荷按惯例定义为负值，因此压应力为负值；计算得到的压应变也为负值。

3. 剪切试验

如图4.2(c)所示，当试样的受力类型为纯剪切作用时，剪切应力 τ 可以用以下公式进行计算：

$$\tau = \frac{F}{A_0} \tag{4-3}$$

式中，F 为载荷或平行于上下表面所施加的力；A_0 为上下表面的面积。

剪切应变 γ 的定义为应变角 θ 的正切值，即 $\gamma = \tan\theta$。剪切应力与剪切应变的单位与拉伸应力、拉伸应变一样。

4. 扭转试验

如图4.2(d)所示，构建受到扭转作用力，扭转是扭曲的构件中各种纯剪切力引起的综合变化，使得构件的一端相对于另一端以长轴为中心发生转动。剪切应力是施加扭矩 T 的函数，而且剪切应变 γ 与扭转角 ϕ 有关。

4.2.2 材料的应力-应变行为

1. 弹性模量

一个构件的应变取决于所施加应力的大小。对多数材料来说,当其处于相对较低的拉伸状态时,应力和应变成正比例关系,其关系用以下公式表示:

$$\sigma = E\varepsilon \qquad\qquad (4\text{-}4)$$

这个公式即著名的胡克定律(Hooke's Law),其中 E 是常数,称为弹性模量或杨氏模量。

对于大多数典型金属来说,弹性模量的大小可以从镁的 44.8GPa 到钨的 407GPa。陶瓷材料一般都有很高的弹性模量,其弹性模量一般高于金属,在 70~500GPa 之间。高分子的弹性模量则一般较低,在 7MPa~4GPa。表 4.1 给出了室温条件下一些常见的金属材料、陶瓷材料和高分子材料的弹性模量。

表 4.1　　　　　　　　　　　几种常见材料的弹性模量(E)

金属	E(MPa)	陶瓷	E(MPa)	高分子	E(MPa)
镁	4.48×10^4	氧化铝(Al_2O_3)	3.93×10^5	橡胶	$3.00\sim7.80$
铝	7.17×10^4	石英玻璃(SiO_2)	7.30×10^4	聚四氟乙烯	$0.40\sim1.80\times10^3$
铜	1.19×10^5	氧化锆(ZrO_2)	2.41×10^5	尼龙 6,6	$1.59\sim3.79\times10^3$
钨	4.07×10^5	氮化硅(Si_3N_4)	3.04×10^5	聚碳酸酯	$2.30\sim2.38\times10^3$
镁合金	4.50×10^4	立方氮化硼	8.46×10^5	聚甲基丙烯酸甲酯	$2.24\sim3.24\times10^3$
铝合金	7.23×10^4	氮化铝(AlN)	3.20×10^5	聚氯乙烯	$2.41\sim4.14\times10^3$
黄铜	1.06×10^5	碳化硅(SiC)	4.50×10^5	聚苯乙烯	$2.28\sim3.28\times10^3$
不锈钢	1.90×10^5	碳化钨(WC)	7.10×10^5	聚对苯二甲酸乙二醇酯	$2.76\sim4.14\times10^3$

2. 弹性变形

根据式(4.4),将应力与应变互成比例的变形称为弹性变形,应力和应变之间的线性关系如图 4.4 所示,图 4.4(a)中线性段的斜率相当于弹性模量,即 $E=\tan\alpha$。弹性模量表示材料对弹性变形的抵抗能力,也称为材料的刚度。材料的弹性模量越大,其刚性越强;也可以理解为,在同样的作用力下,材料的弹性应变越小。弹性变形是瞬间的变形,当外力卸除后,变形消失,试样恢复到初始的形状。如图 4.4(a)应力-应变曲线所示,从原点沿着直线上升的过程代表加载的过程;当卸除载荷后,应力-应变沿着相反的方向回到原点。

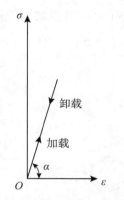
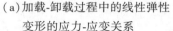
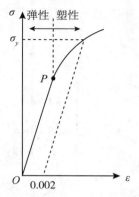

（a）加载-卸载过程中的线性弹性　　　（b）典型的金属材料应力-应变曲线，包括了弹性
变形的应力-应变关系　　　　　　　变形与塑性变形，P 点表示弹性极限

图 4.4　应力-应变关系

3. 塑性变形

对于大多数金属材料而言，弹性变形的程度有限，只能持续到约 0.5% 的应变。一旦超过这个极限，金属材料的应力和应变不再成比例，材料会发生不可恢复的永久性变形，这种变形称为塑性变形，如图 4.4（b）所示。

4.2.3　金属材料的力学行为

1. 屈服和屈服强度

结构材料的设计中，需要确保在施加应力的条件下，结构材料只发生弹性变形，尽量避免塑性变形的发生。

对于经历弹性-塑性转变的金属材料，通过应力-应变曲线开始偏离线性关系的位置来定义屈服点，该点表示弹性变形的结束、塑性变形的开始。工程上，P 点的精确位置难以确定；一般由 0.002 应变处引一条平行于弹性部分的直线，其与曲线的交点所对应的应力值，被定义为屈服强度（σ_y）。

一般金属材料的应力-应变行为如图 4.5 所示，弹性-塑性转变非常明显，这种现象称为屈服现象。材料的屈服强度是发生屈服现象时的极限，用来衡量材料抵抗微量塑性变形的能力。

2. 拉伸强度和断裂强度

在屈服之后继续拉伸，金属材料继续发生塑性变形，直至所需的最大应力值（图 4.5 中 M 点），然后应力开始下降，并最终发生断裂（图 4.5 中 F 点）。

应力-应变曲线中最高点的应力值，定义为拉伸强度（TS），对应于构件所能承受的最大拉应力。如果持续拉伸，材料则会发生断裂。材料的断裂强度（σ_f）定义为断裂发生时的应力值(图 4.5 中 F 点)。例如，铝的拉伸强度较低(50MPa)，高强度钢的拉伸强度可高达 2000MPa 以上。

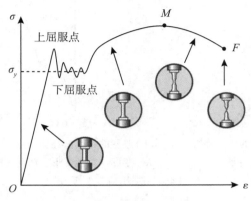

图 4.5　金属材料的应力-应变曲线

3. 延展性

材料的延展性表示在断裂前构件所能承受的塑性变形的程度，是另一重要的力学性能。材料的延展性可以用伸长率或断面收缩率来表示。

伸长率(δ)，是断裂时塑性应变的百分比，其计算公式为

$$\delta = \frac{l_f - l_0}{l_0} \times 100\% \tag{4-5}$$

式中，l_f 为断裂时的长度，l_0 为初始长度。

断面收缩率(ψ)，是断裂时横截面积的变化，其计算公式为

$$\psi = \frac{A_0 - A_f}{A_0} \times 100\% \tag{4-6}$$

式中，A_f 为断裂时的横截面积，A_0 为初始横截面积。

不同材料的延展性不同。材料的伸长率越大、断面收缩率越大，代表材料的塑性越强。

一般而言，延伸率超过 5%的材料，其延展性较好，称为塑性材料。大多数金属材料在室温条件下都会呈现出一定程度的延展性，如铜、铝等。

如果材料在断裂时，很少发生或没有发生塑性变形，材料的延伸率不超过 5%，材料的这种性能则被称为脆性，这类材料也因此被称为脆性材料，例如陶瓷、玻璃、铸铁等材料。

4. 韧性

韧性也是一个常用的力学性能，衡量材料在塑性变形和破裂过程中吸收能量的一种能力。韧性的分类有断裂韧性和冲击韧性。

断裂韧性是指材料中有裂纹(或应力集中)时,材料阻止裂纹扩展的能力,是材料抗断裂的一种能力。通常用断裂前物体所吸收的能量或外界对物体所做的功来表示(单位J)。韧性材料的断裂韧性较大,脆性材料的断裂韧性较小。在实际应用中,由于材料中存在缺陷,因此断裂韧性是结构材料需要考虑的一个重要因数。

结构材料在工作中,除了静应力作用外,有时还会受到外力的冲击作用。冲击韧性即是指在冲击外力作用下,材料抵抗冲击外力而不破坏的能力。冲击韧性的测试一般采用动态加载条件以及有缺口(或应力集中)的试样来进行。冲击韧性一般用冲击功(A_k,单位 J)或冲击韧性值(α_k,单位 J/cm^2)来表示。α_k 值低的材料为脆性材料(例如工程用铸造碳钢 α_k 值 3~4.5),α_k 值高的材料称为韧性材料(例如合金结构钢 α_k 值 58~88)。

5. 硬度

硬度是衡量材料抵抗局部塑性变形的一种能力,涉及弹性、塑性、强度、韧性等综合力学性能。材料越软,其硬度指数越低。

早期的硬度测试中,通过一种材料划过另一种材料产生划痕,来定性表征材料的硬度,称为莫氏硬度(Mons' hardness)。莫氏硬度的变化范围为 1~10 级,分别对应于软的云母(莫氏硬度 1)和硬的金刚石(莫氏硬度 10)。

后来,人们开展了一系列定量和定性的硬度测试技术。通过控制载荷和加载速率,将压头压入材料表面,通过压痕的深度和大小来表征材料的硬度。根据测试方法的不同,硬度有不同的表达方式,有早期建立的莫氏硬度,以及后来发展的洛氏硬度(Rockwell hardness,HR)、布氏硬度(Brinell hardness,HB)、维氏硬度(Vickers hardness,HV)、努氏硬度(Knoop hardness,HK)等,其中以 HR 及 HB 较为常用。表 4.2 是对不同的硬度测试技术的简介及对比。不同测试方法测得的硬度值可以进行转化,以进行不同硬度之间的对比。

一般而言,工程材料的硬度从高到低为:陶瓷>金属>高分子。陶瓷材料的硬度相对最高,陶瓷材料的维氏硬度多为 HV1000~5000,各种钢的硬度为 HV300~800,而聚合物的硬度一般不超过 HV20。

表 4.2　　　　　　　　　　　　　　不同的硬度测试技术

试验	压头	压痕形状		载荷	硬度值
		侧视图	俯视图		
洛氏硬度	金刚石圆锥			60kg 100kg 150kg	测试仪器读取
洛氏表面硬度	淬火钢球			15kg 30kg 45kg	测试仪器读取

续表

试验	压头	压痕形状		载荷	硬度值
		侧视图	俯视图		
布氏硬度	钢球或硬质合金球			F	$HB = \dfrac{2F}{\pi D\left[D - \sqrt{D^2 - d^2}\right]}$
维氏硬度	金刚石四棱锥			F	$HV = 1.854\dfrac{F}{d_1^2}$
努氏硬度	金刚石锥体			F	$HK = 14.2\dfrac{F}{l^2}$

4.2.4　陶瓷材料的力学行为

陶瓷材料的力学性能与金属存在很大的不同，因此，从一定程度上来说，陶瓷材料的应用在某些领域受到了其力学性能的限制。陶瓷材料最大的缺点是韧性低、脆性大，在外力作用下容易发生突然的脆性断裂，几乎没有吸收能量的能力，直观表现为陶瓷材料的抗机械冲击性能差。本小节将介绍陶瓷材料典型的力学性能。

1. 抗压强度

材料的抗压强度(compressive strength，σ_{bc})是指当对材料施加压力时材料的强度极限。

陶瓷材料往往抗压强度较高，但抗拉强度较低，一般二者相差约 10 倍，二者差别程度大大超过金属材料(表 4.3)。

表 4.3　　　　　　　　　　常见材料的抗拉强度和抗压强度

	材料类型	抗拉强度 σ_b(MPa)	抗压强度 σ_{bc}(MPa)	抗拉强度/抗压强度 σ_b/σ_{bc}
金属材料	铸铁 HT100	100	500	1/5
	铸铁 HT250	250	1000	1/4
陶瓷材料	化工陶瓷	29~39	245~390	1/8~1/10
	富铝红柱石	123	1320	1/11
	烧结尖晶石	131	1860	1/14
	烧结氧化铝	260	2930	1/11
	烧结碳化硼	294	2940	1/10

2. 弯曲强度

陶瓷材料由于脆性大，一般不采用上述的拉伸测试，常用测试方法是横向弯曲试验方法(图4.6)。弯曲试验中，采用矩形或圆形横截面的试样，利用三点或四点加载技术来测试。弯曲时，试样的上表面处于压缩状态，下表面处于拉伸状态。应力 σ 可以根据试样的弯距、横截面积、惯性力矩等参数来计算。

由于陶瓷材料的拉伸强度低于其压缩强度(表4-3)，因此断裂发生于拉伸的下表面。陶瓷材料弯曲断裂时的应力大小被称为弯曲强度(flexural strength)或断裂强度，是衡量陶瓷材料的一个重要力学性能。

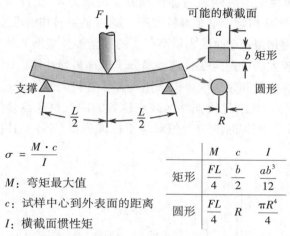

$$\sigma = \frac{M \cdot c}{I}$$

M：弯矩最大值

c：试样中心到外表面的距离

I：横截面惯性矩

	M	c	I
矩形	$\dfrac{FL}{4}$	$\dfrac{b}{2}$	$\dfrac{ab^3}{12}$
圆形	$\dfrac{FL}{4}$	R	$\dfrac{\pi R^4}{4}$

图 4.6　陶瓷材料应力-应变行为的三点弯曲试验示意图以及弯曲强度的计算

3. 陶瓷材料的弹性模量

通过弯曲实验得到陶瓷材料的应力-应变曲线(图4.7)，应力和应变之间成线性关系。与金属材料的弹性变形阶段类似，线性区域的斜率代表陶瓷材料的弹性模量。陶瓷材料的弹性模量一般要高于金属材料(表4.1)。陶瓷材料在断裂前一般没有明显的塑性变形，表明陶瓷材料是典型的脆性材料。

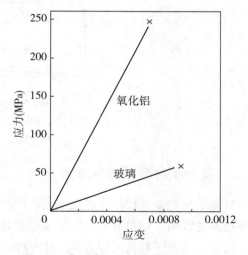

图 4.7　典型陶瓷材料的应力-应变行为

4.2.5　高分子材料的力学行为

1. 高分子的应力-应变行为

与金属材料的参数相似，高分子材料的力学性能可以用弹性模量、屈服强度和拉伸强度等参数来描述。

对于许多高分子材料，拉伸应力-应变测试用于表征其力学性能。与金属材料和陶瓷材料不同的是，高分子材料的多数力学特性对变形速率(应变速率)和环境的特性(例如湿度、温度、气氛环境、有机溶剂等)高度敏感。

不同于金属材料或陶瓷材料，高分子材料一般有三种不同的应力-应变行为，如图 4.8 所示，A 曲线表示在弹性变形时断裂的脆性高分子的应力-应变行为；B 曲线表示塑性高分子的应力-应变行为，其初始变形是弹性变形，随后是屈服和塑性变形，直至最终断裂，与金属材料的力学行为相似；C 曲线表示高分子的完全弹性变形或橡胶状弹性变形，即在低应力水平即可产生较大的可逆应变，这类高分子也称为弹性体。

高分子材料的弹性模量和延展性可以采用与金属材料类似的方式来表征。对于塑性高分子(图 4.8 中 B 曲线)，在刚过线弹性区终点位置的曲线最高点是屈服点，其对应的应力值是屈服强度。高分子断裂时的应力值对应于拉伸强度(TS)，其拉伸强度可以高于也可以低于屈服强度。

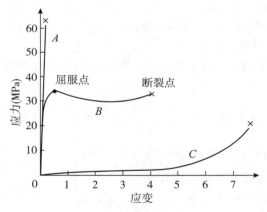

图 4.8　高分子材料的应力-应变曲线

2. 高分子材料的宏观变形

高分子材粒如果在屈服点之前出现断裂，且断面光滑，其表现为脆性破坏。高分子材粒在拉伸过程中，如果有明显的屈服点和颈缩现象，断面表面粗糙，则表现为韧性破坏。

通常，高分子材料的应力-应变行为由图 4.9 中的综合或变异曲线表示。图 4.9(a)为高分子材料的典型拉伸应力-应变曲线，图 4.9(b)所示为处于不同变形阶段的试样外形。

图4.9中，上、下屈服点都很明显，之后是接近水平的平台。在上屈服点，试样产生细颈；在细颈内，高分子材料的分子链产生取向，导致局部强化；试样的延伸在这一细颈区域扩展，直至最终断裂，如图4.9(b)所示。

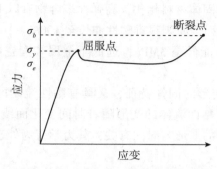 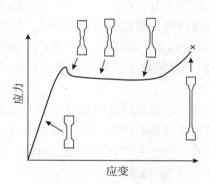

(a)塑性高分子的拉伸应力-应变曲线示意图　　　(b)对应阶段的试样外变形化

图4.9　高分子材料的应力-应变行为

根据高分子材料应力-应变曲线的形状特点，可以将高分子材料分为硬而脆、硬而强、硬而韧、软而弱、软而韧等五种类型，如图4.10所示。前三种是可以作为工程塑料的高分子材料，后两种是可以用作变形较大的高分子材料。这五种类型的高分子材料具体说明如下：

（1）硬而脆：高分子材料在较大应力作用下，其应变较小，且在屈服点之前发生断裂。这类高分子材料具有高模量，冲击强度较差，材料断裂属于脆性断裂。例如酚醛塑料。

（2）硬而强：与硬而脆的材料类似，但是在屈服点附近断裂。例如聚氯乙烯。

（3）硬而韧：高分子材料在屈服点后发生断裂，模量和抗拉强度较高，伸长率较高，其断裂属于韧性断裂。例如聚碳酸酯。

（4）软而弱：高分子材料模量较低，屈服强度较低，其断裂伸长率中等。例如天然橡胶。

（5）软而韧：高分子材料模量较低，屈服强度较底，但是其断裂伸长率较大，断裂强度较高。例如硫化橡胶，低密度聚乙烯等。

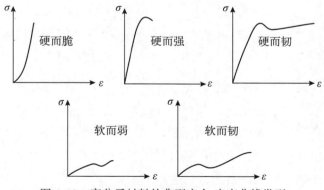

图4.10　高分子材料的典型应力-应变曲线类型

3. 高分子材料的特殊力学性能

高分子材料的高弹性和黏弹性是高分子材料最具特色的力学性能。

橡胶等高分子材料,其弹性变形能力优异,处在一种"高弹态"的力学状态。高分子材料的高弹性一般也称为橡胶弹性。同常见的固体材料相比,高弹性聚合物有以下特性:

(1)变形大,伸长率可达 100%~1000%,而金属则很难塑性伸长至 100%。

(2)弹性模量小,高弹性聚合物的模量可能低至 3MPa,远低于金属和陶瓷材料(表 4.1)。

高分子的黏弹性是指高分子既具有弹性变形的固体特征,又具有黏性流动的流体特征。理性弹性体的弹性变形与时间无关,理想黏性流体的变形随着时间变化而线性发展。高分子的黏弹性为两者的结合,因此,高分子的变形与时间有关,其力学行为处于理想的弹性体和理想的黏性体之间。

思考题

1. 导体、半导体、和绝缘体在能带结构上有何不同?

2. 为什么金属的电阻温度系数是正的,而半导体则是负的?

3. 结合压电效应,说明气体打火机中点火器的工作原理。

4. 试探讨陶瓷材料的透光度与其气孔率有无关联。

5. 试用双原子模型说明固体热膨胀的物理本质。

6. 试述应力和应变的定义。

7. 什么是胡克定律? 指出其适用条件。

8. 试画出钢材料的应力-应变曲线,并说出各个点的含义。

9. 试述弹性、塑性、强度、韧性、硬度的定义。

10. 试述陶瓷材料的力学特性。

11. 试述高分子材料的三种典型应力-应变行为示意图。

第5章 材料的变形与强化

材料变形可分为弹性变形和塑性变形。弹性变形是指在外力去除后能够完全恢复的形变部分。当外力超过一定值(即屈服极限)时,材料在外力作用下发生变形,去除外力后所产生的变形量不能完全消失,永远残留的那部分变形叫做塑性变形。与弹性变形相比较,材料塑性变形的规律要复杂许多,不同类型的材料(金属、无机非金属、高分子和复合材料)的塑性变形规律特点也各不相同,理解与认识材料塑性变形的规律是进行工程结构和构件的设计、正确选材和发展新材料的基础。

5.1 材料的塑性变形

对材料塑性变形规律的理解可从两方面进行,一是宏观途径,如各种弹、塑性理论和断裂力学等,通过实验建立材料的应力与应变之间较为普遍的数学关系,用于分析、计算实际工程结构与构件在加工和使用条件下的应力、应变和断裂条件;二是微观途径,即建立材料变形的微观模型,研究塑性变形的微观机制,并确定微观结构组织与力学性能之间的关系。本章主要基于微观途径对材料塑性变形的理解与认识。

5.1.1 单晶体的塑性变形

实际使用的材料大多数为多晶体,为了解多晶体材料塑性变形的过程与机理规律,可以先了解一下单晶体的塑性变形。从微观上看,单晶体的塑性变形机制主要有两种:滑移与孪生,研究表明,多数情况下,材料的变形是以滑移的方式进行的。

1. 滑移的表象

如图 5.1 所示,将一个金属单晶体试样先进行表面抛光处理后,再经过拉伸变形,然后将试样放在光学显微镜下进行观察,可以看到试样表面出现许多条纹。仔细分析可以发现,这些条纹就是在切应力的作用下,金属单晶体材料的一部分相对于另一部分沿着特定的晶面和晶向发生平移所产生的台阶,这些条纹称为滑移带。若采用更高放大倍数的电子显微镜对试样表面进行观察,则可以发现在一个台阶内存在更细小的台阶,这种更细小的台阶称为滑移线,可以说,滑移带实际上是一束滑移线的集合体,另外,还能看到滑移线与滑移带在晶体上的分布是不均匀的。

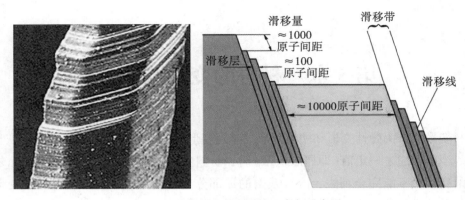

图 5.1　滑移的光学显微镜观察与示意图

单晶体变形时，滑移只在晶体内若干特定的晶体学位向的晶面和特定的晶向上进行，而且在微观上是不均匀分布的。只有当作用在晶体的滑移面（特定的晶面）上沿特定晶向的切应力达到一定的数值，才能在晶体中产生滑移，这个临界切应力与材料的屈服强度相对应。从微观原子尺度上分析，当晶体中一部分原子在切应力作用下由原来的平衡位置相对另一部分原子沿某个晶面移动到新的平衡位置时，晶体就产生了微量的局部塑性变形，如图 5.2 所示。晶体中许多不同地方的晶面上所产生的滑移的总和，就形成了材料在宏观上可观测的塑性变形。从这个微观机制出发可以得到，金属单晶体在外力作用下，由于晶体内部众多不同地方晶面上滑移的开动而产生塑性变形，这些滑移的发生最终在材料表面上形成了一系列的滑移线和滑移带。从图 5.2 还可以看出，晶体滑移的一个特点是，晶体内部的原子排列特征在滑移前后没有发生本质改变。

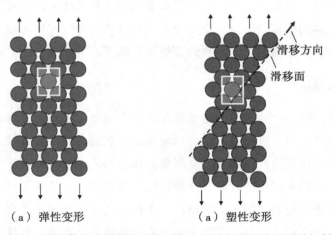

图 5.2　材料通过晶体滑移从弹性变形到产生塑性变形的微观原子机制示意图

2. 晶体的滑移面、滑移方向及滑移系

晶体在塑性变形中所产生的滑移带的分布是不均匀的，同时，晶体滑移的发生存在临界切应力的现象，表明晶体在发生塑性变形时，滑移是沿一定的晶面和一定的晶向发生的。材料中这些可以发生滑移的晶面和晶向分别称为滑移面和滑移方向。研究表明，晶体材料并不是沿着所有的晶面和晶向都能在外力作用下产生滑移的。一般来说，晶体材料的滑移面是晶体中的原子密排面，而滑移方向则往往是原子密排方向。例如，面心立方晶体的滑移一般是在{111}晶面和<110>晶向上发生。从晶体几何上看，相邻的密排面之间以及相邻的密排方向之间的原子间距相对较大，因而其原子之间的结合力往往较弱，所以在外力作用下较容易引起材料内相邻密排面原子之间沿相应的密排方向发生相对滑动。

为了完整地表示晶体滑移的几何特征，一般把一个滑移面和在这个滑移面上的一个滑移方向组成一个"滑移系"。晶体的滑移系首先取决于其晶体结构，对于具有不同晶体结构的金属，其滑移系的数目也会有所不同，例如面心立方晶体为 12 个，体心立方晶体一般也为 12 个，而密排六方晶体通常为 3 个，如表 5-1 所示。材料中滑移系的数目越多，则材料的塑性变形能力越好；反之，滑移系数越少，其塑性变形能力一般会较差。材料中的滑移系的数目相同时，滑移方向数越多，则越容易产生滑移，因而材料的塑性变形能力越好。此外，晶体的滑移系也与温度和组成材料的元素有关，随着温度的升高，材料的滑移系可能会增多。例如，除了表 5-1 所列出来的{111}<110>滑移系外，金属铝在高温下还可能出现{001}<110>滑移系。

表 5-1　　　　　　　　　　　　　晶体材料中的典型滑移系

晶体结构	体心立方结构	面心立方结构	密排立方结构
滑移系	 {110}<111>	 {111}<110>	 {0001}<112>
数目	6×2=12	4×3=12	1×3=3
典型材料	α-Fe，W，Mo，V	Cu，Al，Ni，Ag，Au，γ-Fe	α-Ti，Mg，Zn，Cd

一般来说，每种晶体材料中都有不只一个滑移系，但是在一定的外力作用下，并不是所有的滑移系都可以发生滑动，从而对材料的塑性变形产生贡献。研究表明，只有与外力的作用方向接近 45°取向的滑移系，其滑移面和滑移方向上的分切应力才具有较大的值，这样的滑移系易于优先发生滑移。在特定外力作用下，材料内部处于有利于滑移系开动的

晶格位向通常称为"软取向"，与此相反，材料中远离外力方向 45°取向的晶格位向称为"硬取向"。

3. 晶体在滑移过程中的转动

单晶体在拉伸加载引起塑性变形的过程中，除了沿滑移面产生滑移外，还会产生转动。如图 5.3 所示，如果晶体除了受两端拉力之外没有其他力学约束，晶体中可以发生自由滑移，由于易于产生滑移的滑移面往往与拉伸轴向的夹角接近于 45°，则当滑移面上、下两部分发生微小相对滑移时，试样的轴和两端端面在空间中的方位会发生改变。然而，在一般的拉伸实验中，由于夹头对试样的约束，其拉伸轴与两端端面不能改变，因而会造成晶体在拉伸过程中边滑移边转动，结果使得晶体的滑移面逐渐趋向于与拉伸轴线相平行。

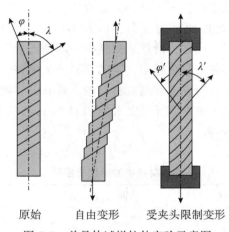

原始　　　　自由变形　　　受夹头限制变形

图 5.3　单晶体试样拉伸实验示意图

单晶体在通过滑移而产生塑性变形的过程中，原来处于软取向的滑移系，由于晶体的转动而发生位向变化，会逐渐转向为硬取向，使得在同样的外力作用下，晶体的进一步滑移变得困难，称为滑移系的"取向硬化"或"几何硬化"；反之，原来处于硬取向的滑移系可以在加载过程中逐步变成软取向，从而变得易于发生滑移，称为滑移系的"取向软化"或"几何软化"。从表 5-1 可知，单晶体由于晶格对称性往往会存在一系列不同方位的滑移系，在通过滑移而产生塑性变形的过程中，这些不同滑移系各自会逐次发生"取向软化"或者"取向硬化"。这样，晶体中的滑移有可能在更多的滑移面上进行，最终结果使得晶体可以较为均匀地变形。

4. 滑移发生的微观机理

从前面的分析可知，晶体材料的塑性变形是晶体内许多不同地方发生滑移面两侧原子之间的相对滑移的综合表现。但材料在实际发生塑性变形的过程中，晶体内相邻两部分之间的相对滑移并不是滑移面两侧的晶体原子之间整体作为刚体而相对滑动。从力学的角度考虑，如果材料中发生的是晶体各部分作为刚体的整体相对移动，连接滑移面两侧的原子的结合键将同时断裂，那么需要克服的滑移阻力是十分巨大的。一般把产生这种滑移面两侧的晶体原子之间整体的相对移动所需要施加的切应力称为材料的理论剪切强度，并可以基于一定的力学理论模型和材料的弹性常数对其进行计算求解。从表5-2可以看出，晶体的实际强度远低于其理论强度。

表 5-2　　　　　　　　　　一些材料的理论强度与实际强度对比

晶体	理论强度(GPa)	实验强度(MPa)	理论强度/实验强度
Ag	2.64	0.37	$\sim 7\times 10^3$
Al	2.37	0.78	$\sim 3\times 10^3$
Cu	4.10	0.49	$\sim 8\times 10^3$
Ni	6.70	3.2~7.35	$\sim 2\times 10^3$
Fe	7.10	27.5	$\sim 3\times 10^2$

为解释这种理论与实际的巨大差别，人们提出了"位错"的概念来说明滑移发生的微观机制(图5.4)。位错线一般为晶体内部一个细长的管状区域，管内的原子是混乱排列的，破坏了原子排列的周期性，并在位错线附近区域小范围内形成晶格畸变。从图5.4可以看出，在外加切应力的作用下，晶体中的位错线及其对应的晶格畸变区会沿特定晶面运动，当位错线从晶面的一端运动到另一端，便沿着该晶面产生了一个原子间距的滑移。可以看出，位错线运动所发生的晶面就是滑移面，而在位错线的移动过程中，只需要位错线附近少数原子作微量移动，这种微量移动的距离小于一个原子间距，因而更容易发生。由于晶体材料内部一般存在数量较多的位错，通过大量的位错在晶体内部运动，就可以产生宏观上的塑性变形。可以看出，通过位错的移动来实现晶体的滑移，所需克服的滑移阻力会小很多，因而使得滑移更容易进行，这与表5-2中所列出的实际测量的结果是一致的。由于大量数目的位错线在晶体内部形成一定的空间离散分布特征，通过这些位错线的运动且其中一部分移出晶体表面，就会在晶体表面形成台阶(即滑移线)。

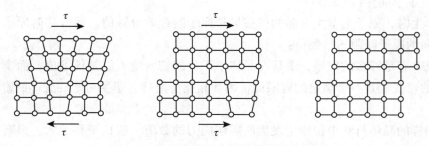

图 5.4　滑移发生的位错运动机制示意图

5. 孪生

单晶体另一种主要的塑性变形机制是孪生。如图 5.5 所示，孪生是指在切应力作用下，晶体的一部分相对于另一部分沿一定的晶面(称为孪晶面)及晶向(称为孪生方向)在某个连续区域内产生整体的剪切变形。与滑移变形必须在一定的滑移系上发生相似，可以把晶体中孪生发生所对应的孪晶面和孪生方向组成一个孪生系。可以看出，孪生与滑移存在一些相似之处，二者都是晶体在剪切应力作用下晶体的一部分相对于另一部分沿一定的晶面和晶向的平移，且二者都不改变已变形区域的晶体结构。

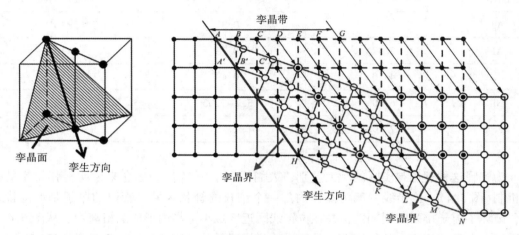

图 5.5　面心立方晶体孪生的示意图

孪生与滑移的区别主要有：

(1)孪生使得晶体中某个连续的区域发生了均匀的切应变，而滑移则集中在滑移面两侧紧挨着的原子面上发生，相邻的滑移面间距一般在几十个纳米以上，因而滑移所产生的变形在微观上是不均匀分布的；

(2)滑移不改变晶体各部分晶格点阵的位向，在滑移发生前后除位错外不产生其他的晶体缺陷(图 5.2)，而孪生使得晶体中已孪生部分(孪晶)的晶格点阵位向与未孪生部分(基体)的晶格点阵位向产生较大差异，孪晶与基体的晶格呈对称关系，同时在孪晶与基体之间产生了孪晶界(图 5.5)；

(3)孪生时，原子沿孪生方向的位移量是原子间距的分数值，而滑移时原子的位移是沿滑移方向的原子间距的整数倍；

(4)只要有足够多的位错，滑移在晶体中产生的切变量可以是任意值，而孪生在晶体中所产生的切变量是一个确定的有限值，因而相比于滑移，孪生对塑性变形的直接贡献一般很有限；

(5)同样的晶体材料中，孪生发生所需切应力的数值一般比滑移的大，只有在滑移很难进行的情况下才发生孪生变形。

5.1.2 多晶体材料的塑性变形

实际工程上使用的材料大多数为多晶体结构，即材料是由许多位向、形状、大小各不同的小单晶体即晶粒所组成。如图5.6所示，多晶体材料中的晶粒与晶粒在空间上相互拼接，在晶粒与晶粒之间的过渡区域就是晶粒边界（简称晶界）。直观上看，多晶体材料的塑性变形可认为是由其内部许多不同位向单晶体晶粒变形的综合结果。在塑性变形过程中，多晶体材料中的每个晶粒所发生的塑性变形与单晶体比较，并没有本质的差别，即每个晶粒的塑性变形仍通过滑移和孪生等方式进行。但由于位向不同的晶粒是通过各个晶粒之间的晶界所构成的晶界网络结合在一起的（图5.6），而晶粒的位向的空间角分布和晶界及晶界所形成的网络对变形有很大的影响，所以多晶体材料的塑性变形较单晶体复杂。

为了研究晶界对于多晶体材料塑性变形的影响，人们利用晶界都近似垂直于试样轴的 α-Fe 多晶体试样在室温和高温下分别进行拉伸试验。试验结果发现，在室温下拉伸时，靠近晶界处试样的直径变化很小，而在远离晶界的晶粒中部会则直径显著减小（图5.7(a)）。在高温下拉伸时情况恰好相反，晶界附近试样显著变细，而远离晶界处则变形较小（图5.7(b)）。这表明在低温或室温下，晶界强而晶粒本身弱；高温下则相反。

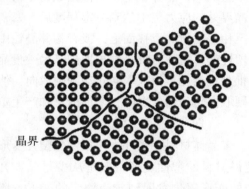

图5.6 多晶体材料中的晶界的示意图

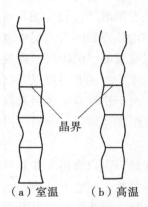

（a）室温　　（b）高温

图5.7 α-Fe 多晶体试样拉伸试验结果示意图

在室温或温度显著低于材料的熔点时，多晶体内单晶粒的变形仍然主要是以上述滑移和孪生两种方式进行的，但材料在晶界附近发生塑性变形的抗力较大。其原因在于，晶界附近为具有不同晶格位向的两个晶粒的晶格的过渡之处，在该处原子的堆垛与排列相比于晶粒内部的原子堆垛与排列，较为无序紊乱，不利于晶粒中位错滑移的通过（图5.8）；另外，晶界上的溶质原子或杂质原子往往较多，这也会增大晶界附近的晶格畸变，对位错在该处的运动也会形成阻碍，因而材料在晶界处难以发生塑性变形。由于晶界的存在增大了晶粒内的位错在晶界处及其附近区域的滑移抗力，加上多晶体中各相邻晶粒之间的晶格位向的不同，使得其中任一晶粒的滑移都必然会受到它周围晶粒的约束和阻碍，因而各晶粒之间必须相互协调才能发生变形。因此，在室温或温度显著低于材料的熔点时，多晶体材料的塑性变形抗力总是高于相应的单晶体。

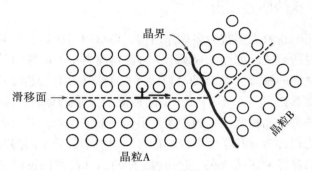

图 5.8　晶界阻碍位错运动的示意图

　　基于上述晶界的力学行为特征，多晶体材料塑性变形的微观机制与图像可以这样分析理解：在受一定程度外力作用时，多晶体内部处于软取向的晶粒会优先产生滑移和塑性变形，而处于硬取向的相邻晶粒尚不能发生滑移和塑性变形，只能以弹性变形的方式相协调，而达到材料的整体力学平衡。由于变形晶粒中位错的移动难以穿过晶界至相邻的晶粒，其同一滑移面上的一系列位错会在晶界处产生塞积，只有进一步增大外力，才能使该晶粒的塑性变形继续进行。随着该晶粒的塑性变形量加大，晶界处塞积的位错数目不断增多，塞积前沿晶界处的应力集中也逐渐提高。当晶界处的应力集中达到一定程度后，塞积的位错可以克服晶界的阻碍，穿透晶界，并滑移至相邻晶粒的滑移面上，或者相邻晶粒中的位错源由于应力的升高可以开启位错的滑移，塑性变形就从一批晶粒扩展到了另一批晶粒。同时，由于塑性变形会引起晶粒的旋转，一批晶粒会逐步由软取向转动到硬取向，使得其塑性变形变得困难，而另一批晶粒则可以从硬取向转动到软取向，参加滑移和产生塑性变形。

　　从上述分析可以看出，在晶界网络的作用下，多晶体材料在受外力作用发生塑性变形时，相邻各晶粒之间会互相影响、互相制约，使得材料的塑性变形一般是从少量晶粒开始，分批进行，逐步扩展到其他晶粒，从不均匀的变形逐步发展到较为均匀的变形。所以，对多晶体材料，特别是金属来说，其整体发生塑性变形的抗力（称为流变应力）不仅与其原子间的结合力有关，而且还与材料的晶粒度即晶粒尺寸有关。材料的晶粒越细小，阻碍位错滑移的晶界总面积会越大，每个晶粒周围具有不同晶格取向的晶粒数便越多，对塑性变形的抗力也越大，因而材料的强度便越高。此外，由于材料的晶粒越细小，其单位体积中的晶粒数便越多，在发生塑性变形时，同样的整体变形量可以分散在更多的晶粒中发生，产生较均匀的变形，而不致造成局部的塑性变形量过大，形成局部应力集中，引起裂纹的过早产生和扩展，因而晶粒越细小的材料，其塑性与韧性也往往会较高。基于该原理，在工业上常通过各种手段，如对金属材料采用塑性变形加工和热处理（即形变热处理），可以在金属材料中产生细小而均匀的晶粒组织，是目前提高金属材料力学性能的有效途径之一。

　　在较高温度下，多晶体材料受外力作用时，由于其晶界比晶粒弱，除了晶粒内可以发生滑移与孪生外，相邻两个晶粒还会沿着晶界发生相对滑动，称为晶界滑移。晶界滑移也能造成材料的宏观塑性变形。例如，对具有多晶体结构的高温合金在高温和远低于材料屈服极限的外力作用下进行长时间力学试验，试样会发生随时间不断增加的缓慢的塑性变形，称为蠕变，其微观变形的主要方式就是晶界滑移。这也是人们希望通过将飞机发动机涡轮叶片制成整体单晶来提高其高温服役性能的原因。

5.2 塑性变形对材料组织和性能的影响

材料的塑性变形可以造成材料中的原子堆垛排列方式产生永久改变，引起材料微观结构组织的变化，进而对材料的各种物理和化学性能产生一定的影响，因而，生产中常利用对材料(特别是金属)进行塑性变形加工并结合热处理，即材料的形变热处理，来改善材料的使用性能。

5.2.1 塑性变形对材料组织和性能的改变

对于金属材料来说，经过塑性变形后，其微观结构和组织的变化大致可以分为如下四个方面。

1. 晶粒

在发生塑性变形的过程中，金属材料内部各晶粒的形状会发生相应的改变，随着金属外形的拉长或压扁，其内部晶粒的形状也会被相应地拉长或压扁，一般大致与材料外形的改变成比例。当材料的塑性变形量很大时，各晶粒会变成细条状或纤维状，晶粒与晶粒之间的边界会变得模糊，金属材料的性能将会出现明显的方向性，如纵向的强度和塑性远大于横向等。这种细长的组织通常称为纤维组织，如图5.9所示。

2. 加工硬化

在外力作用和持续加载过程中，材料的塑性变形量逐渐增加，在晶粒内部位错源的开动下，材料中的位错密度不断提高，位错与位错之间由于相对运动而产生大量的交割，并形成缠结态，这种位错缠结态会进一步演化成位错胞状组织，将晶粒分割成片(图5.10)；与此同时，晶粒逐渐变形而拉长，使得材料中的原始各晶粒被形变所形成的位错胞状组织分割破碎成细碎的亚晶粒，这些亚晶粒之间的分界面称为亚晶界。材料的塑性变形量越大，晶粒破碎的程度越大，产生的亚晶界便越多，这些亚晶界一般是由刃型位错组成的位错墙，使得相邻亚晶粒的晶格位向之间会有一个小角度的偏差；同时，细碎的亚晶粒也随着晶粒的拉长而被拉长(图5.10)。另外，由于塑性变形量的增加而引起材料中位错密度的增加和晶粒的破碎和细化，金属材料的塑性变形抗力将迅速增大，即强度和硬度显著提高，而塑性和韧性则会有所下降，产生所谓的加工硬化现象。

(a) 铸态　　　　　　　　　　　(b) 冷拔态

图 5.9　铸态下的金属在经过冷拔加工后微观组织变化的示意图

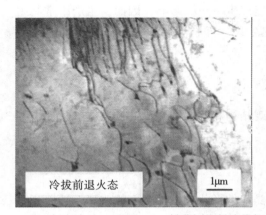
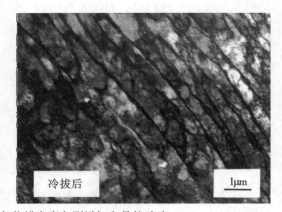

图 5.10　低碳钢线材冷拔加工引起位错密度急剧增加和晶粒破碎

在生产实际中，金属材料的加工硬化既有不利方面，又有有利方面。不利方面是，加工硬化的产生给金属的进一步塑性变形加工带来困难，如钢板在冷轧过程中会越轧越硬，以致最后轧不动，这也使得金属的冷加工需要消耗更多的功率。有利方面是，人们可以利用加工硬化现象，来提高金属材料的强度和硬度，从而可以通过冷加工来控制材料最终的使用性能，如冷拔高强度钢丝，就是利用冷加工变形产生的加工硬化来提高钢丝的强度的。若材料在塑性变形中产生了空间上不均匀分布的变形，相对变形量较大的区域会产生较强的加工硬化，其变形抗力的提高会使得该区域的变形趋缓或停止，有利于变形转移至相对变形量较小的区域，最终效果是使得材料整体的变形量的分布较为均匀，这也是某些工件可以通过塑性变形加工成形的重要因素，如冷拔钢丝、零件的冲压成形等，要求所加工的材料必须具有一定的加工硬化能力。此外，若零件的某些部位出现应力集中或过载现象，使该处产生塑性变形，材料的加工硬化会使得过载部位的变形停止，从而提高了使用安全性。

3. 织构产生

对单晶体材料来说，其晶格中各个晶面和晶向上的原子排列和堆垛特征不尽相同，使得材料沿各个不同方向上的晶体性能会有所不同，因而单晶体材料一般具有"各向异性"

的特点。而多晶体材料则是由大量晶格取向各不相同的小晶体(晶粒)组成,虽然每个晶粒具有"各向异性"的特点,但整个多晶体的性能则一般是不同晶格取向的晶粒性能的综合表现,正常情况下,这些晶粒的晶格位向近似于随机分布,因而多晶体材料整体一般不具备"各向异性"的特点,其各个方向上的性能基本相同。

随着塑性变形的发生,在金属多晶体材料中,不仅晶粒会被拉长与破碎细化,而且各晶粒的晶格位向也会沿着变形的方向发生转动,使得金属多晶体材料中每个晶粒的晶格位向趋于大体一致,即出现了所谓"织构现象"(图 5.11)。由于织构现象的产生,金属多晶体材料会出现其整体性能在不同的方向上有所区别即产生各向异性,这在大多数情况下都是不利的,而且这种由于塑性变形而产生的织构特征甚至在经过退火热处理后也难以消除。

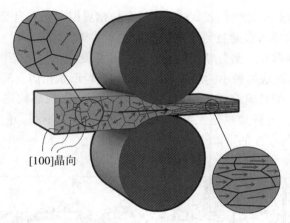

[100]晶向

图 5.11　金属多晶体材料在轧制过程中晶粒的晶格取向趋于一致而产生织构

4. 残余内应力

在金属材料的塑性变形加工过程中,从微观上看其晶格点阵会发生畸变,同时,宏观上会出现材料各部分的变形不均匀或晶粒内各部分变形不均匀,以及各晶粒间的变形不协调,金属内部会形成空间分布的内应力,且在卸载后仍然会有一定程度的内应力保留在材料内部,称为残余内应力。这在一般情况下是不利的,会引起零件尺寸和外形的不稳定,如冷轧钢板在轧制过程中就经常会因变形不均匀所产生的残余内应力而使得钢板发生翘曲等等。此外,残余内应力还会使金属的耐腐蚀性能降低。为消除残余内应力的不利影响,金属在塑性变形加工之后通常都要进行退火处理。另外,金属材料中残余内应力的存在也可以被适当加以利用,来改善材料的特定性能,一个典型的例子是,通过在飞机发动机叶片(通常为高温合金材料)表面进行喷丸处理,材料表面层残留的压应力往往可以阻碍疲劳裂纹的萌生和扩展,从而提高叶片的使用寿命。

5.2.2　塑性变形后材料的回复与再结晶

经过冷加工塑性变形后的金属，材料内部的位错等晶格缺陷大量增加，同时晶粒被破碎拉长，使得材料的总内能升高而处于不稳定的状态。如果对塑性变形后的金属进行加热，从而赋予其内部原子一定的活动能力，则材料必然会产生微观结构组织和性能的变化。

一般可以将冷加工塑性变形后的金属在加热时微观结构组织和性能的变化过程分为三个阶段：

（1）回复阶段：在初始加热阶段，材料的温度相对较低时，晶粒内发生点缺陷的消失（如空位与间隙原子相互湮灭），以及位错在残余应力下的短程运动等变化（图 5.12(a)(b)），这时金属的强度、硬度和塑性等力学性能变化不大，只有内应力及电阻率等性能会显著降低。

（2）再结晶：当材料被加热到较高的温度时，位错可以在它们自身之间的相互作用下进一步运动聚集，同时位错可以通过原子的扩散运动发生攀移（图 5.13）而产生正负刃位错之间相消，引起位错密度降低，最终使得破碎拉长的晶粒变成一系列新的较小的等轴晶粒（图 5.12(c)(d)），这些新形成的较小的晶粒和变形前的晶粒形状相似，晶格类型相同。

（3）晶粒长大：若继续升高温度或延长加热时间，会出现晶粒进一步长大，以及大晶粒吞并小晶粒的现象，这种晶粒长大对材料的力学性能极为不利，使得其强度、塑性、韧性均会下降，且塑性与韧性的下降更为明显。

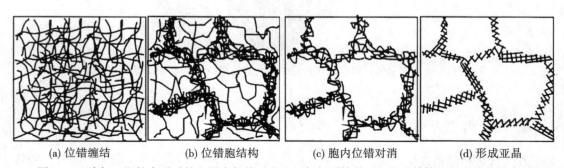

| (a) 位错缠结 | (b) 位错胞结构 | (c) 胞内位错对消 | (d) 形成亚晶 |

图 5.12　冷加工塑性变形后的金属在加热时发生回复与再结晶引起微观结构组织变化的示意图

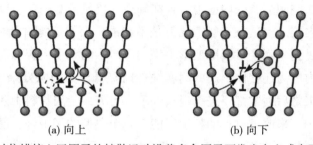

(a) 向上　　　　　　　　(b) 向下

图 5.13　刃位错通过位错核心区原子的扩散运动沿着多余原子面发生向上或向下攀移运动的示意图

基于这些微观结构组织变化特点，可以根据需要，制定特定的热处理工艺来达到期望的材料性能。比如冷拔高强度钢丝，为了有效地利用加工硬化产生的高强度，同时为了避免冷拔加工所产生的残余内应力对其后续使用造成的不利影响，通常采用低温退火，以消除残余应力；再如，金属由于加工硬化的产生而难以进一步对其进行塑性变形加工，这时可采用再结晶退火，在变形之后或在变形的过程中，使其硬度降低，塑性增强，便于进一步进行塑性变形加工。

5.3 材料的强化

晶体材料的塑性变形主要是通过位错运动来进行的，因此所有可以阻碍位错运动、增加位错运动阻力的因素，都可使材料的强度提高。一般来说，可以通过适当的途径改变材料的成分与微观结构，使得位错的运动变得更为困难，以达到强化材料的效果。这些阻碍位错运动的途径主要有形变强化效应、细晶强化效应、固溶强化效应以及第二相强化效应。

5.3.1 形变强化

随着材料塑性变形程度的增加，其强度和硬度升高而塑性和韧性下降的现象叫做形变强化或者加工硬化。形变强化发生的机理是，随塑性变形的进行，晶体材料内部的位错密度会不断增加，使得位错在运动时发生相互交割的频率和程度加剧，由此产生固定的割阶并形成位错缠结，使得位错运动的阻力增大，引起材料塑性变形的抗力增加，从而提高了材料的强度。一般来说，材料的强度与位错密度的二分之一次方成正比。

对金属材料来说，形变强化是一种较为普遍有效的强化方法，特别是对一些不能简单地通过热处理方式来改变其相组成从而达到强化效果的材料，可以使用形变强化的手段来提高其强度，且一般可使材料的强度成倍的增加。

5.3.2 细晶强化

随晶粒尺寸的减小，材料的强度和硬度升高的现象称为细晶强化。对金属材料来说，细晶强化满足如下 Hall-Petch 关系式：

$$\sigma_s = \sigma_0 + \frac{K_y}{\sqrt{d}}$$

式中，σ_0 与 K_y 为与材料有关的常数。可见，材料中晶粒的平均直径（d）越小，其屈服强度（σ_s）越高。一般来说，细化晶粒不但可以提高材料的强度，还可以改善材料的塑性和韧性，是一种较好的强化材料的方法。

为了将材料的晶粒细化，通常可以在对材料进行熔炼制备时的结晶过程中，采用增加过冷度、进行变质处理、振动及搅拌的方法来增加形核率，从而达到细化晶粒的效果。通过对金属材料进行冷塑性变形加工并合理地控制变形程度、退火温度，也可以将材料的晶粒进行细化。另外，对于一些金属材料，还可以采用正火、退火的热处理方法来细化晶粒；或者在一些金属(比如钢)中加入强碳化物形成元素生成碳化物颗粒，来阻碍材料在热处理过程中晶粒的长大，起到细化晶粒的效果。

5.3.3　固溶强化

　　随溶质原子含量的增加，固溶体的强度和硬度升高的现象，称为固溶强化。固溶强化效应产生的机理主要有两个：一是由于溶质原子的溶入，替换了晶格点阵上的溶剂原子，或溶质原子存在于溶剂原子构成的晶格点阵的间隙中，使得固溶体的晶格发生畸变(图2.11)，对滑移面上位错的运动起到了阻碍作用；二是位错线上偏聚的溶质原子(特别是间隙原子)对位错起钉扎作用，增加了位错运动的阻力，一般称这种偏聚在位错线上的溶质原子团为柯氏气团(图 5.14)。

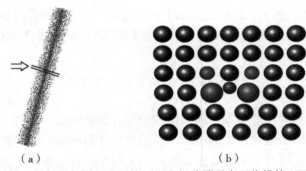

（a）　　　　　　　　　　　（b）

图 5.14　位错线上的柯氏气团以及置换原子和间隙原子在刃位错核心区富集的示意图

　　固溶强化一般有如下规律：(1)在固溶体的溶解度范围内，溶质元素原子的含量越多，则强化作用越大；(2)形成间隙固溶体的溶质元素的强化作用大于形成置换固溶体的溶质元素；(3)溶质原子与溶剂原子的尺寸差越大，则强化作用越大；(4)溶质原子与溶剂原子的价电子数差越大，强化效果越显著。为了达到固溶强化的效果，可以针对材料采用特定的合金化设计方法，即在材料中加入适当的合金元素(图 5.15)。

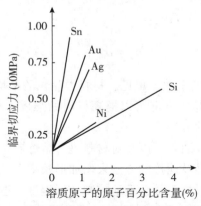

图 5.15　Cu 基固溶体加入不同溶质原子时的强化效果

5.3.4 第二相强化

材料中除了主要的基体相之外,还有可能存在其他的相,它们可以笼统地称为第二相。第二相颗粒的存在也可以有效地阻碍基体中位错的运动,从而达到强化材料的效果。基于第二相颗粒的生成方式,通常可以将第二相颗粒强化分为由热力学相变形成的沉淀强化与机械混合形成的弥散强化两类。但就阻碍位错运动的机制而言,以第二相颗粒本身的变形特性作为区分第二相强化的不同机制,是一个不错的出发点。对于较容易发生塑性变形的第二相颗粒,如颗粒可以被基体中的位错滑移切过(图5.16(a)),则颗粒的力学性能是影响强化效果的关键,而颗粒尺寸的影响则相对较小。对于难以发生塑性变形的第二相颗粒,基体中的位错运动被颗粒阻碍时,只能以绕过的方式继续向前滑移(图5.16(b)),强化效果则主要取决于颗粒的尺寸及弥散度,而与颗粒本身的力学性能的关系不大。这两种第二相强化机制的控制因素虽有区别,但总的强化效果均随颗粒的体积分数的增大而提高。

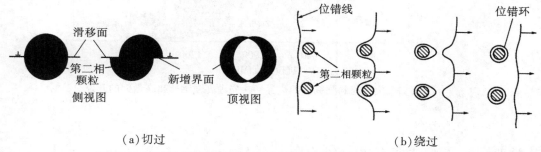

(a) 切过   (b) 绕过

图 5.16 位错与第二相颗粒相互作用的切过机制与绕过机制示意图

与固溶强化类似,第二相强化的主要手段也是材料的合金化设计,即在材料中加入合金元素,通过热处理或塑性变形改变材料中第二相的形态及分布状况。

☞ **阅读材料**

材料的强韧化中的矛盾

对于结构材料来说,其主要用途是承受各种工程应用中的力学载荷而不变形和断裂失效,因而其最为理想的性能特点是强度越高越好,但同时,塑性延展性或者韧性也要足够大。实践表明,要达到这一目的是有挑战的。我们介绍了四种强化材料的方法,对于形变强化与细晶强化,通过在材料中引入较多的位错与晶界提高了强度,但同时也牺牲了塑性延展性,特别是强度提高到一定程度后,塑性延展性会显著下降,因为大量的位错与晶界作为晶体缺陷在材料中通常会有助于裂纹的萌生与长大。而对于固溶强化与第二相强化,一方面受限于合金热力学,如不同合金元素的固溶度、第二相析出反应需要达到的成分与温度等;另一方面,合金元素与材料中的一些晶体缺陷产生相互作用会对材料强度产生不利影响，如合金元素的晶界偏析可能会弱化晶界结合强度。材料的强韧化矛盾甚至可以追溯到原子间结合成键的特点，比如，相比于金属材料，陶瓷材料的强度（硬度）要高很多，但塑性延展性却很差。尽管有挑战，材料研究者仍在尝试各种手段与方法来突破目前已有材料的强韧性的边界（图 5.17）。

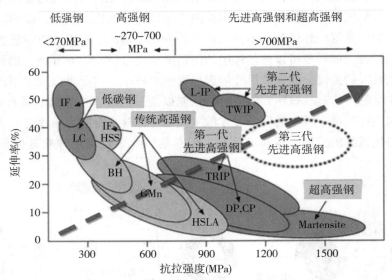

图 5.17 突破材料强韧性的边界——先进高强钢与超高强钢的开发

思考题

1. 什么是弹性变形？什么是塑性变形？

2. 单晶体材料的塑性变形的主要方式有哪些？

3. 晶体材料中的滑移在微观原子尺度上是怎么发生的？

4. 什么是滑移系？试分别列举钢铁和镁合金中的滑移系，并解释为什么通常钢铁比较容易进行压力加工成型，而镁合金却较难进行压力加工成型。

5. 试列举材料中位错的主要来源。

6. 位错对材料的性能有什么影响？如何增加或者减小材料中位错的密度？

7. 孪生与滑移的相同点与不同点分别是什么？

8. 工业上常采用哪些方法对材料进行晶粒细化，以改善其力学性能？试分析其所依据的原理。

9. 材料中的织构是什么？它是如何产生的？对材料有何影响？怎么消除？

10. 在工业生产中，有些什么样的手段可以提高金属材料的强度，其原理分别是什么？

第6章 材料的合成、制备与加工

材料的制造工艺可以概括为合成、制备和加工三大类。自然界中的原材料常被合成为具有一定化学成分或纯度的材料提供给制造业。有一部分材料还要特殊制备成粉、丝和膜等形状，以适应下一步制造。大部分具备三维形状的材料将主要通过减材制造、等材制造、增材制造和连接工艺四大类加工工艺，制造成为零部件和产品。

6.1 材料的合成

材料的合成是指原材料通过化学或聚合反应，使用人工方法获得材料。在这一过程中发生了化学反应或聚合反应，新合成的材料与原材料的特质是不同的。由于合成的材料是下一步制造的基础，所以它相比于原材料，化学成分的均一程度要高、性能要稳定。在现代工业生产中，出于节能和环保的需求，有时材料的合成会与其他工艺糅合在一起形成一套生产线。值得注意的是，并不是所有人工合成的产物都是材料，还有化工原料、染料和药物。这个概念的辨析与材料自身的定义有关，也是符合业界习惯的。

6.1.1 无机材料的合成

无机材料(主要是金属和陶瓷材料)的合成出现起始于青铜时代。从自然界中拾取零星的自然铜已无法满足需求，于是人类开始从铜矿石中提取出铜，并添加锡、锌等元素，合成出铜合金。中国古代利用青铜(铜锡合金)制作出大量的器具，现在不少被发掘并保存在各大博物馆内。

青铜时代之后，人类对铁乃至钢的使用成为现代工业的基础。自然界中铁矿石常以铁的氧化物存在，利用焦炭产生的一氧化碳从铁矿石中还原出铁单质，也就是生铁的合成(也称作生铁的冶炼)。常见的生铁冶炼工艺为高炉炼铁，如图 6.1 所示，铁矿石、焦炭和石灰石从高炉的上部送入，高炉内形成由高向低温度逐步升高的分布。由于高炉的竖直布置，有利于热空气从下至上流动，使高炉底部超过铁的熔点。熔化的生铁由于比重较大，从高炉的底部流出，从而形成了上部送原料，下部出生铁的连续生产过程。将生铁熔化，用氧化法去除掉杂质并添加硅、锰等合金元素，就是合成为钢(也称为钢铁的冶炼)。

铝元素在地壳中含量非常丰富，是含量最高的金属元素。铝在自然界中常以氧化铝的结晶水合物存在。由于铝的氧化性很弱，很难像生铁一样被还原出来。直到 1886 年，美国奥柏林学院三年级学生霍尔和法国巴黎矿业学院三年级学生埃鲁几乎同时且独立的发明了通过电解在冰晶石熔体中的三氧化二铝而合成铝的方法(也称作霍尔-埃鲁法,如图 6.2 所示),使得铝及铝合金的应用得到了加速发展。

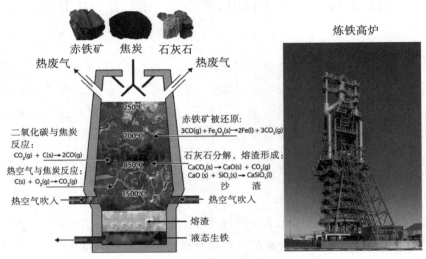

图 6.1　生铁冶炼的工艺

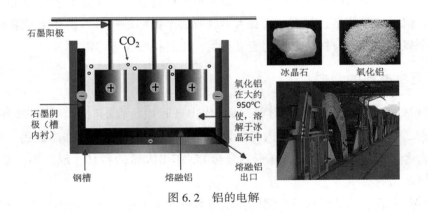

图 6.2　铝的电解

迄今发现最早的合成玻璃的作坊是公元前 1500 年古埃及。将沙子(二氧化硅)、纯碱(碳酸钠)和石灰石(碳酸钙)混合加热到上千度就可获得以硅酸钠成分为主的玻璃(如图 6.3 所示)。熔融态的玻璃或利用吹制工艺被制造成玻璃容器,或利用浮法工艺被制造成平板玻璃。

　　无机材料合成通常需满足化学反应所需的能量和反应物浓度的要求。从大规模工业生产角度看,无机材料合成工艺还需满足连续、稳定的要求。

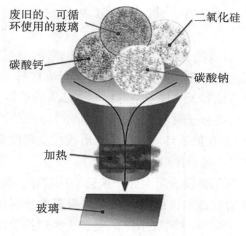

图 6.3 玻璃合成示意图

6.1.2 有机材料的合成

人类对有机材料利用的历史也很悠久，但在 20 世纪之前，还主要以天然有机材料为主。在 19 世纪前期，浓硝酸和浓硫酸与天然的有机材料（如木材、棉花、布料）发生酯化反应生成的硝酸纤维素由于其快速燃烧的特点而被应用于军事领域。1869 年，美国的一个印刷工人海阿特（J. W. Hyatt）将硝化纤维素溶解于酒精中，并加入樟脑作为塑化剂，施加压力在模具中成型，可以制作成台球。这种材料被命名为"赛璐珞"，可以用来取代象牙等天然材料，后来广泛应用于台球、乒乓球和电影胶片，现在因为其易燃的缺点而逐步被淘汰。

1909 年，美国人贝克兰（L. H. Baekeland）利用煤工业原料苯酚和甲醛的缩合反应合成了一种绝缘、耐热、耐腐蚀的酚醛树脂，俗称"电木"，第一种完全意义的人工合成塑料材料问世了。

☞ 阅读材料

贝克兰与他的"塑料帝国"

酚醛树脂的发明绝非偶然，贝克兰出身于比利时根特市的底层，但他天资聪颖，21 岁即获得根特大学的博士学位，24 岁成为比利时布鲁日大学物理和化学教授。1889 年，26 岁的他和全家移居美国。贝克兰是一个天生的创业者，1898 年他就曾以 75 万美元的价格把他改进的照相相纸 Velox 的专利出售给了柯达公司。1909 年，贝克兰发现虽然苯酚和甲醛单独反应并不能获得合适的材料，但如果在反应中加入木粉，并利用高温热压法就可以得到理想中的酚醛树脂材料。这种绝缘的塑料正是快速发展的电力行业所需要的，贝克兰也通过这一产品，建立了属于自己的塑料帝国。

1939 年，贝克兰以 1650 万美元出售给联合碳化物公司（the Union Carbide Corporation）。1944 年，贝克兰去世，享年 81 岁。

在整个 20 世纪，人工合成的有机高分子材料纷至沓来、应接不暇。在人工合成氨的经验指导下，人们发现温度、压力和催化剂成为实现有机材料人工合成的重要工艺参数。随着石油化工的发展，从石油和天然气中精炼出的高品质的单体，在一定压力和温度的环境下，可聚合为各式各样的高分子材料（如图 6.4 所示）。比如乙烯在高压环境下可以生产出低密度聚乙烯（LDPE），在低压环境下可生产出线性低密度聚乙烯（LLDPE），使用低压淤浆法可生产出高密度聚乙烯（HDPE）。

1932 年，德国学者施陶丁格发表了大分子长链结构理论，并因此获得 1953 年诺贝尔化学奖。1934 年，英国学者欣谢尔伍德和苏联人谢苗诺夫分别发表了链式聚合反应机理的文章，他们共同获得了 1956 年获诺贝尔化学奖。这些理论奠定了人工合成高分子材料的基础。

早在 1839 年，美国人古德伊尔将天然橡胶硫化后，使得橡胶制品实用于轮胎。1905 年，德国人霍夫曼获批了第一项人工合成橡胶工艺专利。但直到二战后，齐格勒-纳塔（Ziegler-Natta）和锂系等新型催化剂的发现，才促生了异戊橡胶和顺丁橡胶的出现。在 20 世纪 70 年代，合成橡胶的性能才基本能替代天然橡胶。此外，同样来源于石油化工的化学纤维也在取代着天然纤维的地位。

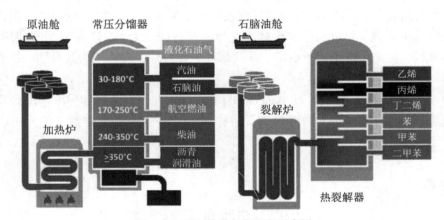

图 6.4　石油化工生产流程示意图

6.2　材料的制备

有些材料在加工成零部件之前，需要制备成不同几何形状或不同微观结构。被制备成不同几何形状的材料，常见的有粉体材料、丝状材料、膜类材料和块体材料。如果我们用几何上的概念来类比，它们依次可类比为点、线、面和体。一个三维实体的一个或几个方向上的空间尺寸非常小时，就形成了这样的点、线和面。

还有些材料具备有不同于常规材料的微观结构，如单晶材料和非晶材料。在微电子领域，芯片是刻蚀在单晶硅(如图 6.5 所示)上的大规模集成电路。新型的非晶态材料往往具有独特的电磁性能，图 6.6 展示了一种用 3D 打印技术制造的铁基非晶零件。

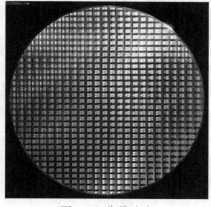

图 6.5 非晶硅片

图 6.6 3D 打印的铁基非晶零件

材料的制备也是材料加工前的准备。每种不同的形状或微观结构的制备都具有一定的共性，并形成一定的工艺特点。

6.2.1 粉体材料的制备

日常生活中，大家也常常接触到一些粉状的物体，比如面粉、药粉等。在工业中，有很多产品的生产需要粉体材料，有些是利用粉体材料比表面积更大(单位质量物体的总面积)，有些是利用粉体材料的可均匀分布的特性。在制造领域，粉体的制备、生产、运输、储存和安全逐步形成一门学科，即粉体工程学。粉体材料的制备方法常见的有机械法、液相法和气相法。通常情况下，粉体材料的主要指标是纯度、几何尺寸大小及几何尺寸的均匀性。

1. 机械粉碎法

机械粉碎法即是通过机械力将块状物体不停地破裂，直至达到需要的几何尺寸。传统的面粉制作是一个典型且容易理解的例子，收获的小麦在筛选和去皮之后，在石磨上被极重的石碾反复碾压，麦粒被不断压碎，直至成为粉状。

在工业生产中，球磨法是一种常见的粉体材料制备方法。将需要粉碎的材料和坚硬的磨球一起放在圆柱形的球磨罐内，以一定的速度旋转，利用旋转过程中磨球对材料的冲击力来粉碎材料。图 6.7 展示了一种简单的小型球磨机，4 个球磨罐在整体托罐的带动下做旋转。每个球磨罐内都装有坚硬的磨球，与待球磨的材料一起旋转。球磨完成后，需要将粉体材料取出，与磨球分离，检测质量。这种制备方法适合实验室或小型厂家生产。

图 6.7　小型球磨机(左)、球磨罐和磨球(右)

大型球磨机常应用在水泥、化肥、采矿行业中。图 6.8 展示了一种经典的大型卧式球磨机。矿石或大块原料在被简单破碎后，通过送料机构螺旋进入第一仓进行粗磨，然后再进入第二仓进行细磨，最后被送出球磨仓。整个生产过程连续不间断，能大大提高球磨效率。

图 6.8　大型球磨机

2. 液相法

溶液中出现的沉淀物常常以小颗粒固体存在，由此可以扩展出一系列粉体材料的液相制备方法。粉体材料的液相制备方法可以按过程中是否发生化学反应，分为物理法和化学法。物理制备方法类似于晒盐过程，通过蒸发溶剂使得溶解度降低，从而析出粉状的溶质材料。还有一种常见的方法是超临界流体快速膨胀法。这种方法利用了超临界流体的物相变化，如图 6.9 所示，水在温度超过 374℃、压力超过约 218 个大气压时，被称为超临界水。溶解在超临界水中的物质在经过快速减压时会膨胀并达到很高的饱和度，在有足够形核的前提下，能形成很细的粉状材料。

化学法则是在化学反应的基础上，通过控制反应来控制生成颗粒状的粉末材料。图

6.10 展示了利用水热法制备氧化锆粉末的流程。除了水热法，还有沉淀法和胶体-凝胶法，都是常见的制备粉末的化学液相法。

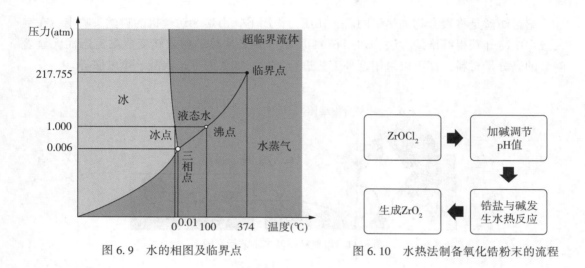

图 6.9　水的相图及临界点　　　　　　　图 6.10　水热法制备氧化锆粉末的流程

3. 气相法

气相法制备粉体材料主要有化学气相沉积(chemical vapor deposition)、物理气相沉积(physical vapor deposition)和雾化法(atomization)。它们的共同点在于首先将原料气化，对于金属材料、陶瓷材料，常用的气化方法有电弧、电子束、离子束和激光等。这类能量十分集中的热源在原料表面快速移动，能使原料很快的被气化，在电磁场或高速流体的引导下，向基体材料表面沉积。化学气相沉积法的特点是气化的原料还与基体材料发生化学反应，产物沉积在基体表面。制备而成的粉末材料再收集使用。使用化学气相沉积和物理气相沉积制备粉体材料时，为了提高原料的气化可能性，且避免其他杂质的掺入，在多数情况下会在真空腔内进行。

6.2.2　丝状材料的制备

日常生活中常见的丝状材料的制备就是蚕吐丝的过程了，蚕身体里面有个充满丝液的丝腺体，丝液被吐出后在空气中逐渐固化成蚕丝。将液态原料通过尺寸较小的喷口喷出、固化后缠绕收集，就是大部分丝状材料的制备原理。

在工业上，将原料熔化或溶解，在一定的压力作用下通过喷丝板，固化成丝的制备方法叫做熔融纺丝(melt spinning)和溶体纺丝(solution spinning)。聚合物在最上部被加热成液态，在齿轮泵的推动下，通过喷丝板内多个小孔喷出，在冷空气作用下固化后缠绕收集。

工业上合成纤维用于纺丝的方法主要有熔融纺丝和溶液纺丝两种，随着技术发展和新的需求，也开发展一些新的纺丝方法，如冻胶纺丝、相分离纺丝、乳液纺丝和反应纺丝等。

1. 熔融纺丝

熔融纺丝是将聚合物加热熔融后，在压力作用下，由熔融纺丝机的喷丝头喷出，在空气或水中冷却获得纤维的方法，如图 6.11 所示。凡是加热熔融或转变成黏流态而无显著降解的高分子材料，都可以采用这种工艺进行纺丝，如聚丙烯、聚酯、聚酰胺等。

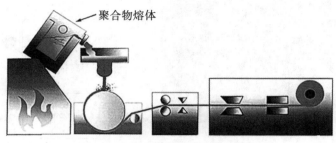

图 6.11　熔融纺丝基本工艺示意图

2. 溶液纺丝

溶液纺丝是将高分子溶解在合适的溶剂中(一般制成浓溶液)作为纺丝液，通过喷丝孔挤出，溶液细流经凝固介质固化成纤维的工艺，如图 6.12 所示。根据凝固介质的不同又可以分为两类：湿法纺丝，所用凝固介质为水或非溶剂等液体介质，如聚丙烯腈纤维、聚乙烯醇纤维等可用此法；干法纺丝，所用凝固介质为热空气等气态介质，如聚乙烯醇缩醛纤维、聚氯乙烯纤维等可用此法。

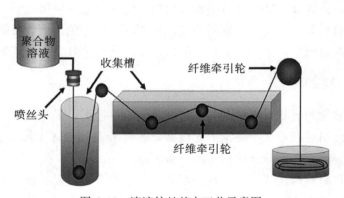

图 6.12　溶液纺丝基本工艺示意图

需要注意的是，通过溶液纺丝获得的纤维，分子排列不规整、结晶度和取向度低、物理性能不佳，还需要一系列后加工处理工艺。短纤维后处理包括集束、拉伸、热定型、卷曲、切断、干燥、打包等工序；长纤维加工更加复杂，需要一缕一缕分别进行，一般需要经过初捻、拉伸和加捻、复捻、热定型、络丝、包装等工序。

大部分陶瓷材料的熔点较高，常采取凝胶纺丝(gel spinning)的方法来制备。比如二氧化硅纤维就是采用 sol-gel 凝胶法来制备。首先将正硅酸乙酯 TEOS、乙醇、水和酸类催化剂形成溶胶，再经过恒温水解浓缩，通过喷丝口形成凝胶纤维，随后经过干燥、热解、烧结和预拉伸等工序最终形成二氧化硅纤维。

6.2.3 膜类材料的制备

从手机屏的贴膜到田间地头的农用地膜，日常生活中接触到膜类材料的机会很多。同样，在一些高附加值产品上，比如超硬超耐磨的切削刀具(图 6.13)上、在净化水的过滤芯中，在可抵御有害射线的镜片(图 6.14)表面，都附着着膜类材料。

图 6.13 超硬超耐磨刀具

图 6.14 光学过滤膜

PVD 和 CVD 这类气相方法同样也能在基体材料上制备薄膜，薄膜的厚度通常在 $10\mu m$ 以下。这两种方法相比较，CVD 的制备温度较高，薄膜和基体材料的结合较强；而 PVD 的制备温度低，结合力较弱。磁控溅射法是 PVD 方法中的一种特殊工艺。靶材表面的材料被电弧的高温激发成为高密度等离子体，在真空直流磁场的作用下，溅射并沉积在接入正极的产品表面，形成膜。

膜类材料的液相制备方法，常见的有用来制作塑料膜的吹塑法和延展法。它们的原理类似于肥皂泡。液化的高分子材料通过挤出口后，或中空吹入冷却空气，或使用圆辊，在表面张力的作用下形成薄膜，在经过冷却和干燥工序，最终形成薄膜材料。

6.2.4 块体材料的制备

块体是工业生产中最为常见的材料的几何形状。区别于粉状、线状和膜状材料，块体材料在三个空间尺寸上都大于常规尺寸(通常是毫米)。金属材料，特别是钢材，通常是在高温的液态合成(合金成分调节合适)后，或浇注于模具中，或经过各种形状的轧辊挤压，制备成各种型材，如图 6.15 所示。

图 6.15　各种形状的金属材料

传统的陶瓷材料由于其高硬度、高脆性，对于大部分的加工工艺的适应性都不太好，通常使用压制粉料成型的方式来制备成接近产品外形的坯料，然后将胚料在高温下烧结成型。压制粉料成型的方法主要有模压和等静压两种。

模压成型是指利用压力设备将掺入少量结合剂的干粉坯料在金属模具中压制成致密坯体的一种成型方法。由于压制的压力较大，制备的坯料一般比较致密、形状准确、收缩小、缺陷少，无需专门的干燥过程。模压成型的方法过程简单，适合大批量生产，也易于机械化操作，但不适合用来制备形状复杂或尺寸巨大的坯料。

模压成型通常要求粉料的各组分均匀分布，体积密度高，且流动性好，其含水量一般控制在 4%~7% 及以下。模压成型的原理是在外力的作用下，粉粒在模具中借助内摩擦力牢固地结合在一起，从而能在拿出模具后仍保持形状。其加压方式有两种：单向加压和双向加压。当加压方式不同时，压力在模具内的粉粒间传递和分布情况也相应不同，因而会导致不同的坯体密度。同时，加压速度和保压时间也对坯体的性能有很大影响，如果加压速度过快而保压时间过短，则非常不利于粉粒中气体的排出，导致制备的坯料中有大量的气孔。对于形状比较复杂或尺寸比较大的制坯，通常需要控制比较慢的加压速度，以便于气体的排出和压力的传递。

等静压成型是指利用液体或气体能均匀地向各个方向传递压力的特性，来实现制坯过程中粉粒均匀受压的方法。其工艺过程通常是，先将粉料装入弹性模具内，将模具密封后，再把装有粉料的模具放入充满液体或气体的封闭高压容器中，然后用泵对液体或气体进行加压，则液体或气体会将压力各向均匀地传递给弹性模具，从而使模具内的粉料压制成坯。

等静压成型与模压成型的主要差别在于，等静压成型中的压力是由从各个方向上均匀传递给陶瓷坯料的，因此有助于将粉料压实到更高的致密程度。但是，因为粉料内部和外部介质的压强是相等的，所以粉料中的空气无法排出，需要专门排除装模后粉料中的少量空气。

等静压成型相较模压成型而言有如下的优势：在同等压力下，等静压成型比模压成型所得到的生坯密度高；等静压成型不会在压制时使生坯中产生很大的内应力；等静压成型的生坯强度比较高，不会在从模具中取出后破裂受损；可以采用含水量非常低的粉料进行成型；对制品的尺寸和尺寸之间的比例没有很大的限制，但是仍然受限于制品的形状。

橡胶材料的制备和加工过程主要包括：塑炼、混炼、成型和硫化四个步骤。

（1）塑炼，是指将生胶在炼胶机上滚炼，通过机械力、热、化学（加入氧或某些化学试剂）等作用，降低生胶分子量，使生胶由强韧的高弹状态转变为柔软的可塑状态的流程。塑炼一般用于天然橡胶，塑性适当的合成橡胶可不用此工艺步骤。

（2）混炼，是指将塑炼后的胶与各种添加剂在开放式炼胶机或密炼机内均匀混合的过程，是橡胶加工最重要的生产工艺。通过这个工艺，可以使各种添加剂在胶中均匀分散，获得具有复杂分散体系的混炼胶。

（3）成型，是指将混炼胶通过压延机、挤出机等预制成一定尺寸的胶片，再通过成型设备获得各种形状的最终成品。

（4）硫化，是指将成型过程获得的成品置入硫化设备中，在一定温度和压强下，通过成品内硫化剂将线性分子链交联成立体网状结构的过程。通过这个步骤，橡胶材料会从塑性的胶料转变为高弹性的硫化胶，成为符合使用标准的制品。

单晶材料的制备和非晶合金的制备是两种具备特殊微观结构的块体材料的制备。单晶硅是目前电子行业的基础，是大规模集成电路制造的基本原材料。制作单晶硅棒（图6.16所示），首先要在真空中，熔化高纯度多晶硅（纯度至少要达到99.999%），在熔体中心置入籽晶与液面接触，缓慢拉起，略微降温降速，晶体直径逐渐长大到一定直径后，再升温使硅棒的直径不变，长度增加，最后加速加温收尾。

玻璃是常见的非晶态材料，而合金在多数情况下是多晶态。在20世纪50年代，研究人员发现铅箔在极快速淬火后所得到的微观结构是一种非晶体结构。非晶合金在软磁、涂层和催化方向有着不小的应用。制备非晶合金的方法有很多，最早出现的方法就是急速冷却法。处于高温的金属，以极高的速度（至少大于100K/s）降温冷却，可得到非晶合金。如图6.17所示。

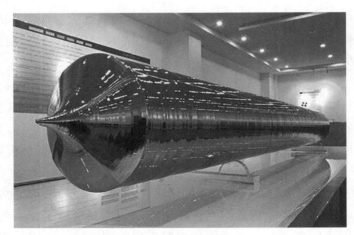

图 6.16　单晶硅棒

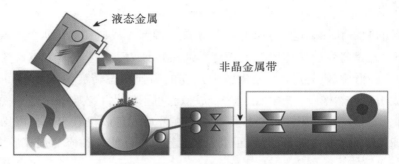

图 6.17　急速冷却法制备非晶合金的工艺示意图

　　材料的制备方法通常利用的是物质状态的改变，比如从液态到固态、从气态到固态、从超临界态到固态等。外界的环境因素也同样会影响到材料制备的结果，比如温度、压力和是否为真空环境。在物态和环境发生变化时，化学反应、溶解度和结晶等过程也会有变化，这是材料制备方法的基本原理。

6.3　材料的加工

　　材料加工(materials processing) 的目的是将材料转变为产品或产品的一部分，通常表现为材料形状的改变，同时材料的性能也不至于恶化，能够保持或者进一步改善。材料的加工方法可以依据不同的标准来进行分类。如果我们考察材料在加工过程中的体积变化，可以将材料的加工方法大致分为减材制造、等材制造和增材制造。减材制造的过程就如同削铅笔一样，首先选取外形轮廓完全包容零件轮廓的毛坯材料，然后通过去除材料的方法，最后形成具备一定精度的零件几何轮廓，这一过程体现为几何尺寸由大向小的减少。等材制造的过程通常需要借助模具，将液化或具备较高塑性的材料，在模具中固化并强迫成型，这一过程体现为材料的体积基本不变化。增材制造就如同聚沙成塔，首先将材料由点汇聚成面，再由面累积成体，最终形成零件的几何轮廓，这一过程体现为零件体的逐步成型。

在现代工业生产中，产品的各个部分还需要连接起来构成一个整体，除了通过紧固零件(如螺栓、螺母等)和胶黏材料连接外，还能够通过焊接工艺来实现。

6.3.1 减材制造

切削、磨削、切割、腐蚀、熔化、气化、溶解等很多方式都能使材料的体积发生变化。原则上，凡是能去除或分离材料，并保证足够尺寸精度的方法，都能实现减材制造。在现阶段工业生产中，用的最为广泛的减材制造方法就是切削。

切削的主要特点是，在刀具与材料表面接触位置的附近区域发生变形、断裂、分离，并产生切屑，从而改变材料的外形尺寸。切削加工最常用于金属零部件的加工，在日常生活中，我们所见到的石像、石雕、木雕等大多也是采用这种方式加工的。要实现切削加工，需要满足以下几个条件之一：

(1)刀具材料硬度高。通常刀具材料要比加工的材料更硬，比如风钢刀具可以用来切削普通碳钢，而对于硬度更大的钢材，就需要使用硬质合金的刀具加以切削。

(2)刀具与工件之间相对速度大。当刀具与工件之间有着相对的快速运动，可以进行切削。比如快速运动的纸片可以切开手指，高速喷射的水流可以切开钢板。

(3)刀具刃口锋利。刀具的刃口形状越锐利，越容易切割工件。

在切削过程中，切削材料收到挤压、摩擦发生剪切滑移，并转化为切屑。工件的变形区(如图 6.18 所示)会塑性变形，并发生加工硬化现象。如果切削量过大，工件的温度会持续升高，有可能会发生微观组织变化，导致工件力学性能变化。所以，在切削过程中，要确保合理的切削量，或者使用冷却液，并保证切屑能快速顺利排出。

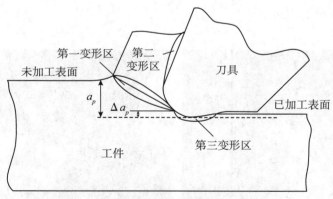

图 6.18 切削工件的变形

工业上常用的切削方法有车、铣、刨、磨、钻、镗、拉、插等。车削加工主要是用来加工回转面，如图 6.19 所示，如圆柱面、圆锥面等。车刀与加工工件的相对旋转运动、车刀在回转面的轴向和径向的进给运动是回转面加工过程中的主要运动。

图 6.19　车削加工回转面

　　铣削加工主要是用来加工工件的上表面和侧面，如图 6.20 所示。如果把旋转的铣刀想象成一个圆柱体，则在铣削工件的上表面时刃口在圆柱体的一个端面上，也称作端铣；在铣削工件侧面时刃口在圆柱体的圆周母线上，也称作周铣。

　　刨削加工适用平面粗加工或大平面加工，加工量大、效率高。在刨削加工过程中，刃口与加工平面常存在着相对直线往复运动。磨削加工则常用于工件外形(平面或曲面)的精加工，加工量较小。磨削加工中高速旋转的通常是砂轮等高硬、高耐磨工具。

　　钻孔加工和镗孔加工都用来加工工件的孔结构。孔结构的特点在于深径比(孔的深度与孔的直径的比例)较其他结构要大。由于这一特点，在加工时尤其应注意切屑是否能顺利排出、刀具的刚度是否能保持和切削热是否能排散。钻孔加工是最常用的通孔和盲孔的加工方式，如图 6.21 所示；镗孔加工可用于孔的精加工以及孔内表面螺旋曲线的加工，常见镗孔刀具如图 6.22 所示。

图 6.20　铣削加工平面

图 6.21　钻孔加工

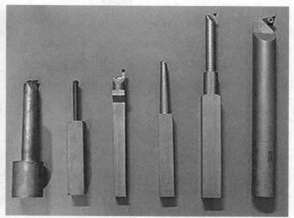

图 6.22　常见镗孔刀具

　　拉削加工常用来加工通孔或通槽。拉削刀具类似于宝塔(如图 6.23 所示)，沿着轴线顺次布置着一系列尺寸由小及大的刀刃。在拉削过程中，先接触工件的是小刀刃，随着拉削刀具的轴向移动，这一列刀刃依次切削工件，当移动完成，工件形状也随之成型。

　　插削加工是高精度齿轮加工常选用的一种加工方式。在插削过程中，如图 6.24 所示，插削刀具在平行于齿轮轴线的方向上下运动，完成一个插削步骤后，齿轮旋转一定角度，当旋转一圈后，插削刀具向齿轮中心靠近，继续进行下一圈插削，直至齿轮完全加工完成。

　　数控加工技术(computer numerical control, CNC)由于其加工能力更强、加工精度更高和操作更便捷的优点，而有着越来越广泛的应用。数控加工中心就好像多台切削设备的集成，有着多轴联动，从而可以加工外形更复杂的工件。使用数控加工中心来加工复杂外形零件，可大大减少工件的装夹次数，从而减少了装夹带来的定位误差；不同切削刀具在加工中心内可实现快速更换，因此可提高生产效率。数控中心一般都能导入对应软件创建的工件数字化三维模型及规划的加工路径，有些甚至能通过网络实现远程操作和参数修改。

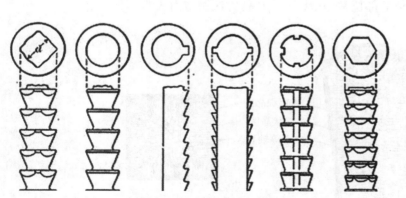

图 6.23　拉削刀具不同外形轮廓与加工形状

图 6.24　插齿加工示意图

　　现阶段常见的加工方法中，切削加工的加工精度最高，常出现在整个加工工序的较后阶段。在合理选择冷却方式和切削量的情况下，切削加工只改变了毛坯件的外形，并不改变其材料性能。因此，如果我们需要在加工过程中同时改变材料的组织形貌，就必须引入其他能量。

6.3.2　等材制造

等材制造的典型特点是加工前后工件的体积变化很小，常见的等材制造加工方法有液态成型、塑性成型和烧结成型。液态成型主要是利用模具、压强或磁场等方法使液化后的材料受迫成型并转变为固态的一种方法。使材料液化的方法最常见的还是利用热能使材料的温度达到熔点以上。塑性成型是针对具备一定塑性的材料的一种成型方法。对于具备一定塑性的材料，当限制它们某些塑性变形的方向，塑性变形将趋向于在阻力最小的方向产生，从而产生与毛坯体积相同但形状不同的零件。烧结成型通常是陶瓷坯料在高温下的致密化过程和致密化现象的总称。坯料在烧结过程中，其中的固体颗粒开始形成相互间的键联，同时晶粒开始长大，这个过程会导致坯料中的空隙减少，坯料的体积收缩和密度增加，最后坯料被烧制成为高硬度、高强度的多晶烧结体。

液态成型的历史很悠久，在青铜时代，古人以沙土为范（模具），将熔化的青铜浇入范中，铸成各种青铜礼器。至今发现最大的青铜器后母戊鼎制作于商代后期，现存于国家博物馆中。在使用模具的液态成型工艺中，液态材料需要充满模具的空腔，模具内腔形状与产品形状一致，而且在充型的过程中，模具常需要承受高温和高压，为了有利于空腔中气体的排出，模具常会有设置浇口和冒口的结构。当模具内液态材料固化后，需要去除模具取出产品。传统铸造工艺中，金属材料经历了很缓慢的冷却过程，所以铸件的微观组织常近乎平衡组织；而且，由于冷却过程是一个由表及里的过程，所以在铸件中心最后冷却的地方会出现粗大的等轴晶区，稍外些是柱状晶区，最表层是细晶区，如图 6.25 所示。传统铸件常常有晶粒粗大、成分不均、易有气孔和夹杂缺陷等缺点，一般用于机座和非关键受力部位。

对于铝合金这样的轻金属，由于其熔点低，通常会采用钢模具，并在充型时对液态金属施加一定的压力，使充型更充分，冷却速度更快，组织晶粒更小。在汽车行业，铝合金轮毂、轮辋和发动机机体等部位常是由铝合金压铸方法制造而成的。

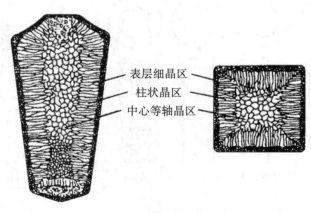

表层细晶区
柱状晶区
中心等轴晶区

图 6.25　金属铸件常见组织

塑料制品的成型加工是通过将成型用物料以一定条件和工艺加工成固定形状制品的过程。塑料制品的成型加工方法很多(图 6.26),热塑性塑料主要有挤出成型、注射成型、压延成型和吹塑成型等成型方法;热固性塑料主要有模压成型、传递成型和层压成型等成型方法。

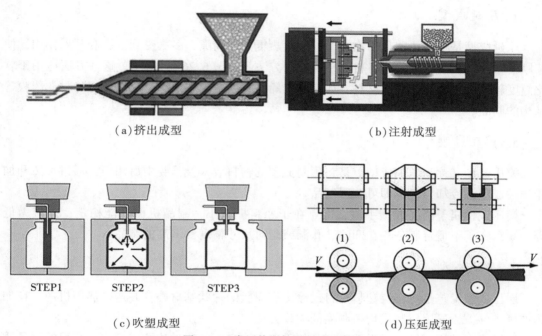

（a）挤出成型   （b）注射成型

STEP1   STEP2   STEP3

（c）吹塑成型   （d）压延成型

图 6.26　常用热塑性塑料成型技术

1. 挤出成型

挤出成型又称为挤塑,是热塑性塑料最主要的成型方法,其原理是,将聚合物与各种添加剂混合后使其受热熔融,通过挤出机内螺杆的挤压作用向前推送,强制连续通过口模而制成各种具有恒定截面的型材,如图 6.26(a)所示。这种方法几乎适用于所有热塑性塑料,生产效率很高,主要用于连续生产等截面的管材、棒材、丝材、板材等。

2. 注射成型

注射成型简称注塑,此种成型方法是使物料在注射成型机料筒内加热熔融,由螺杆或是柱塞加压注射到闭合模具的模腔中,经一定时间冷却定型,开模即可获得制品,如图 6.26(b)所示。这种技术的优点在于可以一次性成型外观复杂、中空塑料制品的型坯、带有金属或是非金属嵌件的塑料制品,具有尺寸精确、产品一致性高、生产效率高等优点。

3. 吹塑成型

吹塑成型限于制造热塑性塑料的中空制品。这种成型方法是先将物料预制成管形坯置于模具内加热熔融或吹入热空气，利用气体吹胀材料，遇到模壁冷却固化脱模获得制品，如图 6.26(c)所示。材料在吹胀过程中受到双向拉伸的作用，制得的中空制品具有良好的韧性和抗挤压性能。这种成型方法成本较低，可一次性成型形状复杂、不规则制品，在玩具、日用品、化工和食品等行业均有广泛应用。

4. 压延成型

压延成型是将加热塑化的物料通过一组热辊筒的间隙，多次受到挤压和延展作用，使其厚度减薄，获得连续片状材料的一种成型方法，如图 6.26(d)所示。这种方法适用于软化温度较低的热塑性非晶态材料，如聚氯乙烯、改性聚苯乙烯等，可以获得片材、薄膜等结构的制品。

5. 模压成型

模压成型又称为压缩成型，是将预制成型的物料放入模具腔中后闭模，通过加热和加压作用成型、冷却，脱模即可获得制品。

模压成型属于高压成型手段，优点在于原料损失小，制品机械性能稳定、内应力低等；缺点在于不适合制备存在凹陷、孔洞或是对尺寸精度要求高的制品。

6. 层压成型

层压成型工艺是将多层塑料片材或涂覆有树脂的片状基材叠合并送入热压机内，在加热加压条件下，逐层压制成均一制品的成型方法。

层压成型是用于制备增强塑料制品的重要方法之一。通过这种成型方法获得的制品质量稳定，性能良好，但只能间歇生产，且只能生产板材。

塑性成型方法均需对材料施加一定的压力，使之发生塑性变形。通过前面对材料力学性能的学习，我们知道很多材料在受到外力时会发生能永久保留的塑性变形。有些材料在室温下，就具备较高的塑性(比如黏土、低碳钢等)；而有些材料需要加温到不超过熔点的高温才具备可观的塑性。在高温下对金属进行塑性成型的方法，称为锻造。锻造工件的力学性能常优于铸造工件，这是因为在反复锻打工程中会有更多的细晶出现，成分更加均匀，缺陷更少。这也是一些重要的受力构件(主轴、曲轴、压力容器壳体等)要采用锻造工件作为毛坯，然后再机加工的原因。在室温下对金属进行塑性成型的方法，称为冲压。利用模具对塑性性能比较好的薄板材料进行弯曲、拉深等工艺，可以制造出各式各样的日用品。

陶瓷烧结的驱动力是粉体的表面能。陶瓷粉体在之前粉碎过程中所的消耗的机械能一部分以表面能形式贮存于粉体中，因为陶瓷粉体的表面积大，其表面能要大于形成多晶烧结体时的晶界能，这就是陶瓷烧结的驱动力。而当陶瓷粉体被烧制成多晶体以后，晶体间的晶界能取代了之前粉体的表面能，晶界能使得多晶陶瓷能稳定存在。陶瓷烧结的传质机理根据不同的烧结方法也有所不同：固相烧结的传质机理主要是扩散传质和蒸发凝聚传质，而液相烧结的传质机理则主要是流动传质和溶解沉淀传质。

烧结过程通常可以分为四个阶段：坯体的水分蒸发阶段(室温~300℃)；氧化分解及晶

型转化阶段(300~900℃)；玻化成瓷阶段(900℃~烧结温度)；冷却阶段(烧结温度~室温)。

烧结成型方法常见的烧结技术有常压烧结、热压烧结、气氛烧结、微波烧结和反应烧结。烧结工艺对烧制的陶瓷的性能有着非常显著的影响。

(1)常压烧结，是指陶瓷在室温下压制成型，然后在空气中烧结并致密化的烧结工艺。常压烧结成本低廉工艺简单，非常适合工业上大批量生产，但在烧结过程中容易出现晶粒异常长大，并容易残余比较多的气孔。为预防常压烧结过程中的晶粒异常长大，可以通过加入稳定剂的方法，限制晶粒在烧结时的长大趋势。例如，在 ZrO_2 陶瓷中常加入稳定剂 Y_2O_3 或 MgO 等，则 ZrO_2 的晶粒生长速率远低于未加稳定剂时，这是因为加入的稳定剂通常偏聚在 ZrO_2 的晶界上，产生钉扎效应，大大降低了晶界的流动性，从而限制了晶粒的长大趋势。

(2)热压烧结，是指陶瓷在一定的压力下进行烧结的工艺。常压烧结相比，如果在加热粉体的同时进行加压，那么塑性流动就部分取代了扩散的效果，从而促进了烧结过程中的传质。热压烧结体的烧结温度、烧结体中的气孔率通常都比常压烧结体的要低。由于在压力的辅助下，烧结还可以在较低的温度下进行，这也有效防止了晶粒长大，使得烧结体具有更高的强度。但热压烧结设备和烧结工艺都比常压烧结要复杂，因此烧结成本也更高。

(3)气氛烧结，是指在烧结炉中通入一定的气体形成保护性的气氛，然后在此气氛下进行烧结。对于非氧化陶瓷等不适合在空气中烧结的陶瓷材料，为了防止其在烧结时氧化，一般可采用气氛烧结法。例如高温结构陶瓷 Si_3N_4 和 SiC 等就需要在氮气或惰性气氛中烧结，而作为透光材料用途的 Al_2O_3、BO、MgO 和 ZrO_2 等氧化物陶瓷也需要在真空或氢气中进行气氛烧结。

(4)微波烧结，是一种能够快速升温和快速降温的烧结方法。微波烧结的升温速度非常快，可以达到每分钟500℃左右，这样升温时间就可以短至一两分钟，在如此快速的加热过程中，晶粒得不到充分的生长时间，因此微波烧结有效解决了普通烧结方法很难避免的晶粒异常长大问题。而且，微波烧结时微波能转换成热能的效率非常高，可以节能减排一半左右。

(5)反应烧结，是指将陶瓷粉末均匀混合后制坯，然后经高温加热发生不同粉体间的化学反应从而获得陶瓷材料的方法，氮化硅和碳化硅陶瓷经常使用这种方法来制备。大部分陶瓷的反应烧结温度低于常规烧结的温度，而且烧结时间一般也较短，但是反应烧结法制得的陶瓷容易出现比较高的气孔率高。为了克服反应烧结在气孔率上的缺陷，可以结合热压烧结和反应烧结，这种方法被称为反应热压法。

6.3.3　增材制造

增材制造又称为 3D 打印，是近三十年来兴起的新制造工艺。增材制造的零件首先由点汇聚成平面，再层层堆叠为立体。这样的制造方式可以制造出其他方法所无法制造的封闭孔、多孔、交缠管道等特殊结构，这一优点足以鼓励众多的工程科技人员来解决增材制造中容易出现的缺陷、夹杂、气孔等问题。

增材制造技术是建立在数控加工技术的基础上的。零件的三维轮廓通过 CAD 软件设计完成或者通过实体扫描技术获得后，相关软件对零件的数字三维模型进行自动切片，并保存每层的几何信息，制定了成型路径后，即可实现增材制造。目前，常见的增材制造技术是：立体光固化成型技术（stereo lithography appearance，SLA）、熔融沉积成型技术（fused deposition melting，FDM）、选择性激光烧结成型技术（selective laser sintering，SLS）和激光选区熔化技术（selective laser melting，SLM），如图 6.27 所示。

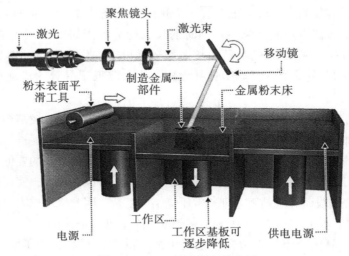

图 6.27　SLM 技术原理示意图

　　立体光固化成型技术通过使用特定波长和强度的激光聚焦到盛有液态光敏树脂的液槽内，通过软件控制，按照规划路径对树脂表面进行逐点、逐行或者面扫描，使扫描区域的树脂薄层聚合固化，从而完成一个层面的绘图作业。激光聚焦光斑的大小决定了打印的精度。固化后的层面随着工作台逐渐向上移动（这个高度也称为层高），已经固化的层面和树脂液膜表面接触，并在接下来的光照过程中继续固化，层层叠加，最终构成一个倒着生长的三维结构，如图 6.28 所示。使用该技术的制品表面质量较好；缺点在于该技术系统造价和维护成本高，可使用的材料种类有限，原料树脂为液态，有气味和毒性，保存要求高。

图 6.28　立体光固化成型技术原理图与实物图

熔融沉积成型技术是通过将丝状热塑性物料加热至稍高于熔融温度并通过喷嘴挤出，喷嘴或工作台根据截面信息在数控系统的控制下在 X/Y 平面内发生相对运动，使物料在工作台上沉积，并与已喷出物料熔结在一起；完成一个层面沉积后，工作台按设定下降一个层厚，继续熔融沉积，直至获得最终完整制品，如图 6.29 所示。这种成型技术的优点是不采用激光，系统原理和操作简单，仪器和维护成本较低；工艺简单、干净，不浪费原料；原材料为成卷的线材，易于搬运和更换，可选材料多样。缺点是成型的精度较低，器件表面光洁度不如立体光固化成型技术，且成型速度相对较慢。

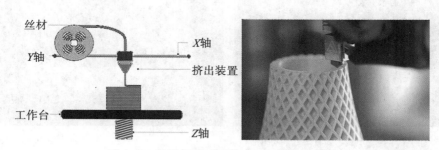

图 6.29　熔融沉积成型技术原理图与实物图

选择性激光烧结成型技术采用压辊将预热至稍低于熔点温度的粉末原料平铺到工作台上，通过数控系统根据分层截面信息，控制激光束选择性地扫描照射粉层中的特定区域，使其升温融化并烧结；当一层扫描烧结完成，工作台下降一个层厚，继续重复上述步骤至获得三维制品，如图 6.30 所示。这种成型技术制造工艺简单，成型速度快，材料选择更加广泛，成本低，利用率高，甚至可以直接制作金属器件。缺点在于，制造的器件表面呈现颗粒状，比较粗糙，加工过程可能会产生有害气体。

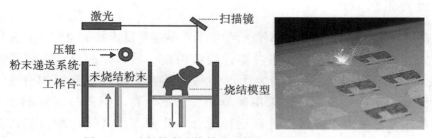

图 6.30　选择性激光烧结成型技术原理图与实物图

激光选区熔化技术面向的材料主要为金属粉体材料，大功率激光照射在金属粉末上时会产生高温熔化金属粉末，熔化的金属会凝固并冷却后形成零件的一部分。铺粉与激光熔化一层层交替进行，就能完成金属材料的增材制造。在这种金属材料的增材制造过程中，还需关注高温金属的保护、热应力的累积、金属粉末的安全等问题。

最新的增材制造技术已出现了 4D 打印技术。它结合 3D 打印和能在光、热、磁、电、湿度等外界刺激下产生物理性质变化的功能性高分子"可编程物质",制造出能在预定外界刺激下自我变换物理性质(第四维),如形态、光学性质、导电性质、电磁性质等的目标器件,如图 6.31 所示。

图 6.31　可受外界刺激变形的 4D 打印高分子制品

6.3.4　连接工艺

使用各种制造方法成型的零部件,绝大部分还是需要连接起来形成产品。最常见的连接方式就好像搭积木一样,将各零件的结构或一些额外的机械固定零件(螺栓、销钉等)装配起来。这种连接方式的优点是易装易拆,缺点是会增加自重,连接处水、气会泄漏。还有一种方法是采用高分子胶黏剂,将不同部分连接起来,但在高温时,胶黏剂容易失效。焊接工艺则是种适合在高温高压环境中服役的产品的连接方式。如图 6.32 所示,焊接工艺需要在待连接的两个零件结合处施以高温,结合处附近的材料发生熔化或达到高塑性状态,并使两部分材料相互转移或混合,并冷却至室温后形成焊缝(图 6.33)。

热熔焊是最常见的金属材料的焊接方法。常见的焊接热源有电弧、激光、等离子、电子束等,其中,电弧焊是应用最广泛的焊接方法。电弧焊是利用正负两极间产生的电弧热量来熔化金属材料,如图 6.34 所示,在结合处附近产生液态金属的熔池,如图 6.35 所示,熔池冷却后就形成焊缝。

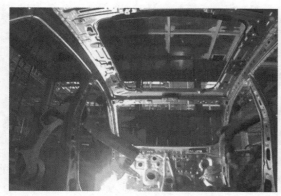

图 6.32　汽车车身的焊接

图 6.33　常见焊缝形态

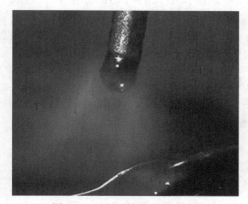

图 6.34　电弧熔化金属材料

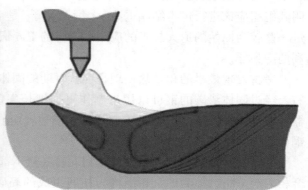

图 6.35　焊接熔池示意图

思考题

1. 分析材料合成、材料制备和材料加工在制造行业中的定位及其相互关系。

2. 根据材料的物态变化，归纳总结本章中涉及的多种材料制备方法。

3. 温度和压力会影响材料的微观结构，进而影响材料的性能。从这一角度出发，试分析在哪些加工工艺中，必须要仔细考察材料性能在加工中的变化。

4. 切削加工与其他加工方式有什么优缺点？

5. 常见的液态成型工艺有哪些？试着指出它们适用于什么类型的材料，在工艺中需要关注材料的哪方面性能。

6. 塑性成型工艺依赖于材料的弹塑性，试分析什么样的力学性能有利于塑性成型加工。

7. 试分析切削加工和快速成型对于零件的设计结构有什么影响。

8. 同一个产品可能有多种可能的加工工艺，请说说如何择优选择。

第7章　材料的热处理

7.1　热处理历史

我国有据可考的最早的热处理实例是在甘肃永靖秦魏家遗址出土的青铜锥，金相分析显示，这件制于约公元前1700年的青铜锥的基体组织为晶粒粗大的再结晶固溶体，这表明其组织应该进行过再结晶退火。"锻乃戈矛"是商周时期有关兵器制作的记载，正是通过一些较为原始的退火技术的应用，当时的工匠们才能制作出各式各样造型复杂、刃口锋利的冷兵器。

考古发现最早的化学热处理是春秋时期的固体渗碳处理，其时间约在公元前7世纪左右，经过固体渗碳的钢可以用来制作更加细长尖锐的武器，这在那个时代当属于神兵利器。古代文献《越绝书》对此有着详细的描述："至黄帝之时，以玉为兵……禹穴之时，以铜为兵……当此之时，作铁兵，威服三军。"

考古发现最早的淬火热处理是河北易县燕下都武阳台村战国晚期遗址出土的钢剑。经金相组织分析，该剑的金相结构为相间组成的高碳层和低碳层，含碳量为0.5%~0.6%，剑刃处主要组织为淬火马氏体。秦汉时期的工匠已经开始逐渐完善退火工艺，满城1号汉墓和呼和浩特二十家子出土的秦汉时期的铠甲片，其甲片表层经金相分析为铁素体组织。

热处理技术在明清时期得到了蓬勃的发展，热处理相关记载很多，如明代方以智的《物理小识》、明代宋应星的《天工开物》和清代陈克恕的《篆刻针度》等。《天工开物》中便有对预冷淬火工艺的记载："以已健钢錾划成纵斜文理，划时斜向入，则纹方成焰。划后烧红，退微冷，入水健。"

7.1.1　热处理概述

钢的热处理是指将钢在熔点以下温度，通过不同的加热、保温和冷却工艺，改变钢的表面或内部的组织结构，以获得所需要的性能的一种综合热加工工艺。因为钢的组织结构决定了钢的性能，所以我们可以通过热处理的手段来改变钢的组织结构，进而改变钢的性能。热处理的主要目标在于改善钢的工艺性能，例如钢的冷加工性能和热加工性能；或是改善钢的使用性能，即改善钢制品在服役条件下所表现出来的性能。

热处理是一种非常重要的金属技术工艺，通过付出较低的处理成本即可获得对各类钢制品性能的明显改善，因此热处理在机械制造业中占有十分重要的地位。例如，加工机床制造业中有60%~70%的零件需要进行热处理，汽车制造业工业中有70%~80%的零件需要进行热处理，航空航天制造业中几乎所有的零件都需要进行热处理，而滚动轴承和各种精密工具则100%需要进行热处理。

热处理工艺的种类有很多，通常根据加热和冷却方式的不同，把热处理分为如下几类：

(1)普通热处理：包括退火、正火、淬火和回火；

(2)表面热处理：包括表面淬火(感应加热表面淬火、火焰加热表面淬火和其他表面加热淬火)和化学热处理(渗碳、氮化、碳氮共渗、渗硫、渗硼、渗金属等)；

(3)其他热处理：包括可控气氛热处理、真空热处理以及形变热处理等。

7.1.2 钢在加热时的组织变化

在Fe-Fe$_3$C相图中我们知道，在室温条件下，钢只有被加热到PSK温度以上时，才能发生相变转变为奥氏体，而只有奥氏体才能通过不同的冷却方式再转变成我们所期望的不同组织，从而使得钢获得我们所需要的性能。我们把加热钢以获得奥氏体的过程称为钢的奥氏体化，钢中所有组织都转变为奥氏体的过程称为完全奥氏体化，而只获得部分奥氏体的过程则称为不完全奥氏体化。

工业界出于成本等考虑，通常不会使用Fe-Fe$_3$C相图中的平衡临界转变温度，而是会采用较快的加热速度和冷却速度。此时，在实践中钢组织的实际转变温度往往会高于(加热时)或低于(冷却时)Fe-Fe$_3$C相图中的临界温度。我们把实际热处理工艺的加热(或冷却)时的临界点分别用A_{c1}，A_{c3}，A_{ccm}(或A_{r1}、A_{r3}、A_{rcm})来表示，如图7.1所示。

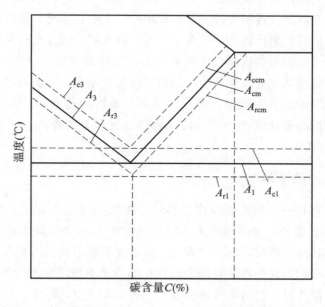

图7.1 实际加热(或冷却)时Fe-Fe$_3$C相图上各相变点的位置

如图7.1所示，共析钢被加热到A_{c1}以上温度时将形成奥氏体。奥氏体的形成要经过先形核然后晶核长大的过程。具体而言，该过程可分为四个阶段：奥氏体的形核，奥氏体晶核的长大，残余渗碳体的溶解，奥氏体成分的均匀化。

亚共析钢与过共析钢的奥氏体形成过程和共析钢基本一致，但由于这两类钢的室温组织和共析钢略有不同，除都有大量的珠光体之外，亚共析钢中有先共析铁素体，而过共析钢中有先共析二次渗碳体。所以，如果要获得单一组织的奥氏体，我们需要将亚共析钢加热到 A_{c3} 以上温度，将过共析钢加热到 A_{ccm} 以上温度，这样才能使得亚共析钢中的先共析铁素体和过共析钢中的先共析二次渗碳体完全奥氏体化。

有很多因素都会影响到奥氏体的转变过程，如加热温度、加热时间、钢的原始组织等。通常而言，加热温度越高，加热速度越快，奥氏体化的速度就越快；钢的原始组织中晶粒越细，相界面越多，则奥氏体化的速度越快。

钢的奥氏体化的主要目的是获得成分均匀、晶粒细小的奥氏体组织。但是，如果加热温度过高或是保温时间过长，则奥氏体的晶粒会生长得非常粗大，尤其是当加热温度过高时很容易出现这个情况。因此，在实际的热处理过程中，我们总是会根据钢种成分来严格制定和控制加热与保温时间。

7.1.3　钢在冷却时的组织变化

冷却过程和加热过程一样，都是钢热处理中的关键工序，因为它对于钢在冷却后的组织和性能具有决定性的影响。经验表明，即便是同一种钢，就算在相同的加热条件下获得了相同的奥氏体组织，但经过不同的冷却条件冷却以后，钢展现出明显不同的力学性能。这是因为，钢在不同冷却条件下的组织转变规律以及转变产物有着很大的不同。工业实践中的冷却方式主要有两种：连续冷却方式，如炉冷、空冷、水冷、油冷等，因为生产效率高，被较多采用，即将钢奥氏体化后不在某温度停留保温，而是直接从高温连续冷却到室温；等温冷却的方式是指将奥氏体化的钢迅速由高温冷却到某一低于 A_{c1} 的温度，然后等温一段时间，使得奥氏体充分发生转变，最后再冷却到室温。等温冷却主要用于研究在理想冷却条件下的组织变化，实际生产中很少采用等温冷却的方式，而以连续冷却方式为主。按照奥氏体钢的冷却速度的不同，可以将冷却过程分为淬火、正火、退火和回火这四类。

1. 过冷奥氏体的等温转变

奥氏体冷却时具有一定的转变规律，其转变曲线如图 7.2 所示。奥氏体在临界温度 A_1 以上时为稳定相，但当其被冷却到 A_1 以下的温度时，则会变成不稳定相，处于不稳定即将要发生相变的状态。经过一定的孕育期(从变成不稳定相至开始发生相变)后，奥氏体就会开始转变，我们把这种在孕育期暂时存在的处于不稳定状态的奥氏体称为"过冷奥氏体"。在 A_1 以下温度时，过冷奥氏体会发生三种不同类型的转变，且其在各个温度下的转变速度也不同，我们把反映这些等温转变动力学的曲线称为过冷奥氏体的等温转变曲线。

过冷奥氏体的等温转变曲线能够定性反映过冷奥氏体在不同过冷度下的等温转变过

程，包括转变开始和终了时间、转变的产物、转变量，以及时间与曲线内标注温度之间的关系等。因为等温转变曲线的形状类似于英文字母"C"，故其也常被称作为 C 曲线，有时也被称作为 TTT(isothermal transformation diagram) 图。

图 7.2 中转变开始线与纵坐标轴之间的距离即为孕育期，它标志着不同过冷度下过冷奥氏体的稳定性，孕育期以 550℃ 左右共析钢的为最短，意味着其过冷奥氏体的稳定性最低，我们把这一区域称为 C 曲线的"鼻尖"。

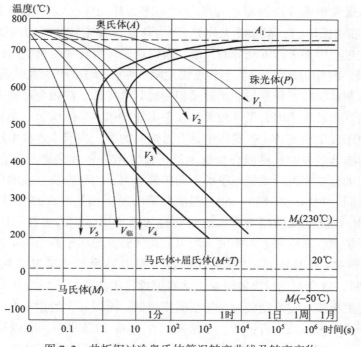

图 7.2　共析钢过冷奥氏体等温转变曲线及转变产物

图 7.2 中最上面的一条水平虚线表示的是钢的临界温度 A_1(723℃)，也就是奥氏体与珠光体相互转变的平衡温度，在 A_1 线以上是奥氏体的稳定区。下方的一条水平线 M_s(230℃) 为马氏转变开始温度，在 M_s 下方的一条水平线 M_f(-50℃) 为马氏体转变终了温度。在 A_1 与 M_s 线之间有两条"C"形状的曲线，其中左侧的一条是过冷奥氏体转变开始线，右侧的一条是过冷奥氏体转变终了线。M_s 线至 M_f 线之间的区域为马氏体转变区，当过冷奥氏体被急冷至 M_s 线以下时将发生马氏体转变。过冷奥氏体转变开始线和转变终了线之间的区域是过冷奥氏体转变区，过冷奥氏体在该区域内发生珠光体转变或贝氏体转变，过冷奥氏体转变产物区在转变终了线的右侧区域。A_1 线以下、M_s 线以上以及纵坐标与过冷奥氏体转变开始线之间的区域是过冷奥氏体区，在该区域内，过冷奥氏体不会发生转变，一直保持亚稳定状态。在 A_1 以下温度，随着等温温度的降低，奥氏体转变时的孕育期逐渐缩短，过冷奥氏体的转变速度则增大，在 550℃ 左右的共析钢具有最短的孕育期和最快的转变速度。之后，随着等温温度的下降，孕育期则逐渐增加，转变速度也逐渐减

慢。过冷奥氏体转变终了线与纵坐标之间的水平距离代表了在不同温度下完成相变所需要的总时间，该时间随着等温温度的变化规律与孕育期随着等温温度的变化规律相似。

2. 过冷奥氏体的等温转变产物及其性能

如表 7.1 所示，共析钢过冷奥氏体的转变产物大致可分为三大类：

(1) 珠光体转变(高温转变区)：过冷奥氏体在 $A_1 \sim 550℃$ 温度范围内，发生等温转变为片状渗碳体和片状铁素体的机械混合物。等温转变时的温度越低，则转变的渗碳体和铁素体就越细小。通常根据片层的粗细程度分别称之为珠光体(P，一般珠光体)、索氏体(S，细珠光体)和屈氏体(T，极细珠光体)。因为珠光体发生转变时的温度较高，铁原子和碳原子在转变过程中都进行了充分的扩散，所以珠光体型转变是典型的扩散型相变。

(2) 贝氏体转变(中温转变区)：当转变温度降低时，原子的扩散能力逐渐减弱，此时发生的相变通常兼具扩散型相变与非扩散型相变的双重特性。在相变过程中，碳原子只能做短距离的扩散，而铁原子因为尺寸较大，几乎不能扩散，晶体从面心立方晶格改组为体心立方晶格。由于发生相变时，铁素体中含有过饱和的碳，我们将这种由过饱和的铁素体和细小颗粒状渗碳体组成的机械混合物称为贝氏体，用符号 B 来表示。在发生贝氏体转变时，由于不同的转变温度导致碳原子的不同扩散能力，因而转变形成的贝氏体在形态和性能上也有所不同。我们把在 $550 \sim 350℃$ 温度范围内发生相变形成的组织称为上贝氏体，而把在 $350℃ \sim M_s$ 温度范围内相变形成的组织称为下贝氏体。因为在贝氏体的转变过程中，只有碳原子扩散，而铁原子不扩散，所以贝氏体转变是属于典型的半扩散型相变。

(3) 马氏体转变(低温转变)：当奥氏体被以极大的冷却速度过冷到 $M_s \sim M_f$ ($230 \sim 50℃$) 温度区间时，就会发生马氏体转变，从而形成马氏体组织。因为在发生马氏体转变的时候，冷却速度极快、过冷度极大、相变温度很低，所以只会发生 $\gamma\text{-Fe}$ 向 $\alpha\text{-Fe}$ 的晶格改组，而碳原子由于来不及进行扩散，于是残留在 $\alpha\text{-Fe}$ 的晶格中，所以马氏体组织就是碳在 $\alpha\text{-Fe}$ 中的过饱和固溶体，用符号 M 来表示。马氏体具有非常高的强度与硬度，它是钢进行热处理强化时的主要手段之一。

马氏体转变属于典型的非扩散型相变，转变速度极快，而且相变所产生的内应力很大。相变由于是在 $M_s \sim M_f$ 温度范围内连续进行的，因此马氏体相变往往转变得不太彻底，在其组织中总会有部分残余奥氏体的存在。马氏体转变的 M_s 和 M_f 温度和冷却速度无关，但会随着奥氏体中含碳量的增加而下降，并使得室温下残余更多的奥氏体。工业上常将马氏体钢继续冷却至 0℃ 以下的低温进行深冷处理，以使残余的奥氏体彻底转变成马氏体。

表 7.1　　　　　　　过冷奥氏体的转变温度，转变产物及其性能特征

类型	转变产物	形成温度(℃)	转变机制	性能与特征
珠光体	珠光体	$A_1 \sim 650$	扩散型相变	粗片状，综合性能优良
	索氏体	$650 \sim 600$		细片状，弹性较好
	屈氏体	$600 \sim 550$		极细片状，强韧性较好

类型	转变产物	形成温度(℃)	转变机制	性能与特征
贝氏体	上贝氏体	$550 \sim 350$	半扩散型	羽毛状,脆性大,属不良组织
	下贝氏体	$350 \sim M_s$		竹叶状,脆性不大
马氏体	针状马氏体	$M_s \sim M_f$	无扩散型	针状,脆性大
	板条马氏体	$M_s \sim M_f$		板条状,脆性不大,综合性能好

当奥氏体的含碳量不同时,转变成的马氏体有两种形态:板条状($w(C) < 0.2\%$)和片状或针状($w(C)) > 1.0\%$)。其中,板条马氏体具有较好的塑性和韧性,而片状马氏体相对而言塑性和韧性较差。当钢中的含碳量在 $0.2\% \sim 1.0\%$ 范围内时,马氏体相变组织为板条马氏体和片状马氏体的混合物。

7.2 淬火

淬火是指把钢加热到临界点温度(A_{c1} 或 A_{c3})以上进行保温,然后再快速冷却(冷却速度超过临界淬火冷却速度),使奥氏体转变为马氏体的一种热处理工艺,其主要目的就是为了获得马氏体组织。但淬火后获得的马氏体硬度高,但脆性大,并不具备实用价值,因此淬火常和不同温度的回火相配合,使淬火马氏体转变为回火马氏体,从而具备期望的力学性能。淬火和回火两个"好搭档",是工业界内用以提高结构零件的强韧性以及提高工具钢的硬度和耐磨性的有效手段。

7.2.1 淬火加热温度及保温时间

对于亚共析碳钢而言,淬火加热温度一般为 A_{c3} 以上 $30 \sim 50℃$,这样可以获得细小而均匀的马氏体组织。如果淬火加热温度过高,则会出现粗大的马氏体组织,同时也会引起淬火件比较严重的变形。而如果淬火加热温度过低,则会在淬火马氏体中出现铁素体组织,从而造成钢的硬度和强度降低。

对于过共析碳钢而言,淬火加热温度一般为 A_{c1} 以上 $30 \sim 50℃$,这样可以获得细小而又均匀的马氏体和粒状渗碳体的混合组织。由于渗碳体的硬度比马氏体更高,这样有利于提高淬火钢的硬度与耐磨性。但如果淬火加热温度过高,则将获得粗片状的马氏体组织,同时会引起淬火件较严重的变形,使得淬火开裂的倾向变大,而且还会因为渗碳体的溶解增多,导致淬火后马氏体中残余过多的奥氏体,降低淬火钢的硬度和耐磨性。而如果淬火温度过低,则可能得不到马氏体组织。

对于合金钢而言,因为大部分的合金元素都会阻碍奥氏体的晶粒生长(Mn、P 元素除外),所以合金钢的淬火温度允许比普通碳钢稍高一些。稍高的淬火加热温度可以使得合金元素充分的溶解和均匀化,以取得更好的淬火效果。

7.2.2　淬火冷却介质

由图 7.1 得知，如果某钢要淬火后得到马氏体组织，则冷却速度必须大于该钢的临界冷却速度。但是，如果在马氏体转变温度区间(300~200℃)内时的冷却速度过快，又会引起较大的组织应力，很容易造成工件的变形或开裂。

在实际生产中，目前为止还没有任何一种淬火冷却介质能完全符合理想淬火冷却工艺的要求，工业上常用的冷却介质是水、油、碱或盐的水溶液。

水是最常用的冷却介质，它有着比较强的冷却能力，而且成本最低。但水有着致命缺点，它在 650~400℃ 范围内的冷却能力不足，而在 300~200℃ 范围内的冷却能力却又过大，因此常常会导致淬火钢由于内应力增大而变形开裂。所以，水在实际生产中主要用于形状简单、截面较大、要求不高的非合金钢零件的淬火。

在水中加入盐或碱类物质，能增加水在 650~400℃ 范围内的冷却能力，这对保证非合金钢的淬硬性(钢在淬火时硬化能力，以淬成马氏体能得到的最高硬度表示)是非常有益的；但其在 300~200℃ 范围内的冷却能力却又过大，会明显增加工件变形开裂的概率。工业上常用的盐水浓度一般为 10%~15%，比较适合形状简单、对硬度要求高但是对变形要求相对不严格的非合金钢零件。

淬火常用的油类介质主要有机油、变压器油和柴油等。油类介质在 300~200℃ 范围内的冷却速度比水慢，因此有利于减小工件在这个温度范围内的变形开裂，但油在 650~400℃ 范围内冷却速度同样也比水慢，又不利于工件在这个温度范围内的淬硬，因此油冷一般只用于部分合金钢的淬火，在使用时油温应控制在 40~100℃ 以内。

为了减少工件淬火时的变形，有时也可采用盐浴作为淬火手段，如熔化 $NaNO_3$ 和 KNO_3 等。盐浴主要用于贝氏体的等温淬火和马氏体的分级淬火，因为熔融盐的沸点高，盐浴的冷却能力介于水和油之间，一般用于处理一些形状复杂、尺寸较小，尤其是对变形要求比较严格的工件。

7.2.3　淬火冷却方式

因目前还没有一种特别理想的淬火介质，故在实际生产中经常会依照淬火件的具体情况采用不同的淬火方法，以求达到较好的淬火效果。常用的淬火方法主要有如下几种：

1. 单液淬火

单液淬火是指把奥氏体化的工件投入到一种淬火介质中，然后冷却至室温的操作方法。例如碳钢在水或盐水中淬火，合金钢在油中淬火等均为常用的单液淬火法。单液淬火虽然有着使工件易变形开裂的缺点，但其成本低廉、操作简单，因此是一种应用广泛的淬火手段。

2. 双液淬火

双液淬火是指把零件加热到淬火温度后，先在水或盐水等冷却能力较强的介质中冷却到 400~300℃，再把工件迅速转移到油等冷却能力较弱的介质中，然后继续冷却到室温的操作方法。双液淬火对操作要求比单液淬火高，因此主要用于高碳工具钢材质的易开裂工件，如丝锥、板牙等。

3. 分级淬火

分级淬火是指将加热的工件先投入 150~260℃ 的盐浴中，稍加停留几分钟，然后取出放在空气中自然冷却到室温的操作方法。分级淬火通过在 M_s 点附近的停留保温，使得工件外壁和芯部的温差有效减小，从而降低淬火应力和防止工件变形开裂。分级淬火主要用于合金钢材质的工件或是尺寸较小、形状复杂的碳钢工件。

4. 等温淬火

等温淬火是指将钢件加热到奥氏体化后，随之快速冷却到贝氏体转变温度区间保持等温，以获得贝氏体的操作方法。等温淬火后工件的内应力和变形都很小，但因为它生产周期长效率低，因此只主要用于形状复杂、尺寸精度要求高，且强韧性要求也高的小型模具及弹簧。

5. 局部淬火

有些工件只是局部要求高硬度，并不需要整体都具有高硬度，如菜刀、凿子、卡规等。因此，为了避免工件在淬火过程中不要求高硬度的区域反而产生变形开裂最后破坏整体工件的使用性能，可以采用局部淬火的方法，只针对需要硬化的部位进行淬火操作。

6. 固溶处理

固溶处理是指将不锈钢加热至高温单相区长时间保温，使中间相充分溶解到固溶体中以后再快速冷却到室温，以获得饱和固溶体的操作方法，主要用于不锈钢材质的工件。

7.3 回火

淬火后的钢组织里有马氏体和少量的残余奥氏体，它们都属于亚稳态组织，即都有着自发地往平衡组织转变的倾向，因此钢淬火后如果不加处理，有在使用过程中工件形状和尺寸发生变化的风险，而且淬火时工件内部产生的内应力也需加以处理。回火可以使得马氏体和残余奥氏体发生相变，从而消除上述缺陷。

7.3.1 回火类型

根据回火温度的不同，回火可以分为低温回火、中温回火、高温回火三种，见表 7.2。

表 7.2 淬火后钢在不同温度区间的回火

	低温回火	中温回火	高温回火
回火温度(℃)	150~250	350~500	500~650
回火组织	回火马氏体	回火托氏体	回火索氏体
回火目的	在保留高硬度和耐磨性的基础上降低内应力	提高屈服强度,并使工件具有一定的韧性	使工件兼备良好的强度和良好的塑性韧性
应用	高碳钢、渗碳工件、表面淬火工件	弹簧	齿轮、轴承等,也可作为高精密件的预备热处理

(1)低温回火(150~250℃)。淬火件在低温回火时,会从马氏体内部析出薄片状的碳化物 $Fe_{2.4}C$,从而使得马氏体的过饱和度减小,同时部分残余奥氏体也会转变为微量的下贝氏体。回火马氏体就是指这种由过饱和度较低的针状 α 相与极细的 ε 碳化物 $Fe_{2.4}C$ 共同组成的组织,用符号 $M_回$ 来表示。

低温回火的主要目的是降低淬火时产生的内应力,并提高工件的韧性,从而保证淬火后工件的高硬度和高耐磨性。主要用于处理各种高碳钢材质的工具、模具、滚动轴承以及渗碳或表面淬火的工件。

(2)中温回火(350~500℃)。淬火件在中温回火时,碳化物 $Fe_{2.4}C$ 转变为高度弥散分布的极细小的粒状渗碳体,同时残余奥氏体也会转变为仍保持针状的铁素体。回火托氏体就是指这种由针状铁素体和极细小的粒状渗碳体共同组成的组织,用符号 $T_回$ 来表示。

回火托氏体具有较高的弹性极限和屈服强度,同时也兼备一定的韧性。中温回火一般用于处理各种弹簧类的工件。

(3)高温回火(500~650℃)。淬火件在高温回火时,极细小的粒状渗碳体逐渐长大,而铁素体也由针状变为块状。回火索氏体就是指这种在铁素体基体上弥散分布着粗粒状的渗碳体的复相组织,用符号 $S_回$ 来表示。

回火索氏体的综合力学性能最好,其兼备良好的强度、塑性和韧性。工业上通常把先淬火后高温回火的工艺称为调质处理。工件经调质处理后的硬度与正火后的硬度相近,但塑性和韧性则显著提高。因此,调质处理被广泛用于各种重要的零部件,如受交变载荷的连杆、轴、齿轮等,也可以用于对精度要求很高的精密工件(如量具和模具等)的预先热处理。

7.3.2　回火脆性

虽然回火的目的之一是为了提高淬火钢的强度和韧性,但淬火钢的韧性并不总是随着回火温度的升高而提高。在某些温度范围内回火时,反而会出现淬火钢的冲击韧性下降的现象,这种现象称为回火脆性。几乎所有的钢在 250~350℃ 回火时均存在第一类回火脆性,对第一类回火脆性有明显影响的因素主要是化学成分,根据钢中元素的不同作用性可以分为如下三类:

(1)有害的杂质元素，例如 S、P、As、Sn、Sb、Cu、N、H、O 等。当钢中存在这些元素时，第一类回火脆性很容易发生。去除掉这些有害杂质元素的高纯度钢可以消除或减轻第一类回火脆性。

(2)促进第一类回火脆性的元素，例如 Mn、Si、Cr、Ni、V 等。有些这一类元素单独存在时影响不大(Ni)，但当其与 Si 同时存在时，就会促进第一类回火脆性的发展。

(3)减轻第一类回火脆性的元素，例如 Mo、W、Ti、Al 等。当钢中存在这些合金元素时第一类回火脆性将被减轻，尤其是 Mo 有着非常显著的效果。

通常而言，第一类回火脆性是无法完全消除的，并没有一种热处理方法能彻底有效地消除这种回火脆性，除非不在这个温度范围内进行回火，同时也没有能完全消除第一回火脆性的合金元素。实践中，我们经常采用如下措施来减轻第一类回火脆性的影响：

(1)用 Al 脱氧或在钢中加入 Nb、V、Ti 等元素以细化奥氏体晶粒；

(2)加入 Mo、W 等可以减轻回火脆性的合金元素；

(3)加入 Cr、Si 来干预调整回火脆性出现的温度范围；

(4)采用等温淬火的方法来取代调质处理。

某些含 Cr、Ni、Mn 等元素的合金钢在 450~650℃温度范围内回火后突然出现变脆的现象，称为高温回火脆性，也称为第二类回火脆性。第二回火脆性和加热/冷却条件有着密切的联系，如果加热到 600℃以上再缓冷通过 450~550℃ 的脆化区，合金钢就会出现脆性；如果快冷通过 450~550℃ 的脆化区，则能有效抑制脆性的出现。如果把已经脆化的工件重新加热至 600℃，然后再次快冷，则可消除第二回火脆性，但如果再加热后再次缓冷或在 500~550℃长期停留，则第二回火脆性又重新出现了。因此，第二回火脆性也经常被称为可逆回火脆性。

7.4 退火与正火

退火和正火都是在工业上应用非常广泛的热处理工艺，它们主要被用于钢的预先热处理，经常被安排在铸造或锻造加工之后和粗切削加工之前，用来消除前一道工序给工件带来的某些组织缺陷和内应力，并为后续的精加工等做好组织和性能上的准备。但对于一些要求不高或不太重要的普通铸件、焊接件和零部件，退火和正火也可以直接作为最终的热处理工序。

7.4.1 退火

退火是指将钢加热到临界点 A_{c1} 或 A_{c3} 以上保温，然后缓慢冷却，以获得珠光体组织的热处理工艺。

退火的目的主要是：(1)提高塑性、降低硬度、改善工件的机加工性能；(2)改善组织、细化晶粒、提高钢的力学性能，并为最终的热处理工序(如调质处理等)做好组织上的准备；(3)消除工件内的残余应力、稳定工件尺寸、预防工件变形或开裂。

根据钢的成分和退火目的的不同，一般有完全退火、等温退火、去应力退火、球化退火和扩散退火等退火工艺。

1. 完全退火

完全退火也称为重结晶退火，它主要用于亚共析碳钢和合金钢的铸锻件以及热轧型材，有时也用于一些焊接的结构件，常常作为重要零部件的预先热处理环节，又或是一些不太重要的零部件的最终热处理。完全退火的目的主要是通过完全重结晶的过程达到细化晶粒，减轻消除内应力和组织缺陷，从而降低硬度和提高塑性，为后期的切削机加工和淬火环节做好准备工作。

完全退火的工艺是将钢件加热到 A_{c3} 以上 $20 \sim 60℃$，然后保温一定时间，再随炉缓慢冷却或是埋在砂/石灰中缓慢冷却至 $600℃$ 以下，最后出炉在空气中冷却至室温。

2. 等温退火

完全退火虽然对于消除工件的内应力和组织缺陷有着非常好的效果，但是其处理周期很长，尤其对于某些奥氏体稳定性比较高的合金钢而言，往往耗时数十小时之久，因此工业生产中常采用生产效率更高的等温退火来代替完全退火。

等温退火从加热工艺上而言，和完全退火一致，将钢奥氏体化后，以较快的速度冷却到 A_1 以下某一温度，然后在该温度保温一段时间，使奥氏体在保温过程中发生珠光体转变，最后以空冷的方式冷却至室温。等温退火相较完全退火，能大大缩短整个退火时长，由于工件都在同一温度下发生组织转变，所以也能获得比较均匀的组织和性能。

3. 球化退火

球化退火主要用于共析和过共析碳钢以及合金钢，其主要目的是降低工件的硬度，从而改善切削等机加工的性能，并为后续的淬火做好组织准备。

过共析钢经热轧或锻造后，组织中会出现片状珠光体和网状二次渗碳体，它们会显著增加钢的硬度，提高切削加工的难度，而且会导致淬火时工件开裂概率增大。球化退火可以使珠光体中的片状渗碳体和网状二次渗碳体都变成球状或粒状的渗碳体，我们把这种铁素体和球状渗碳体的机械混合物组织称为球状珠光体。球状珠光体的硬度比片状珠光体与网状二次渗碳体混合组织的硬度要低。

球化退火的工艺是将钢件加热到 A_{c1} 以上 $20 \sim 30℃$，然后保温 $2 \sim 4$ 小时，再以 $50 \sim 100℃/h$ 的速度随炉缓冷到 $600℃$ 以下，最后出炉空冷至室温。为了保证球化过程的充分进行，对于网状渗碳体较为严重的过共析钢，一般会在球化退火之前先进行一次正火，以预先消除部分的网状渗碳体。

4. 扩散退火

扩散退火主要用于合金钢的铸锭和铸件，其目的主要是消除铸造过程中所产生的枝晶偏析，使合金钢的化学成分均匀化，因此扩散退火也称为均匀化退火。不同钢种的扩散退火加热温度也有区别，例如碳素钢一般是 $950 \sim 1000℃$，低合金钢一般是 $1000 \sim 1050℃$，高合金钢则一般是 1050~1100℃。

扩散退火的工艺时间一般都在 15~20h 之间。太长的时间会导致工件严重烧损，而且处理成本也会增高。扩散退火后的组织经过长时间的高温加热后严重过热，因此扩散退火后必须再进行一次完全退火或正火，以细化晶粒和消除过热缺陷，提高工件性能。

5. 去应力退火

去应力退火也称为低温退火，它主要用于消除铸锻件、焊接件、冷冲压件和机加工零部件内的残余应力，从而稳定工件的尺寸，预防工件在后期的精加工或者服役过程中发生变形开裂。去应力退火的工艺是将工件先缓慢加热到 600~650℃，然后保温一定时间（工件每 1mm 厚则保温 3min），最后随炉缓慢冷却至 200℃再出炉，空冷至室温。

去应力退火的加热温度低于 A_1，所以钢在去应力退火中不会发生相变，而是通过塑性变形或蛹变变形产生的应力松弛来消除工件内的残余应力。采用更高温度的退火（如完全退火）虽然可以将残余应力消除得更彻底，但钢在高温时的氧化和脱碳比较严重，甚至还会产生高温变形，因此，一般对于只要求消除残余应力的工件，我们都会实施去应力退火。

7.4.2 正火

正火是指将钢加热到临界温度（A_{c3}、A_{ccm}）以上进行完全奥氏体化，然后在空气中冷却（环境温度高时需吹风或喷雾）的热处理，有时也称作常化。不同化学成分的钢正火的加热温度也不同，例如低碳钢的加热温度一般为 A_{c3} 以上 100~150℃，中碳钢的加热温度一般为 A_{c3} 以上 50~100℃，而高碳钢的加热温度一般为 A_{ccm} 以上 30~50℃。

正火工艺的本质就是钢的完全奥氏体化和伪共析转变，它是一种特殊的退火。正火和退火的区别主要在于正火的冷却速度较快，过冷度较大，所以在正火中会发生伪共析转变，从而使钢中的珠光体组织增多，且片层的间距变小。碳含量小于 0.6%~1.4% 的碳钢经正火后，组织中只有伪共析的珠光体和索氏体；而碳含量小于 0.6% 的碳钢，正火后组织中还会出现铁素体。如上所述，因为正火与退火后钢在组织上存在差别，所以正火后钢的强度、硬度和韧性都相应比退火后的高，而且塑性也不会降低。

正火只适用于碳钢和低/中合金钢，并不适用于高合金钢。这是因为高合金钢在空气中的冷却速度大于其临界淬火速度，所以高合金钢就算在空气中冷却时也能自发淬火。我们把这类钢称为空冷钢、自硬钢或马氏体钢。

正火主要应用在以下方面：

（1）改善低碳钢和低碳合金钢的切削加工性能。低碳钢和低碳合金钢退火后硬度一般都在 HB160 以下，在切削加工中容易发生"粘刀"的现象，从而使刀具发热和磨损，同时也会降低加工后的零件表面光洁度。通过正火环节，可以增加珠光体量和减小珠光体片层间距，从而提高硬度，有效避免"粘刀"现象的产生。

（2）对于一些普通的结构件，正火可以代替淬火和回火作为这类零件的最终热处理环节；而对于某些大型或形状较复杂的工件，因为其淬火时可能有开裂危险，所以也常用正火代替淬火和回火作为这类零件的最终热处理。

（3）作为一些重要零部件的预备热处理，如中碳结构钢支座等。正火消除了热加工所带来的组织缺陷，能有效减小工件后续淬火时的变形开裂风险。正火也可代替调质处理，为后续的高频表面淬火等工艺做好组织上的准备。

（4）用于消除铸钢中的魏氏组织。在铸钢件和低碳钢焊接件中常有魏氏组织，它会使钢的塑性和韧性显著降低，可以通过正火来消除魏氏组织。

（5）用于消除过共析钢中的网状二次渗碳体。过共析钢中的网状二次渗碳体在正火后被破碎掉，有益于后续的球化退火。

7.5　离子氮化

离子氮化是通过稀薄空气的辉光放电现象来进行氮化的，所以也称为辉光离子氮化。离子氮化工艺是将工件置于离子氮化炉中，保持炉内真空度在 $60\sim70Pa$ 以上，然后通入少量的氨气，以炉壁和工件分别为阳极和阴极，再通入 $500\sim800V$ 的高压直流电，此时稀薄的氨气会被电离成氮和氢的正离子和电子，从而形成辉光放电（呈紫色，如图 7.3 所示）。被电离的氮离子在电场作用下以极高的速度轰击工件的表面，使工件表面的温度迅速升高到所需的氮化温度；同时，氮离子在阴极（工件）上失去电子，被还原成氮原子随后渗入工件的表面，并向工件芯部扩散形成具有一定深度的氮化层。当高速氮离子轰击工件表面的时候，还会产生阴极溅射效应并溅射出一些铁离子，这些铁离子会和氮离子结合成成氮含量很高的氮化铁 FeN，这些附着在工件表面上的氮化铁随后会依次分解为 Fe_2N、Fe_3N、Fe_4N 等，同时放出氮原子向工件芯部扩散。

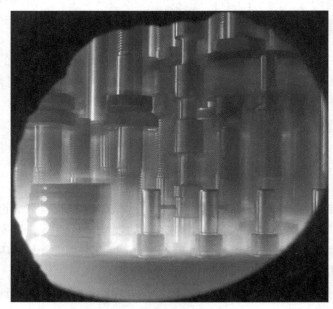

图 7.3　离子氮化时的辉光

离子氮化相较于常规的渗氮处理工艺而言，具有如下的优点：

(1)氮化速度快，因此生产周期很短，仅有气体氮化的不到一半。

(2)形成的氮化层质量高。离子氮化的阴极溅射效应显著提高了氮化层的韧性和疲劳极限。

(3)离子氮化是通过离子轰击工件表面的方式进行加热的，所以不需要专门的加热设备，而且工件的变形极小。

(4)对材料的适应性强，对碳钢、合金钢、铸铁、氮化钢和有色金属等材质的工件都可以进行离子氮化。

离子氮化工艺广泛应用于各种齿轮、活塞销、气门、曲轴等零部件，对于要求氮化层较薄的场景，离子氮化有着非常显著的优越性。

7.6 激光热处理

激光热处理是随着激光技术的成熟而发展起来的一种新兴热处理方式。激光能量集中且利用率高，可以对工件表面进行选区热处理，处理后工件的变形量极小，从而大大降低了后续机加工的工作量。

与常规的高频淬火相比，激光淬火工艺可以在工件的表层硬化层里获得极细小的马氏体组织，而高频淬火只能获得表层的外部马氏体组织，其内层仍保有一定的残余奥氏体。因此，激光淬火后的工件的表面硬度要明显高于高频淬火。激光淬火时工件的受热区域小，残余应力小，不会发生氧化脱碳现象，而且加工后工件的表面光洁度高，因此激光淬火工序可以放在精加工后再进行。激光淬火还可以在工件的拐角、沟槽、盲孔、深孔内壁等其他热处理方法难以处理的区域进行热处理。

激光热处理的热源一般采用大功率的半导体激光器或 CO_2 气体激光器，随着现代数控技术的不断发展，激光柔性热处理系统已被越来越多的应用在生产实践中。

7.7 电子束热处理

在电子束热处理过程中，高速的电子束到达金属工件的表面时，部分电子能够深入到金属工件的表层以下，然后和基体金属的原子核以及电子发生相互作用。因为电子与原子核的质量相差极大，所以电子与原子核的碰撞和弹性碰撞非常类似。这样，能量主要是通过入射电子束与金属工件表层附近的电子间相互碰撞而完成的，入射电子束所携带的能量立即以热能的形式交换给金属工件的表层原子，从而使工件的表层温度迅速升高，随之使得工件表面层的组织转变为晶粒极细的马氏体，且工件表面层呈现压应力状态，有利于提高工件的疲劳强度。

电子束热处理需要在真空条件下进行，因此有效地避免了常规淬火过程中金属工件的高温氧化问题，而且电子束热处理还能够对工件的表面淬火温度和淬火深度进行精确的控制。经过电子束热处理的工件一般具有显著增强的表面硬度、耐磨性和耐腐蚀性能，有着更长的预期服役寿命。

　　和激光表面淬火相比，电子束表面淬火的能量透入深度要大很多(激光的能量透入深度一般为 10cm 左右)。因此，相较而言，电子束属于次表面热源，而激光属于表面热源。

思考题

1. 正火和退火有何异同点?
2. 回火的目的是什么? 淬火后为什么要进行回火?
3. 什么是马氏体? 马氏体转变有何特点?
4. 试探讨淬火应力是如何产生的。
5. 退火和回火都可以消除钢中的内应力，它们在工业生产中能否通用?
6. 试探讨表面热处理和整体热处理各适用于什么场景。

第8章 材料的失效

根据材料失效时的外在特征及其内在影响机制，可将材料的失效分为断裂失效、腐蚀失效、磨损失效、变形失效和老化失效等。失效分析的目的是找出失效的原因，为改进产品的生产工艺提供科学依据。

8.1 断裂失效

8.1.1 基本概念

断裂失效可以发生在金属材料、高分子材料和陶瓷材料中。金属材料断裂的形式分为脆性断裂和韧性断裂两大类，主要以断裂前材料的塑性变形大小以及断裂后的断口特征作为判断依据。当金属材料处于不同的使用工况下，其断裂诱因不同，可以分为高温蠕变断裂、循环载荷导致的疲劳断裂以及环境因素导致的应力腐蚀断裂，这三类断裂又可表现为脆性断裂和韧性断裂。高分子材料的断裂和金属类似，也分为主应力条件下主链断裂引起的线性脆性断裂和分子间滑移导致的非线性韧性断裂。对于有塑性的金属材料而言，当其受到外力作用后，可以通过塑性变形来松弛应力。当材料不能继续塑性变形时，若再增加应力，它便以断裂的形式彻底松弛，形成材料失效。对于没有塑性的无机非金属材料，如果其受到的外力所产生的应力高于其所能承受的应力，就会在瞬间发生断裂。总而言之，材料的断裂就是其所受到的应力高于其所能承受的应力值(即强度)时所发生的失效形式。有的材料在断裂前会产生塑性变形，如金属材料，就称为塑性材料。陶瓷等无机非金属材料在断裂前没有明显的塑性变形，就称为脆性材料。

金属材料韧性断裂的特征是断裂前发生明显的宏观塑性变形，而脆性断裂在断裂前基本上不发生塑性变形，是一种突然发生的断裂，没有明显征兆，因而危害性很大。一般规定光滑金属拉伸试样的断面收缩率小于5%为脆性断裂，大于5%为韧性断裂。所以，金属材料的脆性与韧性是以在一定条件下的塑性变形量作为基本判据的，当条件发生改变时，材料的韧性与脆性行为也会随之改变。如图8.1所示，韧性不同材料断裂的断口表现出不同的形貌，对于软金属，颈缩比较严重，而对于脆性断裂，断口平滑，塑性变形区域较小。

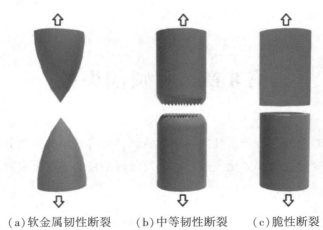

（a）软金属韧性断裂　　（b）中等韧性断裂　　（c）脆性断裂

图 8.1　韧性断裂和脆性断裂

8.1.2　断口分析

按照断裂形式的不同，断口可分为韧性断口和脆性断口。材料韧性断裂前会产生明显的宏观塑性变形，并且在断裂时经历撕裂过程，因此断口韧窝特征明显。如图 8.2 所示，韧性断口在断面上布满尺寸不均匀的韧窝（微坑）状结构，韧窝周围类似网格状的白色边脊线为撕裂棱，韧窝的形成包含了微孔形成、长大和联结等过程。在高倍扫描电镜下，韧窝内可以观察到折断的夹杂物颗粒。此外，部分韧窝内存在第二相质点，这些夹杂物或第二相质点是微孔形成的核心。在外部加载力的作用下，材料中会产生初始裂纹，裂纹会沿拉伸方向延长，形成空洞，最后导致断裂。韧窝的大小和材料韧性有关，韧性好的材料韧窝尺寸比较大，韧性差的材料韧窝比较小。通过对断裂钢材韧窝内部夹杂物的分析判断，可以应用于炼钢工艺优化，尽量降低成品钢中的夹杂物含量，减小其对钢韧性的不利影响，有效提升其强度及韧性。

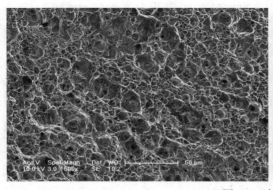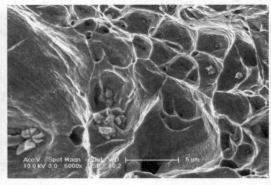

图 8.2　韧窝形貌图

如果材料断裂前未产生明显的宏观塑性变形，则为脆性断裂。试样脆性断裂后，宏观上断口较为平齐和光亮。断口分为解理断口和准解理断口。解理断裂是在正应力作用产生的一种穿晶断裂，即断裂面沿一定的晶面（即解理面）分离。解理断裂常见于体心立方和密排六方金属及合金中，低温、冲击载荷和应力集中常促使解理断裂的发生。面心立方金属很少发生解理断裂（图8.3）。解理断裂通常是宏观脆性断裂，其裂纹发展十分迅速。新鲜的脆性断口有许多反光的小平面（称为解理刻面）。

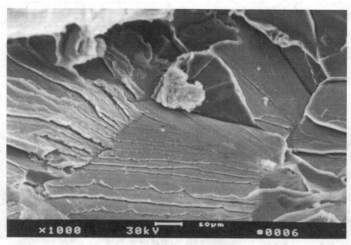

图8.3　解理断裂断口形貌

准解理断裂是淬火加低温回火的高强度钢中较为常见的一种断裂形式，常发生在脆性转折温度附近。准解理断裂的断口和解理断裂比较类似，也存在解理面。不同之处在于，在解理扇的边沿部位存在韧性断裂的痕迹，有较多的韧窝存在，是介于解理断裂和韧性断裂之间的断裂方式（图8.4）。

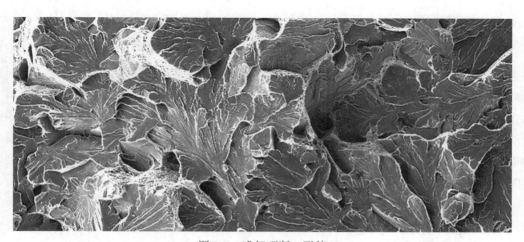

图8.4　准解理断口形貌

断裂也可以分为穿晶断裂和沿晶断裂。所谓穿晶断裂，就是裂纹沿着一定的晶面或者滑移面、孪晶面扩展而使材料断开。沿晶断裂指裂纹沿着晶界扩展而使材料断开。在一般情况下晶界不会开裂，发生沿晶断裂，表明晶界结合强度低。

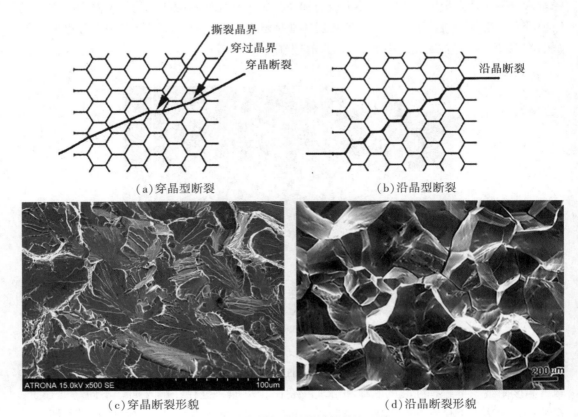

（a）穿晶型断裂　　　　　　　　　　　（b）沿晶型断裂

（c）穿晶断裂形貌　　　　　　　　　　（d）沿晶断裂形貌

图 8.5　穿晶断裂和沿晶断裂的区别

8.1.3　疲劳断裂

所谓疲劳断裂，是指材料在循环应力或者应变的作用下，经过多次的循环加载产生裂纹并发生断裂的过程。航空航天和能源领域的很多构件都是在极端恶劣的条件下工作，比如高温、高压、重载和腐蚀等。当构件受到各种循环载荷的作用时，如果载荷超过材料的承受极限，则材料内部会发生局部的变形，这种塑性变形的不断积累，就会引起构件中微裂纹的产生，微观裂纹会不断扩展累积，当其尺寸超过材料自身的临界尺寸时，材料就会发生断裂。材料的疲劳损伤是一个缓慢而隐蔽的发展过程，很难被发现，所以疲劳断裂发生时几乎没有什么征兆，经常会导致严重的失效事故。

一般来说，造成材料疲劳的原因是其受到随时间变化的循环载荷。可以把材料的疲劳失效进行如下分类：

（1）按材料的应力状态可分为弯曲疲劳、扭转疲劳、拉压疲劳及复合疲劳；

(2)按材料所处环境和接触情况可分为大气疲劳、腐蚀疲劳、热疲劳和接触疲劳；

(3)按断裂寿命和应力高低可分为高周疲劳(低应力疲劳，10^5 次以上循环)、低周疲劳(高应力疲劳，$10^2 \sim 10^5$ 次循环之间)。

总体而言，材料的疲劳断裂与一般的断裂不同，因其受到的载荷为大小和方向不断重复的变化。故在整个疲劳过程中，材料反复经历加载和卸载过程，最终导致其断裂的应力往往远低于材料的强度。这种大小和方向发生重复性变化的应力称为交变应力。作出交变应力随时间的变化曲线，如图 8.6 所示，其中 σ_{max} 为极大值应力，σ_{min} 为极小值应力，σ_m 为平均应力，σ_a 为应力振幅。这四个特征值之间的关系如下：

$$\sigma_m = \frac{\sigma_{max} + \sigma_{min}}{2}$$

$$\sigma_a = \frac{\sigma_{max} - \sigma_{min}}{2}$$

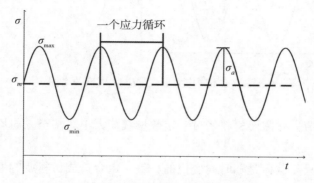

图 8.6　交变应力的应力-时间关系曲线

另外，定义应力比为

$$R = \frac{\sigma_{min}}{\sigma_{max}}$$

仔细研究应力变化与时间之间的关系，如图 8.7 所示，可以进一步将交变应力分为四类：

(1)对称交变应力：$\sigma_m = 0$，$R = -1$，σ_{max} 与 σ_{min} 的绝对值相等而符号相反，大多数轴类零件，如火车轴的弯曲为对称交变应力；

(2)脉动应力：有二种情况，$\sigma_{min} = 0$，$\sigma_m = \sigma_a > 0$，$R = 0$，为脉动拉应力，如齿轮齿根的循环弯曲应力；$\sigma_{max} = 0$，$\sigma_m = \sigma_a < 0$，$R = -\infty$，为脉动压应力，如滚动轴承应力则为循环脉动压应力；

(3)波动应力：$\sigma_m > \sigma_a$，$0 < R < 1$，如发动机缸盖螺栓的循环应力为"大拉小拉"；

(4)不对称交变应力：$R < 0$，如发动机连杆的循环应力为"小拉大压"。

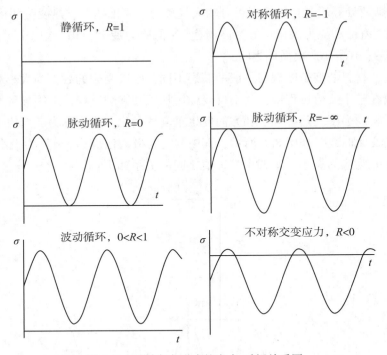

图 8.7　不同应力形式的应力-时间关系图

　　综上所述，疲劳失效需要材料经过一定数量载荷大小，甚至方向均随时间变化的应力循环。

　　那么，是不是只要载荷是随时间变化的，就一定会造成材料疲劳失效呢？为了研究这一问题，科研工作者研究了在不同的循环应力水平下，材料在疲劳失效前经历的循环周次，并制成曲线图，即 S-N 曲线，如图 8.8 所示。

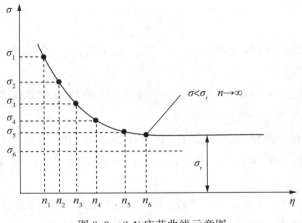

图 8.8　S-N 疲劳曲线示意图

S-N 曲线反映了如下事实：

（1）当材料发生破坏时，名义应力值远低于材料的静载强度极限，但名义应力存在一个下限，当载荷施加的应力值低于这一极限值时，材料就必须经历无限次循环才能疲劳失效，或者说材料就不会发生疲劳失效问题。这个应力下限称为疲劳极限，用符号 σ_r 来表示。自然，疲劳极限从应力的角度反映了材料的抗疲劳性能。

（2）材料所能承受的疲劳循环周次与应力水平有一定关系。应力水平越高，所能承受的疲劳循环周次越低；反之，应力水平越低，则所能承受的疲劳循环周次越高。科研工作者提出了"低周疲劳"和"高周疲劳"的概念。并以疲劳循环为 10^5 周次作为区分标准，高于该值称为高周疲劳，低于该值称为低周疲劳。循环周次从循环次数的角度反映了材料的抗疲劳能力。

断口的研究是了解失效机理的重要手段。图8.9所示为一典型金属断口形貌，可以明显看出该断口上分为三个区域，分别是裂纹源、裂纹扩展区和瞬断区。

裂纹源是疲劳裂纹起源的位置。通常情况下，疲劳裂纹起源于工件的表面。特别是如果表面有缺陷存在，如存在缺口、裂纹或一些组织缺陷，该处更容易引发疲劳裂纹。

裂纹扩展区是疲劳裂纹发展的区域。通过肉眼或借助金相显微镜，可以看到这一区域的形貌和贝壳的花纹很相似，这是在裂纹扩展过程中产生的。这些花纹被形象地称为"贝纹线"。

瞬断区是工件最终断裂的位置。这一区域有明显的脆性断裂特征，没有明显的塑性变形。这一特征与材料本身的力学性能无关。即使是塑性很好的材料，瞬断区也体现出脆性断裂特征。从微观上而言，疲劳断口都会存在疲劳辉纹，每一条辉纹就是一次应力循环。

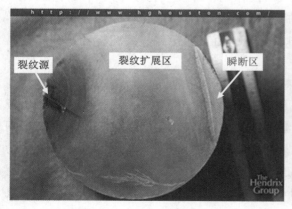 

图8.9　疲劳断口示意图及实物图

疲劳裂纹一旦萌生，其扩展就难以控制，工件断裂就难以避免。所以，对于工件的疲劳而言，提高其抗疲劳能力的关键是避免疲劳裂纹的产生。因为疲劳裂纹萌生于材料表面，所以工业中常用表面强化工艺提高材料的抗疲劳性能。这些工艺包括滚压、喷丸等机械强化方法以及渗碳氮化等表面化学热处理工艺。

☞ **阅读材料**

　　1998 年 6 月 3 日上午 11 时，一辆由德国慕尼黑开往汉堡的 ICE1 型 884 次高速列车，在行驶至距莱比锡东北方约 60 公里的小镇埃舍德（Eschede）附近时，列车脱轨，并以 200 公里时速撞断一座立交桥后解体，事故造成 101 人死亡，88 人重伤，酿成世界高速铁路历史上最为惨重的事故。德国铁路机构经过调查后认为：事故因列车第一节车厢后部的一个车轮轮箍由于金属疲劳断裂引起，轮箍在断裂后变形成一根弧形钢条，一头戳破车厢地板，另一头随着 200 公里时速高速运行的列车，与钢轨产生剧烈摩擦，并发出刺耳的尖啸。3 分钟后，列车在行经一个道岔钢轨接口处时，轮箍钢条又铲断一组道岔护轨，使之插入车厢。巨大的冲击力导致第一节车厢后轮脱轨，并与车头脱钩，连带着将后面两节车厢甩离轨道。虽然列车采取了紧急制动措施，但强大的惯性依然推动车厢向前滑行，最终在撞断了 300 多米外的一座混凝土立交桥墩后完全解体。就这样，一个并不起眼的轮箍疲劳断裂夺走了上百条人命。

8.1.4　蠕变断裂

　　对于很多部件而言，只有材料受到的应力超过抗拉强度时，材料才会发生断裂。而锅炉等高温容器则常常会出现另一种断裂形式。这些工作在高温环境的部件本身并没有受到高于其强度的应力，而且应力的大小和方向也没有发生变化，但确实发生了断裂，这种失效就是蠕变。经过工程技术人员长期的研究发现，高温在蠕变断裂过程中起到了重要的作用，当应力在材料上经过长时间作用，即使应力小于材料的弹性极限，蠕变也会发生，这也是蠕变与塑性变形的不同，塑性变形通常是在应力高于材料的弹性极限时才会发生。蠕变不但在金属材料中发生，而且在塑料、陶瓷、岩石等非金属材料中也会出现。

　　由于蠕变而导致材料发生的断裂称为蠕变断裂。需要注意的是，蠕变不仅发生在高温环境中，蠕变在较低温度下也会产生，但只有当约比温度（T/T_m）大于 0.3 时才比较显著，其中，T_m 为材料的熔点，T 为环境温度。例如，当碳钢温度超过 300℃，合金钢温度超过 400℃ 时，就必须考虑蠕变的影响。20 钢在 450℃ 时的短时抗拉强度为 320MP。然而，当试样承受应力为 225MPa 时，持续 300h 便会断裂。若将应力降至 115MPa 左右，持续 10000h 也能使试样断裂。因此，蠕变失效大量出现在锅炉、燃气轮机等高温机械中。

　　从微观角度而言，蠕变与材料的塑性形变有关。蠕变先从滑移开始。由于部件在装配时存在应力，使得晶粒有变形的倾向。当环境温度升高时，这种倾向也会加大，最终引起位错的滑移。位错滑移积累到一定的程度时，将引起塑性变形，降低了应力。但后期则会引起位错源发生位错增殖现象。旧有的位错和新产生的位错塞积在一起，最终产生空洞，最后形成微裂纹，如图 8.10 所示。与疲劳相似，裂纹一旦产生，其扩展就无法避免，最终的结果就是工件断裂。在微观条件下观察，多数裂纹沿晶界取向，称为沿晶断裂。但在高载荷的条件下也会出现裂纹穿过晶粒内部的现象，称为穿晶断裂。

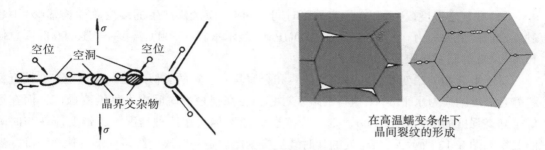

在高温蠕变条件下
晶间裂纹的形成

图 8.10　蠕变空洞形成示意图

要进一步研究蠕变的机制及其断裂行为，就需要对其进行定量分析。将蠕变过程中工件变形情况与时间的关系用曲线表示，就得到蠕变曲线，如图 8.11 所示。根据蠕变曲线，可以得到两个重要的参数：蠕变速率 ε 和总伸长率 δ。

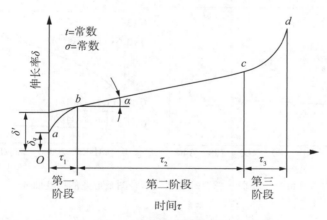

图 8.11　蠕变曲线示意图

在典型的材料蠕变过程中，材料变形会经历图 8.11 中 $Oa \rightarrow ab \rightarrow bc \rightarrow cd$ 过程。其中，Oa 段是瞬间完成的。而严格意义上的蠕变是从 a 点开始随时间 τ 增长而产生的应变，$abcd$ 曲线即为蠕变曲线。蠕变曲线上任一点的斜率，表示该点的蠕变速率 ε。根据蠕变速率 ε 的变化情况，可将材料的蠕变过程分为三个阶段：减速蠕变阶段(ab)，恒速蠕变阶段(bc)，加速蠕变阶段(cd)。

对于工程材料而言，比较看重的是蠕变第二阶段的蠕变速率 ε。蠕变速率 ε 用来确定材料的蠕变极限。金属材料在一定温度和规定的时间内的蠕变变形量或蠕变速度不超过某一规定值时所能承受的最大应力，称为蠕变极限。知道材料的蠕变极限，就可以为材料的设计和使用提供依据。对材料的蠕变极限有多种表示方法：

(1)在规定温度(t)下，使试样在规定时间内产生的稳态蠕变速率(ε)不超过规定值的最大应力，以符号σ_ε^t表示。例如，$\sigma_{1 \times 10^{-5}}^{600} = 60\text{MPa}$，表示温度为600℃的条件下，稳态蠕变速率$\varepsilon = 1 \times 10^{-5}\%/\text{h}$的蠕变极限为60MPa。

(2)在规定温度(t)下和在规定试验时间(τ)内，使试样产生的蠕变总伸长率(δ)不超过规定值的最大应力。例如，$\sigma_{1/10^5}^{500} = 100\text{MPa}$，表示材料在500℃温度下，100000h后总伸长率为1%的蠕变极限为100MPa。

对于聚合物的蠕变断裂，其蠕变曲线和金属具有一定的类似之处。通过检查在接近材料静态强度的应力水平σ_1下执行的蠕变过程，会在很短的时间内发生蠕变破坏，而在远低于静态强度的应力$\sigma_2 (\sigma_2 < \sigma_1)$时，应变会继续增加。在这种情况下，蠕变应变与时间的关系如图8.12所示，在σ_1处的瞬时蠕变应变之后是初级蠕变阶段，蠕变速率下降，然后出现了几乎稳定的蠕变速率阶段，而稍后应变斜率会发生突然变化，从而导致蠕变破坏。蠕变响应最初可以被认为是非线性黏弹性，随着应变的累积，黏塑性路径占主导。对于低应力水平，这可能会在较长时间段内发生；对于高应力水平，这可能会在短时间段内发生。

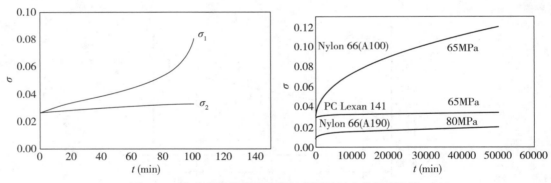

图 8.12　高分子材料蠕变曲线示意图及尼龙的蠕变曲线

对于陶瓷材料，在常温下虽不出现蠕变，但在高温下，蠕变则是它的重要力学性能，其蠕变行为也是不可忽视。陶瓷的高温蠕变目前理论还不是很完善，主要包括位错理论、扩散蠕变理论及晶界滑移理论。其蠕变主要和陶瓷材料的晶体结构、化学键合状态、成分以及生产工艺等密切相关。特别是航空航天等领域中应用的陶瓷基复合材料，其蠕变行为更是受到了重点关注。基于碳化硅(SiC)的陶瓷基复合材料(CMC)在高温下具有出色的性能组合，例如高比强度、化学惰性、抗蠕变性和辐照耐受性，这些优越的性能使SiC_f/SiC陶瓷复合材料可以在极端环境高温结构中应用，如先进涡轮发动机的热区组件、超音速飞行器以及核反应堆。

SiC_f/SiC陶瓷复合材料的抗蠕变性取决于各个成分的抗蠕变性以及由此产生的随时间-温度-负载而定的应力再分布。它也对成分的微观结构特征(即晶粒尺寸、组成、孔径

和分布)敏感,并且很大程度上取决于施加的应力、暴露时间、温度和环境。图 8.13 中为
SiCf/SiC 复合材料的蠕变断口。

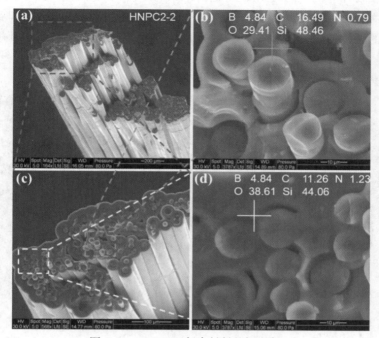

图 8.13   SiCf/SiC 复合材料的蠕变断口

8.2   腐蚀失效

腐蚀是指材料(包括金属和非金属)在周围介质(水、空气、酸、碱、盐、溶剂等)作
用下产生损耗与破坏的过程。腐蚀的本质是材料与周围介质发生了化学反应或电化学反
应。因此,腐蚀可以分为化学腐蚀和电化学腐蚀,两者最大的区别是有无电流产生,化学
腐蚀指金属与周围介质直接起化学作用,在不产生电流的情况下引起表面破坏,例如酸雨
造成的建筑物腐蚀;而电化学腐蚀是金属所处环境介质可以充当电解质,二者形成两个电
极,共同构成腐蚀原电池。

腐蚀失效是指构件材料在环境因素作用下被腐蚀而导致的失效。按腐蚀环境不同,可
分为化学介质腐蚀、大气腐蚀、海水腐蚀、土壤腐蚀。按腐蚀使构件损伤的情况又可分为
全面腐蚀(或称均匀腐蚀)、局部腐蚀、集中腐蚀(即点腐蚀)。工程上还常有一些专门的
腐蚀形式的术语,如晶间腐蚀、应力腐蚀、孔蚀、缝隙腐蚀、选择性腐蚀、磨损腐蚀和氢
腐蚀等。非金属材料(如陶瓷、塑料、橡胶等)的变质也可以认为是腐蚀。腐蚀不但造成
材料损失,往往对安全也造成很大危害。

8.2.1　应力腐蚀断裂

如果材料在腐蚀环境中同时受到应力作用,其破坏程度会更加严重,发生应力腐蚀断裂。应力腐蚀断裂是指材料、机械零件或构件在静应力(主要是拉应力)和腐蚀行为的共同作用下产生的失效现象(图 8.14)。这种断裂更常见于长期工作在腐蚀环境中的紧固件和焊接结构中,因为这些工件中会存在大量的残余拉应力。

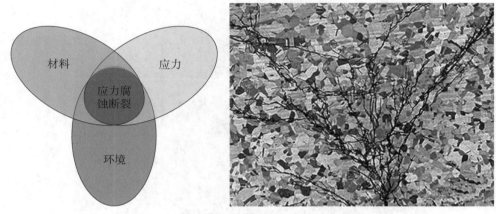

图 8.14　应力腐蚀断裂的三要素及裂纹形貌图

应力腐蚀断裂的宏观断口与脆性断裂特征相似,即基本不发生塑性变形。这一特征与材料本身的力学性能无关。如果从微观的角度观察,其裂纹具有一些特点。首先,裂纹往往萌生于已经腐蚀的位置,这是应力腐蚀断裂与其他断裂不同的地方。需要注意的是,尽管腐蚀发生在材料的表面,但应力腐蚀开裂的裂纹源并不一定在材料的表面,而更有可能出现在腐蚀的纵深方向上。其次,应力腐蚀裂纹的走向大致与拉应力方向垂直,其形状会出现许多分枝,即产生大量二次裂纹。再次,应力腐蚀开裂所承受的拉应力是静应力,其值往往低于材料的屈服强度,而且开裂速度非常缓慢。最后,应力腐蚀断裂的断口处常会残留腐蚀产物,如氧化物、卤化物及其络合物等。因而多数情况下,断口表面往往缺乏金属光泽。

奥氏体不锈钢在含有氯离子的介质中会发生的应力腐蚀,称为"氯脆"。应力腐蚀是不锈钢材料失效中最常见且后果最严重的腐蚀形式。在腐蚀与应力的共同作用下,一旦有初始的微小裂纹出现,就会急速扩展,其扩展速率甚至可以比其他腐蚀类型的裂纹扩展速率大几个数量级,以至于造成灾难性的后果。例如锅炉、核电站、化工厂所应用的设备或结构件既承力,又处于腐蚀环境中,更容易出现不锈钢应力腐蚀开裂的状况。此外,应力腐蚀开裂还有一些特殊类型,主要是以周围介质不同进行区分,如低合金钢和低碳钢在有硝酸根离子介质中发生的应力腐蚀开裂称为"硝脆";低合金钢和低碳钢在苛性碱溶液中会发生的应力腐蚀开裂,称为"碱脆";除了液体介质,气体介质同样可能引起应力腐蚀开裂,如铜合金在氨气环境中可能会发生"氨脆"。脆性的增加同样会加大材料断裂的风险，要重点注意。

☞ **阅读材料**

  航空史上最著名的应力腐蚀裂纹飞行安全事件发生在 1988 年 4 月 28 日，美国阿罗哈(Aloha)航空公司一架波音 737-200 机身前段蒙皮于飞行途中脱落，幸运的是驾驶员的技术高超而平安落地。此前，该飞机已飞行了 35496 小时，共起降 89680 次。波音-737 飞机的经济服役寿命为 20 年，51000 飞行小时和 75000 次的舱压周期。阿罗哈航空公司的飞航记录显示飞行 1 小时会产生 3 次舱压周期，但波音的寿命预测为飞 1 小时 1.5 个压舱周期，所以阿航的实际压舱周期是预测的两倍。而在加舱压的机身内，舱压周期是造成疲劳裂纹的最主要因素。事后调查发现，机身蒙皮叠接处多颗铆钉孔边存在一定长度的应力腐蚀裂纹，飞机失事时，这些裂纹因舱压作用产生裂纹并延伸，引起舱内失控的泄压，造成蒙皮撕裂而飞脱。

8.2.2 氢脆

  氢腐蚀是一种比较特殊的腐蚀形式。通常情况下，氢元素非常稳定，不会对材料造成影响，但是在一些特殊环境，如高温高压条件下，就有可能引起材料的腐蚀。而且氢原子是自然界中体积最小的原子，意味着氢原子在晶体中很容易发生聚集，并引起晶格畸变或生成间隙化合物，对材料性能造成不良影响。氢脆是常见的氢腐蚀行为。氢在材料内部扩散和聚集，使金属零件在低于材料屈服极限的静应力作用下引起脆性破坏，叫做"氢脆"。因为氢脆的发生需要氢在材料中发生扩散，因此通常氢脆不会立即发生，而是经过一段时间后才出现，这就使得氢脆的发生具有延迟特征。

  氢脆可以根据不同标准进行分类，按氢来源不同，可以分为内部氢脆和环境氢脆；按作用机理，可分为氢蚀、白点和氢化物致脆。其中，氢蚀是指氢与金属中存在的第二相作用产生高压气体，使金属的晶界结合力减弱而导致材料脆化。通常 H 与 C 结合，生成甲烷。白点是指钢中含有过饱和的 H 未能扩散逸出而聚集在金属内部形成氢分子，使金属内部局部开裂，例如焊接过程中的氢致裂纹。氢化物致脆是指氢与金属反应，生成氢化物，导致材料脆性增加。例如在 α-Ti 中生成 TiH_4 氢化物。

  近年来，随着汽车、桥梁、航空航天事业的长足发展，高强度紧固件的应用日益广泛。但钢制高强度紧固件对氢脆的敏感性隐患却是一个不容忽视的重要问题，比如汽车用高强度紧固件因氢脆问题在装配生产现场或用户使用过程中可能出现断裂。氢脆和表面处理有关，比如电镀过程产生的氢脆。由于电镀的大量应用，其氢脆过程不容忽视。从图 8.15 中可以看到 X80 材料无氢脆时为韧性断裂[图 8.15(a)、(b)]，但在氢存在条件下发生了明显的氢脆断裂[图 8.15(c)、(d)]。

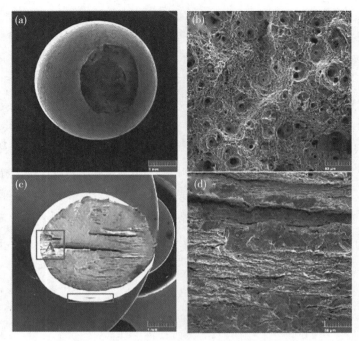

图 8.15　氮气环境和氢环境中 X80 管道钢的氢脆断裂

8.3　磨损失效

日常生活中，常可见相互接触的物体发生相对运动，如人的足部与地面之间的相对运动、刹车片与轮毂之间的相对运动、轮船在水中的运动以及飞机翱翔时与空气的相对运动等，这些相对运动会引起鞋底磨平、刹车片磨损、轮船桨叶磨损、飞机涡轮发动机失效等，这种失效形式就是磨损失效。

磨损失效是相互接触的物体在相对运动中，表层材料不断损失、转移或产生残余变形的现象，又称为摩擦磨损，它是伴随着摩擦而产生的必然结果。这种摩擦不仅包括两个固体接触表面相对运动而产生的摩擦，还包括颗粒物与固体表面相对运动产生的摩擦，此时接触形式已经由面接触转变为点接触。另外，还有流体与固体表面相对运动而产生的摩擦等。这些摩擦形式会使大量材料发生磨损失效，据统计，在失效或报废的机械零件中，约有 80% 是磨损失效引起的。磨损不仅会对部件的可靠性和寿命产生不利影响，同时还会造成材料耗损及能源浪费。

由于摩擦形式多样，所以磨损的形式也多种多样，主要包括黏着磨损、磨粒磨损、微动磨损、疲劳磨损等。

8.3.1　黏着磨损失效

承受摩擦的零件表面经过仔细抛光，宏观上相对平整光滑，但是在微观尺度下的表面仍是高低不平的结构。当两个物体宏观上直接接触时，在微观上总是表现为局部的接触。此时，即使施加的载荷很小，但在真实接触面上所施加的载荷表现为局部应力，它足以引起材料的局部塑性变形，使材料这部分的表面上的氧化膜被挤破。若相互接触的两个表面均为金属，那么两个材料之间还可能产生冷焊现象，即两个面上的金属原子会因为键合作用而产生黏着的现象。随着滑动的继续进行，之前形成的黏着点会因为力的作用被剪断，断裂后材料附着在结合力更强的摩擦表面上，后续滑动会使其脱落下来形成磨屑，因此造成相互摩擦的零件表面材料损失，这就是黏着磨损，如图 8.16 所示。

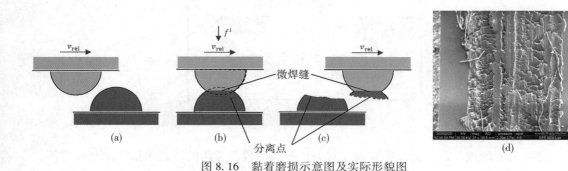

图 8.16　黏着磨损示意图及实际形貌图

　　一般认为，黏着磨损的过程是这样的：当摩擦副直接接触时，最初的实际接触并未发生在整个材料表面，而是发生在表面上少数独立的微凸体间。因此，在一定的法向载荷作用下，若微凸体处承受的局部压力超过了材料的屈服强度，接触的微凸体就会发生塑性变形，从而产生黏着；黏着后，继续进行的滑动行为会对黏着点产生剪切作用，如果剪切位置发生在接触界面以下，则材料会从一个表面转移到另外一个表面。继续滑动，一部分转移的材料脱落分离，从而形成游离磨粒。

　　根据黏着点的强度和破坏位置不同，黏着磨损有几种不同的形式，从轻微磨损到破坏性严重的胶合磨损(涂抹、擦伤和咬合)。虽然这几种磨损形式的摩擦系数和磨损程度不同，但都具有材料迁移以及会在沿滑动方向形成划痕的基本特征。

　　黏着磨损与接触面的表面粗糙度和材料力学性能有很大关系。因此，改善表面粗糙度、优化摩擦副配合是改善黏着磨损的主要措施。常用的工艺有研磨和喷涂等。

8.3.2　磨粒磨损失效

　　外界硬颗粒或者对磨表面上的硬突起物在摩擦过程中引起表面材料脱落的现象，称为磨粒磨损，如图 8.17 所示。磨粒磨损中，硬颗粒与固体表面之间的接触面积很小，宏观上表现为点接触，因而在接触点处应力会非常大，超过材料强度，引起严重磨损。

　　生活中许多零件或机器都会发生磨粒磨损，例如球磨机衬板、磨粒磨损在生活中常发生在掘土机铲齿、犁耙、球磨机衬板、矿山机械导轨及刀具等处，生产中机床导轨面由于切屑的存在也会引起磨粒磨损。另外，水轮机叶片和船舶螺旋桨等与含泥沙的水之间的侵蚀磨损也属于磨粒磨损。

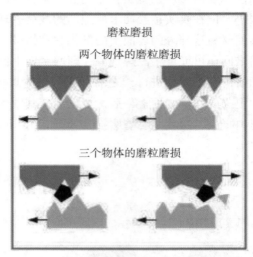

图 8.17　磨粒磨损示意图

提高表面硬度是改善表面磨粒磨损状态的有效手段，常用的工艺包括喷涂和堆焊等。

8.3.3　疲劳磨损失效

当两个接触表面间具有高接触压应力，并且表面间存在纯滚动或滚动与滑动相复合的摩擦时，经过多次循环后，相接触表面上的局部位置会有小块材料剥落，从而在材料剥落处产生麻点或者凹坑，这种表面磨损形式称为疲劳磨损。疲劳磨损是兼有疲劳失效特点的磨损形式。疲劳磨损首先在有交变接触应力作用的摩擦面引起裂纹，之后裂纹不断扩大，并发生断裂，从而造成的点蚀或剥落。按照引起疲劳剥落的初始裂纹出现的部位，表面疲劳磨损可以分为点蚀和剥落。

疲劳磨损过程中出现的点蚀或者剥落可以根据初始裂纹出现的部位来区分：当裂纹出现在表面并扩展，造成材料浅度破坏，小片脱落并在表面形成麻点状小坑称为点蚀；而当接触面摩擦系数低且表面压应力较大时，初始裂纹产生的位置往往在表面以下，随着裂纹的扩展材料发生突然的疲劳破坏，片状材料脱落，产生的破坏区域较大，这种形式的疲劳磨损称为剥落。当零件表面脱碳、淬火不足和有夹杂物时，容易发生疲劳磨损，易发生于铁轨、滚动轴承、齿轮副、凸轮副以及轮轨等机构，如图 8.18 所示。

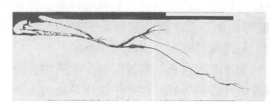

图 8.18　铁轨的疲劳磨损

8.3.4 腐蚀磨损失效

类似疲劳磨损的两种失效机制联合作用模式,腐蚀磨损(磨蚀)是由摩擦与腐蚀共同作用一起的失效。腐蚀磨损是摩擦过程中,表面金属与周围介质发生化学或电化学反应,因而出现物质损失的失效形式。在分析腐蚀磨损时,不仅要分析材料的力学性能,还要根据腐蚀特征,分析介质的性质、材料的化学性能和电化学性能。

由于介质的性质、作用于摩擦面的状态以及摩擦材料性能等的不同,腐蚀磨损可分为氧化磨损、特殊介质腐蚀磨损、气蚀和微动磨损。主要出现在含有这些腐蚀介质的环境中,如水轮机、海上运动部件、高温高压运动部件以及高载荷振动部件等。

空泡腐蚀又称气蚀或者穴蚀,当材料处于液体环境中时,液体与材料表面存在相对运动,从而使材料表面产生表面损伤。空泡腐蚀通常发生在有水环境中的零件表面,如船舶螺旋桨、水泵零件以及水轮机叶片等表面。

在空泡腐蚀中,空气泡的出现至关重要。一般情况下,气泡产生有两个来源:当固液接触面处的压力低于液体的蒸发压力时,在固体表面附近会形成气泡;另外,液体内部溶解的气体也有可能因析出而形成气泡。在工件工作过程中,当高速流体流经形状复杂的金属部件表面时,在某些区域,流体静压可降低到液体蒸气压之下,因而形成气泡。当气泡流动到液体压力超过气泡压力的地方时,气泡便破灭,在破灭瞬时产生极大的冲击力和高温。固体表面经受这种冲击力的多次反复作用,材料发生疲劳脱落,使表面出现小凹坑。凹坑表面可再钝化,气泡破灭再使表面膜破坏,经过多次破坏循环,材料表面形成海绵状。严重的气蚀甚至可在表面形成深度达 20mm 的大片的凹坑。气蚀的机理是由于气泡破裂产生的冲击应力造成的表面疲劳破坏,但由于该过程发生在液体环境中,液体内部含有磨粒物质或者液体介质与材料产生化学和电化学作用都会加快材料的破坏速度。

空泡腐蚀具有以下特点:

(1)空泡腐蚀的出现与流体介质高速流过有关,所以常出现在汽轮机、泵、螺旋桨等转动部件上;

(2)空泡腐蚀的出现与压力有关,腐蚀位置常见于低压区;

(3)外观上常以密集分布的形态出现,如蜂窝状。

减少气蚀的有效措施是防止气泡的产生,通常从部件结构设计、加工工艺和选材等方面入手。在部件结构设计方面,主要是稳定和控制流速,防止流速变化引起较大的压力差。如设计流线型的表面,避免液体在流动过程中在局部地方出现压力低的涡流区,从而减少气泡的产生。此外,尽量降低液体中的溶解气体的含量以及液体流动过程中的扰动,能够降低气泡的形成概率。在加工工艺方面,主要是降低部件表面粗糙度,减少气泡在器件表面产生或附着。在选材方面,在满足工况的情况下尽量选择对气蚀具有高抗性的材料,对于金属,通常选择强度和韧性高的材料;对于非金属,橡胶和尼龙等材料的抗气蚀性能较好。此外,提高材料的抗腐蚀性也会减少气蚀破坏。

8.4　辐照损伤失效

辐照损伤是指高能粒子作用于材料而使材料产生一系列缺陷的过程，它主要出现在频繁直接接触高能粒子的应用材料中，如射线测试设备、核电站、核潜艇、宇宙空间站以及卫星等。其中加速器、聚变反应堆、裂变等核系统中面向粒子辐照材料的主要老化原因就是辐照损伤。辐照损伤产生的缺陷对材料组织和性能的影响称为辐照效应。

辐照损伤导致材料产生缺陷的主要原因是高能粒子的轰击作用，高能粒子在运动过程中具有较高的动量与动能，当粒子轰击到材料表面时，根据动量守恒定律和能量守恒定律，会有部分能量转移到材料的晶格上，破坏晶格中原子间的成键，使得晶格上原子脱落、移位，造成晶格畸变，并产生空位和位错等缺陷。

辐照在微观上产生的缺陷尺寸非常小，但却能够对材料内部的结构产生破坏，从而造成材料在宏观上的化学、力学性能以及使用寿命等较大变化。如辐照使材料内部产生积累大量的缺陷，将会导致材料脆化。辐照可使金属等晶体结构产生错位、空位、间隙原子等缺陷；辐照还可能导致原子移位，使材料内部出现空洞、偏析，或者使原子间发生反应，产生沉淀相等。辐照对于高分子材料的破坏更为严重，因为高分子的长链键能很小，极易被打断，从而造成长分子链断裂，使材料失去弹性和开裂。

8.5　高分子材料的老化失效

高分子材料在生活中应用越来越广泛，其失效问题也受到了广泛关注，高分子材料主要的失效形式为老化，即在加工、储存和使用过程中，由于受内外环境因素的综合影响，其物理化学性能逐渐发生变化，导致材料的使用性能逐渐下降，以致最后丧失使用价值的过程。高分子老化的主要原因为材料内部结构或者组分存在易老化点，如具有不饱和双键、支链、羰基、末端上的羟基等。外界或环境因素主要是阳光、氧气、臭氧、热、水、机械应力、化学介质以及微生物等。

高分子材料的结构是影响其老化的重要原因，故优化高分子材料的结构是提升其抗老化性能的重要手段。例如，通过减少或者避免橡胶产品内部的高分子链上的双键数量，有效抑制因不饱和双键与氧、光及臭氧等作用而产生的侵蚀。其次，通过添加特殊添加剂的方式，使高分子材料更稳定，如添加紫外光稳定剂、抗氧剂、防霉剂以及热稳定剂等。此外，还可以采用镀金属膜、涂覆防老剂以及喷涂漆等物理防护方式提升高分子材料的抗老化性能。总之，研究高分子材料的老化机理以及相对应的抗老化方法，是高分子科学与技术领域的重点内容。

如图 8.19 所示，高分子材料老化时，其表面会出现氧化产物和明显的裂纹等缺陷，导致材料最终的失效。紫外线和高温都会导致高分子材料的老化，而温度的影响比紫外线更明显。

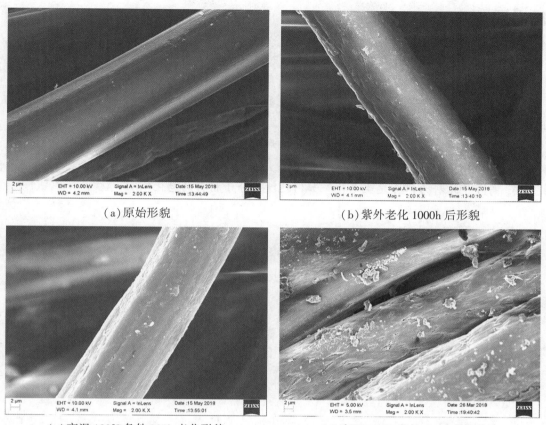

（a）原始形貌　　　　　　　　　　　（b）紫外老化1000h后形貌

（c）高温180℃条件200h老化形貌　　（d）高温180℃条件400h老化形貌

图8.19　芳纶纤维经过高温和紫外线老化后表面形貌

☞ **阅读材料**

20世纪60年代美国登月成功后提出了新的想法开发航天飞机，即一种可以反复被使用的航天器，可以冲向太空，并在轨道上运行，以此来节约成本。航天飞机发射时，先由波音-747背到高空再发射，这一壮举成为航天发展史上的一个里程碑。但是，老化问题毁了这个发明。由于固体助推火箭节间起密封作用的O型橡胶圈经不住发射地严寒冬天的环境作用而提前老化（弹塑性降低），橡胶圈失去密封作用，当主机点火后，火苗窜入，导致超前点燃火箭，1986年1月28日"挑战者"号航天飞机起飞73s发生爆炸。事后，为了使橡胶圈能经受严冬环境，人们通过增加保温套的方式对其进行改进，但没有想到的是，起飞时海绵保温套掉落，击破左机翼前缘高温防护用的防热瓦，2003年2月16日"哥伦比亚"号返航时高温防护层失效处的机翼在高温下瞬间熔化引发爆炸。两次空难导致14位宇航员牺牲。而这两次事故作为导火线，结束了美国为期30年投资2000亿美元的航天飞机时代。

思考题

1. 疲劳断裂机理是什么? 断口形貌有何特点? 如何防止?

2. 何为蠕变断裂? 蠕变三阶段指什么? 有何差别?

3. 应力腐蚀三要素是什么? 有哪些常见的应力腐蚀断裂? 断口形貌有何特点? 如何防止?

4. 何为氢脆? 其微观机制是什么? 断口形貌有何特点?

5. 何为辐照损伤?

6. 高分子材料为何会发生老化? 如何延缓高分子材料的老化?

第 9 章 金属材料及应用

实际工业或生活产品使用的金属材料主要是合金，纯金属一般用于实验研究或工业原料。合金是指由两种或两种以上的金属或金属与非金属经过熔炼或其他方法制成的具有金属特性的物质。由于合金化目的特别添加到基体金属来获得目标性能的化学元素，称为合金元素；反之，由于冶炼所用原材料本身以及冶炼方法和工艺操作而混入基体的化学元素，称为杂质。杂质元素损害金属产品质量，应尽可能去除，而合金元素则是为了提升材料性能而有目的地添加的有益元素。

金属材料大致分为两大类，即黑色金属和有色金属，这两类材料的进一步细分如图9.1、图9.2所示。广义的黑色金属包括铁、铬、锰及其合金。黑色金属中最主要的类别是铁碳合金，即最常见的钢铁材料。纯铁为银白色，却得名"黑色金属"，是因为钢铁表面通常覆盖一层黑色的 Fe_3O_4，而锰及铬主要应用于冶炼合金钢，所以才被错分为黑色金属。钢铁材料比任何其他合金产量都大，应用最普遍，是非常重要的工程结构材料。有色金属又称非铁金属，是指除铁、铬、锰以外的所有金属及其合金，如镁及其合金、铜及其合金、锌及其合金等。与钢铁相比，有色金属具有许多特殊性能，如相对密度小、导电性能好、耐腐蚀性强等，主要用于航空航天、电力电子、石油化工等领域。

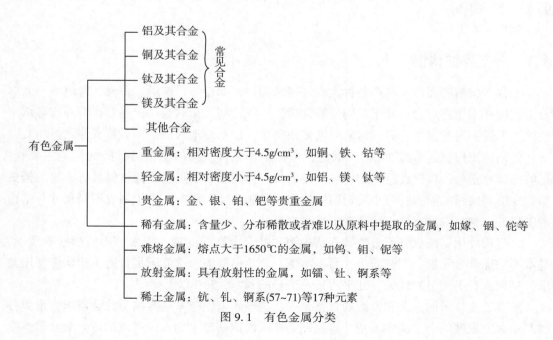

图 9.1 有色金属分类

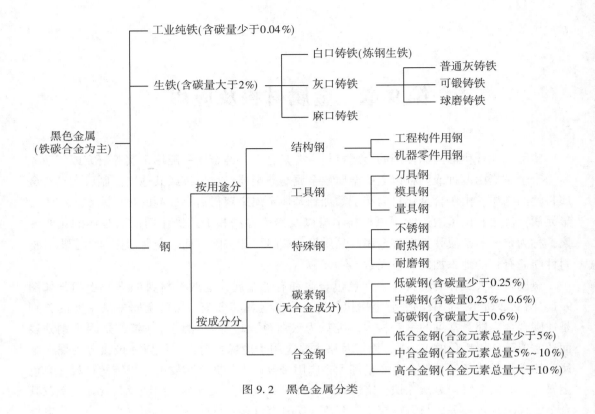

图 9.2　黑色金属分类

9.1　结构钢

9.1.1　工程结构钢

工程结构钢主要用于制作各种大型金属结构件，如船体、铁塔、桥梁、管道等。大部分工程构件工作特点为：处于长期的静载荷、构件之间无相对运动；通常在野外或海水中使用，承受一定的侵蚀；有一定的温度使用要求，如寒冷地区的户外铁塔长期处于 0℃ 以下，而锅炉工作温度超过 200℃。因此，依据工作条件，构件用钢需具备的性能主要有：足够的弹性模量，以保证材料刚度；一定的抗拉强度和屈服强度，让材料具有一定的抵抗塑性变形和破断的能力；较小的耐腐蚀性和冷脆倾向性。同时，为了制成不同尺寸、结构的工程件，钢材应具有良好的冷变形性和焊接性。

工程构件用钢按成分可分为碳素结构钢和低合金高强度钢。碳素结构钢简称碳素钢，基本不添加合金元素，工艺简单，易于冶炼，故价格低廉，性能满足普通工程构件使用要求，早期工程上用量比较大，几乎占钢总产量的 60%~80% 以上。

随着工业技术的发展和资源的日益紧张，普通碳素钢越来越难满足社会需求，世界各国都在大力发展低合金高强度钢。这类钢是在碳素钢基础上加入少量或微量合金元素，结合现代轧制技术发展而来。"低合金"是指合金元素总量不高于 5%，"高强度"是指屈服强度大于 275MPa。低合金高强度钢特点：含碳量低，$\omega_c \leq 0.25\%$；合金化以 Mn 为主、多组元添加；大多在热轧空冷后使用，也有少量在正火或正火加回火状态下使用；使用组织为铁素体加珠光体或贝氏体；体现高强度、足够的韧性、良好焊接性、耐蚀性、低的韧脆转变温度。合金元素添加到钢中产生了细晶强化、固溶强化、第二相强化等综合作用，使钢强度显著优于碳素结构钢。与碳素结构钢相比，低合金高强度钢至少节约 20%~30% 的钢材，节省 15% 的施工时间和 20% 的加工费用。20 世纪 90 年代，我国低合金高强度钢主要有 Q295、Q345、Q390、Q420、Q460 等 5 个牌号钢，发展到现在，已经能够生产 Q500、Q550、Q620、Q690 等屈服强度级别更高的牌号钢。近 10 余年来，Q345 等低合金高强度结构钢的比重已占到总用钢量的 80% 以上，逐步代替了碳素结构钢。新修订的国家标准《低合金高强度结构钢》（GB/T 1591—2018）给出的钢材综合性能都显著优化。

2008 年北京奥运会使用的鸟巢体育馆，是当时世界上跨度最大的钢结构建筑，主要采用 Q355D、Q345GJD 和 Q460 钢。其中，承担负重任务的是 Q460，用在 24 根桁架柱上，因为 Q460 钢屈服强度达到 460MPa 后才会发生塑性变形，比普通碳素钢高一倍。鸟巢体育馆的成功建成，不仅是当时建筑设计上的力学经典，更是材料学上的高端科技成果的体现，体育场外部钢结构用钢总量约为 4.2 万吨，Q460 钢材最大厚度达到了 110mm。我国科研人员历经几千次实验才找到 Q460 钢材最佳配方和最佳工艺，打破了日本、韩国以及欧洲等国的垄断，为国家节约了大量外汇。

9.1.2 机器零件用钢

机器零件用钢也叫做机械结构钢，主要用于制造各种机器零件，是国民经济各领域，特别是机械制造工业广泛使用和用量最大的钢种。从成分上看，机器零件用钢含碳量从低碳变化到高碳；从结构上看，机器零件几何结构复杂、尺寸变化大；从外加载荷看，机器零件要承受拉伸、压缩、剪切、扭转等作用力，受力复杂且不均匀；从工作环境看，有高温、低温，甚至腐蚀介质。总而言之，机器零件用钢工作环境和受力情况远复杂于工程结构钢，不仅要求高的强度、塑性和韧性，而且要求良好的疲劳强度和耐磨性，通常利用合金化、选取选优质钢和高级优质钢来生产。机器零件用钢合金元素主要有 Cr、Mn、Si、Ni、Mo、W、V、Ti、B 和 Al 等，可单独添加或者几种同时加入。合金元素的作用为：提高钢淬透性，例如 Cr、Ni、Mn、B；降低过热敏感性和耐回火性，例如 V、Ti、W；抑制高温回火脆性，例如 Mo、W。机器零件形状复杂、尺寸精度要求高，还要求良好的工艺性能，尤其是切削加工性和热处理性能。

根据生产工艺和用途，机器零件用钢分为渗碳钢、调质钢、弹簧钢、滚动轴承钢、氮化钢和易削钢等。各种零件在机械性能上具有上述共性需求外，还由于实际工作条件不同而在性能上侧重点不同，见表 9.1。下面介绍各类零件成分及制备工艺。

表 9.1　　　　　　　　　　　　常见零件钢工作条件和失效形式

零件类型	应力类型	载荷特点	受载形式	常见失效形式	主要机械性能需求
齿轮	弯曲应力、压应力	循环、冲击	振动、吃面摩擦	表面磨损、疲劳麻点剥落或硬化层剥落破坏、断齿	高强度、高耐磨性、心部有较高塑性和韧性
轴、连杆	弯应力、扭应力	循环、冲击	振动、轴颈部摩擦	过量变形、疲劳断裂、轴颈摩擦	高的综合机械性能
弹簧	扭应力、弯应力	交变、冲击	振动	弹性失稳、疲劳破坏	高的弹性极限、屈强比和疲劳极限
螺栓	拉应力、剪应力	静载荷		过量变形、断裂	较高的强度和塑性
滚动轴承	压应力、弯应力	交变、冲击	振动	磨损失效、疲劳失效	很高强度和硬度、很高的接触疲劳强度和耐磨性

1. 渗碳钢

渗碳钢是指经过表层渗碳处理后使用的钢，主要制造各种机器齿轮。渗碳钢成分特点：低含碳量，一般为 0.1%～0.25%；主加合金元素有 Ni、Cr、Mn 等，辅助合金元素有 W、Mo、V、Ti 等。为了得到表层"硬"、心部"软"的组织，渗碳钢通常采取渗碳淬火、低温回火的热处理工艺。一般渗碳温度为 900～950℃，淬火温度为 800～850℃油淬，回火温度为 180～200℃。

根据淬透性大小或强度级别，渗碳钢分为三大类：σ_b 低于 800MPa 的低淬透性渗碳钢，典型牌号有 20Mn2、20MnV、15Cr 等；σ_b 在 800～1200MPa 范围内的中淬透性渗碳钢，典型牌号有 20CrMnTi、20CrMnMo、20MnVB 等；σ_b 大于 1200MPa 的高淬透性渗碳钢，典型牌号有 20Cr2Ni4A、18Cr2Ni4WA、15CrMn2SiMo 等。其中，20Cr2Ni4A 是我国航空用第一代渗碳齿轮钢材料，当时主要仿制苏联。第一代渗碳齿轮钢合金化程度较低，材料服役温度不超过 200℃。随着航空技术发展，到 20 世纪 80 年代，科学家研发了服役温度达到 350℃ 的第二代航空渗碳齿轮钢，其成分设计上强化了合金化。合金元素主要有 Cu、Al、Co、W、Mo、Ni、V 等，其中 Cu、Al 溶入基体析出第二相发挥弥散强化作用，Co 可提高基体热强性，W 和 Mo 协同效应产生二次硬化等。由于高速、重载飞行器技术快速进步，对相应的齿轮部件高温承载能力提出了更高技术指标，开发出第三代渗碳齿轮钢 CSS-42L，材料服役温度提升到 500℃，目前常用牌号 9310、Pyrowear 53 和 Ferrium C61/C6 都属于低碳合金钢。三代航空渗碳齿轮钢性能的提升重点关注材料高温强度，但当运行温度超过 500℃后，齿轮钢材的高温抗氧化性也无法被忽略。

2. 调质钢

调质处理是指淬火后进行高温回火的热处理，经过调质处理的钢称为调质钢。调质钢是应用最广泛的机械零件用钢，主要用于制造各种轴类、杆类、紧固件等。调质钢成分设计特点为：中碳，$\omega_C = 0.30\% \sim 0.50\%$；主加合金元素 Mn、Si、Ni、Cr、B 等，含量介于 2%～6% 之间；辅加合金元素 Mo、W、V、稀土等，总量一般小于 1%。多种合金元素的添加与调质处理相配合，使调质钢获得回火索氏体组织，该组织均匀性好、晶粒细小，基体上含有大量弥散细小碳化物，从而保证了调质钢具有良好的综合力学性能。

调质钢按照淬透性大小分为三类：油淬临界直径 30～40mm，典型牌号有 40Cr、35SiMn、45Mn2、40MnB 等，用于制造较小的齿轮、轴、螺栓等；油淬临界直径 40～60mm，典型牌号有 40CrMn、35CrMo、40CrMnMo、42MnVB 等，用于制造大中型零件；油淬临界直径 60mm 以上，典型牌号有 40CrNiMoA、45CrNiMoVA、38CrMoAlA 等，用于制造大截面重载荷零件。近几十年来在航天、海洋、军事等领域大放异彩的超高强度钢，其中的低合金中碳马氏体强化型超高强度钢（MART）就是在低合金调质钢基础上发展起来的，典型牌号有 45CrNiMoV、43CrNiSiMoV、30CrMnSiNi2A 等。

3. 弹簧钢

弹簧是机械设备及仪器上重要零部件，其主要作用为储存能量、减少震动、缓和冲击及测量力。弹簧钢是指用于制造弹簧和其他弹性元件的钢。高的弹性极限和高的疲劳极限是弹簧钢的关键性能指标，因此，成分上选择中高碳钢或中高碳低合金钢，且多数含有 Mn、Si 合金元素，采用"淬火+中温回火"的热处理，最后得到回火屈氏体组织。

弹簧钢按成分可分为碳素弹簧钢和合金弹簧钢。合金弹簧钢是在碳素弹簧钢成分的基础上添加合金元素，体现出更高的淬透性与强度。例如，60Si2Mn 钢油冷即可淬透，用于制造汽车、拖拉机和机车上的板簧（厚度为 10～12mm）和螺旋弹簧（直径为 25～30mm），但工作温度不高于 250℃。当工作温度高于 250℃时，则采用 50CrV 钢。50CrV 钢热处理加热时不易过热，回火稳定性好，弹性在 300℃ 以下都能保持，可用于气阀弹簧、喷油嘴弹簧。

弹簧钢按成形工艺可分为热成型弹簧和冷成型弹簧。热成型弹簧钢一般用于大中型弹簧和形状复杂的弹簧上，热成型后再进行淬火和中温回火。冷成型弹簧钢适用于小尺寸弹簧，用已强化的弹簧钢丝冷成型后再进行回火或去应力退火。

4. 轴承钢

用于制造滚动轴承套圈和滚动体的专用钢称为滚动轴承钢。滚动轴承是绝大多数传动机械不可或缺的核心零部件，其材料有"钢中之王"的称号，要求很高的强度、硬度和接触疲劳强度，同时具有高的耐磨性，足够的韧性、抗蚀性。这类钢成分及热处理特点为：高碳，$\omega_C = 0.95\% \sim 1.10\%$，主加合金元素 Cr，辅加合金元素 Si、Mn、Mo、V；高的冶金质量，杂质含量 $\omega_S < 0.02\%$，$\omega_P < 0.027\%$；热处理分两个阶段，预备热处理主要为球化退火，最终热处理为淬火加低温回火，淬火加热温度控制在 Ac1～Acm 范围。重要合金元素 Cr 不仅能显著提高钢的淬透性，并与 C 形成细小均匀的合金渗碳体弥散分布在基体上，提高钢的耐磨性和接触疲劳强度，Cr 还可以提高钢的耐蚀性。轴承钢中存在大量碳化物，确保了钢的耐磨性与接触疲劳强度，但不利于切削加工，故通过球化退火降低钢的硬度，

还可以帮助获得均匀分布的细粒状珠光体，为最终热处理做好组织准备。

根据成分及性能特点，常用轴承钢可分为高碳轴承钢、无铬轴承钢、渗碳轴承钢、高温轴承钢和不锈轴承钢等。高碳轴承钢是应用最广泛的滚动轴承钢，其中最具代表性的是 GGr15。GCr15 属于高碳铬轴承钢，通常采用 835～850℃ 油淬，150～170℃ 低温回火，热处理后具有较高的硬度、均匀的组织、良好的耐磨性和高的抗疲劳强度，主要应用在壁厚<14mm、外径<250mm 的轴承套，以及直径 25.4～50.8mm 的钢球和直径<22mm 的滚柱等。中国在 2019 年成为了超级轴承大国，轴承年产量约 200 亿套，居于世界第三位。中国生产的轴承主要聚集在中低端产品，高端轴承十分缺乏，长期依赖进口。作为中国"卡脖子"技术之一的高端轴承的生产，我们在轴承精度、性能、寿命和可靠性方面都存都存在一定差距。简单来说，高端轴承的制备面临两个基础性问题，即"高性能的材料"和"高质量的加工"，无数科研人员正在为此而努力。

9.2 工具钢

用以制造各种加工工具的钢种称为工具钢。根据其用途不同，可分为刃具钢、模具钢和量具钢。刃具钢用于制造切削加工工具。模具钢用于制造各种锻造、冲压或压铸成形工件模具。量具钢用于制造卡尺、千分尺、块规等度量工具。不同类型工具钢的工作条件及性能要求都不同，见表 9.2。工具钢共同的性能为高淬透性、高硬度和耐磨性、好的热稳定性和热硬性。此外，工具钢使用寿命还与钢的质量、热处理工艺有关。一般选用优质钢或高级优质钢，减少杂质元素对钢质量的损害。热处理采用淬火加低温回火，以获得回火马氏体加粒状碳化物组织。淬火温度通常选择在碳化物部分溶解的温度范围，以保证淬火组织中有适量的过剩碳化物。低温回火可以消除内应力，而又保持钢的高硬度和高耐磨性。

表 9.2 工具钢工作条件及性能要求

工具钢类别	工作条件	主要失效方式	主要性能要求
刃具钢	承受弯曲、扭转、剪切应力及一定的冲击、振动	磨损、卷刃、崩刃和折断	高硬度、高耐磨性、高热稳定性、高弯曲强度和足够的韧性
冷作模具钢	压应力、剪切应力及一定的冲击、振动	磨损、形变和开裂	高硬度、高耐磨性、高强度和足够韧性，良好的工艺性能
热作模具钢	交变热应力、承受一定冲击、长时间接触液相，工作温度在 300℃～1000℃	热疲劳、热磨损和腐蚀	高的热稳定性、高的抗热疲劳强度及抗氧化性，一定的耐磨性和韧性
量具钢	测量尺寸	磨损、尺寸变化	高硬度、高耐磨性，高的表面光洁度、一定的韧性及较小的变形性和良好的耐腐蚀性

9.2.1 刃具钢

菜刀、剪刀、剃须刀及水果刀等都是生活中常用的刃具，车刀、铣刀、刨刀、钻头、丝锥、板牙及锯条等属于工业上用刃具。刃具钢按成分可分为碳素刃具钢、低合金刃具钢和高速钢。其成分特点为：中高碳含量，$\omega_c = 0.65\% \sim 1.5\%$；合金元素主要有 Cr、Mn、Si、W、V 等。碳素钢几乎不加合金元素。低合金钢合金元素总量在 5% 以下，热处理工艺通常采用锻造或轧制后进行球化退火及淬火+低温回火，其工艺过程与碳素工具钢基本相同，但体现出更高的硬度和耐磨性、更高的红硬性，一般用在工作温度不超过 250℃ 的切削场合，主要制造低速切削或耐磨性要求较高的刨刀、板牙、铣刀、丝锥等刃具。高速钢合金元素含量达到 20% 以上，其制备加工工艺路线为：锻造→球化退火→粗加工→高温淬火→三次高温回火→精加工。大量合金元素的使用与复杂制备工序的配合提高了钢的价格，但也使得高速钢具有很高的红硬性、高的硬度和耐磨性，刃部工作温度即使在 600℃，硬度仍然可保持 50HRC。

高速钢也叫做锋钢、白钢，用其制造的刀具切削速度可达 60m/min 以上，并因而得名，典型牌号有 W18Cr4V、W6Mo5Cr4V2、W12Cr4V5Co5、W2Mo9Cr4VCo8 等。以 W18Cr4V 为例，其材料主要有两大部分：一部分是金属碳化物(如碳化钨、碳化钼或碳化钒)，它赋予材料较好的耐磨性及强度；另一部分是分布在碳化物周围的钢基体，它使材料具有较好的韧性和吸收冲击、防止碎裂的能力。大量碳化物在铸态下容易出现晶粒粗大、分布不均匀的现象，热处理无法消除，只有锻造才能使组织变得细小、均匀。高碳保证了马氏体基体的碳含量和形成碳化物需要的碳，但也使得切削加工变得困难，因此，在最终热处理前，常进行球化退火来降低硬度，退火温度范围为 860~880℃，保温 2~3h。最终热处理决定高速钢的使用性能，其热处理工艺为：1280℃的淬火，3 次 560℃的高温回火。该工艺保证了高速钢中 W、Cr、Mo、V、Ti 等合金元素充分发挥二次硬化与二次淬火效应。高速切削刀具发展到现在，其材料已经不仅仅局限于钢类，还有硬质合金、金属陶瓷、涂层刀具、陶瓷、立方氮化硼和金刚石刀具等。

汽车工业是专用刀具应用最多的行业，通过汽车工业可以衡量一个国家或一个企业刀具水平的高低。欧美国家有早于我国近 200 年的工业先发优势，全球工业体系也基本源于西方，所以他们的刀具都经过了上百年迭代与优化，很多工艺与核心技术已达到了非常高的技术水平。全球刃具行业龙头是瑞典的 Sandvik 公司，紧随其后的是美国肯纳公司 Kennametal。我国的成都成量工具公司、哈尔滨第一工具制造公司、上海工具厂、株洲钻石切削刀具公司经过几十年技术研发与攻关，实现了部分高端刃具的国产化，年产值在数亿以上，我国刀具产品已成功进入到世界第二梯队。随着我国从制造业大国向制造业强国升级，机床行业被拔高到了战略性位置，发展大型、精密、高速数控设备和功能部件是国家的重要振兴目标之一，而金属切削刀具尤其是数控刀具的发展和应用水平的提升显得尤为重要。

9.2.2 模具钢

模具是用来制作成形物品的工具，主要通过所成形材料物理状态的改变来实现物品外形加工，素有"工业之母"称号。不同模具由不同零件构成，不同零件使用不同模具钢，按照工作条件，可分为冷作模具钢、热作模具钢和塑料模具钢。冷作模具是使材料在冷状态下压制成型的模具，其工作方式和刃具相似，都使被加工材料在常温下产生变形，变形抗力很大。用做冷作模具钢的材料范围很广，有碳素结构钢、合金工具钢、高速钢、粉末高速钢、粉末高速合金钢等，典型牌号为4CrW2Si、9SiCr、T8、1Cr18Ni9Ti、W6Mo5Cr4V2 等。冷作模具钢成分及热处理工艺为：部分钢碳含量0.55%~0.70%，部分钢含碳量为 0.85%~2.3%；合金元素 W、Mo、V、Cr、Mn、Si；淬火+低温回火。塑料模具钢是指塑料成形时用到的模具钢。早些年我国没有专用的塑料模具钢，一般用正火后的45 和40Cr 调质钢来代替。随着塑料制品越来越丰富，目前已发展出预硬型塑料模具钢、时效硬化型塑料模具钢、耐蚀塑料模具钢、易切塑料模具钢、整体淬硬型塑料模具钢、马氏体时效钢以及镜面抛光用塑料模具钢等，典型牌号有 12CrNi3A、3Cr2Mo、4Cr13、9Cr18 等。

热作模具钢是使热态金属或液态金属成形的模具用钢，按照工作状况不同，可分为热锻模、热挤压模和压铸模。与冷作模具钢和塑料模具钢相比，热作模具钢工作温度高，通常为 300~600℃，这类材料对高温抗氧化性、抗热疲劳性能、热稳定性要求更高。为满足上述性能要求，热作模具钢成分及工艺设计如下：中碳含量，$\omega_C = 0.3\%~0.6\%$；合金元素有 Cr、W、Mo、Si、Ni、Mn 等；一般先进行锻造，然后退火，最后进行淬火与高温回火；使用组织为强韧性较好的回火索氏体或回火屈氏体，或者为高硬度、高耐磨性的回火马氏体基体。热作模具钢典型钢号分为两大类，一类是国内研制的 5Cr4Mo3SiMnVAl、3Cr3Mo3W2V、5Cr4W5Mo2V、4CrMnSiMoV 等；另一类是国外引进的通用钢种，例如4Cr5MoSiV1（H11）、4Cr5W2VSi（W2）、4Cr3Mo3SiV（HIO）等。压铸模是热作模具钢中工况最恶劣的模具，型腔直接与液态金属接触，还要经受反复激冷和激热以及复杂的交变载荷，其材料研发与加工工艺代表了一个国家的模具技术实力。进入 21 世纪，我国在汽车、电子、家电、通信等领域快速发展，使压铸模新材料开发、工艺优化、性能检测等方面取得长足进步，能满足国内压铸行业中低端产品需求并实现出口。随着我国"双碳"计划路线图实施及汽车轻量化的要求，尤其是在 2020 年引入特斯拉，并大力发展比亚迪、小鹏、吉利等国内新能源汽车厂后，汽车一体化大型压铸模具需求暴增，预计 2025 年市场规模达到 20000t。这对于高质量压铸模尺寸大型化、材料低偏析、超纯净、高等向性及均匀性指标提出新的要求，这也是未来压铸模研发重点攻克的方向之一。

9.2.3　量具钢

量具最基本性能需求是保证其尺寸精度，因此，量具用钢必须具备高的尺寸精度和稳定性，尽量减少钢中不稳定组织与内应力。量具对力学性能、物理性能、化学性能等方面要求不高，故量具没有专用的钢号，通常选用其他类型钢种来制造，常用量具钢分为：通用量具钢有 8MnSi、9SiCr、Cr2、CrWMn 等合金工具钢；形状简单、尺寸较小、精度要求不高的量具用 T10A、T11A 和 T12A 等钢；金属直尺、钢皮尺、样板及卡规等量具主要用55、65、60Mn、65Mn 等中碳钢；高精度形状复杂量具主要用滚动轴承钢 GCr15；耐腐蚀量具钢为 68Cr17 马氏体型不锈钢。量具钢热处理工艺基本上按照相应钢种热处理规范进行，但为了保证钢的组织稳定性及减小内应力，还会附加一些措施：淬火加热需要预热，保证高硬度、高耐磨性条件下尽量降低淬火加热温度，淬火后油冷、不进行分级或等温淬火，延长回火时间，精度非常高的量具淬火及回火后各进行一次冷处理。

9.3 特殊钢

具有一定机械性能和特殊使用性能，并以特殊性能为主的钢种叫做特殊性能钢，简称特殊钢。特殊性能是指特殊的物理性能、化学性能或者力学性能。特殊钢包括耐热钢、不锈钢、耐磨钢、磁钢、超高强度钢等。工程上最常用的是耐热钢、不锈钢和耐磨钢。

9.3.1 不锈钢

不锈钢全称叫不锈耐酸钢，包括不锈钢和耐酸钢。不锈钢能抵抗大气、蒸汽和水等弱腐蚀介质的腐蚀。耐酸钢在酸、碱和盐等强腐蚀介质中耐腐蚀。但是所谓的"不锈"和"耐酸"现象并不是指绝对不发生腐蚀，只是在某一介质中腐蚀速率低而已。不锈钢发生的腐蚀形式有化学腐蚀和电化学腐蚀。化学腐蚀是指金属直接与周围介质（非电解质）发生纯化学作用，反应中无电流产生。电化学腐蚀是金属在电解质溶液中由于原电池作用而产生的腐蚀，反应中有电流产生。电化学腐蚀是工业用不锈钢腐蚀失效的主要方式，因此如何抑制电化学腐蚀，是材料成分设计要考虑的首要因素。通过提高基体电极电位、减少微电池数量、发挥 $n/8$ 定律等途径，都可抑制不锈钢电化学腐蚀，故其成分设计为：低碳，$\omega_c = 0.1\% \sim 0.2\%$，一般不超过 0.4%；Cr 含量达到基体摩尔比 $1/8$，$2/8$，$\cdots$，$n/8$，利用 $n/8$ 规律实现固溶体电极电位跃迁；Cr、Ni 和 Si 等元素提高基体电极电位；Mn、Cu、Ni 等元素可使钢在室温下获得单相固溶体组织，减少微电池数目。

普通不锈钢按照金相组织可分为奥氏体不锈钢、铁素体不锈钢和马氏体不锈钢，基于这三种基本的金相组织，为了特定需求与目的，又发展了双相不锈钢、沉淀硬化不锈钢（超高强度不锈钢）、含铁量低于 50% 的高合金不锈钢和超低碳不锈钢等。当 Cr 含量高于 15%，铁铬合金无奥氏体相变，形成铁素体不锈钢，典型牌号有 0Cr13Al、10Cr17Ti、Cr25Ti 等。铁素体不锈钢耐蚀性和抗氧化性均较好，但脆性大、工艺性能较差，多用于受力不大的耐酸和抗氧化件。奥氏体不锈钢是以 18%Cr-8%Ni 为典型成分发展而来，并结合固溶处理、稳定化退火、去应力处理等热处理工艺充分挖掘材料性能，从而体现出很好的耐腐蚀性、优良的抗氧化性和力学性能，是工业上应用最广泛的不锈钢。与奥氏体不锈钢相比，马氏体含碳量更高，其强度、硬度和耐磨性更好，但耐腐蚀性较差，主要用于制造力学性能要求较高、耐蚀性较低的产品，典型牌号有 1Cr13、2Cr13、3Cr13、4Cr13 和 9Cr18 等。

近两年来，受国际地缘政治冲突，化学品船用量大幅递增，对应的不锈钢材料用量显著上升，品质也要求更高。化学品船是目前世界上造船界公认的高技术、高附加值船型。能够建造这类船，尤其是带有不锈钢液货舱的化学品船，标志着建造企业的高技术水平。

我国作为船舶制造大国，2021 年承接化学品船订单 48 艘，占全球总量 72.7%，2022 年订单占全球总量 59.6%，位列全球第一。南钢、鞍钢、宝钢、湘钢等多家国内企业共同发力，使得我国化学品船用双相不锈钢国产化率从不足 50% 提升到 2022 年 90% 以上的突破。

9.3.2 耐热钢

耐热钢是指在高温下工作并具有一定强度和抗氧化、耐腐蚀能力的钢种，常用于制造锅炉、汽轮机、动力机械、工业炉和航空、石油化工等工业部门中在高温下工作的零部件。耐热钢工作温度范围一般在 450~1100℃，并且暴露在高温空气、蒸汽或燃气介质中，还要承受各种静载荷、动载荷或者疲劳的作用。因此，抗氧化性和热强性是耐热钢关键性能指标。热强性是指在高温下抵抗蠕变和断裂的能力，热稳定性是指在高温下抗氧化和气体介质腐蚀的能力。耐热钢按性能不同可分为热强钢和抗氧化钢。抗氧化钢一般添加 Cr、Al、Si 和稀土元素 Ce、La、Ir 等，其中，Cr、Al、Si 能形成致密氧化膜覆盖在钢表面，阻止了 Fe 与环境中的氧发生反应，而稀土元素增加氧化膜与基体结合力，使氧化模不易脱落。热强钢主要通过加强金属间原子结合力、强化晶界及弥散强化途径来改善热强性。W、Mo 等高熔点金属可溶入钢基体中，增强基体原子结合力。Ti、Zr、稀土等元素与 S、P 及其他低熔点杂质形成稳定的难熔化合物，减少了晶界杂质偏聚，从而净化并强化了晶界。W、Mo、V、Ti、Nb 等元素能形成碳化物或其他金属化合物，细小弥散地分布在钢基体中，阻位错促运动，使钢得到强化。

耐热钢按正火组织可分为珠光体耐热钢、马氏体耐热钢和奥氏体耐热钢等，这些钢都在火力发电机组上得到了应用，是火力发电厂核心材料。由于节能减排和提高发电效率的需求，我国火力发电机组经历了亚临界机组、临界机组、超临界机组到超超临界机制的迭代升级，而越来越苛刻的运行环境对耐热钢材料也提出了更高性能要求。早期火电厂耐热管道主要用 12CrMoV、15CrMo、25Cr2Mo1V 等珠光体耐热钢，随后使用 TP304、TP347、TP347HFG 等奥氏体耐热钢，到现在主要用 T91、T92 马氏体耐热钢。

9.3.3 耐磨钢

耐磨钢是指用于制造高耐磨性零件的特殊钢。耐磨钢没有独立的钢种，一般用高碳工具钢、结构钢、滚动轴承钢等代替，最具代表性的是高锰耐磨钢，典型牌号为 ZGMn13。这类钢成分及热处理工艺特点为：高碳，$\omega_C = 0.7\% \sim 1.45\%$；高 Mn、高 Si 含量，$\omega_{Mn} = 11.0 \sim 14.0\%$，$\omega_{Si} = 0.3\% \sim 1.0\%$；热处理为"水韧处理"，即加热到 1050~1100℃ 保温一段时间，使碳化物完全溶解于奥氏体中，然后水冷获得均匀的过饱和单相奥氏体。当 ZGMn13 钢承受强烈冲击时，单相奥氏体转变成马氏体并析出碳化物，并产生大量位错和层错，使钢表面产生加工硬化而耐磨。因此，高锰钢广泛用于制造挖掘机铲齿、坦克履带板、电车轨道等部件。

9.4 铸铁

铸铁是一种既古老又新颖、既传统又现代的铸造材料。铸铁是一系列主要由铁、碳和硅元素组成的合金总称，其中碳含量一般为 2%~4%，硅含量为 1%~3%，还含有少量的锰、硫和磷元素。铸铁中碳成分已经超出了共晶温度下奥氏体的极限固溶度，故多以石墨形态存在，少量以渗碳体存在或溶于基体。石墨本身抗拉强度低于 20MPa，硬度约为 HB3，伸长率近于零，因此石墨像基体组织中的孔洞和裂缝。石墨数量、形态、大小和分布对铸铁力学性能会产生显著影响。常见石墨形态有片状，团絮状、球状和蠕虫状，如图 9.3 所示。在基体相同条件下，片状石墨对基体削弱程度和应力集中程度最大，团絮状石墨对基体割裂作用较大，而球状石墨对基体的割裂作用最小，没有产生明显应力集中。当基体组织相同，石墨形态、数量一定时，石墨片越粗大或分布越不均匀，则铸铁性能越低。

  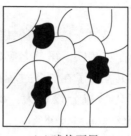 

（a）片状石墨　　　（b）团絮状石墨　　　（c）球状石墨　　　（d）蠕虫状石墨

图 9.3　石墨形态不同的灰铸铁组织示意图

按照断口颜色和碳的存在形式，铸铁可分为以下三种：白口铸铁断口呈白亮色，碳基本上以渗碳体形式存在；灰铸铁断口呈暗灰色，碳基本上以游离态石墨形式存在；麻口铸铁断口呈白点与灰点相间的麻点分布，碳同时以渗碳体和游离态石墨形式存在。其中，灰铸铁根据石墨形态不同，可分为：普通灰口铸铁，石墨呈片状；可锻铸铁，石墨呈团絮状；球墨铸铁，石墨呈球状；蠕墨铸铁，石墨呈蠕虫状。由于石墨形态的影响，一般情况下，球墨铸铁体现出较好的强度、塑性和韧性，可锻铸铁性能紧随其后，普通灰铸铁综合力学性能最差。与钢相比，铸铁强度、塑性和韧性都较低，但熔炼简单、成本低廉，且具有某些特殊性能和优良的工艺性能，仍然得到了广泛应用。灰铸铁几乎占铸铁产量的 80%以上，以下分别介绍各种灰铸铁特性、工艺及应用。

9.4.1　灰口铸铁

灰口铸铁简称灰铁，成分大致为：$\omega_C = 2.6\% \sim 3.6\%$；$\omega_{Si} = 1.2\% \sim 3.0\%$；$\omega_{Mn} = 0.4\% \sim 1.2\%$；$\omega_S \leq 0.15\%$；$\omega_P \leq 0.3\%$。碳、硅和锰为调节组织元素，其中碳和硅强烈促进石墨化，锰促使珠光体形成并细化珠光体。磷为控制使用元素，一方面它有利于石墨

化；另一方面需严格控制含量，避免形成磷共晶分布在晶界，增加材料脆性。S 属于限制元素，会强烈阻碍石墨化，恶化力学性能和铸造性能。

灰口铸铁组织特点是片状石墨分布在金属基体上。按照基体组织不同，灰口铸铁有铁素体基体灰口铸铁、铁素体-珠光体基灰口铸铁和珠光体基灰口铸铁，它们能够承受的负荷依次增大。灰口铸铁牌号由"灰铁"汉语拼音的字首 HT 和后面的三位数字组成。后续数字表示最低抗拉强度(MPa)，典型牌号有 HT200、HT300、HT350 等。

灰铸铁热处理主要有去应力退火、消除白口组织退火或正火和表面淬火。与钢不同的是，灰铸铁热处理只能改变基体组织，不能改变石墨形态和分布，这对提高灰铸铁力学性能效果不大。提高这类材料强度的有效方法是采用孕育处理，将硅铁或钙铁合金加入到铁水中，搅拌均匀去渣后进行浇铸，以获得大量人工晶核，从而得到石墨片细小均匀分布的珠光体灰口铸铁，也叫"孕育铸铁"。这类材料具有较高的强度和硬度，可用来制造力学性能要求较高的铸件，如汽缸、曲轴、凸轮、机床床身等，尤其是截面尺寸变化较大的铸件。

9.4.2　可锻铸铁

可锻铸铁俗称马铁或玛钢，是白口铸铁经过石墨化退火，使游离渗碳体发生分解形成团絮状石墨的一种高强度灰铸铁。虽然名字中有"可锻"两个字，具有一定的塑性和韧性，但实际并不可以锻造加工。为了在制备过程得到白口铸铁，可锻铸铁降低了 C、Si 等促进石墨化元素的比例，其化学成分设计为：$\omega_C = 2.4\% \sim 2.7\%$，$\omega_{Si} = 1.4\% \sim 1.8\%$，$\omega_{Mn} = 0.5\% \sim 0.7\%$，$\omega_S < 0.25\%$，$\omega_P \leqslant 0.08\%$。

按退火方法不同，可锻铸铁有黑心和白心两种类型铸铁。黑心可锻铸铁依靠石墨化退火获得，白心可锻铸铁利用氧化脱碳退火来制取。后者已很少生产，我国主要生产黑心可锻铸铁。牌号表达方式为：KT+H(B)+数字-数字。KT 为"可铁"汉语拼音字首，H 表示黑心可锻铸铁，B 表示白心可锻铸铁，第一位数字为最低抗拉强度，第二位数字表示最低伸长率。例如，KTH300-06 表示黑心可锻铸铁，其最低抗拉强度为 300MPa，最低伸长率 6%。

与片状石墨相比，团絮状石墨产生的应力集中较小，对基本割裂破坏作用减弱，故可锻铸铁具有较高的强度，以及较好的塑性和韧性，适用于制备起床后桥外壳、转向机构、管接头、阀门等零部件。

9.4.3　球墨铸铁

球墨铸铁简称球铁，是将铁液经过球化处理和孕育处理后进行石墨球化得到的一种铸铁，由基体组织和球状石墨构成。球化处理是指将球化剂加入铁液以获得球状石墨的操作过程。常用球化剂有镁、稀土和稀土-硅铁-镁合金。孕育处理是通过在铁液中添加硅铁和硅钙合金促进石墨的非均匀形核并细化石墨的过程。球墨铸铁典型化学成分范围为：$\omega_C = 3.5\% \sim 3.9\%$，$\omega_{Si} = 2.0\% \sim 2.1\%$，$\omega_{Mn} < 0.3\% \sim 0.8\%$，$\omega_S \leqslant 0.03\%$，$\omega_P \leqslant 0.08\%$。与灰口铸铁相比，C、Si 含量较高，而 Mn 较低，对 S、P 的限制较严，同时含有一定量的 Mg 和

稀土元素。牌号表示为：QT+数字-数字。QT 是"球铁"汉语拼音首字母，第一组数字表示最低抗拉强度，第二组数字表示最低伸长率。例如，QT500-7 表示球磨铸铁，最低抗拉强度为 500MPa，最低伸长率 7%。

根据基体组织不同，球墨铸铁主要分为铁素体、珠光体-铁素体和珠光体三种。球墨铸铁具有较好的热处理工艺性能，只要钢能采用的热处理，在理论上对球铁也适合。热处理可以改变基体组织，二基体组织不同，球墨铸铁表现出不同的力学性能。常用热处理工艺有退火、正火、调质处理和等温淬火等。例如，铸件调质处理或等温淬火处理，可获得下贝氏体、索氏体等基体组织。石墨以球状形式存在于铸铁基体中，改善了对基体的割裂作用，球墨铸铁的抗拉强度、屈服强度、塑性、冲击韧性大大提高。并具有耐磨、减震、工艺性能好、成本低等优点，现已广泛替代可锻铸铁及部分铸钢、锻钢件，如曲轴、连杆、轧辊、汽车后桥等。预计 2025 年，球（蠕）墨铸铁件产量占铸铁件总产量的比例可达到 50%左右。

9.4.4　蠕墨铸铁

蠕墨铸铁是将液体铁水经过变质处理和孕育处理后所获得的一种铸铁，由基体组织和蠕虫状石墨构成。变质剂通常采用稀土镁硅铁合金或稀土硅铁合金等。孕育剂正向多元复合方向发展，除了硅铁合金外，还含有 Ca、Al、Be、Zr 等元素。蠕墨铸铁化学成分与球墨铸铁相似，要求高碳（3.5%~3.9%）、低硫（<0.1%）、低磷（<0.1%），以及一定的硅（2.1%~2.8%）、锰（0.4%~0.8%）。牌号表示为 RuT+三位数字，Ru 是蠕的拼音首字母，数字表示最低抗拉强度。

蠕虫状石墨形态介于片状石墨和球状石墨之间，在基体相同条件下，蠕墨铸铁强度和韧性比普通灰铸铁高，强度接近于球墨铸铁，但塑性和韧性低于球墨铸铁。蠕墨铸铁导热性、铸造性、可切削性优于球墨铸铁，与普通灰铸铁相近，广泛用于机座、机床机身、柴油机缸盖、飞轮、阀体等机器零件。

9.5　有色金属及其合金

有色金属种类繁多，且具有许多独特的性能。例如，铜、银、铝及合金导电和导热性好，是电气工业和仪表工业的关键材料；铝、镁、钛等金属及合金密度小，比强度高，广泛用于航空航天、汽车制造、船舶制造等领域；钨、钼、铌及合金熔点高，是高温条件下使用部件的理想材料；铪和锆用作核工业中反应堆包套材料及控制棒。下面介绍最常用的铝合金、铜合金及钛合金。

9.5.1　铝及其合金

铝是地壳中含量最丰富的金属元素，约占地壳总质量的 8.3%，比铁储量还高。纯铝性能特点为：银白色，密度小于 2.7g/cm³，属于轻金属；导电、导热性好，仅次于金银铜；在大气及淡水中具有良好的耐蚀性，铝极易与空气中氧结合形成一层牢固致密的氧化

物 Al_2O_3，阻止反应进行；塑性高，延伸率达 80%，变形加工性好。纯铝强度和硬度低，不能直接用来制造承受载荷的机械零件，工业上大量应用的是铝合金。

　　根据合金元素和加工工艺不同，铝合金分为变形铝合金和铸造铝合金，变形铝合金又可细分为不能热处理强化的铝合金和能热处理强化的铝合金，如图 9.4 所示。图中，D 点以左合金进入单相固溶体区，合金塑性好，适宜压力加工，被称为形变铝合金。D 点右边合金落在共晶线上，可铸造性好，即为铸造铝合金。F 点以左合金没有固溶度变化，也没有相变，无法通过热处理工艺改变组织和提升力学性能，故叫做不能热处理强化的铝合金。F 点和 D 点之间合金随温度下降，基体固溶度有显著变变化，属于能热处理强化的铝合金。变形铝合金牌号由国际四位数字体系表示，第一位数字表示组别，第二位数字 0 表示原始合金的改型情况，第三位和第四位数字没有特殊意义，仅用于区别同一组中不同铝合金。

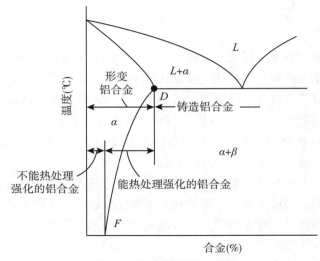

图 9.4　铝合金分类示意图

　　根据性能特点与用途，变形铝合金分为防锈铝、硬铝、超硬铝和锻铝四种。防锈铝合金有 Al-Mn（3×××）和 Al-Mg（5×××）系列，属于不可热处理强化的铝合金。硬铝合金 Al-Cu-Mg 系列（2×××）、超硬铝合金 Al-Cu-Mg-Zn（7×××）系列，锻铝合金 Al-Mg-Si-Cu 系列都属于可热处理强化铝合金。合金元素主要作用为：Mn 溶入基体，起固溶强化作用，还能提高抗腐蚀性；Mg 在 Al 中溶解度较大，并随温度显著下降，从而发挥较好的固溶强化作用，或者形成 Mg_5Al_8 强化相；Cu、Zn、Mg 和 Si 等合金通过热处理形成强化相，产生第二相强化，Cu 还可提高耐热性。根据主加合金元素不同，铝合金形成不同的铝合金体系，体现出不同的特性，因而应用场合也不同。防锈铝合金具有优良的耐腐蚀性，良好的塑性和焊接性，可用于制造管道、容器铆钉、焊接件或其它腐蚀介质中工作的零部件等。硬铝和超硬铝合金具有高强度和高硬度，一般用于飞机蒙皮、框架、螺旋桨等。

　　用来制作铸件的铝合金称为铸造铝合金，分为铝硅合金、铝铜合金、铝镁合金和铝锌合金等。铸造铝合金除了要求必需的力学性能和耐腐蚀性外，还要具有良好的铸造性能。因此，铸造铝合金比变形铝合金含更多的合金元素，几乎占总质量的 8%~25%。牌号表示为 ZL+主加合金元素符号+数字，其中 ZL 是"铸铝"汉字拼音首字母，数字表示合金元素平均含量的百分数。例如，ZL202 表示 2 号铝铜系铸造合金。铸造铝合金具有良好的铸造性能，通常用于制造力学性能要求不高但结构复杂的铸件，如柴油机气缸体、缸盖曲轴箱、内燃机活塞等。

9.5.2 铜及其合金

铜是人类最早使用的金属之一，铜的产量在金属材料中仅次于钢铁与铝。铜呈紫红色，又叫紫铜，其性能特点为：密度为 8.93g/cm^3，属于重金属；熔点高，达到 1084.88℃；具有良好的导电和导热性；在大气、淡水中具有良好的腐蚀性。纯铜强度约为 240MPa，伸长率为 50%，不易直接用作结构材料，仅限于制作导电、导热材料，或者作为配制铜合金的原料。

在纯铜基础上加入一种或几种其他元素构成铜合金。合金元素添加主要目的是强化铜基体，常见元素有 Zn、Sn、Al、Mn、Ni、Fe、Be、Ti、Zr、Cr 等。例如、铝、锡及镍等元素加入到铜中可起到较好的固溶强化效果；铍、钛、锆及铬等元素在铜中溶度度随温度降低而剧烈变小，产生时效强化；Zn、Sn、Al 等元素添加量超过了在铜锌中的固溶度极限，会生成金属间化合物，产生过剩相强化。铜合金体系分为黄铜、青铜和白铜，下面介绍其成分、组织及工艺特点。

1. 黄铜

黄铜是以锌为主要合金元素的铜合金。简单的 Cu-Zn 二元合金称为普通黄铜。在普通黄铜基础上添加其他合金元素形成的铜合金，称为复杂黄铜。复杂黄铜包括铅黄铜、铝黄铜、锡黄铜、铁黄铜、硅黄铜、锰黄铜、镍黄铜等。普通黄铜牌号为"H+铜含量"，例如，H65 表示含铜量 65%的普通黄铜。复杂黄铜以"H+第二主加元素化学符号+除锌以外元素含量"。例如，HSn90-1 表示 Cu 含量为 89%~91%，Sn 含量为 0.25%~0.75%的复杂黄铜。

锌含量不同，黄铜室温组织不同，对应力学性能有差异，如图 9.5 所示。在普通黄铜中，随 Zn 含量增加，室温组织依次出现 α 相、α+β′ 相和 β′ 相。β′ 相是脆性相，当 ω_{Zn} 达 47%时，组织全部为 β′ 相，合金强度和塑性很低，无实用价值。工业用黄铜 ω_{Zn} 一般不超过 47%，压力加工性好，常用于制备造深冲或深拉等形状复杂的零件，例如 H70、H68 等主要用于制，如散热器外壳、导管、炮弹药铜等。黄铜铸态下易出现成分不均匀的现象，铸造后要进行退火处理。

复杂黄铜是普通黄铜基础上添加了 Al、Fe、Si、Mn、Pb 等合金元素，具有比普通黄铜更优异的强度、硬度、耐腐蚀性和铸造性能，主要用于制造螺旋桨、压紧螺母等重要的船用零件及其他耐腐蚀零件。

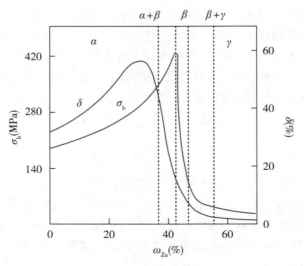

图 9.5　锌含量对铜合金力学性能影响

2. 青铜

古代青铜专指铜锡合金，现在指除黄铜和白铜以外的所有铜合金，包括锡青铜、铍青铜、铝青铜、硅青铜、镁青铜、钛青铜、铬青铜、锆青铜和镉青铜等。青铜牌号表示为"Q+第一主加元素化学符号+各添加元素含量"。例如，QSn6.5-0.1 表示 Sn 含量为 6.0%～7.0%，P 含量为 0.10%～0.25%。常见青铜有铝青铜、锡青铜和铍青铜。

锡青铜是以锡为主加元素的铜合金。实际工业用锡青铜的锡含量为 3%～14%，其中锡含量小于 10% 为变形锡青铜，塑性好，而大于 10% 的锡青铜属于铸造青铜。锡青铜在大气、海水及低浓度碱性溶液中耐腐蚀性能极高，可用于制造船舶零件。铸造锡青铜更适合制造尺寸要求精确的复杂铸件和花纹清晰的工艺美术品。

铝青铜是以铝为主加元素的铜合金。铝青铜最初的发展是为了替代锡青铜，因为锡价格高。铝含量不同，铝青铜组织不同，材料性能也不同。随铝含量增加，铝青铜室温平衡组织依次为 α 相、β 相和 γ_2 相，其中 β 相和 γ_2 相都是硬而脆的固溶体，会损害材料综合力学性能。因此，铝青铜中真正有使用价值的成分是铝含量控制在 10% 以内，并添加锰、铁、镍等元素，使合金强度、耐磨性及耐腐蚀性均显著提高。铝青铜强度、硬度、耐磨性和耐腐蚀性都超过锡青铜和黄铜，铸造性能好，但切削性能、焊接性能较差广泛用于高强度的耐磨零件上，如齿轮、螺母、涡轮等。

铍青铜是以镍为主加合金元素的铜合金。添加少量的铍就能使青铜合金性能发生很大变化，工业用铍含量一般控制在 1.7%～2.5%。铍在铜中有较高的溶解度，随温度下降而显著减少，故铍青铜常进行淬火和时效处理。工业用铍青铜牌号以"Q+第一主加元素化学符号+各添加元素含量"。例如，QBe1.9 表示 Ti 含量为 0.1%～0.25% 的铍青铜。与其他铜合金相比，铍青铜强度、硬度都很高，甚至接近高强度钢，此外，还体现出优异的弹性极限、疲劳极限、耐磨性、耐腐蚀性和良好的导电、导热性，主要用于制造各种精密仪器、仪表的弹性元件、特殊要求的耐磨件、高温高压下工作的轴承、齿轮。

3. 白铜

白铜是指铜镍合金，其中镍含量少于50%。铜镍之间可以无限互溶，从而形成无限固溶体，白铜室温组织通常为单一 α 相固溶体。按成分不同，白铜分为普通白铜和复杂白铜。普通白铜是指简单的 Cu-Ni 二元合金。在普通白铜基础上添加锰、铁、锌等元素的白铜称为复杂白铜，又叫特殊白铜。

普通白铜牌号以"B+镍含量"命名。例如，B30 表示镍含量为 29%~33%的普通白铜。复杂白铜牌号命名规则分为两种情况：铜为余量的复杂白铜，以"B+第二主添加元素符号+镍含量+各添加元素含量"命名；锌为余量的复杂白铜，以"BZn+第一主加元素（镍）含量+第二主加元素（锌）含量+第三主加元素含量"命名。例如，BFe10-1-1，表示镍含量为 9.0%~11.0%，铁含量为 1.0%~1.5%，锰含量为 0.5%~1.0%的白铜；BZn15-21-1.8 表示铜含量 60%~63%，镍含量 14%~16%、铅含量为 1.5%~2.0%的白铜。

普通白铜耐蚀性优异，易于变形加工和焊接，主要用于制造蒸汽和海水环境中工作的精密仪器、仪表零件、热交换器等。特殊白铜具有特殊的电学性能，主要用于制造低温热电偶、热电偶补偿导线及变阻器的材料。

9.5.3 钛及其合金

钛在地壳中储存量并不低，在金属元素含量排名中仅次于铝、铁、镁，但其化学性质活泼、冶炼困难、难以获得，且价格昂贵，因而被归为稀有金属。自然界中不存在单质钛，钛主要以钛矿物形式存在，如 TiO_2、$FeTiO_3$。钛的性能特点为：密度为 $4.507g/cm^3$，熔点为 1668℃；导电、导热性较低，温度低于 0.49K 时出现超导电性；化学活性强，极易与氧结合，在表面形成稳定钝化膜（TiO_2），故在大气、海水、高温气体中耐蚀性强；弹性模量和强度（$\sigma_b = 220~260MPa$）低、塑性很高（$\delta = 50\%~60\%$），且低温性能好；无毒元素，生物相容性强。

工业上大量应用的是钛合金，钛合金是指在纯钛基体上添其他元素形成的合金。如图 9.6 所示，根据对 Ti 基体作用的不同，这些合金元素被分为三类：提高相转变温度的 α 相稳定元素，如铝、碳、氧和氮等；降低相变温度的 β 相稳定元素，如 Mo、Nb、V、Cr、Mn、Cu 等；对相变温度影响不大的中性元素，如锆、铪、锡、镧等。合金化的主要目的就是利用合金元素改变 α 相和 β 相的组成比例，来获得不同性能的钛合金。

钛合金按退火组织分为 α、β 和 α+β 三大类，分别称为 α 钛合金、β 钛合金和 α+β 钛合金。牌号表示为"T+大写字母+数字"，"T"是"钛"汉语拼音首字母，大写字母分别为 A、B、C，数字表示顺序号。例如，TA4~TA10 表示 α 钛合金，TB2~TB4 表示 β 钛合金，TC1~TC2 表示 α+β 钛合金。除了合金化外，进行合适的热处理，也是改善 Ti 合金性能的重要途径。常用的热处理工艺有退火、淬火加时效、形变热处理和化学热处理等。其中，最重要的是淬火加时效工艺，能够利用相变产生强化，也叫做强化处理。

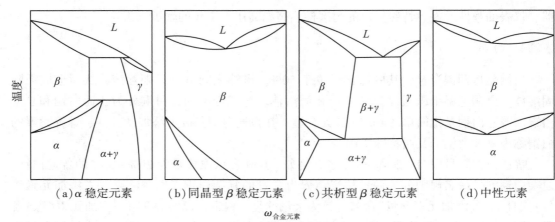

$\omega_{合金元素}$

图 9.6　钛与合金元素之间的四种基本类型相图示意图

钛合金具有高强度、低密度、抗强酸碱和耐高低温等一系列优异性能，广泛应用于航空航天、舰船、化工等领域。例如。波音 747 主起落架传动横梁材料为 Ti-6Al-4V，C-17 飞机水平安定面转轴材料采用 Ti-62222S 钛合金，欧洲阿尔法通信卫星巨型平台系统贮箱材料是高强 Ti-15V-3Cr 合金。我国从"东方一号"卫星到现在的神州系列飞船、嫦娥探测器等都使用到钛合金。此外，我国还用 BT20 等高强钛合金制造导弹的发动机壳体、喷管等构件。我国自主设计完成的载人潜水器"蛟龙"号也应用了钛合金，"蛟龙"号工作范围覆盖全球海洋区域的 99.8%。各个国家都将钛合金大量用于制备国之重器和尖端武器。我国钛储量居世界首位，具有发展钛工业的优势，钛工业起步于 20 世纪 50 年代，21 世纪进入了加速发展的新时期，钛产能位居全球前列，但仍存在一些不足之处。例如，如何保证钛合金在 600℃以上，具有足够的蠕变抗力和高温抗氧化性，如何实现低成本、大批量的制造高品质钛合金产品，让钛合金走入老百姓日常生活，等等。惟有埋头苦干、不断创新，才能实现我国钛工业强国的目标。

思考题

1. 从化学成分、热处理和组织结构方面，对比分析低合金高强度钢与调质钢的力学性能特点及应用场合。

2. 工具钢有什么共同性能要求，不同用途工具钢特殊性能要求是什么？

3. 说明下列零件或工具应选用什么材料较合适：沙发弹簧、汽车板弹簧、普通车床主轴、汽车变速箱齿轮、圆板牙、铝合金压铸模、手术刀、车床床身、农用柴油机曲轴、自来水三通。

4. 分析石墨形态、大小、数量和分布以及基体组织对铸铁性能的影响。

5. 为什么大型飞机中所用到的铝材料主要是铝合金，而不是纯铝？

第10章 陶瓷材料

10.1 我国陶瓷的发展史

我国陶瓷的发明和发展，有着从低级到高级、从原始到成熟的发展过程。早在3000多年前的商朝，我国已经开始出现原始青瓷；经过1000多年的发展后，到东汉时期终于烧制出了成熟的青瓷器，这是我国陶瓷发展史上的一个重要里程碑。经过三国、魏晋南北朝和隋朝时期的缓慢发展后，制瓷业在政治稳定、经济繁荣的唐朝得到了极大的推动和发展，涌现出北方邢窑白瓷"类银类雪"和南方越窑青瓷"类玉类冰"这两大著名的窑系。

到了宋朝，更是中国瓷器空前发展的一段时期，制瓷业出现了百花齐放的局面，当时的瓷窑遍及南北各地，名窑迭出，品类繁多。除沿袭自唐朝的青、白两大瓷系外，黑釉、青白釉和彩绘瓷等纷纷涌现。举世闻名的汝、官、哥、定、钧五大名窑的珍品至今仍是收藏界争抢的瑰宝。这段时期是中国陶瓷发展史上的第一个高峰。

明代洪武三十五年，于景德镇设立了"御窑厂"，两百年间烧制出了许许多多传世精品，例如永宣的青花和铜红釉、成化的斗彩、万历的五彩等都。同时，景德镇御窑厂的设立也带动了全国范围内民窑的蓬勃发展，景德镇开始逐渐成为全国的制瓷中心。

制瓷业在清朝康、雍、乾三代间再次迸发出活力，这个时期是中国陶瓷发展史上的第二个高峰。康熙时期不但恢复了明代永乐、宣德以来所有瓷器精品的特色，还创新了很多其他的品种。当时烧制的青花瓷色泽鲜明翠硕、浓淡相间、层次分明，和珐琅彩瓷并闻于世。雍正期间的雍正粉彩非常精致，能够与号称"国瓷"的青花瓷相媲美。而乾隆期间的单色釉、青花、釉里红、珐琅彩、粉彩等品种在继承前朝的基础上，也都是精美的传世之作。

进入现代社会后，人们已不满足于传统陶瓷的装饰作用和简单功用，逐渐对陶瓷材料的性能、质量、品种等方面都提出了越来越高的要求，这种需求促进了一系列新的具有特殊功能的陶瓷的问世，陶瓷研究的发展从上述传统的日用陶瓷跃入第二个阶段——先进陶瓷阶段。功能陶瓷(functional ceramics，又称现代陶瓷)这个定义就是为了区别于传统陶瓷而言的，先进陶瓷有时也称为精细陶瓷(fine ceramics)、新型陶瓷(new ceramics)、特种陶瓷(special ceramics)或先进陶瓷(advanced ceramics)。

从20世纪90年代起，陶瓷研究进入了第三个阶段：纳米陶瓷阶段。纳米陶瓷是指显微结构中的组成相具有纳米级尺度的一类陶瓷材料，它的特点体现在晶粒尺寸、晶界宽度、第二相分布、气孔尺寸、缺陷尺寸等在纳米量级的尺度上。纳米陶瓷是现代陶瓷材料研究中的一个非常重要的发展趋向,它推动着陶瓷材料的研究无论是从工艺到理论,还是从性能到应用迈入崭新的阶段。

10.2　陶瓷的定义与分类

金属元素和非金属元素的化合物都可以被称为陶瓷,陶瓷有时也称为无机非金属材料。除了金属与非金属的化合物之外,以二氧化硅为主体的玻璃、碳化硅等无机非金属化合物也被归入陶瓷的范畴,碳纤维、碳纳米管等新型碳材料也算作是陶瓷中的一类。一般,陶瓷材料是指用天然或合成化合物经过成形和高温烧结所制成的一类无机非金属材料。现代先进陶瓷的性能稳定、强度高、硬度高、耐高温、耐腐蚀、耐酸碱、耐磨损、抗氧化,具备良好的光学性能、声学性能、电磁性能、敏感性等;而且先进陶瓷是根据所要求的产品性能,经过严格的成分筛选和生产工艺控制所制造出来的高性能材料,可用于金属材料或高分子材料无法胜任的高温或腐蚀环境中。先进陶瓷材料学是现代材料科学中最活跃的领域之一。

先进陶瓷材料按其性能及用途可分为两大类:结构陶瓷和功能陶瓷。结构陶瓷和功能陶瓷不一定就是不同的材料,同种材料也可以根据应用的场景和工况的不同而归属于不同的类别。例如,氧化铝陶瓷在机械零部件或是挤压模具的应用场景下是典型的结构陶瓷,但在红外窗口或是激光振荡元器件的应用场景下便是典型的功能陶瓷;同样,氧化锆陶瓷通常是作为结构陶瓷使用,但其在 500℃ 以上温度时也可作为半导体陶瓷使用。

10.2.1　结构陶瓷

结构陶瓷是指作为工程结构材料用途的一类陶瓷。结构陶瓷材料相较于金属材料和高分子材料,具有众多优点,例如高硬度、高强度、高弹性模量、低膨胀系数以及耐磨损、耐高温、耐腐蚀等。因此,结构陶瓷在很多领域中逐渐替代了传统金属材料的应用,被应用在金属材料和高分子材料无法胜任的领域,例如汽车发动机的气缸套、密封圈、轴瓦和数控机床的陶瓷切削刀具等。结构陶瓷主要可分为氧化物陶瓷、非氧化物陶瓷、纳米陶瓷三大类。

1. 氧化物陶瓷

氧化物陶瓷主要包括氧化铝陶瓷、氧化锆陶瓷、氧化镁陶瓷、二氧化硅陶瓷、氧化铍陶瓷、氧化锡陶瓷和莫来石陶瓷等。氧化物陶瓷最突出的优点是不会被氧化,而且具备非常优异的热稳定性和化学稳定性。

2. 非氧化物陶瓷

非氧化物陶瓷主要包括碳化物陶瓷、氮化物陶瓷、硅化物陶瓷和硼化物陶瓷等。非氧化物陶瓷具备优异的高温强度和耐腐蚀耐热冲击性能,同时还有着较低的热膨胀系数和类似于金属的热传导率。但是非氧化物陶瓷和氧化物陶瓷不同，它在自然界中的储量很少，其原料一般都需要通过人工合成的方式获取，其制备难度远高于氧化物陶瓷，这是因为氮化物、碳化物和硫化物等非氧化物陶瓷的标准生成自由焓一般都大于相应的氧化物，所以在合成原料和烧结时更容易生成氧化物，而不是非氧化物。因此，非氧化物陶瓷虽然高温强度和耐腐蚀耐热冲击性能都要优于氧化物陶瓷，但其获取或制备成本更高。

3. 纳米陶瓷

纳米陶瓷也称为纳米结构材料，它是自进入 21 世纪以来蓬勃发展的一类新材料。通过在纳米尺度上的设计和制造，纳米陶瓷材料在很多性能方面都突破了传统陶瓷材料的桎梏，不仅能够像金属材料那样进行机械切削加工，甚至还可以做成具有一定弹性的碳纳米管陶瓷弹簧，在低温条件下像金属材料那样发生较大的形变量而不产生裂纹。纳米陶瓷的应用领域非常广泛，如超滤或吸附、光触媒、传感器、光学功能元件以及电磁功能元件等，也可作临床应用的人工器官、各种防护材料、耐高温材料以及压电等领域。

10.2.2 功能陶瓷

功能陶瓷是指主要应用其力学性能以外其他特殊性能的一类材料，它往往具有一种或多种特殊的功能性，如电、磁、光、热、生物、化学等；或是具有一些耦合的功能，如压电、热电、电光、声光、磁光、压磁等。功能陶瓷种类繁多，已经在电子技术、光电子技术、激光技术、红外技术、传感技术、生物技术、空间技术、能源开发、环境科学等领域得到了广泛的应用。

1. 电子陶瓷

电子陶瓷是指在电子工业中能够利用其电磁性质的一类陶瓷。它是通过对材料的晶界结构和尺寸结构以及表面结构的精密控制而制造的，已经在能源、家用电器和汽车等方面得到了非常广泛的应用。常见的电子陶瓷包括绝缘陶瓷、介电陶瓷、压电陶瓷、铁电陶瓷、热释电陶瓷、敏感陶瓷、磁性陶瓷和超导电陶瓷等。

2. 热功能陶瓷

热功能陶瓷主要包括耐热陶瓷、隔热陶瓷和导热陶瓷三大类型。其中，耐热陶瓷主要有氧化铝和氧化镁等，它们具有非常良好的高温稳定性和化学稳定性，因此可以作为耐火材料被应用在冶金等领域。隔热陶瓷通常具有非常低的热导率，在高温服役环境下能够满足耐高温与绝热的要求，如热障陶瓷涂层已被应用在航空发动机工业，其具有良好的隔热效果与高温抗氧化性能，是目前最为先进的高温防护涂层之一。导热陶瓷是指通过特定方法提高导热系数的一类陶瓷，其热传导、热对流和热辐射的能力都明显优于其他类型的陶瓷。导热陶瓷主要有聚晶金刚石、氮化硅和氮化铝等，其应用包括手机和其他电子设备的陶瓷基板等。

3. 光功能陶瓷材料

光功能陶瓷材料主要包括光吸收陶瓷、光信号材料和光导纤维这三大类型。光功能陶瓷的应用在生活中随处可见，例如涂料和瓷制品上的釉质。核工业中也广泛运用含铅、钡等重离子的光功能陶瓷来吸收和固定核辐射波。同时，光功能陶瓷还是固体激光发生器的核心器件之一，例如红宝石激光器和掺钕钇铝石榴石激光器等；而光导纤维则是现代通信工业中的主要传输工具。

4. 生物陶瓷

生物陶瓷是指用作特定的生物或生理功能，直接用于人体或与人体直接相关的生物、医用、生物化学等的一类特种陶瓷材料。生物陶瓷通常具备良好的生物相容性和力学相容性，以及在生理环境下优秀的物理和化学稳定性。生物陶瓷主要有生物惰性陶瓷和生物活性陶瓷这两大类：生物惰性陶瓷是指其在生物环境中能够保持稳定，与周围组织或器官不发生或至发生微弱化学反应的一类生物医学材料；生物活性陶瓷则是指其在生物环境中会引起特殊的生物或化学反应，从而增强组织和材料之间的连接以及促进新组织再生的一类生物材料。生物陶瓷被广泛应用于骨科、整形外科、口腔外科、心血管外科、普通外科和眼科等医疗和整形领域。

5. 多孔陶瓷

多孔陶瓷是指经过特殊的制备工艺所获得的一种具有开孔型孔径和高气孔率的一类特殊陶瓷材料。它一般具有比表面积大、密度低、透光率高、热传导率低、耐温耐蚀等特点，被广泛应用于尾气处理、污水处理、催化剂载体和隔热隔音等工业领域。近年来，多孔陶瓷的应用也被逐渐扩展到了航空、电子、医用药用等高科技领域，其材料技术和制备技术得到了非常迅速的发展。

10.3　常见结构陶瓷

10.3.1　氧化铝(Al_2O_3)陶瓷

高纯度的 Al_2O_3 是没有颜色的，当 Al_2O_3 中含有 Cr 离子时会呈红色(红宝石)，含有 Ti 离子时会呈蓝色(蓝宝石)，含有 Co、Ni、V 离子时会呈绿色(绿宝石)，含有 Fe、Mn 离子时会呈玫瑰红色。Al_2O_3 的熔点高达 2050℃，硬度也很高(莫氏硬度 9)，密度为 $3.95 \sim 4.10 g/cm^3$，膨胀系数与金属基本相当，且不溶于酸，具有非常良好的化学稳定性、机械性能和介电性能。

Al_2O_3 陶瓷的应用十分广泛。因为其机械强度高(抗弯强度可达 500MPa)，且高温强度好(其强度可保持至 900℃)，Al_2O_3 陶瓷可制成各种机械装置和装置瓷等；因为其电阻率高、电绝缘性能好(绝缘强度 15kV/mm)的特点，Al_2O_3 陶瓷可制成可控硅及外壳、厚膜和薄膜电路的基板、火花塞等；因为其硬度高、耐磨性能好，可制成拉丝模、挤压模、切削刀具、轴承等；因为其熔点高、抗腐蚀性能好，可制成炉管、坩埚、热电偶保护套等耐火材料；同时，由于高纯度的 Al_2O_3 具有良好的光学特性，其也可制成微波整流罩、高压钠灯管、红外窗口、激光振荡元器件等。如图 10-1 所示。

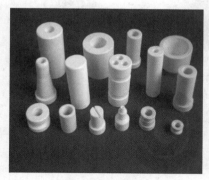  

（a）氧化铝机械装置　　　　（b）氧化铝基板　　　　（c）氧化铝火花塞

图 10.1　氧化铝制品

10.3.2　氮化硅(Si_3N_4)陶瓷

氮化物陶瓷是近年来发展非常迅速的一类新型工程结构陶瓷。Si_3N_4 陶瓷与一般的硅酸盐陶瓷最大的不同在于，Si_3N_4 中氮原子和硅原子的共价键结合，赋予了 Si_3N_4 陶瓷强度高、绝缘性好的优点。

Si_3N_4 陶瓷的强度非常高，尤其是通过热压烧结法制备的 Si_3N_4，其室温抗弯强度可达到 800~1000MPa。如果再在 Si_3N_4 中添加少量的氧化钇和氧化铝，则其室温抗弯强度可被进一步提高到 1500MPa，是世界上最坚硬的物质之一。Si_3N_4 陶瓷耐高温能力极强，其强度可以保持到 1200℃ 左右而不出现受热强度下降的现象，且其受热后不会熔成融体，一直持续到 1900℃ 左右才会开始分解。Si_3N_4 陶瓷还有着非常优秀的耐化学腐蚀性能，能几乎无损地承受所有的无机酸(HF 酸除外)和 30% 浓度以下的烧碱溶液，还能耐受多种有机酸的腐蚀。Si_3N_4 陶瓷的绝缘性能也很好，再加上其热膨胀系数小，抗热冲击性能优秀，Si_3N_4 陶瓷在工程技术领域已显现出非常重要的地位。

Si_3N_4 陶瓷的制品种类很多，如晶体管的模具、燃气轮机的燃烧室、各种泵类中的机械密封环、铸铝用永久性模具、钢水分离环、输送铝液的电磁泵的管道和阀门等。Si_3N_4 陶瓷摩擦系数小的特点使得其也可被用于轴承材料，尤其是高温轴承，其工作温度可达 1200℃，比普通合金轴承的工作温度高 2.5 倍，因此其许可工作速度可达普通合金轴承的 10 倍左右；同时，使用 Si_3N_4 陶瓷轴承时不需要专门的润滑系统，从而显著降低了对铬、镍、锰等原料的需求。如图 10-2 所示。

（a）氮化硅研磨球　　　　　　　　　　（b）氮化硅轴承

图 10.2　氮化硅制品

10.3.3　立方氮化硼（c-BN）陶瓷

　　人造金刚石在实现了高温下由石墨的转换后，便在磨料和切削工具等工业领域得到了广泛的应用，但人造金刚石较差的热稳定性在很大程度上限制了其进一步的应用。在 20 世纪 50 年代，美国的 GE 公司通过仿照人造金刚石的制取方法，首次合成制造出了超硬材料立方氮化硼（c-BN）。立方氮化硼的硬度仅次于人造金刚石，可达 80～90GPa（人造金刚石为 100GPa），同时其力学强度可维持到 1400℃的高温（人造金刚石仅至 800℃左右），非常适合用作超硬材料。

☞ **阅读材料**

　　金刚石俗称金刚钻，也就是我们常说的钻石，它是一种由纯碳组成的矿物，也是自然界中最坚硬的物质。自 18 世纪证实了金刚石是由纯碳组成的以后，人们就开始了对人造金刚石的不断探索。1954 年，美国通用电气公司宣布了人造金刚石合成成功。瑞典也称其在 1953 年就合成出了金刚石。1959 年南非、1960 年苏联和日本相继宣告合成出了人造金刚石，外国的这些成就说明金刚石用人工生产不再是不可逾越的鸿沟。但由于当时美国、瑞典、英国等少数几个掌握了人工合成金刚石核心技术的国家对我国进行了技术封锁，该技术对中国来说是完全封闭的。

　　中国开发人造金刚石的工作始于 20 世纪 60 年代初。1960 年 10 月，新中国一机部下达了国家重点科研项目"121"课题，即人造金刚石的研制。参加单位有通用机械研究所（负责超高压装置的设计与试制）、三磨所（负责整套工艺试验与产品的鉴定分析）、地质部地质科学研究院（承担压力、温度的测试）。在当时极其艰苦、极其困难的条件下，新中国一批年轻科技工作者，为了祖国的繁荣富强，用心血和汗水奋勇闯关，团结协作，"121"课题组终于在 1963 年 12 月 6 日，在通用机械研究所设计制造的 300 吨 61 型两面顶超高压装置上，以高纯石墨为原料，以镍铬合金为触媒，在 7.8GPa 和 1375～1550℃的工艺条件下，合成出了中国第一颗人造金刚石，并因此荣获了 1978 年全国科学大会奖。

立方氮化硼一般是黑色或棕色的晶体，但也会随着合成时所使用的催化剂而呈现出灰色或黄色等其他色泽。由于其兼具良好的硬度、耐热性能和化学稳定性，立方氮化硼近年来广泛应用于钻头、磨料、切削刀具、模具、高温仪表轴承和高温半导体元器件等，立方氮化硼的应用极大地促进了金属加工行业的发展，被誉为是磨削技术的第二次飞跃。有趣的是，立方氮化硼被人工合成后的几十年间，科学家们普遍认为立方氮化硼在自然界中不存在，仅能依靠人工合成。直至 2009 年，美国加州大学河滨分校、美国劳伦斯·利弗莫尔国家实验室的科学家和来自中国与德国科研机构的同行一起，在中国青藏高原南部山区地下约 306 公里深处古海洋地壳的富铬岩内发现了天然立方氮化硼晶体，其是在大约 1300℃的高温、118430 个大气压的长期高压条件下自然形成的。随后，该天然形成的立方氮化硼以中国地质科学院地质研究所方青松教授的名字命名为"qingsongite"。

10.4 常见功能陶瓷

10.4.1 超导陶瓷

超导现象在 1911 年由荷兰物理学家 K. Onnes 在研究水银低温下的电阻时首次观察到，随后于 20 世纪 30 年代建立起超导相关的基础理论，20 世纪 50 年代建立起超导的微观理论，但随后因为各种超导材料的超导温度始终无法突破基于电-声子理论的超导理论临界温度极限(40K)，并不具备太大的实用价值，导致超导材料的研究一度停滞不前。

1986 年，IBM 公司苏黎世实验室的 Muller 等人在研究 Ba-La-Cu-O 系氧化物混合相烧结体时发现了高达 35K 的超导转变，该发现预示存在着一类不同于之前体系的有可能实现高温超导的新材料类型，Muller 等人因此获得了 1988 年的诺贝尔物理学奖。这项研究成果迅速引起了全球范围内科研工作者的注意，我国中科院物理研究所于 1987 年 2 月 24 日发表了起始超导转变温度为 100K 的 Y-Ba-Cu-O 系超导陶瓷，预示了在液氮实用温度(77K)实现超导的可能性，在各国的科研界里进一步掀起了对此类高温超导陶瓷新材料的研究和应用热潮，使超导材料的研究进入了一个崭新的阶段。目前高临界温度(90K 以上)的超导陶瓷材料主要有 $YBa_2Cu_3O_{7-8}$、$Bi_2Sr_2Ca_2Cu_3O_{10}$、$Tl_2Ba_2Ca_2Cu_3O_{10}$ 等。

超导陶瓷具有完全导电性、完全抗磁性等许多优良的特性，在输变电及发电、交通运输、电子工程、核能等多个领域有着广阔的应用前景。在输变电领域，目前在电力的传输过程中约有近 1/3 的电能损耗在了输变电线路上，而根据超导陶瓷零电阻的特性，可实现无损耗的远程输运电力[图 10.3(a)]；在交通运输方面，根据超导陶瓷的超强抗磁性，可制造没有车轮，仅依靠磁力在铁轨上漂浮前进的磁悬浮列车，如连通我国上海浦东机场和虹桥机场的电磁悬浮线路[图 10.3(b)]；在电子工程领域，根据超导陶瓷的约瑟夫逊效应，可制造运算速度比传统硅晶体管快百倍，发热量却仅有其千分之一的超导芯片；在核能领域，也可以利用超导体的超强抗磁性，使高温等离子体在小空间内获得极大的能量，从而实现受控核聚变反应。

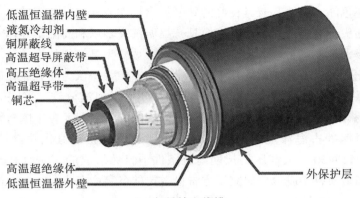

低温恒温器内壁
液氮冷却剂
铜屏蔽线
高温超导屏蔽带
高压绝缘体
高温超导带
铜芯

高温超绝缘体
低温恒温器外壁

外保护层

(a)超导输电线缆

(b)上海电磁悬浮列车

图 10.3　高温超导陶瓷应用

10.4.2　激光陶瓷

激光的全称是受激辐射而放大的光，其具有单色性、相干性、定向性、能量密度高等特点，在现代科学技术领域发挥着巨大的作用。目前广泛使用的激光陶瓷材料主要有红宝石、掺钕钇铝石榴石、钕玻璃等。

红宝石是含有三价铬离子的氧化铝单晶体，是最早使用的激光材料，世界上第一台激光器便是由美国休斯飞行器公司的 Theodore Maiman 在 1960 年研制出的红宝石激光器。红宝石激光器产生的激光为波长 694nm 的红色光，具有体积小、能量密度大、应用便捷等优点，但红宝石造价高昂，且温度效应较为明显，不适合在室温下连续或高重复率工作。

钕玻璃是在氟化物、钡冕等玻璃中掺入三价钕离子所形成的一类特殊的激光玻璃，世界上第一台钕玻璃激光器由美国光学公司在 1961 年研制，钕玻璃激光器产生的激光为波长 1.06μm 的近红外光。钕玻璃具有非常优秀的单色性、定向性和相干性，因此钕玻璃激光器所产生的激光可以发射到非常远的空间,广泛应用于激光定向和激光测距。同时,由于钕玻璃激光器所产生的激光束可以聚焦成极小的点从而获得极高的能量密度,因此也可以用于激光打孔、激光焊接、外科手术等领域。

掺钕钇铝石榴石是在钇铝石榴石中掺入三价钕离子所形成的陶瓷,世界上第一台掺钕钇铝石榴石激光器由美国贝尔实验室在1964年研制,掺钕钇铝石榴石激光器是现代最重要的激光系统之一,其所产生的激光为波长$1.06\mu m$的近红外光。与红宝石激光器和钕玻璃激光器不同,掺钕钇铝石榴石激光器具有优良的热学性能,能在室温下以脉冲和连续两种方式工作,是目前能在室温下连续工作的唯一实用的固体激光器,被广泛应用于各类金属材质的高效切割、焊接、打孔等领域。

10.4.3 生物陶瓷羟基磷灰石(HAP)

生物陶瓷是指与生物体或生物化学相关的一种陶瓷材料,主要可以分为与人体相关的种植类陶瓷(齿科骨科等),以及与生物化学相关的生物工程陶瓷(滤芯等)这两大类别。生物陶瓷的应用主要在人工齿、人工骨、人工血管、人工尿管等植入体领域,以及细菌或微生物分离、酶固定、液相色谱注等生物工程领域。

如前文所述,根据生物陶瓷材料在生物体内时与生物体发生的交互作用,可以将其分为生物活性陶瓷材料和生物惰性陶瓷材料两类。羟基磷灰石是最具有代表性的生物活性陶瓷。

羟基磷灰石(HAP)的化学式为$Ca_{10}(PO_4)_3(OH)_2$,是生物体硬组织(骨和齿)的主要成分,因此有时羟基磷灰石陶瓷也称为人工骨。HAP具有良好的生物活性、生物相容性和无毒无致癌性,植入宿主体内后不会引起排斥反应,而且可以与宿主的硬组织形成有机联结,是一种临床应用价值很高的生物活性陶瓷材料。近年来,多孔结构的HAP陶瓷引起了广泛的关注,因为多孔HAP种植体可以通过对人体骨基质结构的模仿,而具有骨诱导性,并为新生骨组织的长入提供支架和通道,所以其植入体内后的组织响应相比块体HAP陶瓷而言,有很大改善。

虽然HAP的生物医学性能十分优秀,但其自身的力学性能较差,尤其是强度低和脆性大,这在很大程度上阻碍了它在医学临床上的深入应用。因此,科学家们开始研究HAP和高强度生物惰性材料的复合,以获得兼备HAP优良生物医学性能和生物惰性材料优良力学性的生物医学复合材料。例如,利用等离子喷涂和化学气相沉积等各种技术,使HAP和金属基复合,便可以得到既具有金属的强度和韧性,又具有生物活性的复合材料。在欧美等国家,钛合金等离子喷涂HAP复合材料已被应于制造人工关节。

在HAP中掺入氧化铝或氧化锆等生物惰性陶瓷材料,或是掺入生物玻璃后,HAP在烧结过程中会形成一定量的α-磷灰石$[Ca_3(PO_4)_2]$和微量的β-磷灰石,从而在一定程度上提高陶瓷的强度,并能基本保持原有的生物相容性和抗生理腐蚀性等生物医学性能。人体的骨骼本身就是由有机质和无机质构成的,其中有机质的主要成分是骨胶原纤维和骨蛋白,它赋予骨骼柔韧性;而无机质的主要成分就是羟基磷灰石,它赋予骨骼一定的强度。因此,如果将HAP粉末或纤维填充在高分子材料的基体里,则可以通过模拟骨骼结构,既改善高分子材料的刚性和韧性，又提高整个复合材料的生物活性。常用的高分子材料有胶原蛋白、壳聚糖和聚乳酸等。

☞ **阅读材料**

　　牙冠也就是牙套，是用于对缺少牙齿修复的一种方法，当牙齿损坏难，以通过补牙的方式来进行修复时，就可以通过牙冠技术来对牙齿进行修复。牙冠的种类大致上分为三种，分别是金属铸造全冠、烤瓷铸造全冠以及全瓷冠。金属铸造全冠是由金属铸造而成的，这种材料色泽比较差，但是价格相对来说比较便宜一些。烤瓷铸造全冠又分为镍铬合金、钴铬合金、钛合金烤瓷以及金合金烤瓷全冠等。烤瓷铸造全冠由于其种类比较多，所以在价格方面也存在差异。而全瓷冠就则是全部由瓷粉铸造而成的，这种材料不含有金属，与人体的相容性比较好，所以这种材料的价格会相对高一些。

10.5　其他常见功能陶瓷简介

10.5.1　压电陶瓷锆钛酸铅(PZT)

　　压电陶瓷，是指在外部应力的作用下，陶瓷内部的正负电荷中心产生了相对位移而极化，宏观上导致在陶瓷的两个特定端面上出现符号相反的束缚电荷，从而能够实现将机械能和电能互相转换的一类特殊的电子陶瓷。

　　锆钛酸铅$[Pb(Zr_{1-x}Ti_x)O_3]$也称为 PZT，具有非常优秀的压电性。PZT 是由钛酸铅和锆酸铅所组成的固溶体，它具有非常高的介电常数，可以在 250℃ 以下的温度稳定工作，其各项机电参数也非常稳定，一般不受温度和时间等外界因素的影响。由于 PZT 压电陶瓷在压电特性和稳定性等方面远远优于其他压电陶瓷，所以它是目前使用最广泛的一种压电材料。

　　PZT 压电陶瓷的在诸多领域得到了应用。煤气灶上的压电点火开关是典型的把机械能转换为电能的例子。因为压电陶瓷在冲击力的作用下可产生瞬间极高的电压，从而引起电极间的放电，在我们按压燃气灶的自动点火器时，点火器中的两个压电陶瓷电极间可以瞬间产生几千伏的高电压，使得这两个相距仅几毫米宽的电极间的空气被放电击穿而产生火花，引燃天然气。实际上，压电陶瓷在高压放电时所引发的火花可以用于一切易燃气体、液体点火的场合，甚至也可以安装在炮弹弹头上，作为压电引爆器，如图 10.4 所示。压电陶瓷还可以通过把机械振动转换为交流电信号，应用于超声波接收探头和压电拾音器上。同时，通过利用逆压电效应将电能转换为机械能，也可以把交流电信号转换为机械振动，超声波发射器和压电扬声器就是逆压电效应的典型应用。

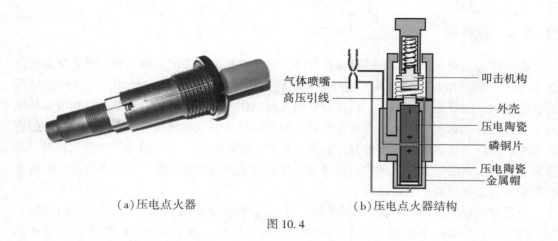

（a）压电点火器   （b）压电点火器结构

图 10.4

10.5.2 气敏半导体陶瓷氧化锡（SnO_2）

在现代社会，液化气等各种可燃气体、有毒气体和它们的混合物在日常生活和工业生产中大量应用，由此引发的爆炸或火灾时有耳闻，同时各种废气对大气的污染也日益严重，因此，对易燃易爆和有毒有害气体的检测和监控成为亟待解决的问题。气体传感器就是在这样的社会需求之下发展起来的。

对气体传感器材料最重要的指标是，对要测定的气体具有高灵敏度的同时对环境内其他气体不敏感。而半导体陶瓷传感器由于灵敏度高、性能稳定、结构简单体积小，价格低廉，至今已占各种气体检测器大半，如图 10.5 所示。

氧化锡（SnO_2）是应用最广泛的气敏半导体陶瓷。氧化锡系气敏元件的灵敏度高，在300℃的较低温度下（ZnO 450℃）即可达到灵敏度的峰值温度，而且通过掺入催化剂的方法可以进一步降低氧化锡气敏元件的工作温度，因此，氧化锡更适合在较低的温度下工作。为了改善氧化锡气敏材料的特性，还可以相应掺入一些添加剂，如掺入 Sb_2O_3 等可以降低氧化锡的起始阻值；掺入 MgO、PbO 和 CaO 等可以加速氧化锡的解吸速度；掺入 CdO 等可以改善氧化锡的老化性能。

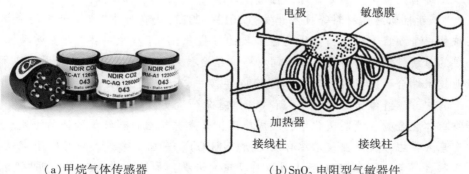

（a）甲烷气体传感器   （b）SnO_2 电阻型气敏器件

图 10.5

10.5.3　碳纤维

碳纤维是由碳元素组成的一种特种纤维，是无氧环境中最耐温的材料，其升华温度高达 3730℃。碳纤维具有耐高温、耐摩擦、耐腐蚀和导电导热等优秀特性，因其外形呈纤维状而得名。碳纤维质地柔软，可以加工成各种织物。碳纤维中的石墨微晶结构沿着纤维的轴向进行择优取向，因此，在其纤维轴方向上有很高的强度和模量。同时，碳纤维的密度很小，所以其比强度和比模量都比其他材料高。碳纤维的主要应用是作为强化材料，和金属、陶瓷、树脂等复合，例如由碳纤维增强的环氧树脂复合材料，其比强度及比模量在现有的所有工程材料中是最高的。

单质碳可以多种形式存在，如金刚石、石墨、非晶碳、富勒烯、碳纳米管和石墨烯。在石墨中，每个碳原子都和另外 3 个碳原子相连，从而形成了一个二维的平面六元环网络，该平面网络（石墨烯）的强度非常高，但平面与平面间的结合力很弱。碳纤维中也存在着类似石墨的层状结构，但碳纤维中的碳层并不是如石墨中整齐堆砌，而是无规律排布的，且碳层也不是平面结构的。碳纤维根据前驱体的不同，可以分为丙烯腈基、沥青基和粘胶基碳纤维这三大类。其中，丙烯腈基碳纤维强度高，但模量偏低，这是因为丙烯腈基碳纤维中的碳层是波浪状的，因此其也称为波浪状石墨；液晶相沥青基碳纤维中的碳层结构与石墨更为接近，其模量和热导率都很高，但强度略低；粘胶基碳纤维的强度和模量都很低，但纤维中可以完全去除金属离子，因此，可以应用于航空航天工业中的宇航服隔热等特殊领域。

☞ **阅读材料**

日本是碳纤维技术最发达的国家。日本东丽、东邦和三菱丽阳三家企业的碳纤维产量约占全球 70%～80% 的市场份额。尽管如此，日本依然非常重视保持在该领域的优势，尤其是高性能 PAN 基碳纤维以及能源和环境友好相关技术的研发，给予了人力、经费上的大力支持，在"能源基本计划""经济成长战略大纲"和"京都议定书"等多项基本政策中，均将此作为战略项目。日本经济产业省基于国家能源和环境基本政策，提出了《节省能源技术研究开发方案》。在上述政策的支持下，日本碳纤维行业得以更加有效地集中各方资源，推动碳纤维产业共性问题的解决。

"革新性新结构材料等技术开发"（2013—2022）是在日本"未来开拓研究计划"下实施的一个项目，以大幅实现运输工具的轻量化（汽车减重一半）为主要目标，进行必要的革新性结构材料技术和不同材料的结合技术的开发，并最终实现其实际应用。产业技术综合开发机构（NEDO）于 2014 年接手该研究开发项目后，制定了几个子项目，其中，碳纤维研究项目"革新碳纤维基础研究开发"的总体目标是：开发新型碳纤维前体化合物，阐明碳化结构形成机理，开发并标准化碳纤维的评估方法。该项目由东京大学主导，产业技术综合研究所（NEDO）、东丽、帝人、东邦特耐克丝、三菱丽阳联合参与，已在 2016 年 1 月取得了重大进展，是日本继 1959 年发明"近藤方式"后，在 PAN 基碳纤维领域的又一重大突破。

思考题

1. 什么是陶瓷？它与金属材料和高分子材料有何不同？
2. 什么是陶瓷的晶界？
3. 玻璃是典型的非晶体，它和晶体材料有何区别？
4. 试探讨为什么有些陶瓷是透明的，而有些则不是透明的。
5. 什么样的陶瓷才能被称作生物医学陶瓷？
6. 富勒烯、碳纳米管和石墨烯在原子结构上有何异同？

第 11 章　高分子材料

11.1　基本概念

高分子材料也叫做聚合物(polymer)或大分子(macromolecule)材料，是由一种或多种小分子(单体)(也称为基本重复单元)通过共价键相连形成的单链状或网状分子。重复单元的数量称为聚合度。高分子材料的聚合度一般很大，因而高分子材料的相对分子质量一般在 10^4 以上，甚至更高。需要注意的是，一份高分子材料中单个高分子链的聚合度不尽相同，因此，高分子材料是由化学组成相同、聚合度(分子量)不同的一系列高分子组成的混合物。

11.2　高分子材料的分类

高分子材料种类繁多，可简要从来源、分子及其聚集态结构、性质和用途、应用情况等角度进行分类。

根据来源，可以将高分子材料分为天然和合成高分子两大类。天然高分子是指存在于自然界生物体中的高分子物质，如棉、麻、竹等中的纤维素；蚕丝、皮革等中的蛋白质；生漆和天然橡胶等。合成高分子是指将单体以一定的聚合反应，如逐步聚合、自由基聚合、离子型链式聚合等合成得到的高分子材料。由一种单体聚合形成的高分子称为均聚物，如聚乙烯和聚苯乙烯等；由两种或多种单体聚合形成的高分子称为共聚物，如聚对苯二甲酸乙二醇酯、聚酰胺等。根据单体在分子链中的排列方式，可以将共聚物分为交替共聚物、无规共聚物、嵌段共聚物和接枝共聚物等，如图 11.1 所示。

根据分子链的微观排列，可以将高分子分为结晶高分子和非晶高分子。高分子链在大多数情况下，以链段(高分子链中能够独立运动的最小单元)折叠构成有序结构，即结晶化。由于高分子链以共价键连接各个单体，分子链间的范德华力或氢键等相互作用使得链段的运动受阻，妨碍其进行规整排列。因此，结晶高分子实际上是部分结晶，且存在很多畸变晶格及缺陷。高分子的结晶度对材料物理、化学性质均有很大影响，一般来说，材料结晶度越高，收缩率越大，脆性越大，韧性和延展性越差；结晶度高和晶体尺寸大还容易导致高分子材料透明度下降；但是，结晶程度增加有助于提高材料的耐溶剂性、耐渗透性等。此外，结晶高分子材料的非晶区和非晶态高分子材料还存在独特的玻璃化转变温度(通常用 T_g 表示)。高分子的规整性越大，玻璃化转变温度越高。玻璃化转变温度是一个

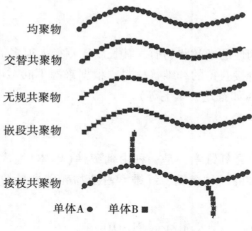

均聚物

交替共聚物

无规共聚物

嵌段共聚物

接枝共聚物

单体A ●　　单体B ■

图 11.1　常见的聚合物类型

温度区间，这也是高分子链段运动的最低温度。在这个温度区间以下，高分子分子链运动被冻结，宏观表现为脆性，其力学性质与玻璃相类似，因此称为玻璃态；在此温度区间以上，高分子整个分子链尚不能运动，但链段已经可以运动，宏观上表现为可以在外力作用下出现很大且可逐渐恢复的形变，称为高弹态。在使用高分子材料时，需要对此温度加以考虑。例如，橡胶的工作温度必须在玻璃化转变温度以上，才能保持良好的弹性。

根据材料的性质和用途，可以将高分子材料分为橡胶、塑料、纤维、黏合剂、高分子涂料以及高分子复合材料等。需要指出的是，按此分类的高分子材料之间并不存在严格的界限。同一种高分子材料，根据不同的合成配方和加工成型工艺，可以归属到不同的类别中。例如尼龙、聚氯乙烯等，既可以制成纤维，又可以制成塑料；环氧树脂既可以用于制造塑料，也可以用于制造黏合剂。

根据高分子的应用情况，可以将高分子材料分为通用高分子、特种高分子和功能高分子三大类。通用高分子是指能大量生产，并普遍应用于生产生活各个方面的一类材料；特种高分子材料是相对于通用高分子材料而言的，是具有优良机械性能、耐热、耐光、电绝缘和抗腐蚀等的一类高性能材料，普遍用作工程材料；而功能高分子材料是指具有特定功能的一类材料，如导电高分子材料、医用高分子材料、液晶高分子材料、功能性高分子分离膜等。

11.3　天然高分子材料

高分子材料在自然界中广泛存在，如蛋白质、核酸、多糖等高分子是动植物（包括人类在内）的主要成分。人们的衣食住行都离不开天然高分子材料，房屋建筑需要用到木材，服装需要用到棉麻、蚕丝、皮革等，工业生产需要用到天然漆和天然橡胶等。此外，人们对天然高分子材料进行改性，使其成为半合成高分子材料，进一步拓宽了这些材料的应用范围。以下我们对在日常生活中应用广泛的几类天然高分子材料进行简要介绍。

11.3.1　天然纤维

纤维是具有一定柔韧性的细丝状物质，其长度比直径大很多倍，即长径比很大。天然纤维是指从动植物身上直接获得的纤维状材料。根据来源不同，可以分为植物纤维（如棉花、麻类等）和动物纤维（如蚕丝、羊毛等）。

1. 植物纤维

植物纤维的主要成分是纤维素，是一种由葡萄糖（单体）组成的大分子多糖，是自然界中分布最广、含量最多的一种多糖，纤维素占植物界碳含量的 50% 以上。纤维素的分子结构如下：

纤维素是植物细胞壁的主要成分。在木材中，纤维素的含量可以达到 40%~50%；棉花中的纤维素含量接近 100%，是最纯的天然纤维素来源。竹纤维也是一种常用的纤维材料，被誉为继棉、麻、毛、丝后的第五大天然纤维。竹子的生长速度极快，一株树木长到 5m 通常需要几年，而一株竹子长到同样高度只需要 25 天。竹子的空心结构以及木质部的梯度多孔结构，使竹子具有高机械性能和良好韧性。因此，竹子被广泛用于制作家具等日常用品和各种编织物。与其他材质的筷子（木头、塑料、陶瓷及不锈钢等）相比，竹制筷子质轻、强韧，环保无毒，不易受到污染而发霉变质，是制作筷子的首选材料。

植物纤维最常见的使用方式之一是造纸。纸张的历史可以追溯到东汉时期蔡伦发明的造纸术。公元 105 年，蔡伦用树皮、麻头、破布以及鱼网经过挫、捣、抄、烘等一系列的工艺加工制成纸张，并敬献给汉和帝，获得高度赞赏。从此，人们都采用他造的纸，并称这些纸张为"蔡侯纸"。随着时代的发展，造纸技术也逐渐发展，但对于纤维素的需求仍然不变。现代造纸厂仍旧使用芦苇、麦草和木材等富含纤维素的植物作为原料。根据不同的原料和工艺，纸张的种类和用途也丰富多样。如卫生纸往往使用较短的纤维制造，使其容易在水中被"溶解"；面巾纸则一般使用长纤维制造，经得起水泡，不易分散。

随着社会的发展，人们并不满足于对天然纤维材料的简单应用。但纤维素一般不溶于水，特别是长纤维，加工非常困难，影响了其在更多领域的应用。武汉大学张俐娜院士团队开创了一种简单易行的低温溶解法，氢氧化钠和尿素的水溶液在低温条件下（-12℃）可以迅速溶解纤维素，制成纤维素水溶液，大幅度提高了纤维素的可加工性，使得更广泛的应用变为现实。张俐娜院士因此获得了美国化学会的安塞姆·佩恩奖，该奖每年只颁发给一位对纤维素及其产品在基础科学研究和化学技术方面做出卓越贡献的专业人士，张院士是半个世纪以来获得该奖的中国第一人。

☞ **阅读拓展**

2018 年，顶级学术期刊《自然》发表了马里兰大学胡良兵教授团队的科研成果：将天然木材制成强度可媲美钢材的"超级木头"。他们先通过化学处理(氢氧化钠、亚硫酸钠)除去天然木材中的木质素和半纤维素；然后在 100℃ 下，通过机械压缩来实现木材的致密化，获得"超级木头"(图 11.2)。结合"化学处理"和"高温机械压缩"两步处理，木材的密度从 $0.43g/cm^3$ 上升至 $1.3g/cm^3$，拉伸强度可达 587MPa。拉伸强度是未处理天然木头的 11.5 倍，可以和钢材相媲美，但密度又比钢材小不少。因此，"超级木头"的比拉伸强度($MPa \cdot cm^3/g$)几乎超过所有的金属材料和合金材料(包括钛合金)。此外，他们还将木头中的木质素溶出，再浸入环氧树脂，获得了透光率高达 90%的透明木头，如图 11.2 所示。

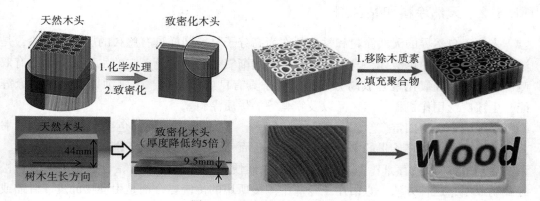

图 11.2　超级木头和透明木头

2. 动物纤维

动物纤维主要是指从动物的毛发或昆虫分泌物中获得的纤维，主要成分为蛋白质，所以也称为天然蛋白质纤维。在人类体内，蛋白质占到人体重量的 16%～20%。天然蛋白质不只是存在于动物体内，也广泛存在于植物体内。中国人十分喜爱的豆腐，相传由汉朝淮南王刘安发明，它是一种通过 Ca^{2+}、Mg^{2+} 等离子使大豆球蛋白从水溶液中沉淀出来而制成的食品。而疏松多孔的冻豆腐则是通过冷冻的方式使蛋白质变性制成的。

蚕丝是蚕结茧时分泌出的丝液凝固而成，由两根丝纤蛋白经由丝胶蛋白粘合包覆而成，是人类最早利用的动物纤维之一。蚕丝的提取制备要通过缫丝、练丝等步骤，将蚕茧浸煮在热水中，在丝绪浮起后，找到"头绪"，再慢慢地抽出整根蚕丝，这个过程耗时很长，需要耐心细致，成语"抽丝剥茧"便由此而来。用纺车将抽出来的蚕丝收集起来，这个过程称为缫丝，获得的是生丝。而练丝则是用浓碱去掉丝胶蛋白并漂白，使得两根丝纤分离。经过练丝过程的蚕丝叫熟丝，蚕丝的白洁度变高，蚕丝更加柔软，易于染色。由蚕丝制作的纺织品具有质轻、均匀柔顺、透气透湿等特点，自古便被用于高端衣物。

兽皮自古也是一种常见的衣物原料，它其实是动物蛋白质纤维在三维空间的紧密编织。通过使用鞣革工艺，用树皮、矿物盐、单宁或替代物浸泡兽皮，使鞣革剂与动物蛋白质中的氨基发生交联反应，将生皮制成易于保存、手感舒适的革，即可用于生产各种皮革产品。

虾、蟹等甲壳类动物不仅肉质鲜美，它们的壳同样用处很大。这些动物的壳富含一种叫做甲壳素的物质(含量高达 58%～85%)，其分子式为$(C_8H_{13}NO_5)n$，是自然界中含量仅次于纤维素的多糖。这种材料通过纺丝生产工艺，可以制成甲壳素纤维。这种纤维具有天然的抑菌效果，广谱抗菌率很高，而且甲壳素分子链上具有大量羟基(—OH)和氨基(—HN_2)等亲水性基团，使得甲壳素纤维具有很好的吸湿功能。因此，甲壳素纤维可应用于制造内衣、毛巾和各种床上用品。

11.3.2　天然涂料和黏合剂

来源于自然界的天然涂料和黏合剂作为高分子材料同样具有悠久的历史。生漆，是从漆树上采割的乳白色液体，与空气接触后会逐渐氧化变为褐色。它的主要成分是具有双键侧链的漆酚，经氧化聚合成高分子链。由于具有良好的耐磨、耐腐蚀以及隔水绝缘等性能，生漆广泛用作机械、工艺品以及家具等的优质涂料。

中国墨是文房四宝(笔、墨、纸、砚)之一，它不但是一种黑色颜料，更是中华书画艺术的承载物。许多珍贵的书画作品，历经千百年，其墨色仍然清晰可见，富有光彩，可谓"落纸如漆，万载存真"。从晋朝开始，人们便开始使用胶作为黏合剂加上炭黑、松烟等配制成墨，这种方法一直沿用至今。中国墨所用的传统黏合剂是由动物的皮、骨骼或甲壳等熬制而成的明胶，可以说是最早的天然高分子黏合剂。

11.3.3　天然橡胶

橡胶一词来源于印第安语，意为"流泪的树"。与生漆类似，天然橡胶是由橡胶树割胶时流出的乳白色汁液，经凝固和干燥等加工工艺制得的弹性固体。远在哥伦布发现美洲大陆之前，南美洲和中美洲的土著已开始利用天然橡胶。他们把胶乳倒在他们的腿脚上，干后便成了雨靴。天然橡胶的主要成分为橡胶烃，是一种以顺-1，4-聚异戊二烯为主要成分的天然高分子化合物，其结构式为

$$\left(\!\!-CH_2-\overset{\overset{\displaystyle CH_3}{|}}{C}=CH-CH_2-\!\!\right)_n$$

其中，结构式中的 n 值可以达到 10000 左右，天然橡胶的相对分子量可达 3 万～3000万。但是，原始的生胶强度不高，弹性难以恢复，温度稍高，它就会变软变黏，而且有臭味，用途有限。直到 1839 年，美国人查尔斯·古德伊尔将生胶与硫磺混合加热，使线型的生胶分子间发生交联，形成具有三维网络的大分子结构，三维网络结构赋予硫化橡胶较高弹性、高机械强度和良好耐屈挠疲劳强度、耐磨、气密防水、抗腐蚀、绝缘隔热和耐寒

等众多优秀理化性能，使天然橡胶成为用途最广泛的一种通用橡胶。经过硫化步骤的橡胶可以被称为熟胶或硫化橡胶，而硫磺则被称为硫化剂。随着硫化工艺的发展，硫化剂的种类逐渐增多，许多硫化剂已经不含硫元素，但"硫化"这个名词却沿用至今。

1845 年，英国工程师汤姆森将充气橡胶管套在三轮车的车轮外圈上，发明了充气轮胎，并获得了发明专利。虽然橡胶柔软易破损，但却比木头或金属更耐磨，且充入压缩空气的弹性橡胶管，可以有效缓和运动过程中的振动与冲击，使乘车人获得了比以往任何时候都更加舒适的体验。

11.4　合成高分子材料

随着社会的发展，受到产量和日益增加需求的限制，天然高分子材料已经不能满足人类日常所需。20 世纪初，真正的人工合成高分子产品出现，特别是 20 世纪 50 年代以来，石油化工的发展促使合成高分子工业得到飞速发展。到 20 世纪 80 年代，合成高分子的年产量已经超过一亿吨，在体积上超过了所有金属的总和。随着汽车工业的发展，用于制造轮胎的橡胶需求量剧增；同时，橡胶在日常生活、工业生产、国防军事等领域的应用也更加广泛，天然橡胶供不应求，各国竞相研制合成橡胶，成为材料领域发展最为迅速的一类材料。

11.4.1　高分子科学的建立与重要进展

1920 年德国人史道丁格（H. Staudinger）发表了具有划时代意义的论文《论聚合》，首次提出了"高分子"和"长链大分子"的概念；他在总结自己大量先驱性工作的基础上，于 1932 年出版了巨著《高分子有机化合物》，建立高分子理论，确立高分子学说，成为高分子科学的奠基人。1953 年，72 岁的他因为把"高分子"概念引进科学领域，并确立高分子溶液黏度与高分子分子量之间的关系而获得诺贝尔化学奖。

高分子科学领域获得的诺贝尔奖还有：1956 年，英国人欣谢尔伍德（C. Hinshelwood）和苏联人谢苗诺夫（H. Семёнов）基于化学反应动力学方面的研究，提出化学反应的链式机理，从而发展了链反应理论；1963 年，德国人齐格勒（K. Ziegler）和意大利人纳塔（G. Natta）利用有机金属作为催化剂（Ziegler-Natta 催化剂），通过配位聚合获得高分子化合物，开创了高分子合成的新纪元，为乙烯、丙烯的定向聚合工业奠定了基础；1974 年，美国人弗洛里（P. J. Flory）研究了聚合反应原理、高分子物理性质与结构的关系，提出合成高分子化合物的理论依据和实验方法，并合成了尼龙与合成橡胶；1991 年，法国人德热纳（P. G. de Gennes）把研究简单系统有序现象的方法应用到更为复杂的物质，特别是液晶和聚合物等，提出了"软物质"（Soft matter）的概念；2000 年，美国人黑格尔（A. J. Heeger）、马克迪尔米德（A. G. MacDiarmid）以及日本人白川英树（H. Shirakawa）发现具有导电性的高分子材料，这类材料为微电子、柔性电子、移动电子的大发展奠定了很好的基础。

我国合成高分子工业起步较晚，在 20 世纪 50 年代仍处于创建阶段，主要是进行科学研究，培养科研和生产的技术力量，并根据国内的资源情况，配合工业建设进行合成仿制并建立相关表征测试手段。20 世纪 60 年代，高分子化学和物理发展迅速，研制出了大量通用塑料，如尼龙、聚碳酸酯、聚甲醛等，以及特种塑料，如含氟、含硅等耐高温、自润滑高分子材料等。利用先进技术和测试手段对高分子材料的合成方法、合成机理和性能特点进行了研究，指导了许多新型功能高分子的合成和应用研究，如光敏高分子、光电高分子和生物医用高分子等。自 20 世纪 80 年代以来，我国涌现出许多享誉国内外的高分子科学家，众多高分子科技成果获得了国家级的自然科学奖、发明奖、科技进步奖，许多技术已经赶上甚至领先国际先进水平。

11.4.2　合成橡胶

按照性能和用途，可以将合成橡胶大致分为通用橡胶和特种橡胶两类。广泛用于制造轮胎以及其他橡胶制品的丁苯橡胶、顺丁橡胶、氯丁橡胶等，称为通用橡胶；具有耐寒、耐热、耐油、耐氧化等特殊性能，在极端条件下可以长期使用的丁腈橡胶、硅橡胶、氟橡胶和聚氨酯橡胶等，称为特种橡胶。不过，随着成本的降低以及应用领域的扩展，特种橡胶逐渐通用化，如乙丙橡胶、丁基橡胶等。以下我们简单介绍几种常用的合成橡胶。

1. 异戊二烯橡胶（polyisoprene rubber）

合成异戊二烯橡胶与天然橡胶的主要成分相同，均为聚异戊二烯，所以又称为合成天然橡胶。虽然其物化性质与天然橡胶基本相同，但由于是合成产物，具有更高的纯度，分子量也更加均一。合成异戊二烯橡胶具有很好的弹性、电绝缘性能、耐寒性（玻璃化转变温度为−68℃）等，其耐氧化、内发热性、吸水性和多次变形条件下耐弯曲开裂性等均优于天然橡胶；但其强度、刚度以及加工性能（如混炼、压延等）则比天然橡胶稍差，价格也略高。合成异戊二烯橡胶与天然橡胶的应用领域基本相同，主要用于制备轮胎、防水衣物、医疗和食物器具、黏合剂、工艺品等，是一种综合性能很好的通用合成橡胶。

2. 丁苯橡胶（styrene butadiene rubber，SBR）

丁苯橡胶是由 1，3-丁二烯与苯乙烯共聚得到的合成橡胶，是最早实现工业化生产的合成橡胶之一，产量和用量也最大。丁苯橡胶的合成方法多样，按照聚合反应的温度，可以分成高温共聚丁苯橡胶，占总产量的 20% 左右，且正在逐渐降低；低温共聚丁苯橡胶是通过现今主流方法聚合的产物，具有比高温共聚丁苯橡胶更好的物理性能。

相比于天然橡胶，合成丁苯橡胶分子量相对均一，杂质含量少，其胶料不易过硫和烧焦，具有更好的耐氧化性、耐油性、高温耐磨性和耐候性等。此外，通过调节苯乙烯组分的含量，可以控制最终产品的物理性能。但丁苯橡胶缺点也同样突出：其硫化速度慢，黏附性能差，具有很大的收缩性而加工难度高。相比于天然橡胶，其回弹性、耐寒性、电绝缘性和动态特性（特别是动态发热）均较差。此外，橡胶硫化后的抗张强度小，需要加入大量补强剂。

丁苯橡胶可代替天然橡胶或与天然橡胶掺用，其用途与天然橡胶相同。

3. 丁腈橡胶(nitrile butadiene rubber，NBR)

丁腈橡胶由丁二烯和丙烯腈经乳液聚合制得，是一种常用的耐油特种合成橡胶。其组分中丙烯腈含量越多，耐油性越好，但耐寒性会相应下降。

丁腈橡胶的优点首推耐油性能，可有效耐汽油、轻油，在各种橡胶中具有较强的耐有机溶剂性能。此外，其耐磨性、耐老化、耐水性良好。它的缺点是容易弯曲开裂，动态性能差、耐燃性、耐臭氧性、电绝缘性以及热绝缘性能差，弹性稍低。该种橡胶的耐寒温度在-10~-20℃之间，是橡胶中低温易脆化的一种。

丁腈橡胶主要用于制作各种耐油制品，如一次性手套、耐油垫圈、胶管、软包装、电缆包覆材料等。

4. 硅橡胶(silicone rubber)

硅橡胶是指主链由硅原子和氧原子交替组成，且硅原子上通常连有两个有机基团的一种特种合成橡胶。一般是由环状有机硅氧烷开环或是以不同硅氧烷进行共聚合成的。

硅橡胶分子链柔性大，分子间作用力小，因而具有很好的耐热和耐寒性能，可以在很宽的温度范围(-100~300℃)内使用，可以用于制造各种耐高、低温橡胶制品。这种橡胶还具有非常优秀的电绝缘性、耐候性、耐臭氧性能和透气性。此外，由于具有无味无毒、具有良好生物相容性和不会导致凝血的突出优点，可以广泛用于食品工业和生物医用领域，制造各种人造器官(如人造心脏、血管)和医疗卫生用具。其缺点在于抗张强度和撕裂强度较低，耐酸碱腐蚀性差，加工性能不好。

5. 氯丁橡胶(chloroprene rubber，CR)

氯丁橡胶是由2-氯-1，3-丁二烯(简称氯丁二烯)经乳液聚合而成的一种合成橡胶。氯丁橡胶分子中含有氯原子，与其他通用橡胶相比，具有非常优良的耐候性、耐臭氧性，耐老化、不易燃，且具有自熄性，耐油、耐溶剂、耐酸碱以及气密性好等优点。机械性能介于通用橡胶和特种橡胶之间，一般用作对均衡综合性能要求较高的高级橡胶材料。其缺点主要是比重大，耐寒性和电绝缘性较差，加工时易黏辊黏模，易焦烧，生产成本相对较高；此外，其生胶稳定性差，不易保存。

氯丁橡胶主要在有油环境和室外使用，主要用于制作汽车零部件、对耐老化性要求较高的电缆护套、各种耐化学腐蚀、防火的橡胶制品等。

11.4.3 塑料

塑料是加入填料、增塑剂、稳定剂、润滑剂、色料等添加剂的高分子材料，并可在一定温度和压力下加工成形，且在常温下保持形状不变的一类材料。尚未加入添加剂的高分子材料也称为合成树脂。一般来说，塑料的使用温度范围在其脆化温度和玻璃化温度之间。这种可以通过加热塑形的性质，也称为热塑性，塑料也因此而得名。

1. 塑料的起源与发展

1870 年，作为化学爱好者的美国印刷工人海厄特(J. W. Hyatt)将樟脑加入硝酸纤维素(纤维素与硝酸酯化反应的产物)中进行增塑，得到了一种韧性好，可热塑加工的角质状材料，这是历史上第一种塑料，称为"赛璐珞"(Celluloid)，常用于制作乒乓球、电影胶片、工艺品等。1884 年，柯达公司用它生产电影胶片，但这种胶片在放映时常因摩擦生热而燃烧，这是因为硝酸纤维素极易燃烧。人类有目的创造的第一种高分子，是美国人贝克兰(L. H. Baekeland)合成的酚醛树脂，并于 1907 年申请了关于酚醛树脂"加压、加热"成型固化的专利，先后获得 400 多项专利，实现了酚醛树脂的工业化生产，成为一位名利双收的科学家。1940 年 5 月 20 日的《时代》周刊将贝克兰称为"塑料之父"。在酚醛树脂中加入填料和其他添加剂形成的酚醛塑料是一种硬而脆的热固性塑料，具有机械强度高，耐磨、耐腐蚀，尺寸稳定性好，电绝缘性能优秀等优点，被广泛用于制作各种电绝缘材料(如插座、开关等)、耐热部件(如炒锅的把手等)、日用品、工艺品等。

2. 塑料的分类

根据加工时的流变性能，塑料可分为热固性和热塑性两类，前者在生产过程发生交联反应，变成不溶不熔的塑料制品而无法重新塑造使用，如上文提到的酚醛树脂等；而后者在一定温度之上时变软具有可塑性，冷却时变硬定形，此过程可反复进行，如聚乙烯、聚丙烯、聚氯乙烯和聚苯乙烯等。

根据用途，可将塑料大致分为通用塑料和工程塑料两大类。通用塑料主要是用作非结构件使用的塑料，具有产量大、价格低廉、力学性能一般等特点；工程塑料是指具有优秀力学性能，可替代金属作为结构材料使用的塑料，一般还有具有耐热、耐磨、尺寸稳定性高，能在较苛刻的物理、化学环境中长期使用等特点。工程塑料又可以分为普通工程塑料和特种工程塑料，特种工程塑料一般是指具有特殊性能，可满足电子、电工、航空、航天、军工等领域特殊要求的塑料。

3. 通用塑料

通用塑料产量大、价格低廉，使用范围广，涉及人们生活的方方面面。目前使用最多的通用塑料有聚乙烯、聚氯乙烯、聚丙烯、聚苯乙烯等。

(1)聚乙烯(polyethylene，PE)，是由乙烯单体经聚合得到的一种热塑性树脂，结构单元为：

$$—CH_2—CH_2—$$

聚乙烯被称为"试出来的发明"。1933 年，英国帝国化学公司的福西特(E. Fawcett)和吉布森(R. Gibson)尝试让乙烯和苯甲醛在高温高压(170℃，140MPa)下进行反应，但是反应并未按他们的设想进行。在清理反应釜时，他们发现釜壁上有一层白色蜡状的固体薄膜，分析后发现是乙烯的聚合物。随后，他们多次重复实验，对每一步骤进行分析，发现实验并不是严格按原计划进行的，他们在实验过程中发现容器漏气，曾往容器中补充过一些乙烯气体，这个过程可能带进去了氧气。经过重新设计，在聚合反应体系中引入了少量的氧气，终于合成出了聚乙烯，并于1939年实现了工业生产。由于这种聚乙烯是在高压条件下制得的，故被称为高压聚乙烯。

聚乙烯是一种无毒无味、乳白色半透明蜡状物质。其透明度随结晶度增加而降低；而在一定的结晶度下，透明度则随分子量增大而提高。此外，它具有良好的柔性、延展性、易加工性、电绝缘性和一定的透气性，耐化学腐蚀，使用温度可低至-70~-100℃。

聚乙烯是塑料中世界产量最大的品种，应用范围也最广。根据聚乙烯的发展，以及聚合方法、分子量高低、链结构的不同，可以将聚乙烯分为低密度聚乙烯（low density polyethylene，LDPE）、线性低密度聚乙烯（linear low density polyethylene，LLDPE）、高密度聚乙烯（high density polyethylene，HDPE）和超高分子量聚乙烯（ultra-high molecular weight polyethylene，UHMWPE）。

高压聚乙烯分子主链上存在大量支链，分子结构规整性差，因而结晶度小（65%~75%），密度低，材质较软，因而也称为低密度聚乙烯，主要用于食品包装袋、农用膜、地膜等。

线性低密度聚乙烯具有线性的聚乙烯主链，支链分子结构很短小。这种聚乙烯材料的外观与低密度聚乙烯相似，透明性稍差，但其抗张强度、抗撕裂强度、耐应力开裂、耐温性和耐穿刺性能均优于低密度聚乙烯，应用领域几乎已渗透到所有低密度聚乙烯市场，在生产生活中应用十分广泛。

如果乙烯单体聚合过程采用了齐格勒-纳塔催化体系，所需合成压力偏低，聚合形成的聚乙烯称为低压聚乙烯。其平均分子量较高，支链短且少，所以密度和结晶度（80%~95%）较高，因而也称为高密度聚乙烯。其强度比较大，不仅可用于制备薄膜和包装，还可以用于制备中空容器、管材和机械零件等。

超高分子量聚乙烯具有突出的高模量、高韧性、自润滑性、化学稳定性和抗老化性等。其耐磨性能在现有塑料中最好，比聚四氟乙烯、聚氨酯高6倍，是目前发展中的高性能、低造价的工程塑料。

（2）聚氯乙烯（polyvinyl chloride，PVC），是一种无定形的白色或微黄色透明材料，结构单元为：

$$-CH_2-CH- \atop {\underset{Cl}{|}}$$

聚氯乙烯工业化生产方法很多，根据不同的单体，可以分为两种方法，一种是以石油裂解出的乙烯为原料进行氯化，再脱除氯化氢，用金属催化剂高温氧氯化制备，简称氧氯化法，成本较低；另一种是以电石为原料制备乙炔，然后与氯化氢反应制备氯乙烯单体，后进行聚合反应获得聚氯乙烯树脂，简称乙炔电石法，成本较高。

聚氯乙烯的化学稳定性良好，耐一般酸碱；由于含有氯原子，其阻燃性优于聚乙烯、聚丙烯等塑料，可用作防火防腐材料、建筑材料、包装材料等。聚氯乙烯塑料的拉伸强度、抗弯强度、硬度等属于一般水平。需要注意的是，聚氯乙烯对光和热的稳定性较差，经长时间阳光曝晒或在100℃以上，会分解产生无色有刺激性气味的氯化氢气体，并进一步自动催化分解，引起变色，变色过程为：白色→浅黄色→红色→褐色→黑色。在分解过程中，其机械性能迅速下降，变硬、发脆，在实际应用中必须加入稳定剂以提高其对热和光的稳定性。

（3）聚丙烯（polypropylene，PP），是由丙烯单体经加聚反应形成的白色透明蜡状材料，结构单元为：

$$-CH_2-CH-$$
$$|$$
$$CH_3$$

聚丙烯从 1957 年开始工业化生产，目前产量仅次于聚乙烯和聚氯乙烯。这种材料的密度为 $0.89 \sim 0.91 g/cm^3$，是热塑性塑料中最轻的，它无毒无味，强度、刚度、硬度和耐热性均优于高密度聚乙烯。聚丙烯的侧基甲基的空间位阻比较大，使得主链分子链段不易运动。因此，聚丙烯的玻璃化转变温度比聚乙烯高，耐热性好，可在 130℃ 下使用，且对水特别稳定，吸水率仅为 0.01%，所以，聚丙烯制作的食物容器等可煮沸消毒、微波加热等。此外，聚丙烯的耐腐蚀和绝缘性能也很好，可用做耐温高频电绝缘材料。但是，聚丙烯不耐低温，其脆性温度仅为零下 35℃，且不耐磨、易老化，静电度高，染色性、印刷性和黏合性较差。

（4）聚苯乙烯（polystyrene，PS），是由苯乙烯单体通过链式聚合反应合成，其结构单元为：

$$-CH_2-CH-$$

聚苯乙烯于 1930 年开始工业化生产，无毒、无臭、吸水性低，具有良好的耐辐射性、耐化学腐蚀性、电绝缘性、绝热性和加工流动性。由于聚苯乙烯大分子链的侧基为大体积的苯环，分子不对称性较高，分子内单键的旋转受到限制，所以聚苯乙烯材料刚性大、性脆，但透明度高，透光率可达 90% 以上，易着色。此外，聚苯乙烯的耐热性和耐候性差，不耐沸水，易低温开裂。

聚苯乙烯一般可用于制造建材、工业装饰、光学器件、玩具、文具等；其另一个重要用途是制备泡沫材料，用于隔热减震、一次性餐具等。

4. 工程塑料

（1）聚对苯二甲酸乙二醇酯（polyethylene terephthalate，PET），是 1970 年开始工业化生产的一类具有良好综合性能的新型工程塑料。它以对苯二甲酸二乙酯与丁二醇为原料通过酯交换法制备获得，结构单元为：

$$-OCH_2CH_2O-C(=O)-\bigcirc-C(=O)-$$

聚对苯二甲酸乙二醇酯具有良好的力学性能，制成薄膜的冲击强度是其他高分子薄膜的 3~5 倍，抗蠕变性、耐折性、尺寸稳定性好。此外，它的耐候性良好，可阻挡紫外线，耐大多数溶剂和稀酸碱，气体和水蒸气的渗透率低，透明度高，光泽性高，无毒无味，因此它常用于制备装水和饮料的塑料瓶、产品包装和电器零部件等，如图 11.3(a)所示。聚对苯二甲酸乙二醇酯可在 55~60℃ 温度范围内长期使用，并可在 65℃ 短时间使用，但温度达到 70℃ 时易发生变形，会熔出对人体有害的物质，但它可耐零下 70℃ 低温。

(2)聚碳酸酯(polycarbonate，PC)，是分子链中含有碳酸酯基的高分子。根据酯基的种类，可分为脂肪族、脂环族、芳香族、脂肪族-芳香族等聚碳酸酯。目前用作工程塑料的聚碳酸酯一般是碳酸二苯酯和双酚 A 通过酯交换和缩聚反应合成，结构单元为：

$$-O--\overset{\overset{\displaystyle CH_3}{|}}{\underset{\underset{\displaystyle CH_3}{|}}{C}}--O-\overset{\overset{\displaystyle O}{\|}}{C}-$$

聚碳酸酯为无色或微黄色透明固体，无臭无味，对人体无害，透光率为 75%~90%，接近有机玻璃(聚甲基丙烯酸甲酯，polymethyl methacrylate，PMMA)。其最高使用温度可以达到 135℃，脆化温度为零下 100℃，具有良好的尺寸稳定性、强度及弹性系数、冲击强度、电气特性、耐候性和自由染色性。因此，聚碳酸酯可广泛用于制备各种工业机械零件，光盘、包装、计算机等办公室设备，医疗及保健器件，休闲和防护器材等，还能用于银行等特殊场所的防护窗、工业安全档板、飞机舱罩和防弹玻璃等，如图 11.3(b)所示。但聚碳酸酯无自润滑性，耐磨、耐疲劳性差，容易产生应力开裂，而且其耐光、耐溶剂、耐碱性能也不好。

(3)氟塑料，是由分子链中含有氟原子的氟树脂制成的塑料，可以作为特种工程塑料使用。氟塑料种类很多，应用广泛的有聚偏氟乙烯(polyvinylidene fluoride，PVDF)、聚三氟氯乙烯(polytrifluorochloroethylene，PCTFE)、聚四氟乙烯(polytetrafluoroethylene，PTFE)、聚全氟乙丙烯(polyperfluorinated ethylene propylene，FEP)等。由于分子链中含有氟原子和稳定的碳氟键，使得氟塑料具有独特的性质。以聚四氟乙烯为例，聚四氟乙烯是四氟乙烯单体经聚合而成，结构单元为：

$$-CF_2-CF_2-$$

聚四氟乙烯于 1936 年由杜邦公司发明，目前工业产量约占整个氟塑料的 80%，素有"塑料王"的美称，商品名为特氟隆。聚四氟乙烯无毒无害，具有极高的化学稳定性和热稳定性，几乎不受任何化学药品的腐蚀，可在 250℃ 长期使用，耐候性以及耐久性非常好；同时，其摩擦系数极低(对钢的动、静摩擦系数均为 0.04)，具有高润滑性，有固体材料中最小的表面张力(几乎不黏附任何物质)。但聚四氟乙烯强度较低，加工性能差。

聚四氟乙烯被广泛应用于国防军事、航空航天、电气电子、医疗化工、建筑、机械、纺织、厨具食品等领域。现在常用的不粘锅，就是在锅的内表面涂了一层聚四氟乙烯。中国国家游泳中心"水立方"是国内首次采用聚四氟乙烯膜的建筑物，聚四氟乙烯膜使得表面不易沾灰；即使沾灰，自然降雨也可以将附着在其表面的灰尘冲刷掉，保持表面清洁如新，如图 11.3(c) 所示。

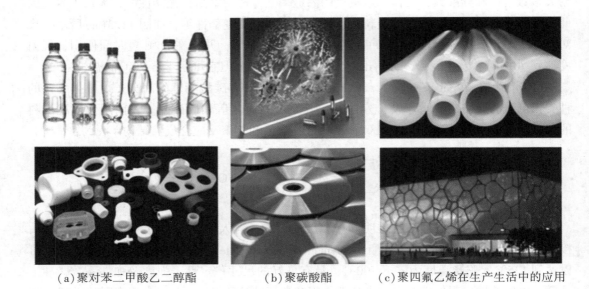

（a）聚对苯二甲酸乙二醇酯　　　（b）聚碳酸酯　　　（c）聚四氟乙烯在生产生活中的应用

图 11.3　工程塑料

11.4.4　合成纤维

合成纤维是由合成高分子材料通过一定加工工艺获得的纤维材料。自 1913 年合成出最早的聚氯乙烯纤维以来，合成纤维工业发展迅速，目前已工业化生产的高分子纤维约有三四十种。为纪念合成纤维工业的高速发展，1978 年我国发行了一套直五连邮票，形象地反映了化纤纺织品生产的工艺流程：原料合成、抽丝成纤、纺织、印染和成品。当今世界最重要的四大合成纤维分别为：聚酰胺纤维、聚酯纤维、聚丙烯腈纤维和聚丙烯纤维，这几种合成纤维占据了合成纤维工业产量半数以上的份额，并广泛用于人类生产生活中。

1. 锦纶

锦纶是分子主链含有酰胺键的一类聚酰胺纤维，也是世界上最早工业化生产的合成纤维。1930 年，美国杜邦公司的卡罗瑟斯(W. H. Carothers) 在做聚酯的缩聚反应时发现玻璃搅拌棒上附着的产物被拉成了具有很好弹性的细丝，他意识到这种细丝具有纺丝的特性。经过多年的组合试验，卡罗瑟斯于 1935 年用己二胺和己二酸缩聚获得了聚酰胺树脂：

$$n\,H_2N(CH_2)_6NH_2 + n\,HOOC(CH_2)_4COOH \longrightarrow \left[NH(CH_2)_6NHC(CH_2)_4C \right]_n$$

聚酰胺树脂在熔融状态下可以被拉伸成符合纺丝要求的纤维材料，并于 1939 年实现工业化，命名为"尼龙"(Nylon)，俗称尼龙 66。它的成功合成是合成纤维工业的重大突破，这种纤维的出现使得纺织业出现革新。根据二元胺和二元酸中碳原子数量的不同，合成出的不同聚酰胺纤维品种命名也不同，常见的聚酰胺纤维品种还有尼龙 6 和尼龙 610 等。

锦纶的优点是质轻、强度高、韧性好，耐冲击性和耐疲劳性优秀，耐腐蚀性较好，是耐磨性最好的纤维之一；锦纶广泛用于纺织业，可以制造耐磨衣料、丝袜等；在工业上可用于制备渔网、绳索、降落伞及其他军用织物等。由于具有良好的力学性能、耐腐蚀性和绝缘性能等，尼龙 6 同样被广泛用作工程塑料，用于制造机械零部件、包装材料、日常用品和医疗器械等。锦纶的缺点是弹性模量较小，使用过程容易变形，耐热性和耐光性较差。

2. 腈纶

腈纶是以丙烯腈 $CH_2=CH_2CN$ 为主原料均聚或共聚获得的树脂，后通过纺丝得到的聚丙烯腈纤维。这种纤维的外观和特性均与羊毛类似，故有"人造羊毛"之称。腈纶可以广泛用于代替羊毛，主要用于制造各种纺织品、衣料以及制造军用帐篷、帆布等。

腈纶质量轻，富有弹性和韧性，保温性比羊毛高出 15%；耐热性、化学稳定好，吸水率低；耐光性和耐候性仅次于含氟纤维，在室外曝晒一年强度也只会降低 20% 左右。

3. 涤纶

涤纶是由聚酯树脂（有机二元酸和二元醇缩聚合成）经熔融纺丝和后加工形成的一类聚酯纤维，是目前生产量最大的合成纤维。这种纤维种类很多，目前主要生产品种为聚对苯二甲酸乙二醇酯纤维。涤纶在我国俗称为"的确良"，与现在人们选择舒适透气的天然纤维织物不同的是，20 世纪 70 年代中期，"的确良"的衣服在我国风靡一时。涤纶具有接近羊毛的弹性，具有很好的疏水性，吸水性小，在湿态下强度不会降低；其热变定性非常好，很耐皱，水洗不会走样；此外，其耐热性、耐腐蚀性较好，耐磨性仅次于锦纶，而耐光性仅次于腈纶。但是由于其疏水性和较小的吸湿性，制成的衣物不透气，不吸汗。

涤纶主要用于纺织业，制造衣料和其他纺织品，在工业中可用于制造电绝缘材料、轮胎帘子线、渔网等。

4. 丙纶

丙纶即为聚丙烯纤维，1957 年投入工业化生产。这种纤维是所有合成纤维中最轻的（相对密度 0.91 左右），强度很高，弹性好，耐磨、耐腐蚀；但吸湿性在合成纤维中最低，几乎完全疏水，往往不用于制作衣料，而用于制作绳索、渔网等网类制品。其染色性、耐热性和耐光性相对较差。

11.4.5　高分子黏合剂

黏合剂又称胶黏剂，是一种能将各种材料紧密结合在一起的物质。由于黏合剂作用在材料之间的界面处，不会对被黏附材料结构造成明显改变，也不易出现焊接或铆接时的应力集中现象，因而在生产生活中应用广泛。

黏合剂和被黏合材料之间要达到良好的黏合效果，必须具备两个条件：（1）黏合剂可以很好地润湿被黏合材料表面；（2）黏合剂要与被黏合材料之间具有较好的相互结合力。合成高分子黏合剂的种类很多，按成分可以分为热塑性树脂黏合剂（聚醋酸乙烯酯、聚酰胺等）、热固性树脂黏合剂（环氧树脂、酚醛树脂等）、橡胶型黏合剂（硅胶、氯丁胶等）以及混合型黏合剂（环氧-酚醛、环氧-尼龙等）。根据不同的被黏合材料，往往需要选用不同的黏合剂。下面我们介绍几种常用的黏合剂。

1. 环氧树脂黏合剂

环氧树脂黏合剂是一类以环氧树脂为基料，添加了固化剂以及多种添加剂的工程黏合剂，又称环氧胶。由于环氧树脂含有多种极性基团和活性的环氧基，所以它对金属、玻璃、水泥、木材、皮革、塑料、橡胶等都具有非常好的黏合效果，可以广泛应用于机械设备和日用品等的组装黏合上，有"万能胶"之称。

2. 丙烯酸脂类黏合剂

丙烯酸脂类黏合剂可以分为两类，一类是以聚合物自身作为黏合剂；另一类则是以单体或是预聚物作为黏合剂，在黏合过程中聚合固化。以生活中常用的 α-氰基丙烯酸酯黏合剂为例，α-氰基丙烯酸酯是一种活泼的单体，可以在弱碱或水的催化下迅速发生阴离子聚合而固化，市面上的"502"胶水等就是这类黏合剂。

α-氰基丙烯酸酯黏合剂的优点在于固化速度快，透明性好、气密性好等，可以广泛应用于胶黏金属、玻璃以及各种合成高分子材料。其缺点是耐水性、耐温性差，固化形成的胶层较脆，胶水有一定气味等。

3. 有机硅黏合剂

有机硅黏合剂主要可以分为以硅树脂为基料的黏合剂和以有机硅橡胶为基料的黏合剂两类。硅树脂黏合剂使用过程中，硅树脂的预聚物在空气中热氧化或在催化剂催化下缩聚成高度交联的热固性聚硅氧烷聚合物。例如硅酮胶，俗称"玻璃胶"，是一种硅橡胶黏合剂。这种黏合剂具有很好的耐氧化性、耐温性、耐湿性和电绝缘性等，但黏接性、耐溶剂性不好，主要用于胶接金属和耐热的非金属，用于航空航天，机械电子、建筑、医疗和日常生活等方面。

11.4.6　高分子涂料

高分子涂料主要是涂覆在物体表面起保护或装饰等作用的高分子材料。早期的涂料是由天然树脂分散于植物油中炼制而成，故而俗称"油漆"。随着合成高分子工业发展，很多的涂料已经可以用水来分散，避免了有机溶剂的使用，更绿色环保，获得更多更广的应用。

涂料主要成分为成膜高分子以及颜料、填充剂等其他添加剂。成膜高分子需要与物体表面以及颜料、填料等物质之间具有很好的结合力（黏附力），可以形成连续的膜层，它是构成涂料的基础，决定了其基本性能。理论上，各种天然和合成高分子都可以作为成膜物质，但是涂料所用的高分子一般比橡胶、塑料和纤维的平均分子量小。

按使用形态，可以将涂料分成油性涂料、水性涂料和粉末涂料三类。其区别在于，油性涂料是以有机溶剂为介质或是无溶剂的固体油性涂料，如醇酸树脂漆、氨基树脂漆、环氧树脂漆等；水性涂料是可以用水溶解或分散的涂料，如水性环氧树脂漆、聚醋酸乙烯乳胶漆、丁苯胶漆等；粉末涂料是一种新型无溶剂固体粉末状涂料，如环氧粉末涂料、聚酯型粉末涂料等。可以根据涂料的特性和使用环境选择相应的涂料。以下我们简单介绍几种常用的涂料。

1. 醇酸树脂涂料

醇酸树脂涂料是以醇酸树脂为主要成膜材料的合成树脂涂料。醇酸树脂是由多元醇、多元酸与脂肪酸聚合而成。按加入油的种类，可以分为干性油醇酸树脂和不干性油醇酸树脂，前者采用不饱和脂肪酸制成，可以直接作为涂料固化成膜；后者不能直接作为涂料，需要与其他树脂混合使用。

醇酸树脂涂料优点在于涂膜光泽性好、附着力强、耐候性好以及价格较为低廉，缺点是耐碱性、耐水性、储存稳定性较差、固化时间长等。这类涂料一般用于汽车、机械零件等金属器件的涂装，以及家具用品和室内建筑涂装。

2. 丙烯酸树脂涂料

丙烯酸树脂涂料根据不同的制备工艺和溶剂选择，可以制备成油性丙烯酸涂料、水性丙烯酸涂料和丙烯酸粉末涂料等各种类型。丙烯酸树脂涂料的优点在于具有优良的色泽，附着力、耐碱性、耐候性、耐腐蚀性都很好；缺点是耐溶剂性、耐湿热性不佳，对底材表面处理要求高。

热塑性和热固性丙烯酸树脂涂料在应用范围上有所不同：热塑性丙烯酸树脂涂料为挥发性涂料，靠溶剂挥发干燥，一般应用于织物、木器和金属制品上，在航空和建筑工业中也有应用；热固性丙烯酸树脂涂料交联固化后性能更好，一般用于装饰性能要求较高的轻工产品，如冰箱、洗衣机、仪表等涂装。

3. 环氧树脂涂料

环氧树脂涂料同样可以通过选择工艺、溶剂制备成种类多样，各具特点的涂料。这类涂料的优点在于附着力强、力学性能好，耐化学腐蚀性、耐水性、热稳定性和电绝缘性良好；缺点是耐候性差，户外日晒易粉化。所以，这种涂料一般用于化工、汽车工业、造船工业和石化设备及管道的涂装。

11.4.7 功能高分子材料

功能高分子材料的研究自20世纪50年代开始兴起，在70年代已成为高分子学科的重要分支，并且处于高速发展阶段。功能高分子材料是具有某种特殊功能或是在某种特殊环境下使用的高分子材料。这种材料从外部接收信号刺激，其内部可以根据刺激产生物质、能量和信息的变化，从而达到传输、转换和储存刺激的作用。功能高分子材料的种类很多，诸如光敏高分子材料、导电及压电高分子材料、生物医用高分子材料、高分子催化剂与试剂、高分子吸附剂、高分子分离膜等。以下简要介绍几类比较常见的功能高分子材料。

1. 光敏高分子材料

光敏高分子材料是指在光作用下做出物理或化学响应的高分子材料。根据不同的输出功能，可以将其分为光导电材料、光电转换材料、光热转换材料、光致形变材料、光致变色材料、光致抗腐蚀材料和光敏涂料等。

光导电高分子材料是一类在光照作用下电导率发生显著变化的材料，其主链中一般具有较高程度的共轭结构，或侧链上连接有共轭结构（如多环芳烃等）、芳香胺、含氮杂环等。高分子光导电材料与无机光导电材料相比，具有成膜性好、柔韧性好以及便于湿法加工成型等特点，因而可用于制造光检测元件、光电子器件、静电复印设备和有机太阳能电池等（图 11.4（a））。光电转换材料是通过光伏效应将太阳能转换为电能的材料，主要用于制作太阳能电池。目前有机太阳能电池的最高光电转化率为 17.3%，为我国南开大学陈永胜教授团队的成果，该研究发表在《科学》杂志上，备受国际关注。

光致或光热形变高分子材料是在光照条件且无物理接触的情况下，能够快速改变尺寸和形状的一类材料。如分子链中具有偶氮结构的液晶弹性体，由于结合了液晶的各向异性和聚合物网络的橡胶弹性，可以在光照刺激下改变液晶基元的排列使弹性体产生形变，撤去光照后又可以恢复；掺杂有光热转化材料（如石墨烯、碳纳米管等）的橡胶材料和形状记忆树脂等，可以吸收光能改变材料温度，从而引起材料模量、形状或体积的可逆变化。这类材料被广泛用于可远程光控的致动器、软体机器人、可逆黏附材料等方面[图 11.4（b）~（e）]。

光敏涂料是以感光树脂为主要成膜物质的一种特殊涂料，其在光照下可以迅速发生光聚合或光交联反应，从而使涂料快速固化成膜。其主要成分是具有光敏基团（如乙烯基、丙烯酰基、烯醛、缩水甘油酯基等）的树脂单体或预聚物、光引发剂等添加剂。光敏涂料所得膜层具有光泽性好、附着力强和抗腐蚀性强等优点，而且可以根据需要选择性曝光需涂覆位置，可用于仪器仪表、电子电路和印刷工业等。

2. 导电及压电高分子材料

导电高分子材料是指一类具有导电功能的聚合物。自从 1976 年黑格尔、马克迪尔米德和白川英树发现聚乙炔中掺杂碘后能像金属那样导电，导电高分子得到迅速发展。这类材料可以分为结构型和复合型两类。

结构型导电高分子材料是聚合物自身结构具有导电性的材料，这类材料主要有：

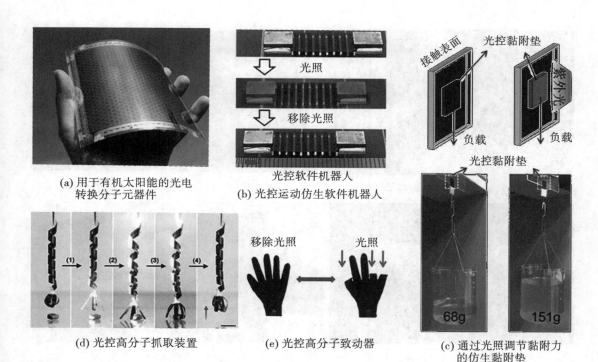

(a) 用于有机太阳能的光电
转换分子元器件

(b) 光控运动仿生软件机器人

(d) 光控高分子抓取装置

(e) 光控高分子致动器

(c) 通过光照调节黏附力
的仿生黏附垫

图 11.4 光敏高分子材料的应用

(1)电子导电高分子材料，其分子链具有共轭结构，如聚乙炔、线型聚苯等；(2)离子导电高分子材料，是以分子链中的正、负离子为载流体的聚合物，如聚醚、聚酯和聚亚胺类高分子材料。与金属导电材料相比，这类材料质轻、耐腐蚀、加工性好，故可应用于研发制造轻质塑料电池，传感器件、半导体原件等。

　　复合型导电高分子材料是通过向高分子材料中添加导电填料获得导电性的复合材料，如导电塑料、导电橡胶、导电织物和导电涂料等。导电填料可为炭黑、石墨、碳纤维、金属粉末等。这类导电高分子材料成型加工与一般高分子基本相同。相比于结构型导电高分子，其原料种类更多，更具有实用性，可应用于能源、轻工、电子等领域。例如，导电弹性聚合物目前被广泛用于可穿戴设备、柔性电子皮肤、柔性机器人等。将电子线路与柔性材料相结合，可以使复合材料获得聚合物的柔性和黏附性能，使其牢牢贴于皮肤，并在伸缩、扭曲变形的同时，保持原有的导电性能，如图 11.5(a) ~ (d)所示。

　　压电高分子材料是能够实现机械效应和电效应相互转换的一类高分子材料，通过拉伸极化处理后即具有压电性能(如聚偏氟乙烯等)。与传统压电陶瓷相比，压电高分子在具有压电性的同时，质量轻、耐冲击、柔韧性好，便于加工处理和大规模集成生产，而且力学阻抗低，有利于在动物体内和水下应用。所以，压电高分子材料可以应用于制造扬声器、耳机、超声波换能器和各种医用仪器等，如图 11.5(e)所示。

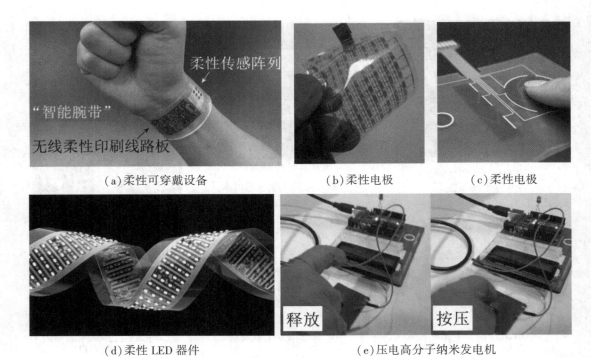

(a)柔性可穿戴设备　　　　　　　(b)柔性电极　　　　　　　　(c)柔性电极

(d)柔性 LED 器件　　　　　　　　　(e)压电高分子纳米发电机

图 11.5　导电及压电高分子材料的应用

3. 生物医用高分子材料

生物医用高分子材料是指可用于生理系统疾病诊断、治疗、修复或替换组织、器官，从而增进或恢复生物功能的高分子材料。生物医用高分子材料，还需要具有良好的化学稳定性和生物相容性、无毒副作用、耐老化、抗疲劳等。这类材料既可以来源于天然高分子（如胶原、甲壳素等），也可以来源于合成高分子（如聚酯、硅橡胶、聚醚醚酮等）。根据不同的用途，可将这类材料分为手术治疗用高分子材料、药用及药物传递用高分子材料以及人造器官和组织。

胶原蛋白、纤维蛋白等材料具有很好的生物力学性能、免疫原性低，可用于制造心脏瓣膜、血管修复材料、人工皮肤和医用可吸收缝合线等；改性修饰的壳聚糖、海藻酸钠、环糊精以及合成的温敏性聚（N-异丙基丙烯酰胺等）或 pH 敏感的聚丙烯酸等水凝胶材料，可以通过外界温度、pH 等条件变化的刺激，在生物体内智能释放存储在其中的药物，从而达到精准、持续治疗的效果。合成水凝胶高分子材料还可用于医用黏附胶带。在湿润、活动的生物体表获得良好持久的黏附一直是很大的挑战。哈佛大学研究人员制造出一种包含了离子交联和共价键交联两种交联体系的水凝胶，成功修补了一颗跳动的猪心，并有效阻止了大鼠肝脏的出血。

11.5　高分子材料的成型加工

11.5.1　塑料的成型加工

塑料制品的成型加工是通过将成型用物料以一定条件和工艺加工成固定形状制品的过程。塑料制品的成型加工方法很多，热塑性塑料主要有挤出成型、注射成型、压延成型和吹塑成型等方法；热固性塑料主要有模压成型、传递成型和层压成型等方法。

1. 挤出成型

挤出成型又称挤塑，是热塑性塑料最主要的成型方法，其原理是将聚合物与各种添加剂混合后使其受热熔融，通过挤出机内螺杆的挤压作用向前推送，强制连续通过口模而制成各种具有恒定截面的型材。这种方法几乎适用于所有热塑性塑料，生产效率很高，主要用于连续生产等截面的管材、棒材、丝材、板材等。

2. 注射成型

注射成型简称注塑，此种成型方法是使物料在注射成型机料筒内加热熔融，由螺杆或是柱塞加压注射到闭合模具的模腔中，经一定时间冷却定型，开模即可获得制品。这种技术的优点在于可以一次性成型外观复杂、中空塑料制品的型坯、带有金属或是非金属嵌件的塑料制品，具有尺寸精确、产品一致性高、生产效率高等优点。

3. 吹塑成型

吹塑成型限于制造热塑性塑料的中空制品。这种成型方法是先将物料预制成管形坯，置于模具内加热软化或吹入热空气，利用气体吹胀材料，遇到模壁冷却固化，脱模获得制品。材料在吹胀过程中受到双向拉伸的作用，制得的中空制品具有良好的韧性和抗挤压性能。这种成型方法成本较低，可一次性成型形状复杂、不规则制品，在玩具、日用品、化工和食品等行业均有广泛应用。

4. 压延成型

压延成型是将加热塑化的物料通过一组热辊筒的间隙，多次受到挤压和延展作用使其厚度减薄，获得连续片状材料的一种成型方法。这种方法适用于软化温度较低的热塑性非晶态材料，如聚氯乙烯、改性聚苯乙烯等，可以获得片材、薄膜等结构的制品。

5. 模压成型

模压成型又称压缩成型，是将预制成型的物料放入模具腔后闭模，通过加热和加压作用成型，冷却脱模即可获得制品。模压成型属于高压成型手段，优点在于原料损失小，制品机械性能稳定、内应力低等；缺点在于不适合制备存在凹陷、孔洞或是对尺寸精度要求高的制品。

6. 层压成型

层压成型工艺是将多层塑料片材或涂覆有树脂的片状基材叠合并送入热压机内，在加热加压条件下，逐层压制成均一制品的成型方法。

层压成型是用于制备增强塑料制品的重要方法之一。通过这种成型方法获得的制品质量稳定，性能良好，但只能间歇生产，且只能生产板材。

11.5.2　橡胶的成型加工

橡胶的成型加工过程主要包括塑炼、混炼、成型和硫化四个步骤。

1. 塑炼

塑炼是指将生胶在炼胶机上滚炼，通过机械力、热、化学（加入氧或某些化学试剂）等作用，降低生胶分子量，使生胶由强韧的高弹状态转变为柔软的可塑状态的流程。塑炼一般用于天然橡胶，塑性适当的合成橡胶可不用此工艺步骤。

2. 混炼

混炼是指将塑炼后的胶与各种添加剂在开放式炼胶机或密炼机内均匀混合的过程，是橡胶加工最重要的生产工艺。通过这个工艺，可以使各种添加剂在胶中均匀分散，获得具有复杂分散体系的混炼胶。

3. 成型

成型是将混炼胶通过压延机、挤出机等预制成一定尺寸的胶片，再通过成型设备获得各种形状的最终成品。

4. 硫化

硫化是将成型过程获得的成品置入硫化设备中，在一定温度和压强下，通过成品内硫化剂将线性分子链交联成立体网状结构的过程。通过这个步骤，橡胶材料会从塑性的胶料转变为高弹性的硫化胶，成为符合使用标准的制品。

11.6　白色污染

由于具有优良的性能，合成高分子材料已经广泛应用到生产生活的各个方面。我国是世界上十大塑料制品生产和消费国之一。1995 年我国塑料产量为 519 万吨，到 2015 年产量已经增至 5000 万吨。如果对使用后的高分子制品不经妥善处理，随意丢弃于自然环境中，往往需要 200~400 年甚至要 500 年才能在自然环境中降解，对环境造成严重污染。人类使用短短几十年的塑料废弃物，就足以污染地球几个世纪。由于这些塑料废弃物大多呈白色，因此称为"白色污染"。白色污染除了会造成视觉污染，还会对大气、水体和土壤产生极大的污染，造成严重的生态系统破坏，并且可能成为有害生物，如老鼠、蚊蝇等的繁殖场所，成为传染疫病的温床。白色垃圾几乎都是可燃物，在天然堆放过程由于温度和光照影响，非常容易引起火灾，造成重大损失。

因此，我们应该尽量减少塑料制品的使用，杜绝乱丢乱扔等行为，并做好回收再利用工作。同时，积极研发塑料材料的可降解替代物，从根本上解决对生态环境的污染。

11.7　本章小结

高分子材料已经深入人类生活的方方面面，与我们的衣食住行息息相关。随着科技的快速发展，今后高分子科学发展将更加趋向高性能化、功能化和智能化。但是，在发展高分子科学的同时，我们需要对高分子材料的使用保有足够的谨慎。取之于自然，并与自然的和谐共存，防止对生态系统的伤害，走可持续发展的道路。

思考题

1. 何为高分子、单体、聚合度、分子量、多分散性和聚集态？
2. 何为高分子材料的玻璃化转变温度和黏流温度？
3. 天然高分子材料有那些？
4. 何为热塑性高分子材料和热固性高分子材料？
5. 塑料和橡胶的区别，它们的使用温度区间是怎样的？
6. 塑料制品上回收标志中的数字1~7分别对应的高分子材料，他们的结构式是怎样的，都具有哪些典型特性？
7. 四大合成纤维是哪些，它们的典型性质是什么？
8. 高分子黏合剂有哪几类？
9. 高分子涂料按形态分为几种类型？
10. 什么是功能高分子材料？可以用于哪些新兴领域？
11. 高分子材料的成型加工方法有哪些？

第12章 复合材料及其进展

12.1 复合材料的定义与分类

尽管 20 世纪中叶才开辟了复合材料这一新的学科分支，但复合材料其实从未远离过人类社会。古巴比伦人曾使用沥青包裹住麻布修补船只，古埃及人使用涂料复合麻布来制作木乃伊，半坡人使用草梗与泥的混合物来筑墙，中国南方使用麻纤维与土漆复合制作漆器等例子告诉我们，古人经验上已经意识到将天然纤维填充入固体中可以将两种不同材料的优点同时发挥出来。

12.1.1 复合材料的定义

现在我们常见的复合材料有用来装牛奶等食品的多层复合纸以及飞机蒙皮材料，多层复合纸是由外层的纸来提供强度和亲水性(容易印刷)，由内层的铝箔或高分子材料提供疏水性(隔离流质食物)。波音 787 飞机采用的蒙皮材料是一种三明治结构，上下表面是碳纤维预浸布，中间由蜂窝状的树脂材料构成。

复合材料是由两种以上不同的原材料组成，使原材料的性能得到充分发挥，并通过复合化而得到单一材料所不具备的性能的材料。值得注意的是，复合材料一定是能充分发挥多种材料性能的材料，而不是简单的材料混合。复合材料通常由基体、增强相和界面构成。基体是复合材料中比较连续的相；增强相是以独立形态分布于整个连续相中的分散相；界面则是基体与增强相之间的结合部。

复合材料常表现出以下三种特点：

(1)复合材料由两种或两种以上不同性能的材料组元通过宏观或微观复合形成的一种新型材料，组元间存在着明显的界面；

(2)各组元保持各自的固有特性，最大限度发挥各种材料组元的特性，并赋予单一材料组元所不具备的优良特殊性能；

(3)复合材料具有可设计性。

12.1.2 复合材料的分类

复合材料按基体类型分类，可分为金属基复合材料、有机材料基复合材料和无机非金属基复合材料三大类。如果继续细分下去，金属基复合材料又可以分为铝基、铜基、镁基等；有机材料基复合材料课分为天然有机基和聚合物基(还可以分为热固性树脂基和热塑性树脂基）；无机非金属基复合材料可分为混凝土基、陶瓷基和碳基等。

复合材料按增强体类型分类，可以分为颗粒增强复合材料、晶须增强复合材料、纤维增强复合材料和层叠增强复合材料等。不同类型的增强体在基体中的状态如图 12.1 所示。颗粒增强体通常是等效直径小于 $100\mu m$ 的粉状材料；晶须增强体则是等效直径小于 $100\mu m$，长径比为 $10\sim1000$ 甚至更高的单晶纤维材料；纤维增强体通常是直径尺寸为微米级、长度尺寸为厘米级甚至更高的丝状材料。常见的这三类的增强体的尺寸大小如图 12.2 所示。层叠增强材料使用的类似"三明治"的多层结构，增强层的厚度应大于微米级。

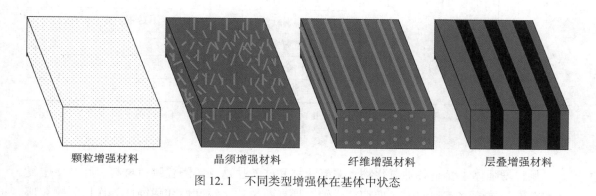

颗粒增强材料　　　　晶须增强材料　　　　纤维增强材料　　　　层叠增强材料

图 12.1　不同类型增强体在基体中状态

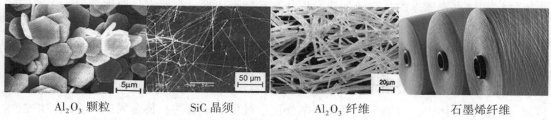

Al_2O_3 颗粒　　　　SiC 晶须　　　　Al_2O_3 纤维　　　　石墨烯纤维

图 12.2　不同类型增强体的形态

除了以上两种分类方式以外，还可以按复合材料性能，分为结构复合材料和功能复合材料；按照基体和增强体的性质，分为同质和异质复合材料。不同的分类方法使得复合材料性能研究和复合材料的设计提供了多层次的指导依据。

12.2　复合材料增强体

在复合材料中，凡是能提高基体材料性能的物质，均称为增强体，增强体的加入往往都是补足基体材料在某个性能上的短板。增强体的性能、含量、几何尺寸及处理方法在很大程度上决定了复合材料的性能。除前文介绍的复合材料中常使用的四大增强体类型，表 12.1 列出了更细致分类的常见的增强体。从颗粒、晶须到纤维，增强体的维度和尺寸是依次递增的。本节将逐一介绍这几种增强体的作用和特点。

表 12.1　　　　　　　　　　　　　　　复合材料中常见的增强体

增强体	颗粒增强体	氧化物颗粒	Al_2O_{3p}、SiO_{2p}
		非氧化物颗粒	SiC_p、B_4C_p、TiC_p
		硅酸盐颗粒	高岭土、滑石
	晶须增强体	陶瓷晶须	SiC_w、TiC_w
		金属晶须	Cr、Fe、Cu
	纤维增强体	有机纤维	芳纶、聚乙烯、尼龙
		无机纤维	SiC_f、Al_2O_{3f}
		金属纤维	不锈钢、W、Mo
	层叠增强体	陶瓷	
		金属	
		高分子	

注：正体下标 p、w 和 f，分别是颗粒(particle)、晶须(whisker)和纤维(fiber)英文首字母，指示增强体类型。

颗粒增强体主要是各种氧化物、非氧化物和硅酸盐这三类陶瓷颗粒材料。在基体中复合颗粒增强体能够起到增强、增韧、增硬、提高断裂功、耐磨性和耐蚀性等作用。颗粒增强体强化基体主要依靠的是弥散强化原理和颗粒增强原理。弥散强化原理类似于金属中的析出强化原理类似，分布在基体中的颗粒增强体能够阻碍材料内部的位错运动，甚至形成位错环。实现颗粒增强的主角是基体与颗粒增强体之间的界面，界面能阻滞基体内位错的滑移，并使外界载荷集中在颗粒上，直至颗粒发生破坏才引起裂纹。因此，颗粒的尺寸越小，界面面积越大，颗粒增强效果越好。现阶段较为成熟的技术是将坚硬的陶瓷颗粒增强体复合到金属基体中，提高金属基材料的强度、硬度和耐磨性；将金属或陶瓷颗粒增强体复合到陶瓷基体中，提高陶瓷基材料的韧性。当前研究的热点是颗粒增强铝/镁基复合材料。

晶须的发现要追溯到 1946 年，H. L. Cobb 在美国电镀者协会的月刊上发表了一篇关于镉金属晶须危害电子产品的文章。逐渐地，人们发现不仅仅是金属镉会长出晶须，铁、锡、铜金属都会有类似的现象。工程人员在寻找解决晶须危害的同时，也发现它是一种力学性能很优秀的单晶材料。在 20 世纪 60—70 年代，人们尝试过很多方法将金属或陶瓷晶须(Al_2O_{3w} 和 SiC_w)增强复合材料，但总因一些原因没有获得足够的应用。直到 1978 年，美国 Utah 大学的 Cutler 教授实现了从稻壳中合成 SiC_w，大大降低了成本，推动了晶须增强复合材料的继续发展。

如今，金属晶须复合材料多应用在导电和电磁波屏蔽方面，陶瓷晶须复合材料较为普遍，成为晶须复合材料的热点。硼酸镁晶须的成本低廉，极有可能获得广泛应用。硼酸镁晶须增强铝 6061 复合材料相比基体材料，其弹性模量增加了 50%，抗拉强度增加了 12%。碳酸钙晶须是一种十分适合与树脂复合的增强体，可以提高产品的加工性、力学性能和表面光洁度。氧化锌晶须和钛酸钾晶须均可以改善聚合物基体材料的防静电性。纤维素晶须则是一种可应用于医药化工行业的有机晶须，具有很大的应用前景。

纤维增强体是应用最广泛、最成熟的增强体。常见的纤维增强体主要是玻璃纤维（glass fiber）、碳纤维（carbon fiber）、芳纶纤维（aramid fiber）和玄武岩纤维（basalt fiber）。玻璃纤维是将熔化的玻璃以极快的速度抽拉成细微的丝，直径为 3.8~21.6μm，其脆性与直径的 4 次方成正比，质地柔软，可以织成玻璃布、玻璃带。玻璃纤维增强复合材料的机械强度、物理性能及化学性能与玻璃的成分，直径细度有直接关系。碳纤维是将有机纤维烧结后得到的一种含碳量在 90% 以上的纤维，具有质轻、高强度、高模量、耐高低温、耐酸、导电，以及良好的润滑及耐磨等性能。芳纶纤维诞生于 20 世纪 60 年代的美国，现常以生产商的产品牌号为人所熟知。芳纶纤维除了具备良好的机械性能外，还具备优异的阻燃、耐热、耐辐射性等。玄武岩纤维是一种硅酸盐纤维，它的耐高温性较前几种纤维材料要高几倍，同时有抗辐射、隔音的功能。纤维增强聚合物基复合材料是发展较为成熟，应用范围较广的一类复合材料。

12.3 常用复合材料

12.3.1 聚合物基复合材料

常规高分子材料具备密度低，成型性好的特点，但与金属材料和陶瓷材料相比，其强度、耐磨性、耐高温性等方面有着明显的劣势。将高分子材料与不同的增强体材料复合起来，能够补足某些劣势，甚至使性能更高，是设计聚合物基复合材料（polymer matrix composites，PMC）的大原则。

玻璃钢（fiberglass-reinforced plastic，FRP）常被称为纤维化玻璃增强塑料，但这类材料的基体通常是热固性塑料，即树脂类塑料。所以更准确地说，玻璃钢是一种玻璃纤维增强热固性塑料（glass fiber reinforced thermosetting polymer，GFRSP）。玻璃钢的比强度高于合金钢和铝合金，性能稳定，机械强度与碳钢相仿，且绝缘、耐腐蚀、耐低温性好。常见的玻璃钢材料有价格低廉的聚酯玻璃钢（不饱和聚酯树脂基玻璃钢）、强度高的环氧玻璃钢（环氧树脂基玻璃钢）和耐腐蚀的酚醛玻璃钢（酚醛树脂基玻璃钢）。除了使用玻璃纤维增强体外，芳纶纤维（常见的品牌名有 KEVLAR® 和 NOMEX®）和碳纤维增强聚合物基复合材料的强度要比玻璃钢更高。表 12.2 列举了普通碳钢与这几种纤维增强环氧树脂基复合材料的比重、抗拉强度和比强度。

表 12.2　　　　常见纤维强化聚合物基复合材料性能与碳钢的比较

材料种类	比重（g/cm³）	抗拉强度（GPa）	比强度［GPa/（g/cm³）］
碳钢	7.6	1.03	0.13
玻璃钢	2.0	1.06	0.53

续表

材料种类	比重（g/cm³）	抗拉强度（GPa）	比强度［GPa/（g/cm³）］
Kevlar®/环氧	1.4	1.4	1
碳纤维/环氧	1.6	1.5	0.7

由于热固性塑料的特性，这类材料无法加热回收再次应用，所以玻璃纤维增强热塑性塑料（glass fiber reinforced thermoplastic polymer，GFRTP）虽发展较晚，但如今总量已超过玻璃钢。能被纤维增强的热塑性塑料有很多，如聚酰胺、聚氯乙烯、聚碳酸酯、ABS、聚乙烯、聚丙烯等。用来增强热塑性塑料的纤维主要包括玻璃纤维、碳纤维、芳纶纤维和玄武岩纤维等。同时，纤维增强体的长度会显著影响这类复合材料的性能，长纤维增强材料被业界寄予很高的期望，也是发展最快的纤维增强热塑性塑料。纤维增强热塑性材料现在广泛被应用于航天航空、汽车、电子等行业中，它们具备比重轻、抗蠕变性好、热性能好、尺寸稳定性高的特点。

12.3.2 金属基复合材料

传统上，金属材料与陶瓷材料相比，强韧性好、抗冲击性好、导电/热性能好，耐高温和耐磨性能较弱。金属基复合材料（metal matrix composites，MMC）是以金属及其合金为基体，与一种或几种金属或非金属增强相人工合成的复合材料。其增强材料主要为无机非金属，如陶瓷、碳、石墨及硼等。常见的金属基复合材料有铝基复合材料、镁基复合材料、铜基复合材料、钛基复合材料等，其中铝基复合材料的研究和应用具有广泛的前景。

纤维增强铝基复合材料具有比强度、比模量高、尺寸稳定性好等一系列优异性能，目前主要用于航天领域，作为航天飞机、人造卫星、空间站等的结构材料。常见的增强铝基复合材料的增强体材料有石墨、硼、碳化硅等。

现在，机械设备对材料的强韧性，导电、导热性，以及耐高温性、耐磨性等性能都提出了越来越高的要求，同时还要求材料具有更高的比强度和比模量（刚度）。金属基复合材料具备应对这一挑战的潜力。

12.3.3 陶瓷基复合材料

陶瓷具有耐高温、高强度和刚度、相对重量较轻、抗腐蚀等优异性能，但是脆性较低。陶瓷基复合材料（ceramic matrix composites，CMC）常是以陶瓷为基体，复合各种增强体来提高韧性、高温性等性能。

采用高强度、高弹性的纤维与陶瓷基体复合，提高陶瓷韧性和可靠性的一个有效的方法。纤维能阻止裂纹的扩展，从而得到有优良韧性的纤维增强陶瓷基复合材料。陶瓷基复合材料已用于刀具、发动机制件、航天领域、生物医学等领域。法国已将长纤维增强碳化硅复合材料应用于制造高速列车的制动件，显示出优异的摩擦磨损特性，取得满意的使用效果。C/SiC 陶瓷基复合材料已用在刹车材料、卫星反射镜用材料等。

　　工程机械内燃机由于长期工作在高温高压下，活塞与活塞环、缸壁间不断产生摩擦、润滑条件不充分，工作条件非常恶劣，尤其是在大功率的发动机中，普通的铸铁或铝合金活塞易燃易发生变形，疲劳热裂。碳化硅陶瓷基复合材料(SiC ceramic matrix composites, CMC-SiC)是一种新型战略性热结构材料。美国的先进高温热机材料计划、先进涡轮技术应用计划、国家宇航计划等以及日本的月光计划都将 CMC-SiC 列入其中，我国已形成独立知识产权的 CMC-SiC 制造技术和设备体系，发展了 4 种牌号的 CMC-SiC。用陶瓷基复合材料制造的活塞，高温强度和抗热疲劳性能明显提高，并且具有较低的线胀系数，提高了活塞的工作稳定性和使用寿命，具有广阔的应用前景。

　　陶瓷基复合材料的各类优异性能，具有良好的耐热性和在高温下比强度高的特性，可用来制造飞机发动机零部件，提高发动机性能；具有比模量高、热稳定性好的特点，而且克服了其脆性弱点，抗热震冲击能力显著增强；用于航天防热结构，可实现耐烧蚀、隔热和结构支撑等多功能的材料一体化设计，大幅度减轻系统重量，增加运载效率和使用寿命，提高导弹武器的射程和作战效能。同种异体骨(如脱矿骨等)曾在口腔外科中广泛应用，但存在潜在的传播疾病的危险，将异体骨经高温煅烧陶瓷化处理，便可消除传播疾病的潜在危险，其组成成分完全为人体正常骨组织无机成分，具有良好的组织相容性，对促进骨组织修复具有重要意义。另外，生物活性陶瓷复合人工骨也具有良好的临床应用前景。

12.3.4　碳/碳复合材料

　　以碳为基体，利用碳纤维进行增强得到的碳复合材料，叫做碳/碳复合材料(carbon/carbon composites)。它具有良好的机械性能、耐热性、耐腐蚀性、摩擦减振特性及热、电传导特性等特点。碳/碳复合材料质量轻、比强度和比弹性模量都很高，可用来制作航天飞机的襟翼、飞机的制动盘、高超音速飞行器头罩和前线、空间电源装运箱等。

　　石墨是熔点极高的材料，所以碳/碳复合材料具有较高的耐热性，可用作航天飞机轨道飞行器的耐热材料、火箭发动机的喷管喉道、出口锥、喷嘴，以及导弹和再入飞行器头部等的耐热材料。民用部件可用作赛车传动轴和离合器片、真空/惰性气体炉隔热层，以及热压模具、超塑金属成型模具、金属烧结盘、半导体制造件、高温化学反应设备等。

12.4　复合材料的性能、设计与制造

　　复合材料的性能是综合了基体和增强体的性能，取两者之长而得。本节首先总结了常见复合材料性能的特点，然后提出复合材料的设计准则，最后介绍了常见的复合材料的制造方法。

12.4.1　复合材料的性能

　　不同化学成分的材料的性能有一定的共性，比如金属材料通常强韧性好、导热导电；

陶瓷材料通常硬度高、韧性差，绝缘绝热；高分子材料强度低，密度低，热稳定性差，绝缘易燃。使用不同化学成分的材料复合成新材料，应该有着综合优势。

1. 高比强度、比模量

纤维增强复合材料的比强度及比模量远高于金属材料，特别是碳纤维强化环氧树脂复合材料的比强度是钢的 8 倍，比模量是钢的 4 倍。

2. 抗疲劳和破断安全性好

纤维增强复合材料对缺口及应力集中的敏感性小，纤维与基体界面能阻止疲劳裂纹的扩展，改变裂纹扩展的方向。

3. 热膨胀系数小、尺寸稳定性好

石墨纤维增强镁基复合材料，当石墨纤维含量达到 48% 时，复合材料的热膨胀系数为零，在温度变化时使用这种复合材料做成的零件，在冷热环境变化时不发生变形。

4. 良好的高温性能

石墨纤维增强铝基复合材料 500℃ 高温下，仍具 600MPa 的高温强度，而铝基体在 300℃ 下强度已下降到 100MPa 以下。钨纤维增强耐热合金，在 1100℃、100h 高温持久强度为 207MPa，而基体合金在同样条件下只有 48MPa。

5. 良好的耐磨性

碳化硅颗粒（$SiC_{particle}$，SiCp）增强铝基复合材料的耐磨性比基体金属高出 2 倍以上；与铸铁比较，SiCp/Al 复合材料的耐磨性比铸铁还好。可用于汽车发动机、刹车盘、活塞等重要零件，能明显提高零件的性能和使用寿命。

12.4.2 复合材料的设计及制造

复合材料的设计应首先明确设计条件，如性能要求、载荷情况、服役环境、外形轮廓、安全可靠性、成本等。然后再从基体、增强体和界面三个方面入手，选择基体的种类、微观组织和性能，确定增强体的种类、含量、大小、形状和分布，优化基体与增强体结合界面。最后设计基体与增强体复合的结构及成型工艺。

由于制造成本、最佳组织结构等与基体及增强体特性、排列方式等有关，所以制造技术对复合材料的性能至关重要。不同的种类复合材料制造方法有所不同，大致可分为固相、液相和气相复合三大类，常见的制造方法见表 12.3 所示：

表 12.3   不同种类复合材料的制造方法

	聚合物基复合材料	金属基复合材料	陶瓷基复合材料
液相工艺	液体状树脂的含浸 预浸料坯成形 （玻璃钢）片状模塑料 热塑性塑料的注射成形	压力熔浸与无压熔浸 搅拌铸造 喷射沉积成形 定向凝固共晶 热喷射	定向氧化 定向凝固共晶 利用有机聚合物的合成
固相工艺	热塑性塑料的热压成形	粉末冶金 合金箔扩散键合 拉拔等机加工成形	粉体烧结 反应成形
气相工艺		PVD（物理气相沉积）	CVD（化学气相沉积） CVI（化学气相渗透）

12.5 复合材料的应用与发展

12.5.1 应用领域

复合材料已广泛应用于军事、航天航空、石油化工、汽车交通、能源电力和体育休闲等众多领域。

（1）军事领域。复合材料在各种武器装备上的轻量化、小型化和高性能化上起到了无可代替的重要作用，是飞机、导弹、火箭、人造卫星、舰船、兵工武器等结构上不可或缺的战略材料。图 12.3 展示了相对于使用金属壳体材料的火箭，使用其他壳体材料制作的火箭能增加射程之间的关系。

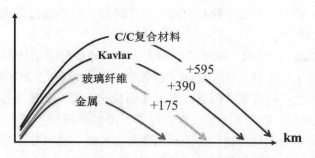

图 12.3   火箭壳体材料与导弹射程之间的示意图

（2）航天航空领域。在"哥伦比亚"号航天飞机上，不同部位使用的复合材料情况如表 12.4 所示。

表 12.4　　　　　　　　　　　航天飞机各部位使用复合材料的情况

部位	材料
主货舱门	碳纤维/环氧树脂
压力容器	凯芙拉纤维/环氧树脂
主机隔框和翼梁	硼/铝复合材料
发动机的喷管	碳/碳复合材料
发动机组传力架	钛基复合材料
机身防热瓦	陶瓷基复合材料

　　我国国产大飞机 C919，机身所用复合材料比例只有 20%。根据 C919 机身重量来计算，20% 的复合材料比重如果能够提升到国际领先水平的 50%，可以为飞机节省 10 吨以上的机身重量，这相当于 C919 设计最大载客重量的 1/2。目前，C919 的最大座位数为 178 座，那么多 1/2 之后就可以达到接近 270 座，这种提升的空间是相当可观的。

　　(3)石油化工领域。沿海油田的钻井平台上如护栏、扶手、通道、竖井等部位，油田的抽油杆，以及各种管道系统、油箱、油罐等设备采用耐腐蚀的复合材料，减少了修理、维护和更换程序，降低了使用周期成本；此外，减重、改进安全性、便于现场安装等优点也带来了一定的经济效益。

　　(4)汽车领域。提高燃油效率，是汽车工业首要关注的问题。设计与制造比强度、比刚度高的汽车零部件，有助于车身的整体减重，提高车辆行驶里程。复合材料代替钢件有 40% 以上的减重潜力，以前限于复合材料成本较高，应用进展一直不尽如人意。近年来，随大丝束纤维出现以及 RTM 等低成本工艺发展，汽车上复合材料的应用呈良好发展势头，将会有较大发展。

　　(5)能源领域。风电设备的工作环境中风力压强很大，如果没有质量轻、抗冲击力高的复合材料，风电设备将不堪一击。风电市场上现有的风力发电机叶片绝大部分是由热固性复合材料打造的，它们通常都很难在自然环境中降解，对环境会造成很多危害，采用热塑性复合材料则更加环保。

　　(6)体育休闲领域。羽毛球、网球、自行车、滑雪等多种运动项目中，应用复合材料制造的体育休闲用品层出不穷，甚至推动了相关项目新的世界纪录的诞生。在这一领域，复合材料的应用仍有稳定的市场和需求，且市场前景非常大。如某型号的网球拍的拍框应用了高性能钛碳合金，并在柄颈处加入智能纤维，可以将球撞击球拍的机械能转化为电能，经过内置于拍柄中的芯片处理，能主动消除有害震动。这项技术原本应用于宇航飞船和超音速飞机上，可提高关键部位处的抗疲劳能力。

12.5.2　发展趋势

　　复合材料未来朝着高性能化、多功能化和智能化的方向发展。

　　(1)高性能化。复合材料将不断朝着高性能化的方向发展。比如 20 世纪 90 年代 T300

类型的碳纤维/环氧树脂复合材料，压缩强度较低，一般在 200MPa 以下。21 世纪新一代战斗机和新一代战略核武器，要求压缩强度达到 300MPa 以上。所添加碳纤维增强体的性能，是决定此类复合材料性能的关键，为此，各国都致力提高和改进碳纤维增强体的性能。

（2）多功能化。高技术的发展要求材料不再是单一的结构材料或功能材料，高新技术的发展要求由一种材料承担多种功能，如防热、抗核、承载、吸波、透波、隐身、减震、降噪等，这是实现战略武器的小型化、轻质化、强突防和全天候的关键因素之一。

材料发展中的一种新趋势是结构材料和功能材料的互相渗透，即结构材料的功能化（如结构吸波材料）和功能材料的结构化（如热结构材料）。这就是材料发展中的综合集成。

（3）智能化。由材料、结构和电子互相融合而构成的智能材料与结构，是当今材料与结构高新技术发展的方向。随着智能材料与结构的发展，还将出现一批新的学科与技术，如综合材料学、精细工艺学、材料仿生学、生物工艺学、分子电子学、自适应力学，以及神经元网络和人工智能学等。智能材料与结构已被许多国家确认为必须重点发展的一门新技术，成为未来复合材料一个重要发展方向。

思考题

1. 请查阅资料，简单概括复合材料发展的历史进程。
2. 简述复合材料常用的增强体的类型，并举例说明。
3. 复合材料按基体的种类如何进行分类？
4. 概括复合材料设计的基本准则，如何根据使用性能确定基体材料和增强体材料？
5. 复合材料从性能上有什么优势，又存在什么样的劣势？
6. 碳化硅是一种重要的增强体，试总结下它在复合材料中的应用。
7. 请查阅相关资料，说说碳纤维、石墨纤维和石墨烯纤维的异同。

第13章 能源工程材料

13.1 燃煤发电及材料

13.1.1 燃煤火力发电

燃煤火力发电厂可分为单纯供电和既发电又供热的电厂(热电厂)两类。其中燃煤火力发电的基本流程是先将燃煤和空气送进锅炉中燃烧，利用燃料燃烧产生高温高压蒸汽驱动汽轮机带动发电机发电(图13.1)。而热电联产方式则是在发电的基础上向工业生产或居民生活供热。根据燃煤火力发电的生产流程，其基本由5个系统组成：燃料系统、燃烧系统、汽水系统、电气系统和控制系统。燃烧系统主要由锅炉的炉膛、送风装置、送煤装置和灰渣排放装置等组成，主要功能是完成燃料的燃烧过程，将燃料所含能量以热能形式释放出来，用于加热锅炉里的水。汽水系统主要由给水泵、循环泵、水冷壁及管道系统等组成。其功能是利用燃料的燃烧，将水变成高温高压蒸汽并进行循环。电气系统主要是由汽轮机旋转发电和将电能输送出电厂的各个子系统组成。控制系统的基本功能是对火电厂各生产环节实行自动化的调节和控制，使整个火电厂安全可靠运行，避免发生事故。按蒸汽压力和温度可分为低温低压电厂、中温中压发电厂、高温高压发电厂、超高压发电厂、

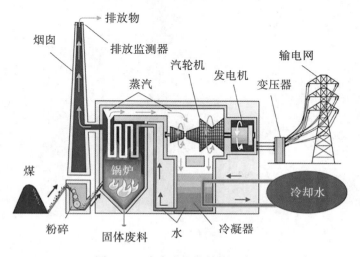

图 13.1 火力发电厂结构示意图

亚临界压力发电厂、超临界压力发电厂和超超临界压力发电厂。

13.1.2 燃煤电站锅炉用钢

国内外已经运营或在设计建设阶段的燃煤机组的蒸汽温度参数大多为 566~620℃，压力则有 25MPa、27MPa 和 30~31MPa 等多个不同级别。锅炉受热面包括过热器、再热器、水冷壁和省煤器以及蒸汽管道(主蒸汽管、再热蒸汽管、蒸汽以及连接管道等)。随着电站锅炉向低煤耗、高发电效率、大容量机组发展，对锅炉管道用钢的要求愈来愈高，用量愈来愈大。例如，一台 300MW 锅炉需要钢材 9000~10000 吨，其中高压锅炉钢管 3500 吨左右，而一台 600MW 锅炉需要钢材 15000~20000 吨，其中高压锅炉钢管 4000 吨左右。电站锅炉的受热面管系长期在高温、高压、腐蚀及磨损的条件下工作，因此要求钢管具有足够的持久强度、蠕变极限和断裂韧性，同时在高温蒸汽和烟灰介质作用下要有足够的耐氧化和腐蚀磨损稳定性；此外，锅炉结构复杂，材料需要具有良好的加工工艺性能，如成形和焊接等性能。目前国内外机组采用的锅炉用钢主要分为两大类，一是铁素体钢，二是奥氏体钢。

13.1.3 电站汽轮机用钢

汽轮机是火力发电站三大主要设备之一。我国的汽轮机制造业的发展迅速，逐渐形成了 300MW、600MW 乃至 1000MW 超临界机组为主的格局。对汽轮机而言，其核心部件，如转子、叶片以及其他旋转部件，在运行过程中要承受巨大的离心力。同时，由于其工作在高温高压条件下，对所选用耐热钢的综合性能提出了更高的要求。

大型转子锻件是火力发电机组中关键的零部件之一，汽轮机转子和汽轮发电机转子通常在 3000~3600r/min 的高转速下运行。其转子材料的综合性能直接影响机组的运行质量和服役周期。火力发电机组中的大型转子锻件的工作环境极其苛刻，除了高速旋转外，高中压转子同时还需承受 400~600℃ 的高温，这就要求转子材料应具有优异的综合性能。对汽轮机高、中压转子材料，要求具有高的室温和高温强度、良好的塑性和韧性、高蠕变强度以及较低的脆性转变温度。而对汽轮机低压转子和发电机转子材料，则要求具有高的强度和塑韧性、低的脆性转变温度。随着大容量机组的发展，转子重量和尺寸越来越大。300MW 汽轮机高压转子直径为 1 米，重 8 吨；低压转子直径为 2 米，重 27 吨。转子材料是按照不同的强度级别选用的，一般用中碳钢和中碳合金钢进行制造。

在 566℃ 下，超临界机组的高温转子材料采用传统的 Cr-Mo-V(国内牌号 30Cr1Mo1V)钢，或者采用不用合金元素强化的 12Cr 钢。许多国家的汽轮机制造商选择开发 12Cr 钢作为 566℃ 下使用的高温转子材料。作为高于 600℃ 环境下应用的高温转子材料，经过改良后的 9%~12%Cr 铁素体-马氏体钢在世界范围内得到了广泛研究。日本已开发研制出了多种 12%Cr 型超超临界耐热钢转子材料，如 TMK1、TMK2、TOS101(12%Cr)和 TOS107(改进型 12%Cr)等钢种，其中 TMK1、TMK2、TOS107 和 TOS101 已经广泛应用于制造超超临界高中压转子。在此基础上，日本三大汽轮机研发公司(东芝公司、日立公司和三菱公司）又分别研究开发了机组参数更高的 TOS110（被称为新 12% Cr 型钢）、HR1200、MTR1OA 三种铁素体转子钢。欧洲 Cost 项目通过对 620℃/630℃ 下使用的转子试验件进行研究，确定了一种成分为 9Cr-1.5Mo-1Co-0.01B 的转子钢材料，并命名为 FB2，可以满足 620℃ 级别汽轮机组的设计选材要求，目前 FB2 转子材料正在被引入欧洲新的超超临界电站项目中。由于汽轮机机组参数的提高主要反映在主蒸汽和再热蒸汽的温度和压力上，因此对高、中压部件材料的研究和认识也比较清晰和深入。但对低压部件，尤其是低压转子的材料选择则并没有十分清晰的定义。通常情况下，低压转子工作应力高、温度相对较低，要求锻件具有较高的强度和韧性，一般广泛选用 3.5NiCrMoV 钢制备。但是，亚临界机组广泛使用的普通 30Cr2Ni4MoV 低压转子钢在 400℃ 以上长期工作存在脆性增加的倾向，普通 3.5NiCrMoV 钢最高使用温度应限制在 390℃ 以下。

叶片是汽轮机的重要零部件之一。按照工作条件不同，叶片分为与转子连接并一起运动的动叶，以及与静子连接不动的静叶（导叶），不同功率大小的汽轮机叶片工况有所不同，同一汽轮机不同级的叶片工况也有所差别。第一级的叶片接近蒸汽进口，温度最高，然后逐级降低，至末级叶片时，温度降到 100℃ 左右。叶片在工作状态下需承受拉应力、扭应力和振动应力等组成的复杂应力，同时还受到腐蚀作用，因此叶片材料必须具有足够高的室温机械性能，当工作温度在 400℃ 以上时，要求有高的蠕变极限和持久强度，并需有一定的耐腐蚀能力、高的消振性以及良好的加工工艺性能。末级动叶材料不但强度应更高，而且要考虑抗水滴冲蚀问题。

随着蒸汽参数的提高，对叶片钢的要求越来越高。制造叶片的材料主要是含铬 13% 的铬不锈钢及含铬约 12% 并加入少量钨、钼等合金元素的不锈钢。当蒸汽温度超过 600℃ 时，采用奥氏体耐热钢来做叶片。12%Cr 马氏体叶片钢按其发展，可以分为四类：含 Mo，不含 Co 以及强碳化物形成元素的钢，如 Avesta739S、SUS-37B、AMS-5614；含 Mo 和强碳化物形成元素，但不含 Co，如 419、422 和 H-46 等；含 Co 和 Mo 的钢种，如 AFC-77、H-58、H-53、AM367；新型 12%Cr 钢，如 TAF 和 HR1200 等。如果蒸汽参数提高到 700℃ 以上，则需要使用奥氏体叶片钢。一般奥氏体叶片钢为镍基高温合金，如 M-252、Inconel718、R26、Nimonic90 等，其中 R26 是一种被广泛应用的高温材料。对于负荷较大的末级叶片，也有采用较轻的 TC4 等钛合金来制造。

螺栓是锅炉、汽轮机和蒸汽管道上广泛使用的紧固零件，合理选用螺栓的金属材料是一个复杂的工作。在高温高压条件下，经常会发生螺栓应力松弛导致电厂事故。螺栓寿命受到很多因素的影响，包括材料、制造工艺、工况以及加载方式等，螺栓的过早失效一般都和材料密切相关。对螺栓用钢，要求其具有较高的抗松弛能力、高的强度和韧性、小的缺口敏感性，具备耐腐蚀等性能。螺栓用钢一般希望具有良好的强韧性配合，大部分采用中碳钢或者中碳合金钢，合金元素的加入主要是为了提高热强性和耐腐蚀性以及较高的抗松弛能力。对于 520℃ 以下的螺栓，材料主要有 35SiMn、17CrMo1V、25Cr2MoV 等，25Cr2Mo1V 钢用于低于 550℃ 的螺栓，20Cr1Mo1VNbTiB 和 20Cr1Mo1VTiB 等材料用于 570℃ 以下的螺栓。

13.2 核电站及材料

13.2.1 基本概念

核电站是指将核能转变成电能的设备。核电站以核反应堆来代替燃煤电站的锅炉，使核能转变成热能来加热水产生蒸汽，推动汽轮机发电。核电站的种类有许多，通常用反应堆中慢化剂种类对反应堆进行命名。用轻水（H_2O）做慢化剂的反应堆叫轻水堆；用重水（D_2O，Deuterium oxide）做慢化剂的叫重水堆；用石墨做慢化剂的反应堆叫石墨堆。此外，按照反应堆内水的状态不同，轻水堆又可以分为沸水堆和压水堆，沸水堆中水的状态是沸腾形式，而压水堆则是对水加以高压而使高温水保持液态。除了以上几种，还有不对中子进行慢化的核反应堆，叫做快中子增殖堆，简称快堆。这些不同种类的核电站除了中子的速度不一样以外，对核燃料的利用效率也不同。

压水堆是采用较为广泛的核反应堆，如图 13.2 所示。其特征是水在堆芯内不发生沸腾，因此水必须保持在高压状态。压水堆一般由压力容器和堆芯两部分组成。压力容器是压水堆的核心部位，由密封的高达数十米的圆筒形大钢壳组成。在容器的顶部设置有控制棒驱动机构，用以驱动控制棒在堆芯内上下移动。堆芯是反应堆的心脏，装在压力容器中间，由燃料组件构成的。正如锅炉烧的煤块一样，燃料芯块是核电站"原子锅炉"燃烧的基本单元。压水堆核电站通常由核岛和常规岛组成。核岛中的系统设备主要有压水堆本体，一回路系统以及为支持一回路系统正常运行和保证反应堆安全而设置的辅助系统。从反应堆出来的水在蒸汽发生器中温度降低后，经一回路的循环泵驱动，又回到压力壳的堆芯继续加热，完成第一回路的循环。常规岛主要包括汽轮机组及二回路等系统，其结构与

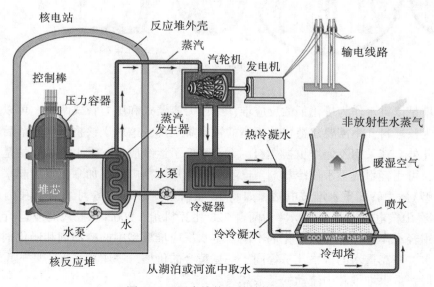

图 13.2 压水堆核电站结构示意图

常规燃煤电站类似。

　　沸水堆全称是"沸腾水反应堆"。沸水堆与压水堆同属轻水堆,都具有结构紧凑、安全可靠等优点。沸水堆从字面上理解就是采用沸腾的水来冷却核燃料的一种反应堆。其工作原理为,冷却水从反应堆底部流进堆芯,对燃料棒进行冷却,带走裂变产生的热能,冷却水温度升高并逐渐气化,最终形成蒸汽和水的混合物,经过汽水分离器和蒸汽干燥器,利用分离出的蒸汽推动汽轮进行发电。沸水堆核电站系统包括反应堆、蒸汽-给水系统和反应堆辅助系统等,如图 13.3 所示。由于轻水堆核电站使用低富集铀作燃料,其对天然铀的利用率低,而且沸水堆蒸汽直接由堆内产生,故不可避地要挟带出由水中 O-16 原子核经快中子(n, p)反应所产生的 N-16。N-16 有很强的辐射,因此汽轮机系统在正常运行时都带有强放射性,人员不能接近,且需有适当的屏蔽,但 N-16 的半衰期仅为 7.13s,故停机后不久就可基本完全衰变,不影响设备检修。

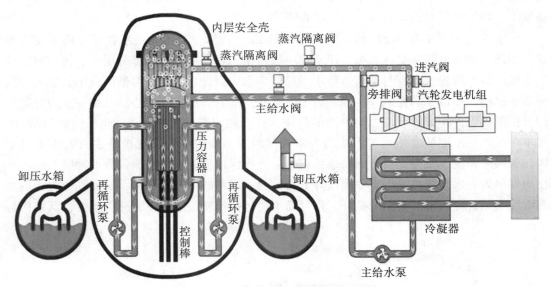

图 13.3　沸水堆核电站结构示意图

　　重水堆是以重水作为慢化剂的反应堆,分压力容器式和压力管式两类。可以直接利用天然铀作为核燃料,不需要建造代价很高的铀富集工厂,这对于核技术比较落后的国家比较有利。此外,其采用不停堆更换燃料,大大降低了运维成本。重水堆核电站是发展较早的核电站,可用轻水或重水作冷却剂。已实现工业规模推广的有加拿大发展起来的坎杜型(CANDU 型)压力管式重水堆核电站,如图 13.4 所示。1998 年 6 月 8 日,我国首座重水堆核电站-秦山核电三期开工,功率为两台 728 兆瓦机组,2002 年投入商业运行。与普通反应堆使用轻水作为冷却剂和慢化剂不同,重水反应堆堆型中的冷却剂和慢化剂使用的是昂贵的重水,一克重水的价格几乎等同于一克黄金的价格,一座重水堆需要的重水好几十吨,所以说,重水堆堆芯中流动的是液体黄金。

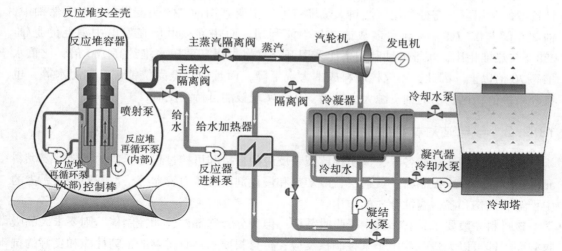

图 13.4 重水堆核电站示意图

快堆是指由快中子引起链式裂变反应所释放出来的热能转换为电能的核电站,如图 13.5 所示。目前已建成的快堆大多采用液态金属钠作为冷却剂。美国、俄罗斯、英国等国已经建造了包括实验堆、原型堆和经济验证性堆等类型的总共 18 座钠冷快堆。快堆可实现裂变材料的增殖,例如,铀-238 不容易在热中子作用下发生裂变反应,而在吸收了快中子后可以变成另一种易裂变的核素钚-239。快堆中在不断消耗钚-239 的同时,又有铀-238 不断转变成新的钚-239,而且新生的钚-239 比消耗掉的还多,从而使堆中核燃料变多,实现裂变材料的增殖。因此,快堆也称为快中子增殖堆。此外,快堆可以大幅度提高

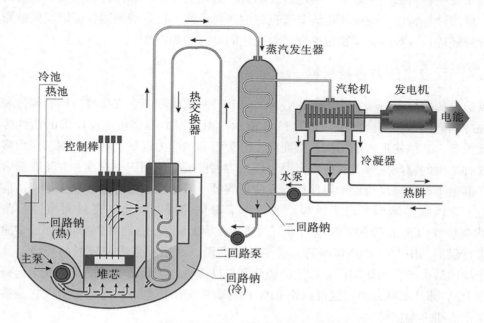

图 13.5 钠冷快中子反应堆结构示意图

229

铀资源的利用率，充分利用核燃料。热堆核电厂主要利用铀-235 裂变发电，在天然铀中，铀-235 仅占 0.71%，占绝大多数铀-238 不能利用。而快堆核电厂在发电中消耗的是铀-238。与热堆相比，快堆的铀利用率比采用开路式燃料循环的压水堆约高 100 倍，比重水堆高 70 倍以上。因此，不仅核燃料成本大幅下降，而且使得低品位铀矿，如海水等，也有开采价值，可利用的铀资源大大扩展，从而实现核能可持续发展。

13.2.2　核电站对材料性能要求

核电站结构和功能各异，但实现核裂变反应的自持和可控过程是类似的，都需要燃料元件、堆内构件、控制棒、反射层、冷却剂和慢化剂以及压力容器等，都需要经受恶劣的中子辐照损伤和各种腐蚀介质的作用。

核材料一般要求具有小的中子吸收截面。但部分特殊部件，如控制棒，则要求大的吸收截面，即可以大量吸收中子来控制核反应；核材料要求具有足够的强韧性能和良好的抗腐蚀性能和高温稳定性能；核材料一般要求对辐照不敏感，组织结构稳定；同时，为了加工的需要，核材料需要冷热加工性能良好，无回火脆性和延迟脆性。

压水堆核电站材料包括在中子轰击下原子核能发生裂变的核燃料、保护核燃料元件的包壳材料、冷却剂、中子慢化材料、强烈吸收中子的控制棒材料和防止中子泄漏到反应堆外的反射层材料等。

13.2.3　核燃料用材料

核电站中核燃料工况及其恶劣，不但受到高温的作用，还要经受高能粒子的辐照作用，经常发生材料的晶格破坏、肿胀以及腐蚀。因此，核燃料芯体材料应具备强度高、耐辐照、耐腐蚀等特性，同时还应该具有良好的热稳定性、良好的导热性能以及低的膨胀系数，此外还应具有高的化学稳定性和与包壳之间良好的相容性。

13.2.4　反应堆压力容器材料

反应堆压力容器(reactor pressure vessel，RPV)是装载堆芯、支撑堆内所有构件和容纳一回路冷却剂的重要安全部件，如图 13.6 所示。由于压力容器包含反应堆的活性区和其他必要设备，其结构形式随不同堆型而异，分为钢和预应力混凝土两类。钢制压力容器可用于各种类型的核反应堆。预应力混凝土压力容器已成功地用于气冷堆，并正在探索将其应用于其他类型的核反应堆的可能性。反应堆容器一般由反应堆容器和顶盖组成，前者由下法兰、筒体和半球形下封头组焊而成。为了避免容器内表面和密封面腐蚀，在钢制RPV 内壁堆焊约 5mm 厚的不锈钢衬里。为防止外表面腐蚀，钢制 RPV 外表面通常涂高分子漆进行保护。RPV 工作环境特殊，长期处于高温、高压和强中子辐射的环境，其材料经中子辐照后由于位错缺陷产生导致的脆化和韧性降低，严重影响反应堆的安全运行。而且由于 RPV 部件不可替换，也可以说 RPV 的寿命决定了核电站的寿命，所以它是核电站延寿中重点研究的部件之一。

钢制压力容器是 20 世纪 50 年代初随着第一批动力反应堆问世而出现的，轻水堆核电

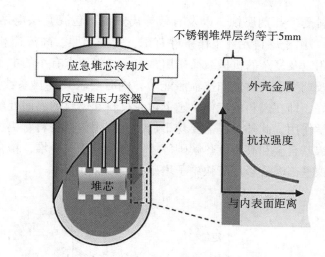

图 13.6　压水堆核电站压力容器示意图

站的钢压力容器均为圆筒形结构。百万千瓦级的大功率压水堆压力容器的内径多为 4.4m 左右，总高一般为 14m 左右，壁厚约为 20cm，承受 15MPa 以上的高压，通常用含锰、钼、镍的低合金钢制成。上封头采用法兰连接，便于反应堆换料。其顶部设有反应堆控制棒驱动机构，主要控制控制棒的位置来控制反应堆的功率。RPV 上还有反应堆一回路的进出口接管段。沸水堆压力容器的外形和材质与压水堆类似，但压力较低，约为 7MPa。因为沸水反应堆需要安装设置汽水分离器等主要设备，所以其设计尺寸大于压水反应堆，如百万千瓦级沸水堆压力容器直径需要达到 6.4m，设计高度需要超过 22m，壁厚设计更是要求达到 15~17cm。沸水堆的控制棒则贯通压力容器的底部。气冷堆的压力容器是直径约为 20m 的大圆球，由于容积大，焊接工艺及运输困难，故用量较少。

由于反应堆压力容器工况恶劣，对材料的韧性和强度要求较高，特别是低应力脆断获得了较多的关注。低应力脆性断裂一般在低温下产生，随温度的降低，材料的韧性急剧下降，所以材料的无延性转变温度越低越好。另外，在材料的冶炼、锻造、热处理过程中，尽量控制材料的内部冶金质量(如气孔、微裂纹、夹渣等)，防止加工过程产生缺陷。为此，反应堆压力容器用钢的化学成分是以材料的强度、韧性、焊接性能、壁厚全截面性能和抗中子辐照脆化等五个方面来考虑和研发的。为了满足上述性能，开始时研制的是低碳和低合金钢，如 Mo-Mn 系和 Mn-Mo-Ni-Cr 等钢种。美国早期就使用 ASTM A302B Mn-Mo 系钢作为反应堆压力容器用钢。后来发现作为厚壁材料时，其性能不足，改用 SA508Gr3 钢锻件和 SA508Gr2 钢。其他国家也开发出了类似的牌号，如法国的 16MND5 和德国的 20MnMoMi55。我国秦山核电站开始时采用的是 S271 钢，全称为 20MnMoNiNb 钢，后来为了提高强度，改善焊接性能，发展了 A302B→A533B→A508II→A508III 系列钢材。

13.2.5　包壳材料

包壳材料是装载燃料芯体的密封外壳，为芯块提供了强度和刚度。其作用是防止裂变产物逸散，避免燃料受冷却剂腐蚀，以及有效导出热能，包壳是核电站的第二道安全屏障，如图 13.7 所示。由于燃料元件工作条件苛刻，受强辐照、高流速和高温的冷却剂及裂变产物的化学作用以及复杂的机械载荷作用，包壳材料要求有小的中子吸收截面，良好的强度、塑韧性以及蠕变、抗腐蚀和抗辐照能力，同时要求其导热系数高，膨胀系数小，与核燃料的相容性好，即在燃料的工作状态下包壳材料和燃料的界面处不会发生使燃料元件变坏的物理和化学作用。此外，还需要易于加工。常用包壳材料有铝、镁和锆的合金以及奥氏体不锈钢、镍基合金和高密度热解碳等。镁合金用于气冷堆，锆合金用于压水堆和沸水堆，不锈钢和镍基高温合金用于快中子增殖堆。

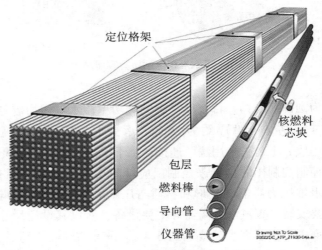

图 13.7 压水堆核燃料包壳示意图

铝及铝合金的优点是价廉、热中子吸收截面及活化截面小，并有适当的强度和良好的塑性。此外，其导热性及加工性能较好，对 100℃ 以下的纯水也有较好的抗腐蚀性；但其缺点是熔点低和抗高温水腐蚀能力差。镁合金的中子吸收及活化截面是铝的 1/4，而且还具有较好的延展性、蠕变强度和导热性能。锆的熔点高，热中子吸收截面小，导热率也高，还具有良好的加工性能以及和 UO_2 良好的相容性，面对高温水或者水蒸气时具有良好的抗蚀性能和足够的热强性，因此其被广泛用作水冷动力堆的包壳材料和堆芯结构材料。早期的水冷动力堆曾采用它作包壳材料，因其热中子吸收截面大并有应力腐蚀危险，后被核性能、机械和耐蚀性能比较好的锆合金所取代。但当工作温度大于 400℃ 时，已超过锆合金的使用极限，因此对于快堆和改进气冷堆仍需要用奥氏体不锈钢。

堆用锆合金主要有锆锡合金和锆铌合金。由于纯锆的性能受到氮的影响很大，加入 2.5% 的 Sn 时可以抵消氮的有害作用，并能使形成的氧化膜牢固地附着在锆基体上，这就是 Zr1 合金。后来降低锡含量，加入铁、铬和氧开发了 Zr2，氧主要是间隙强化，具有良好的耐腐蚀性。过多的锡含量会影响材料的加工性能，后来降低了锡含量和镍含量，开发了 Zr3 合金。由于减少了镍的含量，抗腐蚀性能有所下降，因此把铁从 0.12% 增加到

0.18%~0.24%，形成 Zr4 合金，其性能和 Zr2 相似，已经被广泛应用于压水堆和重水堆。

铌的中子吸收截面较小，加入一定量的铌可消除杂质，如铝和钛等的有害作用，并可以有效减少锆合金的吸氢量。Zr1 铌合金具有足够的强度和韧性，苏联的列宁核电厂和我国的田湾核电站用其作为包壳材料，但其抗水蒸气腐蚀性能差。含有 2.5%Nb 的锆合金吸氢率低，可以用于堆芯部件，但其缺点是氢化物的延迟开裂。20 世纪 90 年代以来，各国开发了各种类型的新型锆合金。为了提高燃料利用率，美国综合利用锆锡和锆铌的特点开发了 Zirlo 合金，腐蚀比 Zr4 小 50%。此外，日本 NDA 合金、法国 M4 和 M5、俄国 E635 合金等，主要是强化和提高耐腐蚀性以及减少吸氢量。我国开发了 N18、N36、NZ2 等合金。

高温气冷堆堆芯出口温度为 850~1000℃。燃料元件的包壳壁温高达 1000℃ 以上。在如此高的温度下，合金材料的性能很难满足要求，而碳的熔点高达 3727℃，热中子吸收截面很小，在非氧化气氛下，即使温度很高，高密度热解碳仍有足够的强度和较好的导热性，所以使用热解碳可以做成尺寸很小和形状很简单的包壳。

目前，大部分商业核电站壳体的主要材料是锆合金。但其会与水积极反应并产生热量，产生氢气，并加速燃料棒涂层的降解，在水冷式核电站发生事故时非常危险，这也是日本福岛核电站爆炸的主要原因。因此，科学家一直在讨论用难熔金属钼代替锆合金的可能性。它与锆一样具有良好的耐腐蚀性，同时具有比锆更高的导热性。

13.2.6 反应堆回路材料

反应堆回路系统包括带出堆芯热量的一次冷却剂回路，将热量经蒸汽发生器产生蒸汽的二次冷却剂系统，以及供实验用的回路等。如果回路在堆芯内，则这种回路通常称为堆内回路。狭义的回路管道指维持和约束冷却剂流动的通道，它封闭着高温、高压和带强放射性的冷却剂，故对反应堆的安全运行起到重要的保障作用。如果一回路主管道破裂，将会引起冷却剂流失，造成堆芯失去冷却，引起元件烧毁的失水事故，因此，回路材料除了铸造和焊接性能外，还应该具备良好的腐蚀和足够的强度及热强性。

压水堆早期曾采用 304 或 316 无缝钢管。但现在多采用 AISI316 离心铸造管（直径：840~930mm，厚度：70~80mm），主要目的是为了减少应力腐蚀和改善焊接性。德国压水堆一般采用内壁堆焊不锈钢 20MnMoNi55 或者 22NiMoCr 低合金钢。快堆一回路多采用 316 不锈钢，二回路采用 304 或 316 不锈钢。在镁诺克斯气冷堆中采用 CO_2 作为冷却剂，其最高温度为 400℃，压力为 2.8MPa，采用碳钢作为回路管道材料；高温气冷堆的冷却剂氦气温度最高可达 950℃，压力为 4~5MPa 压力，回路管道材料一般采用 A212B 碳锰钢，在其内壁加焊不锈钢。

13.2.7 蒸发器材料

蒸发器是核电站一、二回路或者二、三回路之间的热交换设备，其结构随堆型而异，一般多为壳管式，主要由筒体、管板、水室、汽水分离器和传热管等部件组成。它对核电站的安全运行非常重要。据统计，核电站非计划停运中约有四分之一是蒸发器的事故导致的，尤其是蒸发器传热管的破裂，在事故原因中占首位。早期采用 18-8 不锈钢容易发生应力腐蚀,后被耐热耐蚀合金镍-600取代(Inconel-600合金),但仍然会在二回路侧发生应力腐蚀断裂和管壁减薄问题,主要是磷酸盐析出所致。后续开发了Inconel-690合金(加铬含量)和Inconel-800合金。法国偏重使用Inconel-690合金,德国多采用Inconel-800合金,我国秦山核电站采用的也是Inconel-800合金,大亚湾核电站采用的是690合金,具有一定的高温腐蚀倾向。快堆采用2.25Cr1Mo或者2.25Cr1MoNb;高温气冷堆传热管采用Inconel-800合金,低温蒸发器和节热器采用2.25Cr1Mo。

13.2.8　控制棒材料

控制棒是实现反应堆功能可调的控制材料(图13.8),其特点是中子吸收截面大,对反应堆的正反应性有抑制、释放和调节的作用。这对反应堆的运行和反应性的储备及安全性都具有至关重要的作用。要求材料具有大的中子吸收截面、抗辐照、耐腐蚀、导热好等特点。中子吸收截面大的是Hf、Cd、B等元素。其中,B_4C应用最广。沸水堆、气冷堆等都采用B_4C控制棒,通常把B_4C粉末填充在不锈钢管内使用。快堆控制棒采用316不锈钢装B_4C烧结块。压水堆除了B_4C,还采用Ag-In-Cd合金,包壳是不锈钢或科镍合金。重水堆控制棒是Cd,包壳为不锈钢,一般为控制棒束。

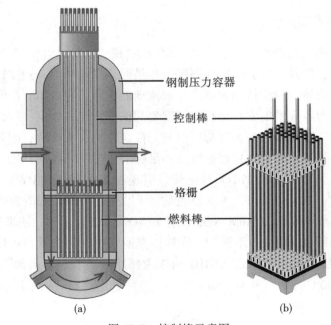

钢制压力容器

控制棒

格栅

燃料棒

(a)　　　　　　(b)

图 13.8　控制棒示意图

13.2.9　冷却剂材料

除了由核燃料的核裂变产生热量以外,其他部件也因吸收 γ 射线和慢化中子而发热,所以,相关组件和堆内构件以及反射层、屏蔽层等也需要适当冷却。但堆内约90%的发热来自燃料组件，冷却的重点是燃料棒。为了在尽可能小的传热面积条件下从堆芯载带出更多的热量，得到更高的冷却效率，冷却剂可选用如比热容和热导率大、熔点低、沸点高的物质。目前大多数热中子堆都使用轻水或重水作为冷却剂材料；快中子堆采用液态金属钠，而气冷堆则用 CO_2 或氦作为冷却剂材料。

13.2.10 安全壳材料

安全壳即核反应堆安全壳，或称为反应堆安全壳、安全壳建筑或围阻体、安全厂房以及安全掩体，是构成压水反应堆最外围的建筑，是指包容了核蒸汽供应系统的大部分系统和设备的外壳建筑，用以容纳反应堆压力容器以及部分安全系统。安全壳有多种形式，有钢结构、钢筋混凝土或预应力混凝土结构，还有既用钢又用钢筋混凝土或预应力混凝土的复合结构；按外形分，有圆柱形和球形。大多采用碳锰钢，如 A516、16Mn 和 15MnNi63等。当壳体厚度超过 38mm 时，为了提高淬透性，改善强韧性，需采用低合金高强度钢A537 或 A387。

13.3 水电站材料

13.3.1 水电站基本概念

水电站由水力系统、机械系统和电能产生装置等组成，是实现水能到电能转换的水利枢纽工程，如图 13.9 所示。为了将水库中的水能有效地转化为电能，水电站需要通过一个水机电系统来实现，该系统主要由压力引水管、水轮机、发电机和尾水管等组成。水库的高水位水经引水系统流入厂房推动水轮发电机组发出电能，再经升压变压器、开关站和输电线路输入电网。

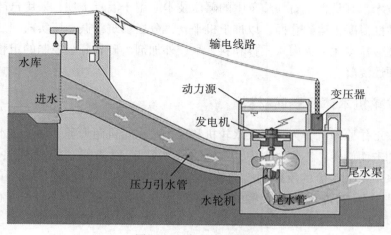

图 13.9 水电站示意图

13.3.2　大坝材料

大坝可分为混凝土坝和土石坝两大类。混凝土坝又可以分为重力坝、拱坝和支墩坝三种类型。

所谓混凝土重力坝，是用混凝土浇筑，主要依靠坝体自身重量来抵抗上游来水压力及其他外荷载，并保持大坝建筑稳定。世界各国修建于宽阔河谷处的高坝，多选择混凝土重力坝。这种坝体混凝土用量较多，施工中需要严格的温度控制措施来保证大坝质量；坝顶可以溢流泄洪，坝体中可以布置泄流孔洞。依靠坝体自重与地面产生的摩擦力来承受水的推力而维持稳定。重力坝的优点是结构简单，施工较容易，耐久性好，适宜于在岩基上进行高坝建筑，便于设置泄水建筑物。三峡大坝是世界上最大的混凝土重力坝，混凝土浇筑量达 1600 多万立方米。

拱坝为空间壳体结构，平面上呈拱形，凸向上游，利用拱的作用将所承受的水平载荷变为轴向压力传至两岸基岩，两岸拱座支撑坝体，保持坝体稳定。与重力坝相比，在水压力作用下，坝体的稳定不需要依靠本身的重量来维持，主要是利用拱端基岩的反作用来支承。拱圈截面上主要承受轴向反力，可充分利用筑坝材料的强度，因此，是一种经济性和安全性都很好的坝型。拱坝对地基和两岸岩石要求较高，施工上亦较重力坝难度大。在两岸岩基坚硬完整的狭窄河谷坝址，特别适于建造拱坝。支墩坝由倾斜的盖面和支墩组成。支墩支撑着盖面，水压力由盖面传给支墩，再由支墩传给地基。支墩坝是最经济可靠的坝型之一，与重力坝相比，具有体积小、造价低、适应地基的能力较强等优点。土石坝包括土坝、堆石坝、土石混合坝等，又统称为当地材料坝，具有就地取材、节约水泥、对坝址地基条件要求较低等优点。

大坝一般采用钢筋混凝土材料。常态混凝土重力坝是采用搅拌机拌制，吊罐运输入仓，然后平仓、振捣的方式施工，为了减少施工期的温度应力，常将坝体分块浇筑，待坝体温度冷却后，再进行接缝灌浆。碾压混凝土重力坝是 20 世纪 80 年代以来发展较快的一种新的筑坝技术，其是把土石坝施工中的碾压技术应用于混凝土坝，采用自卸汽车或皮带输送机将干硬性混凝土运到仓面，以推土机平仓，分层填筑，振动压实成坝。常用的碾压混凝土使用硅酸盐水泥、火山灰质掺和料、水、外加剂、砂和分级控制的粗骨料拌制成无塌落度的干硬性混凝土。

13.3.3　水轮机本体及表面材料

水轮机按工作原理可分为冲击式水轮机和反击式水轮机两大类。冲击式水轮机的转轮受到水流的冲击而旋转，工作过程中，水流的压力不变，主要是动能的转换；反击式水轮机的转轮在水中受到水流的反作用力而旋转，工作过程中，水流的压力能和动能均有改变，但主要是压力能的转换。稍大些的水电站的水轮发电机组采用立轴布置（蜗壳水平安装），蜗壳被填埋在混凝土中，蜗壳要承受水的巨大压力与混凝土的压力，如图 13.10 所示。

水轮机最常用的材料为合金钢，选材主要考虑两方面：一是必须具有优良的抗空蚀性能，二是必须具备较好的抗冲蚀磨损性能。轮机叶片有特殊的工作环境，因此对叶片材料要求比较高，早期一般采用碳钢、合金钢。进入 20 世纪 60 年代以后，逐步采用了不锈钢。马氏体不锈钢 13Cr4Ni 因具有良好的抗腐蚀性能、抗空蚀性能以及低温塑性和韧性，而被广泛用于制造水轮机的水下过流部件、泵和阀体。水轮机过流部件的气蚀和磨损是水轮机失效的主要原因，表面涂层是提高其性能的主要手段。弹性好的天然及合成的树脂材料有非常好的抗空蚀性能，如橡胶、环氧树脂、聚氨酯等，除了有很好的弹性，有些还具有一定的硬度。为了增加涂层的抗磨粒磨损性能，可加入耐磨性好的硬质颗粒。但是这种涂层因其结合强度受限及其流变性能而影响其使用。金属、陶瓷及其他复合涂层材料是目前发展的重要趋势，如堆焊硬质合金、喷涂自熔合金、喷涂陶瓷材料等。

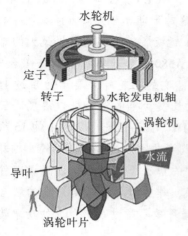 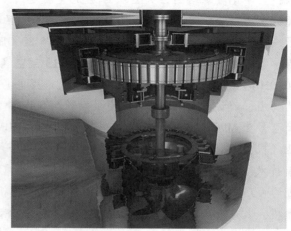

图 13.10　水轮机示意图

13.4　燃气轮机材料

13.4.1　基本概念

　　燃气轮机是一种以空气为介质，依靠高温燃气推动涡轮机械连续做功的设备。航空涡轮喷气发动机、涡轮风扇发动机以及舰载燃气轮机和工业燃气轮机都属于燃气轮机范畴。燃气轮机较其他常规动力装置优势显著。燃气轮机功率更高，启动更快，2 分钟左右就可以至全速状，油耗只有同等功率蒸汽轮机的一半，重量只有同等功率蒸汽轮机的三分之一；燃气轮机核心部分主要由压气机、燃烧室、涡轮三大部分组成。压气机将进气口进入的空气压缩为高压空气，在燃烧室中利用燃烧器将燃料和空气混合燃烧；涡轮是燃气膨胀做功的部件，将燃料的化学能最终转化为机械能。

　　世界上第一台燃气轮机生产于 1906 年，但效率仅仅为 3%。进入 20 世纪 80 年代后，燃气-蒸汽联合循环技术慢慢成熟，燃气轮机单体容量逐渐增大，不仅可以作为紧急备用电源和调峰机组使用，还能用于带基本负荷机组。现阶段，仅仅由重型燃气轮机输出的发电量已经占全球总发电量的 19% 左右。如今的燃气轮机主要燃料为气和油，以纯氢气为燃料的燃气轮机也在开发。燃气轮机产业高度垄断，基本以 GE、西门子、三菱等国外企业为主。我国正在积极进行核心技术的研究。

☞ **阅读材料**

　　如果说航空发动机是"工业之花"，那么超大型燃气轮机就是"皇冠上的明珠"。重型燃气轮机是 21 世纪动力设备的核心，燃气轮机技术是目前世界公认的标志国家工业基础先进程度的关键技术。全世界从事燃气轮机研究、设计、制造的企业有数十家，其中比较著名的三大巨头分别是美国通用电气（GE）、德国西门子、日本三菱。超大型燃气轮机是公认最难制造的机械装备，但这对于世界三大动力巨头之一的西门子来说，则是每天在做的事。西门子 SGT5-8000H 超级燃气轮机是世界最大的燃气轮机，重 390 吨，功率为 375MW（相当于 13 架空客 A380 引擎功率的总和）。1 台 SGT5-8000H 的发电量，足够 1 个工业化大城市用电量。它的涡轮叶片要承受超过 1500℃ 的高温，超过了 GE90 涡扇航空发动机与 F404 喷气发动机的涡轮进口温度。三菱最新型号为 M701J 型超级燃机，联合循环功率 650MW。配备压比为 23∶1 的 15 级轴流压气机，并且前 3 级采用了最新高温保护涂层，陶瓷热障涂层和高性能气膜冷却等高新技术，在拥有全球最高的燃机入口温度 1600℃ 的情况下，仍能保证高温部件的长期寿命。美国通用电气的 9HA 系列重型燃气轮机，作为世界上效率最高的联合循环燃机，其最新型的 9HA.02 重型燃气轮机，联合循环效率超过 64%，它的功率输出高达 826MW。

13.4.2　燃气轮机的分类

　　燃气轮机具有不同的分类方法，按结构不同，可分为重型燃气轮机、轻型燃气轮机和微型燃气轮机；按用途不同，可分为电站燃气轮机、舰船燃气轮机和航空燃气轮机；按功率大小，可分为大中型燃气轮机、小型燃气轮机和微型燃气轮机。重型燃机的大修周期长，寿命可达 10 万小时以上。轻型的结构紧凑而轻，其中以航机的结构为最紧凑，但寿命较短。燃气初始温度和压气机的压缩比，是影响燃气轮机效率的两个主要因素。提高燃气初温，并相应提高压缩比，可使燃气轮机效率显著提高。工业和船用燃气轮机的燃气初始温度目前高达 1200℃ 左右，航空燃气轮机的超过 1350℃。燃烧室和涡轮不仅工作温度高，而且还承受燃气轮机在起动和停机时，因温度剧烈变化引起的热冲击，工作条件恶劣，故它们是决定燃气轮机寿命的关键部件。为确保有足够的使用寿命，工作条件最恶劣的零件，如火焰筒和叶片等，须用镍基和钴基合金等高温材料制造，同时还须用高速空气强化冷却来降低工作温度。

13.4.3　燃气轮机材料

1. 叶片材料

叶片是燃气轮机中最为关键的部件之一，长期工作在高温、易腐蚀和复杂应力条件下，工况十分恶劣。与蒸汽轮机叶片相比，其工作温度更高。其工况与航空发动机涡轮叶片类似，但由于其需要长期工作，叶片材料对耐久性、抗腐蚀性要求更高，因此不能直接将航空发动机涡轮叶片材料应用于燃气轮机涡轮叶片。由于叶片材料对高温强度的苛刻要求，普通的高温合金材料难以满足要求。通过合金化提高材料的高温综合性能来提高材料的适应性，是目前发展的趋势。

如图 13.11 所示，在 20 世纪 40—50 年代，涡轮叶片主要以变形钴基和镍基高温合金为主；50 年代中期，开始研究铸造镍基合金；60 年代，通过添加合金元素改善材料的组织结构，提高了铸造高温合金的高温强度，使燃气轮机的入口温度大幅度提高；到了 90 年代后期，定向凝固柱状晶和单晶高温合金开始用于重型燃气轮机动叶片。特别是定向凝固技术使叶片材料的等轴晶改进为定向柱状晶，可以大幅度提高涡轮叶片高温下的耐受性能。为了进一步提高叶片高温下的稳定性，人们还开发了单晶叶片。单晶叶片和定向凝固叶片相比，整个叶片就是一个大的晶粒，消除了晶界，使材料的高温蠕变性能以及持久强度大幅度提升。

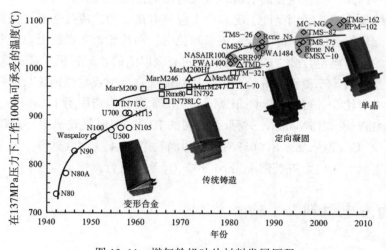

图 13.11　燃气轮机叶片材料发展历程

2. 燃烧室材料

燃烧室作为燃气轮机的主要核心部件之一，在受限狭小空间及高压环境中产生超过金属熔点的高温燃烧气体，因此燃烧室的工作环境极其恶劣。目前燃机朝着低污染和高推重比方向发展，意味着燃烧室的进口温度、压力及出口温度进一步提升。燃烧室出口温度较透平一级动叶前温度高约 139℃，采用闭环蒸汽冷却时高约 44℃。无论透平采用哪种冷却方式，高温、高压的工作环境及低排放、长寿命、高可靠性的指标要求都对燃烧室的设计提出了极大的技术挑战。从工况看，燃烧室是燃气轮机承受温度最高的部件，燃烧室材料应具有足够的高温机械强度、良好的抗热疲劳和抗氧化性、较高的高温高周疲劳强度及蠕变强度。从制造工艺角度，燃烧室材料还需具有非常好的成形性能及焊接性能。为了满足以上工况和工艺的特殊要求，燃烧室材料通常选用镍基高温合金。近年来，为进一步提高燃气轮机效率，燃烧室选用了合金化程度更高的高温合金材料。Hastelloy X 具有较好的抗氧化性能和抗高温蠕变性能，从 20 世纪 60 年代开始，被用作燃气轮机的燃烧室材料。随着燃烧温度的进一步提升，GE 公司的燃气轮机在过渡段选用了比 Hastelloy 抗蠕变性能更好的 Nimonic263 合金，随后又在一些机组中引入了 Haynes 188 钴基合金，以进一步提高抗蠕变性能，该合金中加入 14%（质量百分数）的钨进行固溶强化，使合金具有良好的综合性能。GE 公司在 MS7001F 和 MS9001F 火焰筒后段使用了 Haynes 188 合金，在 MS7001H 和 MS9001H 机组中则采用了镍基铸造高温合金 GTD-222，以增强抗蠕变性能。此外，IN617 合金、Haynes 230 合金也被用来制作燃烧室。

3. 涡轮轮盘用材的发展及趋势

涡轮轮盘轮缘长期工作在 550~600℃，而轮盘中心工作温度则降至 450℃ 以下。不同部位的温差造成了轮盘的径向热应力非常大，有些部件启停过程中还需要承受较高的低周疲劳载荷作用。因此，涡轮轮盘用的材料应具有高的抗拉强度和屈服强度以及非常好的抗冲击性能和耐蠕变性能，特别是变工况载荷下应具有良好的抗疲劳性能。相对而言，高温合金的高温性能较好，因此，除了合金钢和耐热钢，涡轮轮盘在选材上也应考虑选择具有良好综合性能的变形高温合金。GE 公司早期的 F 级以下的燃气轮机，普遍选用 CrMoV 低合金钢做为轮盘材料。三菱重工等公司为了达到传统合金钢或耐热钢轮盘的使用要求，采用增强冷却技术对轮盘进行降温。阿尔斯通公司的轮盘材料选用了 12CrNiMoV。西门子公司选用了 22CrMoV 和 12CrNiMo。三菱重工公司的 F3 和 F4 燃气轮机涡轮进口温度分别达到 1400℃ 和 1427℃，但依然采用 10325TG 作为涡轮第 1~4 级轮盘材料。为了提升涡轮盘的寿命，其第 1 级涡轮轮盘进气侧采用 NiCr-Cr$_3$C$_2$ 涂层进行保护。

13.5　风力发电材料

13.5.1　基本概念

风力发电是指把风的动能转变成机械动能，然后再把机械能转化为电力的发电技术。风力发电所需要的装置，称为风力发电机组。大体上可分为风轮、发电机和铁塔三部分。风轮是把风的动能转变为机械能的重要部件，它由螺旋桨形的叶轮组成。当风吹向桨叶时，桨叶上产生气动力驱动风轮转动。由于风能是一种清洁无公害的可再生能源能源，很早就被人们利用，主要是通过风车来抽水和磨面等。20 世纪 30 年代，丹麦、瑞典、苏联和美国等国成功地研制了一些小型风力发电装置,广泛在海岛和偏僻的乡村使用,它所获得的电力成本比小型内燃机的发电成本低得多,不过大多在 5kW 以下。1978 年 1 月,美国在新墨西哥州的克莱顿镇建成的 200kW 风力发电机,其叶片直径为 38m。而 1978 年初夏,在丹麦日德兰半岛西海岸投入运行的风力发电装置,其发电量则达 2000kW,风车高57m。1979 年上半年,美国在北卡罗来纳州的蓝岭山又建成了一座世界上最大的发电用的风车,发电能力也可达 2000kW。

13.5.2 风力发电叶片材料

风电机组在工作过程中,风机叶片要承受强大的风载荷、气体冲刷、砂石粒子冲击、紫外线照射等外界的综合作用。因此,叶片材料选择应该具备良好的疲劳强度和静强度,并且重量轻,可靠性好。当风电叶片足够轻时,在相同的风速下,更轻的叶片旋转更容易,其风力转换效率就会大大提高。在叶片的总成本中,叶片材料所占比重较大,是叶片综合性能主要的影响因素。叶片的发展也经历了较长的时间,从最开始的木质叶片到后来的金属叶片,最后到现在比较主流的复合材料叶片,其加工工艺也在不断完善。因此,叶片材料的发展是一个逐步轻量化、高性能化以及低成本化的漫长的开发过程。

早期的风力发电机组功率容量很小,叶片较短,因此大多采用木质叶片。但木制叶片不易扭曲成型,且强度不高,在潮湿环境下容易腐蚀。随着大、中型风力发电机的发展,木质叶片越来越无法满足大叶片尺寸的增加要求,因此木质叶片逐步退出历史舞台。金属叶片克服了木质叶片加工难的缺点,而且金属材料的价格低廉,在木质叶片之后的很长一段时间被认为是风电叶片最理想的材料。但也存在一定的弊端,例如采用的铝合金叶片虽然重量轻、易于加工,但金属材料在空气中存在腐蚀问题,对叶片的后期维护提出了更高的要求。1950 年,纤维增强复合材料体系被逐步开发,其中长纤维增强聚合物基复合材料以其优异的力学性能、工艺性能和耐环境侵蚀性能,成为大型风力发电机叶片材料的首选。

与传统金属材料叶片相比,纤维增强复合材料具有高强高韧特点,特别适合制造大型风电叶片,成为现今风电叶片的主流。目前的风力发电机叶片的基体材料基本上由聚酯树脂、乙烯基树脂和环氧树脂等热固性树脂构成,增强材料有单一的玻璃纤维、玻璃纤维和碳纤维混合纤维等。对于同一种基体树脂来讲,采用玻璃纤维增强的复合材料制造的叶片的强度和刚度的性能要差于采用碳纤维增强的复合材料制造的叶片的性能。但是,碳纤维的价格目前是玻璃纤维的 10 倍左右。因此,目前的叶片制造采用的增强材料主要以玻璃纤维为主。随着叶片长度不断增加,玻璃纤维叶片的强度和刚性存在一定的不足,为了保证叶片能够安全地承担风温度等外界载荷,风机叶片采用玻璃纤维/碳纤维混杂复合材料结构,尤其是在翼缘等对材料强度和刚度要求较高的部位,则使用碳纤维作为增强材料。这样不仅可以提高叶片的承载能力,由于碳纤维具有导电性,还可以有效地避免雷击对叶片造成的损伤。我国较小型叶片(如长度 22m)一般选用价廉的玻璃纤维增强塑料,基体树脂以不饱和聚酯树脂为主;而较大型叶片(长度 42m 以上)则选用碳纤维复合材料或碳纤维与玻璃纤维的混杂复合材料。

13.6　太阳能电池材料

13.6.1　基本原理

太阳能发电有两种方式，一种是光-电直接转换方式，另一种是光-热-电转换方式。

光-电直接转换方式的载体为太阳能光伏电池（图 13.12），是一种可以直接将太阳能转变为电能的电子器件。当太阳光照射到太阳能电池上会产生电压，如果把电极连接上，则可以输出电流。太阳能电池原理简单，当太阳光照在半导体 P-N 结上时，形成新的空穴-电子对，在 P-N 结内建电场的作用下，光生空穴流向 P 区，光生电子流向 N 区，接通电路后就产生电流。术语"光生伏特"来源于希腊语，是意大利物理学家亚历山德罗·伏特的名字，在亚历山德罗·伏特以后"伏特"便作为电压的单位使用。1839 年，光生伏特效应第一次由法国物理学家 A. E. Becquerel 发现。1883 年，第一块太阳电池由 Charles Fritts 制备成功，但只有 1% 的效率。

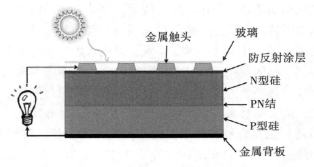

图 13.12　太阳能电池结构示意图

光-热-电转换方式和光电方式存在较大差别，主要先利用太阳辐射产生热能，然后利用热能发电。前一个过程是光-热转换过程，后一个过程是热-电转换过程。太阳能热发电与火电或者核电相比，其缺点是效率低、成本高，但其优势就是绿色环保。在太阳能比较丰富的地区具有成本优势。

13.6.2　单晶硅太阳能电池

单晶硅太阳能电池是硅基太阳电池中最为成熟的技术。目前单晶硅太阳能电池的光电转换效率为 15% 左右，最高的达到 24%。相对多晶硅和非晶硅太阳电池，其光电转换效率最高。单晶硅太阳电池以纯度高达 99.999% 的单晶硅棒为原材料，成本较高，为了节省成本，目前应用的单晶硅太阳电池部分采用了半导体器件加工的头尾料以及废次单晶硅材料。半导体的常用掺杂技术主要有两种，即高温扩散和离子注入。要将单晶硅片加工成太阳能电池片，一般要在硅片上掺杂和扩散形成 P 型或者 N 型半导体。高温扩散是在石英管制成的高温炉中进行，离子注入一般采用注入机。当 P-N 结制好后，采用丝网印刷法将配好的银浆印在硅片上做成栅线，烧结制成背电极，并涂覆减反射层，降低光子在硅片表面的反射，最后制成太阳能电池的单体片。单体片经过抽查检验即可按所需要的规格组装成太阳能电池组件，最后用框架和材料进行封装，按照要求组成太阳能电池阵列。

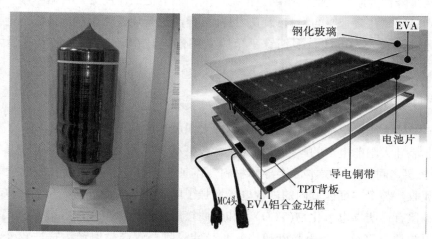

图 13.13　单晶硅棒及太阳能电池阵列结构图

如图 13.13 所示，在太阳能电池阵列中，钢化玻璃主要用作保护作用，EVA 是一种热融胶粘剂，用来粘结固定钢化玻璃和发电主体。透明 EVA 材质的优劣直接影响到组件的寿命，暴露在空气中的 EVA 易老化发黄，影响组件的透光率，从而影响组件的发电质量。除了 EVA 本身的质量外，组件厂家的层压工艺影响也是非常大的，如 EVA 与钢化玻璃、背板粘接强度不够，都会引起 EVA 提早老化，影响组件寿命。TPT 背板(聚氟乙烯复合膜)作用是密封、绝缘和防水。铝合金边框主要起密封和支撑作用。

13.6.3　多晶硅太阳能电池

单晶硅太阳电池的生产需要消耗大量的高纯硅材料，单晶硅的价格高昂，在太阳电池生产总成本中超过二分之一；此外，单晶硅棒呈圆柱状，切片制作太阳电池也是圆形，使太阳能组件平面利用率低。因此 20 世纪 80 年代以来，很多国家投入了大量人力、物力进行多晶硅太阳电池的研制。尽管多晶硅太阳能电池效率低于单晶硅电池，其光电转换效率约为 12%。但其寿命和效率衰退问题和单晶硅相比没有明显区别，成本远低于单晶硅电池，因此得到大力发展。为了降低成本，目前太阳电池使用的多晶硅材料多半是含有大量单晶颗粒的集合体，或采用废次单晶硅料和冶金级硅材料熔化浇铸而成。其工艺过程一般是多晶块料或单晶硅头尾料经破碎后用氢氟酸和硝酸混合液进行适当的腐蚀，然后用去离子水冲洗并烘干，然后加入适量硼硅材料，在真空状态中加热熔化，浇铸成型，即得多晶硅锭。这种硅锭可铸成圆形或者方形，以便切片加工成方形太阳电池片，可提高材质利用率和方便组装。

13.6.4　薄膜太阳能电池

薄膜太阳能电池是指在塑胶、玻璃或者金属基板上所制备的能形成光电效应的薄膜电池。薄膜太阳能电池技术的开发主要为了降低传统太阳能电池(如单晶硅和多晶硅等)的成本。其次是降低太阳能电池的厚度，传统的太阳能电池的厚度为几百微米厚，而薄膜太阳能电池则只需要几微米厚的材料即可。目前已经能进行规模化生产的薄膜电池主要有三种：非晶体硅薄膜太阳电池、铜铟镓硒薄膜太阳能电池(CIGS)、碲化镉薄膜太阳电池(CdTe)。

1. 非晶硅薄膜太阳能电池

非晶硅薄膜太阳能电池与单晶硅和多晶硅太阳电池的制作方法完全不同，工艺过程大大简化。非晶硅太阳能电池的厚度仅为几微米或更小。这种太阳能电池采用 P-I-N 结，即在 N 层和 P 层之间加入一层本征半导体材料。本征半导体材料层较厚，所以大多数光子在这里被吸收。整个本征区域内的内建电场增强了电子和空穴的加速，从而提高了收集效率。顶面常覆有透明导电氧化物(TCO)，和金属接触作为背触点。非晶硅是直接带隙半导体，其带隙约为 1.75eV。与单晶硅相比，非晶硅吸收率较高，但输运特性较差。它的主要优点是在弱光条件也能发电，有极大的潜力。尽管非晶硅太阳能电池的效率已经达到 16%，但其稳定性差，衰减较快，使用寿命短。近年来，随着技术的进步，非晶硅薄膜电池使用寿命已可以达到 10 年以上。

2. 砷化镓太阳能电池

砷化镓其带隙为 1.4eV，对于一个单结太阳电池，这是几乎是最佳的带隙。砷化镓太阳能电池的工作原理与晶体硅太阳电池的工作原理相似。砷化镓的禁带较硅宽，使得它的光谱响应性和空间太阳光谱匹配能力较硅好。单结的砷化镓电池理论效率达到 30%，而多结的砷化镓电池理论效率更超过 50%。砷化镓电池的耐温性比硅基电池高。有实验数据表明，砷化镓电池在 250℃ 的条件下仍可以正常工作，但是硅基电池在 200℃ 就已经无法正常运行。但砷化镓较比硅基材料的脆性大，加工时容易碎裂，增加了其制造难度。

3. 铜铟镓硒太阳能电池

铜铟镓硒薄膜(CIGS，化学式 $CuInGaSe_2$)太阳能电池是多元化合物薄膜电池的重要一员，由于其优越的综合性能，使其应用非常广泛。1976 年，美国首次研究成功 CIS 薄膜太阳电池，转换效率达到 6.6%。时隔 6 年之后，波音公司通过三元(Cu、In 和 Se)蒸发方法，制造出了效率超过 10% 的薄膜电池。2000 年，美国可再生能源研究所制备效率达 12%~13% 的 CIGS 太阳能电池。2003 年，日本昭和壳牌石油公司开发的 CIGS 太阳能电池组件转换效率达到了 13.4%。2007 年，美国可再生能源实验室开发出转化效率达到 19.9% 的 CIGS 太阳能电池。由于 CIGS 太阳能电池转换效率高、生产成本低、污染小，已成为目前发展的重点研究方向。CIGS 薄膜太阳能电池具有多层膜结构，一般包括金属电极、减反射膜、窗口层（ZnO）、过渡层（CdS）、光吸收层（CIGS）、金属背电极（Mo）和玻璃衬底等，如图 13.14 所示。

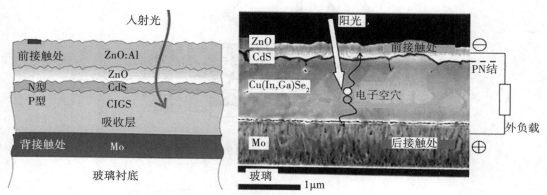

图 13.14　铜铟镓硒太阳能电池结构示意图及截面形貌

CIGS 吸收层是由四种元素组成的具有黄铜矿结构的化合物半导体，是薄膜电池的关键材料。CIGS 薄膜太阳能电池的底电极 Mo 和上电极 n-ZnO 一般采用磁控溅射的方法，工艺路线比较成熟。最关键的吸收层的制备必须克服许多技术难关，目前主要方法包括共蒸发法、溅射后硒化法、电化学沉积法、喷涂热解法和丝网印刷法等。现在研究最广泛、制备出电池效率比较高的是共蒸发和溅射后硒化法，被产业界广泛采用。

4. 钙钛矿太阳能电池

钙钛矿型太阳能电池是利用钙钛矿型的有机金属卤化物半导体作为吸光材料的太阳能电池，如图 13.15 所示，也称作新概念太阳能电池。其工作原理为：当受到太阳光照射时，钙钛矿层首先吸收光子产生电子-空穴对。由于钙钛矿材料激子束缚能的差异，这些载流子或者成为自由载流子，或者形成激子。而且，因为钙钛矿材料往往具有较低的载流子复合概率和较高的载流子迁移率，所以载流子的扩散距离和寿命较长。然后，这些未复合的电子和空穴分别被电子传输层和空穴传输层收集，即电子从钙钛矿层传输到等电子传输层，最后被 FTO 收集；空穴从钙钛矿层传输到空穴传输层，最后被金属电极收集。通过连接 FTO 和金属电极的电路而产生光电流。

钙钛矿型电池属于薄膜电池，目前主要是沉积在玻璃上。但钙钛矿光伏器件比硅更容易制造于柔性基板上。钙钛矿太阳能电池光电转化效率高、制作工艺简单，生产成本和材料成本低。核心光电转换材料具有廉价、可溶液制备的特点，便于采用不需要真空条件的技术制备，比传统的硅电池更易生产。理论效率来看，新式钙钛光伏电池的单层理论效率可达 31%，钙钛矿叠层电池，包括晶硅/钙钛矿的双节叠层转换效率可达 35%，钙钛矿三节层电池理论效率可达 45% 以上。

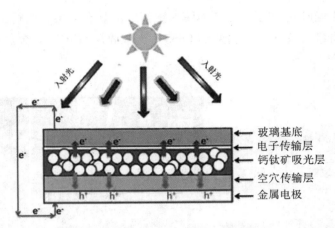

图 13.15　钙钛矿太阳能电池结构原理

13.7　动力电池材料

动力电池即为工具提供动力来源的电源，多指为电动汽车、电动列车、电动自行车等提供动力的蓄电池。可分为锂电池、燃料电池、金属氢-镍电池和铅酸蓄电池等。其主要特点是能量密度高、使用寿命长和安全可靠。

13.7.1　锂离子电池

锂电池大致可分为两类：锂金属电池和锂离子电池，如图 13.16 所示。这两类的差别主要在于阳极材料的选择上，锂电池以金属锂为负极，以经过热处理的二氧化锰为正极，隔离膜采用 PP 或 PE 膜，圆柱形电池与锂离子电池隔膜一样，电解液为高氯酸锂的有机溶液，圆柱式或扣式。锂金属电池最早由 Gilbert N. Lewis 在 1912 年提出并进行研究。而锂离子电池主要选择的是石墨类材料。由于锂金属的化学特性非常活泼，使得锂金属的加工、保存和使用都存在较大的安全隐患。20 世纪 70 年代时，M. S. Whittingham 提出并开始研究锂离子电池。锂离子电池是一种二次电池，它主要依靠锂离子在正极和负极之间移动来工作，避免了锂金属的危险性问题。在充、放电过程中，锂离子在两个电极之间往返嵌入和脱嵌。充电时，锂离子从正极脱嵌，经过电解质嵌入负极，负极处于富锂状态；放电时则相反。

手机和笔记本电脑使用的都是锂离子电池，通常人们称其为锂电池。锂离子电池 1991 年由 Sony 公司实现商业化应用，目前主要的正极材料有钴酸锂、锰酸锂、磷酸铁锂等，负极材料有石墨类、钛酸锂等。二者均浸润于溶解有锂盐的电解液中。锂电池的容量大小取决于有多少材料能够容纳多少锂离子，即是由电极的体积与质量决定。它是电动汽车动力源的重要选择之一。

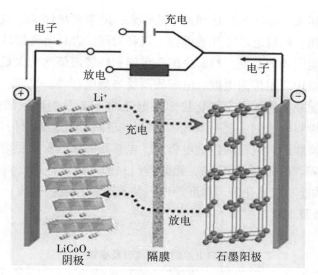

图 13.16　锂离子电池结构示意图

13.7.2　镍-金属氢化物电池

镍氢电池是一种性能良好的蓄电池,分为高压镍氢电池和低压镍氢电池。由于高压镍氢电池的高压力氢气贮存在薄壁容器内使其容易爆炸,而且镍氢电池还需要贵金属做催化剂,因此其使用成本较高。镍氢电池正极活性物质为 $Ni(OH)_2$(称 NiO 电极),负极活性物质为金属氢化物,也称储氢合金(电极称储氢电极),电解液为氢氧化钾溶液。镍氢电池作为氢能源应用的一个重要方向,越来越被人们注意。

高压镍氢电池是 20 世纪 70 年代初由美国的 M. Klein 和 J. F. Stockel 等首先研制。其原理如下:

正极:$Ni(OH)_2+OH^-=NiOOH+H_2O+e^-$;

负极:$M+H_2O+e^-=MH_{ab}+OH^-$;

总反应:$Ni(OH)_2+M=NiOOH+MH$。

其中,M 为氢合金;H_{ab} 为吸附氢;反应式从左到右的过程为充电过程,从右到左的过程为放电过程。

13.7.3　燃料电池

燃料电池(Fuel Cell)是一种将存在于燃料与氧化剂中的化学能直接转化为电能的发电装置。按所用电解质的不同,燃料电池可分为碱性燃料电池(AFC)、磷酸型燃料电池(PAFC)、熔融碳酸盐燃料电池(MCFC)、质子交换膜燃料电池(PEMFC)和固体氧化物燃料电池(SOFC)等(表 13.1)。目前,燃料电池的研究重点为 SOFC 和 PEMFC,并向商业化发展。燃料电池的工作过程实际上是电解水的逆过程,其基本原理在 1839 年由英国律师兼物理学家威廉·罗伯特·格鲁夫提出。一个半世纪以来,燃料电池除了被用于宇航等特殊领域外，极少受到人们关注。只是到近十几年来，随着环境保护、节约能源、保护有限自然资源意识的加强，燃料电池才开始得到重视和发展。燃料电池被认为是继蒸汽机和内燃机之后的第三代能源动力系统，对解决能源污染和环境污染这两大难题具有重要意义。

燃料电池的主要构成组件为电极、电解质隔膜与集电器等。目前，高温燃料电池电极主要是以触媒材料制成，例如固态氧化物燃料电池的 YSZ 及熔融碳酸盐燃料电池的氧化镍电极等。而低温燃料电池则主要是由气体扩散层支撑一薄层触媒材料而构成，例如磷酸燃料电池与质子交换膜燃料电池的白金电极等。电解质隔膜的材质目前主要朝两个发展方向，一是先以石棉膜、碳化硅(SiC)膜、铝酸锂($LiAlO_3$)膜等绝缘材料制成多孔隔膜，再浸入熔融锂–钾碳酸盐、氢氧化钾与磷酸等中，使其附着在隔膜孔内；二是采用全氟磺酸树脂(例如 PEMFC)及 YSZ。

表 13.1 　　　　　　　　　　　　**燃料电池的主要类型及参数**

简称	燃料电池类型	电解质	工作温度(℃)	电化学效率	燃料、氧化剂	功率输出
AFC	碱性燃料电池	氢氧化钾溶液	室温~90	60%~70%	氢气、氧气	300W~5kW
PEMFC	质子交换膜燃料电池	质子交换膜	室温~80	40%~60%	氢气、氧气(或空气)	1kW
PAFC	磷酸燃料电池	磷酸	160~220	55%	天然气、沼气、双氧水、空气	200kW
MCFC	熔融碳酸盐燃料电池	碱金属碳酸盐熔融混合物	620~660	65%	天然气、沼气、煤气、双氧水、空气	2~10MW
SOFC	固体氧化物燃料电池	氧离子导电陶瓷	800~1000	60%~65%	天然气、沼气、煤气、双氧水、空气	100kW

13.7.4　金属-空气电池

目前，在常见的电化学储能装置中，金属-空气电池是电能高效转换和大规模储存的重要技术方向。该电池利用空气中的氧气作为正极电化学反应活性物质，金属锂、锌、铝或镁作为负极电化学反应活性物质。在电池运行过程中，金属电极发生溶解或沉积，放电产物溶解在碱性电解液中；空气中的氧气在负载电催化剂的空气电极中，进行氧还原或氧析出电化学反应，完成电能与化学能相互转换。在不同类型的金属-空气电池中，水系的锌-空气电池技术相对成熟，在未来的能源应用中有极大的前景。由于锌-空气电池的正极使用空气中的氧气作为活性物质，容量无限；电池比能量取决于负极容量，理论能量密度高达 1086W·h/kg，是目前锂离子电池技术的 5 倍。在成本方面，锌-空气电池可能以更低的价格生产。

近年来，随着气体扩散电极理论的进一步完善，以及催化剂的制备和气体电极制造工艺的发展，使电极性能进一步提高，电流密度可达到 $200 \sim 300mA/cm^2$，甚至有些达到 $500mA/cm^2$；同时对锌空气电池气体管理的研究（如水、二氧化碳等），提高了锌空气电池的环境适应能力，为大功率锌空气电池的产品化开发提供了技术保障，同时也使各种锌空气电池体系逐渐走向商品化。性能优良的可充电锌-空气电池在新能源发电储能、电动汽车和便携式电源等领域有着广阔的应用前景。

13.7.5 超级电容器

超级电容器是通过电极与电解质之间形成的界面双层来存储能量的新型元器件。双电层电容器根据电极材料的不同，可以分为碳电极双层超级电容器、金属氧化物电极超级电容器和有机聚合物电极超级电容器。按照储能机理不同，可以将超级电容器分为对称性超级电容器、非对称性超级电容器和混合型超级电容器。

超级电容器的电解质常规地可以分为水性电解质和有机电解质类型，其中水性电解质包括酸性电解质（多采用36%的 H_2SO_4 水溶液作为电解质）、碱性电解质（通常采用 KOH、NaOH 等强碱作为电解质）以及中性电解质（通常采用 KCl、NaCl 等盐作为电解质，水作为溶剂，多用于氧化锰电极材料的电解液）；有机电解质通常采用 $LiClO_4$ 为典型代表的锂盐、$TEABF_4$ 作为典型代表的季胺盐等作为电解质，有机溶剂如 PC、ACN、GBL、THL 等有机溶剂作为溶剂，电解质在溶剂中接近饱和溶解度）。另外，随着锂离子电池固态电解质不断突破，固态电解质已经成为超级电容器电解质领域研究热点。

思考题

1. 火力发电厂锅炉和汽轮机用钢对性能要求有何区别？
2. 核电站运行部件面临的恶劣环境主要有哪些？对材料性能有何特殊要求？
3. 风力发电叶片材料主要有哪些？
4. 水电站水轮机主要是用何种材料？对空化效应如何防护？
5. 燃气轮机的燃烧室主要用哪些材料？涡轮叶片主要用哪些材料？
6. 单晶硅太阳能电池和多晶硅太阳能电池所用材料有何区别？
7. 锂金属电池和锂电池有何差别？
8. 常见燃料电池的电解质有何差别？

第 14 章　航空航天材料

航空航天材料是指飞行器及动力装置、附件、仪表所用的各类材料，是航空航天工程科技发展的决定性因素之一。本章仅介绍航空航天飞行器结构和喷气发动机上使用的金属材料。

14.1　航空航天材料的需求

制造航空航天飞行器的材料数量众多、种类繁杂，超过 12 万种材料可供航空航天机身和发动机的应用，包括金属(超过6.5万种)、塑料(超过1.5万种)、陶瓷(超过1万种)，以及复合材料和天然物质(如木材)。然而，绝大多数材料缺乏航空结构或发动机应用所需的一种或多种基本性能。多数材料太昂贵，太重或太软，或者缺乏足够的耐腐蚀性、断裂韧性或其他重要性能。航空航天结构和发动机中使用的材料必须轻、硬、结实、耐损坏且经久耐用。

由于飞行器要求苛刻，多数材料缺乏所需的一种或多种基本特性，仅有极少量材料(少于 0.05%)适合用于飞机、直升机、航天器的机身和引擎部件。据估计，约 100 种金属合金、复合材料、聚合物和陶瓷具有航空航天应用所需的基本性能组合。航空航天应用中，多数材料要求重量轻、结构有效、耐损伤和耐用，同时又要具有成本效益和易于制造。航空航天材料未来还提出了环保可再生以及可回收的要求。可持续材料在生产时对环境几乎没有影响，或通过降低燃油消耗(通常通过减重)来减少对环境的影响，这在将来会变得越来越重要。

航空航天结构中使用的主要材料是铝合金、钛合金、钢和复合材料。除这些材料外，镍基合金也是喷气发动机的重要结构材料。其他材料对于某些类型的飞机具有特定的应用，但不是大量使用的主流材料，如镁合金、纤维金属层压板、金属基复合材料、木材、用于火箭和航天器的隔热陶瓷，以及用于军用隐形飞机的雷达吸收材料。飞行器上还使用了许多其他材料，如用于电线的铜，电子设备用半导体，用于座椅和其他家具的合成纤维。但是，这些材料都不需要承载结构载荷。

14.2　铝合金

14.2.1　简介

铝合金是多数飞行器的首选材料，自从 1920 年开始逐渐取代木材成为常见的机身材料。高强度铝合金是许多商用客机和军用飞机的常用材料，尤其是 2000 年之前制造的飞机机身、机翼和支撑结构。铝合金占多数客机结构重量的 70%～80%。尽管近年来纤维-聚合物复合材料使用逐渐增多，铝合金使用量有所下降，但在许多军用飞机和直升机中仍占 50%，仍然是重要的航空航天结构材料，因为其低成本、易制造、可加工成形状复杂的结构部件、重量轻，以及具有良好的刚度、强度和断裂韧性。但铝合金也存在易腐蚀和疲劳破坏等若干问题。飞行器中使用的铝合金有很多类型，其性能受合金成分和热处理控制。铝合金的性能一般根据特定的结构应用而量身定制，例如，高强度铝合金用于上机翼蒙皮，以支撑飞行过程中的高弯曲载荷，而其他类型的铝合金则用于下机翼蒙皮，以提供较高的抗疲劳性。

自 1930 年以来，铝合金一直是航空器轻量化机身发展中的重要航空航天结构材料。如果不能在机身和机翼等主要机身部件中使用高强度铝合金，那么就很难开发高速和高空飞行的飞机。与其他主要航空航天材料（如镁、钛、钢和纤维增强的聚合物复合材料）相比，铝合金在大多数飞机中的使用量更大。铝合金占大多数现代飞机、直升机和太空飞行器机身重量的 60%～80%。尽管复合材料在空中客车 380 和 350XWB 以及波音 787 等大型客机中的使用越来越广泛，铝合金仍是重要的结构材料。每年大约有 40 万吨铝合金用于制造军用和民用飞机。许多类型的客机主要由铝合金制成，例如波音 737、747 和 757 以及空中客车 A320 和 A340。大多数机身是使用高强度铝合金制成的，仅使用了少量的其他金属和复合材料。铝合金用于波音 747 的主要结构部分包括机翼、机身和尾翼。起落架（由高强钢和钛制成）和涡轮发动机（包括镍基高温合金和钛在内的各种耐热材料制成）是唯一不能完全由铝制成的主要部件。现代战斗机中不同型号上使用的铝合金量差异很大。通常，军用攻击机使用铝合金制机身的比例要低于民用飞机。大多数现代军用飞机的机体由 40%～60% 的铝合金组成，而商用飞机则是 60%～80%。

铝合金可分为铸造合金和变形铝合金。铸造合金在铸造后无需任何机械热处理就可使用。铸造合金的机械性能从总体上来说不如锻造合金，并且在飞机上一般不作为结构件使用。飞行器上很少使用铸造合金，偶尔用于小型非承重部件中，如控制系统部件。

飞机结构中使用的铝合金几乎都是可变形、可热处理的合金。通过塑性成形（如挤压、拉伸、轧制）和热处理来改善变形合金的强度性能。变形铝合金主要分为两类：不可时效硬化和时效硬化合金。不可时效硬化合金的显著特征是，无法通过热处理实现沉淀硬化。这些合金的强度来自固溶强化、加工硬化和晶粒细化。大多数不可时效硬化的合金的屈服强度低于 300MPa，这对于飞机结构来说是不足的。时效硬化合金的特征在于，热处理时可通过沉淀硬化而得到强化。这些合金通过固溶强化，应变硬化，晶粒尺寸控制以及最重要的沉淀硬化的综合强化机制获得高强度。时效硬化合金的屈服强度通常在 450～600MPa。可时效硬化合金成本低、轻质，塑性、高强度和韧性相结合，适合用于飞行器的各种结构和半结构零件。

14.2.2 不可时效硬化铝合金

由于不可时效硬化的变形合金缺乏结构（如蒙皮面板、加劲肋、肋骨和翼梁）所需的强度、抗疲劳性和塑性,飞机上不可时效硬化变形合金的使用受到一定限制。大多数热处理的不可时效硬化合金的屈服强度低于 225MPa,无法满足高应力飞行结构件。但这些合金可用于某些非结构性零件。1000 系、3000 系、5000 系和大多数 4000 系铝合金不能通过热处理工艺进行时效硬化。固溶强化、应变硬化和晶粒尺寸控制决定了非时效硬化合金的强度。因为大多数合金元素室温下在铝中的溶解度极限较低,因此,通过固溶强化实现的强度改善有限;应变硬化和晶粒尺寸控制是不可时效硬化合金强化的有效机制。

1000 系是高纯铝合金,铝含量大于 99%。仅极少量的合金元素被人为添加到 1000 系铝合金中。在冶炼、精炼和加工后的铝金属生产中,矿石中混入了微量的杂质元素(如 Cu、Fe),会残留少量杂质。尽管杂质浓度低,但对机械性能的影响却很大。例如,铜、硅和铁的含量小于 1% 可以将屈服强度和抗拉强度分别提高 300% 和 40%。1000 系铝合金的特点是屈服强度低、抗疲劳性差、塑性好。多数 1000 系合金退火态的屈服强度低于 40MPa。1000 系合金的低强度不适合用作飞机上的结构材料,但可用于考虑重量和成本但不需要高强度的非结构零件。例如,小型民用飞机上的前围板可用 1000 系铝合金。

3000 系合金的主要合金元素是锰,通过固溶强化提高强度。锰在热处理后不会形成沉淀,因此无法对 3000 系合金进行时效硬化处理。大多数 3000 系合金的屈服强度低于 200MPa,也很少用于飞行器结构件。含有 1.2%Mn 的 3003Al 合金在某些飞机中用作整流罩等非结构材料。3000 系合金主要用于非航空航天零部件,如汽车零部件(散热器、内饰板和装饰件)。

4000 系合金含有大量的硅元素,无法通过热处理进行强化,除非同时含有镁,以形成高强度沉淀物(Mg_2Si)。4000 系合金在铝基体中易形成脆性硅相,从而降低塑性和断裂韧性,因此在飞行器上的使用受到限制。4000 系合金主要用于非航空航天应用,特别是用作钎焊和焊接填充材料。

5000 系铝合金的主要合金元素是镁,通常以百分之几的浓度存在。镁在铝中形成坚硬的金属间沉淀物(Mg_2Al_3),从而增加合金强度。但这些沉淀物的形成和生长不能通过热处理来控制,因此 5000 系合金也不能时效硬化。与其他不可时效硬化的合金类似,在非结构性飞行器零件中偶尔会使用 5000 系铝合金。例如,含有 2.5%Mg 和 0.25%Cr 的 5052Al 合金是最高强度的非时效硬化合金之一,可用于翼肋、翼尖、加强筋、储气罐、管道和框架。

14.2.3　时效硬化铝合金

2000 系、6000 系、7000 系和许多 8000 系合金可通过时效硬化进行强化。只有通过时效硬化之后,铝合金才能获得用于高负荷结构所需的强度。

2000 系铝合金(Al-Cu)用于飞机的许多结构和半结构部件。主要合金元素是铜,通过热处理对合金进行时效硬化时,铜很易形成高强度沉淀相。2000 系合金的特点是强度高、抗疲劳性和韧性高。这些特性使该系合金非常适合于机身蒙皮,下部机翼面板和操纵面板。2000 系合金有很多类型,只有少数几种用于飞行器的结构件。最常见的是 2024Al (Al-4.4Cu-1.5Mg),在飞机结构中使用多年,如桁条、纵梁、翼梁、舱壁、受力的蒙皮和桁架。2000 系合金也可用于耐损伤的应用，如要求高耐疲劳的下机翼蒙皮和商用飞机的机身结构。该合金还用于非结构零件，如整流罩和翼尖。另外，有些新开发的 2000 系合金性能比 2024Al 合金更优越。例如，2054Al 的断裂韧性高 15%～20%，而疲劳强度是 2024Al 的 2 倍。飞机上使用的其他 2000 系列包括 2018Al、2025Al、2048Al、2117Al 和 2124Al。减少铁和硅等杂质可以提高断裂韧性，并更好地抵抗疲劳裂纹萌生和裂纹扩展。

合金元素的添加有助于铝合金的加工或强化。Cu、Mg 和 Zn 通过固溶强化和沉淀硬化提供高强度。这些元素在热处理过程中与铝发生反应，生成金属间沉淀物（$CuAl_2$、Al_2CuMg、$ZnAl$），从而增加强度和抗疲劳性。Mn 和 Cr 少量存在，可以产生弥散分布的颗粒（$Al_{20}Cu_2Mn_3$、$Al_{18}Mg_3Cr_2$），这些颗粒限制晶粒长大，从而通过细晶强化提高屈服强度。微量 Ti（0.1%～0.2%）的添加，也可减小晶粒尺寸。加入 Si，可以降低熔融铝的黏度，提高铸造性能，使其更容易铸造无空隙的厚而复杂的形状。铁用于减少铸件中的热裂纹。但 Si 和 Fe 形成粗大的金属间颗粒（Al_7Cu_2Fe、Mg_2Si），降低断裂韧性，因此这些元素的含量保持在较低浓度。

6000 系合金（Al-Mg-Si）的主要合金元素是镁和硅。通过形成 Mg_2Al_3 和 Mg_2Si 沉淀物，可对 6000 系合金进行时效硬化。6000 系合金用于各种非航空部件，如建筑物、轨道车、船体、船舶建筑以及汽车部件。这些合金由于较低的断裂韧性而很少用于航空航天领域。6061Al（Al-1Mg-0.6Si）偶尔用于机翼肋骨、管道、整流罩和框架等。

7000 系铝合金（Al-Cu-Zn）的主要合金元素是铜和锌，锌含量是铜的 3～4 倍。镁也是重要的合金元素。当铝合金进行时效硬化时，这些元素形成高强度的析出物 [$CuAl_2$、Mg_2Al_3、$Al_{32}(Mg, Zn)_{49}$]。迄今为止，飞机上最常用的铝合金是 7000 系合金与 2000 系合金。7000 系合金通常比 2000 系合金的强度更高。飞机中使用的 7000 系铝合金的屈服强度通常在 470～600MPa，而 2000 系合金的屈服强度在 300～450MPa。因此，需要承受比 2000 合金更高应力的飞机结构中使用 7000 合金，如上机翼表面、翼梁、纵梁、框架、压力舱壁和贯穿件。飞机中最常用的 7000 系铝合金是 7075Al。在飞机结构中使用的其他 7000 系合金包括 7049Al、7050Al、7079Al、7090Al、7091Al、7178Al 和 7475Al。这些铝合金的成分如表 14.1 所示。波音 777 是大多数现代飞机的典型代表，因为它同时使用了常规铝合金和新型铝合金。通常，新合金在一种或两种性能上优于常规合金。例如，机身蒙皮材料是 Alclad 2XXX-T3 合金，比 2024-T3 具有更高的韧性和抗疲劳裂纹扩展性。

表 14.1　　航空航天用 7000 系铝合金的合金成分

合金	Cu	Zn	Mg	Mn	Cr(最大)	Si(最大)	Fe(最大)
7049	1.2～1.9	7.2～8.2	2.0～2.9	0.2	0.22	0.25	0.35
7050	2.0～2.6	5.7～6.7	1.9～2.6	0.1	0.04	0.12	0.15
7075	1.2～2.0	5.1～6.1	2.1～2.9	0.3	0.28	0.4	0.5
7079	0.4～0.8	3.4～4.8	2.9～3.7	0.3	0.25	0.3	0.4
7090	0.6～1.3	7.3～8.7	2.0～3.0			0.12	0.15

续表

合金	Cu	Zn	Mg	Mn	Cr(最大)	Si(最大)	Fe(最大)
7091	1.1~1.8	5.8~7.1	2.0~3.0			0.12	0.15
7178	1.6~2.4	6.3~7.3	2.4~3.1	0.3	0.35	0.4	0.5
7475	1.2~1.9	5.2~6.2	1.9~2.6	0.6	0.25	0.1	0.12

　　8000 系铝合金 8000 系为 1000~7000 系列之外的铝合金的总称。几种 8000 系合金含锂，降低了密度，同时又增加了弹性模量和拉伸强度。Al-Li 合金通常比 2000 系和 7000 系合金具有更好的疲劳性能。飞机结构中最常使用的三种 Al-Li 合金是 8090Al(2.4Li-1.3Cu-0.9Mg)、8091 Al(2.6Li-1.9Cu-0.9Mg)和 8092 Al(2.4Li-0.65Cu-1.2Mg)。通过增加 Li 含量，可以获得更高的比刚度和强度，但飞机中使用的合金含量却相对较低(Li 含量小于 3%)。这是因为，当 Li 含量低于 3% 时，只能使用常规铸造技术加工 Al-Li 合金。要获得更高含量的 Li 的合金，必须使用快速凝固技术进行处理，快速凝固加工非常昂贵。

　　自 1980 年以来，航空航天业已在 Al-Li 合金的开发上投入巨资，以生产更轻、更硬、更坚固的飞机结构。然而，这些合金没有达到其在机身中广泛使用的水平，且在很大程度上不能替代大多数航空航天应用的常规铝合金(如 2024Al、7075Al)。Al-Li 合金的应用首先主要在于锂金属的高成本、Al-Li 合金的高加工成本。此外，Al-Li 合金在横向上还具有较低的塑性和韧性。Al-Li 合金主要用于军用战斗机，其成本仅次于结构性能。例如，F16 (飞行猎鹰)的机身框架中使用了 Al-Li-Cu 合金来替代 2024 Al，从而使疲劳寿命增加了 3 倍，重量减少了 5%，并且具有更高的刚度。如图 14.1 所示，EH 101 直升机的机身和升降机框架中使用了 8090 Al，同样可以改善疲劳性能和减轻重量(减轻 180kg)。Al-Li 合金还用于航天飞机的超轻型储罐中，重量减轻了 3 吨以上，直接转化为航天飞机有效载荷的增加。改进后的氢气罐比使用 Al-Cu(2119)合金制成的原始氢气罐轻 5%，而坚固 30%。

图 14.1　EH 101 直升机机身白色部分主要由 8090 Al 合金制成

14.3 镁合金

飞机中使用所有金属中，镁是最轻的。镁的密度仅为 $1.7g/cm^3$，远低于其他航空航天结构金属的比重：铝（$2.7g/cm^3$），钛（$4.6g/cm^3$），钢（$7.8g/cm^3$）。只有碳纤维复合材料的密度（$\sim 1.7g/cm^3$）与镁相似。镁在 1940 年和 1950 年制造的飞机中被广泛使用，以减轻重量，此后被铝合金和复合材料取代。现代飞机和直升机中镁的使用量通常不到结构总重的 2%。原因：（1）与铝合金相比，镁合金成本较高，强度，疲劳寿命，塑性，韧性和抗蠕变性较低；（2）镁合金极易腐蚀，导致维护和修理成本增加；（3）因镁具有易燃性，安全隐患严重。镁在高温下会燃烧，因此可能构成重大火灾隐患。目前，镁合金的使用主要限于非燃气涡轮发动机零件，其应用包括活塞发动机飞机的齿轮箱和齿轮箱壳体，以及直升机的主变速器壳体。镁具有良好的阻尼能力，因此通常是在恶劣的振动环境（例如直升机变速箱）中选择的材料。

14.3.1 镁合金性能

表 14.2 列出了飞机和直升机上使用的纯镁和几种镁合金的成分和力学性能。飞机上使用的大多数镁合金来自 Mg-Al-Zn、Mg-Al-Zr 和 Mg-E-Zr 系。镁合金在航空航天中最常见的应用是变速箱壳体和直升机的主旋翼变速箱，主要因为镁重量轻，具有良好的减震性能。此外，镁合金还用于飞机发动机和变速箱组件。

表 14.2   **用于飞机和直升机的纯镁及其合金的组成和性能**

合金	成分	屈服强度（MPa）	抗拉强度（MPa）	延伸率（%）
Pure Mg（退火态）	>99.9%Mg	90	160	15
Pure Mg（加工态）	>99.9%Mg	115	180	10
WE43（T6）	Mg-5.1Y-3.25Nb-0.5Zr	200	285	4
ZE41（T5）	Mg-4.2Zn-1.3E-0.7Zr	135	180	2
QE21（T6）	Mg-2.5Ag-1Th-1Nb-0.7Zr	185	240	2
AZ63（T6）	Mg-6Al-3Zn-0.3Mn	110	230	3
AK61（T6）	Mg-6Zn-0.7Zr	175	275	5

14.3.2 镁合金腐蚀

镁合金使用的最大障碍是耐腐蚀性差。镁在电偶系中占据最高的阳极位置之一，具有很高的腐蚀电位。镁及其合金的最大腐蚀破坏形式是点蚀和应力腐蚀。点蚀是指在金属表面形成小坑，通过腐蚀过程溶解少量材料。这些凹坑是飞机结构中内裂纹形成的潜在位置。应力腐蚀涉及材料在应力和腐蚀性介质（例如盐水）的共同作用下其内部裂纹的形成和扩展。镁合金比其他航空航天金属更容易受到腐蚀，因此必须加以保护，以避免产生迅速而严重的损坏。

合金化和添加杂质元素会降低镁合金的耐腐蚀性。添加合金元素可以提高强度，但同时也降低了其耐腐蚀性。降低腐蚀破坏的最实用方法是控制杂质和保护表面。通过控制低水平的阴极杂质，可以提高镁的耐腐蚀性。杂质元素铁、铜和镍会加速腐蚀，因此，为确保镁合金的良好的耐腐蚀性，铁、铜和镍的含量必须保持在非常低的水平。例如，铜的最大浓度仅为 1300ppm，铁的最大浓度为 170ppm，镍的最大浓度为 5ppm。在某些航空航天镁合金（如 AZ63）中，少量锰（<0.3%）可用于改善耐腐蚀性。锰与杂质反应形成相对无害的金属间化合物，其中一些在熔化过程中会分离出来。表面处理和涂层是保护镁合金免于腐蚀的另一种有效方法。

14.3.3　小结

由于密度低，镁合金曾经是流行的飞机结构材料。但镁合金的使用从 20 世纪 50 年代和 60 年代的繁荣时期开始下降，当时镁合金通常用于飞机、直升机和导弹。现代飞机中的使用主要限于固定翼飞机的齿轮箱和齿轮箱壳体以及直升飞机上的主变速箱壳体，主要靠镁合金提供良好的减振性能。航空航天结构中最常用的镁合金是 Mg-Al-Zn，Mg-Al-Zr 和 Mg-E-Zr 合金，这些材料主要通过固溶和沉淀硬化得到增强，但镁合金的最大强度远低于高强铝合金。

耐蚀性差是镁合金在飞机上使用的最大问题。必须精确控制其杂质含量，并通过表面处理或涂层保护来避免其腐蚀。与其他航空结构材料相比，镁合金的成本高，刚度、强度、韧性和抗蠕变性低。

14.4　钛合金

钛合金由于具有密度适中、结构性能高、优异的耐腐蚀性以及高温机械性能等优点，而被广泛用于飞行器的机身结构和发动机组件。飞机结构和发动机中最常见的钛合金是 Ti-6Al-4V，但飞行器中仍使用不同成分的钛合金。钛合金的结构性能比铝合金更好。钛合金通常用于载荷最大的结构中，这些结构必须占用最小的空间，如起落架和机翼-机身连接部分。大多数商用客机中钛合金结构重量通常低于 10%，在波音 787 和空客 A380 等现代飞机上使用的数量更多。战斗机需要比客机更高强度的材料，因此钛在军用飞机中的使用更多。例如，钛占 F-15 Eagle 和 F-16 Fighting Falcon 的结构质量的 25%，占 F-35 Lightning II 的 35%。钛合金在现代喷气发动机重量占比高达 25% ~ 30%，并可用于 400 ~ 500℃下工作的组件中。钛发动机部件包括叶片、低压压缩机部件以及排气部分的塞子和喷嘴组件。

钛合金在高温（高达 500 ~ 600℃）下也具有良好的机械性能，远高于轻质航空航天材料（例如铝合金、镁合金和纤维聚合物复合材料）的工作温度极限。钛的最早使用是在燃气涡轮发动机的压缩机盘和风扇叶片中，在高温下需要出色的抗蠕变性。钛的使用对于喷气发动机的早期开发很重要，喷气发动机最初是用耐热钢和镍合金制造。由于钢和镍合金的比重大，在圆盘和叶片中用钛代替，可以使早期喷气发动机的重量减少200kg以上。钛一直是燃气涡轮发动机中的重要材料。目前，钛合金在大多数现代发动机重量中占比达25%~30%。钛制成的发动机部件是进气区域的风扇叶片、轴和机壳、低压压缩机、排气部分的塞子和喷嘴组件。钛还用于发动机框架、壳体、歧管和导管。但钛不适合在燃烧室和温度超过600℃的其他区域使用，温度太高，钛会迅速软化、蠕变和氧化，因此需要更耐热的材料，例如镍合金。

在飞机结构和发动机中使用钛有很多好处。表14.3比较了几种类型的钛与其他航空航天结构材料的刚度和强度。钛有不同种类，商业纯钛、α-钛、β-钛和α+β-钛。钛合金的比刚度略低于其他航空航天材料。钛合金的强度在很宽的范围内变化。但是，钛合金的比强度性能优于其他材料(碳-环氧复合材料除外)，因此，它们用于承受高载荷的飞机结构，例如机身部件、起落架部件和翼盒。

表 14.3　　　　　　　　　　钛合金与其他航空航天结构材料力学性能的比较

材料	密度 (g/cm^3)	弹性模量 (GPa)	比模量 $(MPa \cdot m^3/kg)$	屈服强度 (MPa)	比强度 $(kPa \cdot m^3/kg)$
纯钛	4.5	103	22.4	170~480	37~104
α-钛	4.5	100~115	21.7~25.1	800~1000	174~217
β-钛	4.5	100~115	21.7~25.1	1150~1300	180~282
α+β-钛	4.5	100~115	21.7~25.1	830~1300	180~282
铝(2024-T6)	2.7	70	25.9	385	142
铝(7075-T76)	2.7	70	25.9	470	174
镁	1.7	45	26.5	200	115
高强低合金钢	7.8	210	26.9	1000	128
环氧碳复合材料	1.7	50	29.4	760	450

使用钛的其他好处包括高强度、良好的抗疲劳性、高温下的抗蠕变性。某些类型的钛合金可以通过焊接或扩散结合的方法连接，从而减少了对机械紧固件(螺栓、螺钉、铆钉)和粘合剂的需求，而这些紧固件是时效硬化的铝制组件所必需的。钛具有比高强度铝合金更好的耐腐蚀性，其中包括最具破坏性的形式，如应力腐蚀开裂和剥落。钛具有形成薄的氧化物表面层的能力，该氧化物层对大多数腐蚀剂具有抵抗力和不渗透性，并为材料提供了出色的抗腐蚀性。当耐蚀性是主要考虑因素时，钛可用于飞机结构中铝的替代材料。

1. 商业纯钛

商业纯钛(>99%Ti)强度低至中等,不适合飞机结构或发动机。高纯钛的屈服强度在170~480MPa 范围。某些等级纯钛的抗拉强度超过 450MPa,这与飞机结构中使用的 2000 铝合金相似。然而,由于其较高的密度,纯钛的比强度不如铝合金。商业纯钛含低浓度的杂质,这些杂质在从矿石精炼和加工后残留下来。钛含有微量的杂质,如铁和氧,通过固溶硬化提高强度和硬度。例如,超高纯钛(氧含量低于 0.01%)的抗拉强度约为 250MPa。相比之下,含少量氧(0.2%~0.4%)的钛的强度为 300~450MPa。但塑性、热稳定性和耐蠕变性大大降低,因此使用杂质元素强化钛是不利的。

纯钛很少用在飞机上。然而,钛能够在非常低的温度下保持强度和塑性,因此可用于低温。商业纯钛的航空航天应用是在用于太空飞行器的含有液态氢的燃料储罐中。在正常大气条件下,液态氢必须存储在 -210℃ 以下,该温度下,商业纯钛具有良好的强度和韧性。

2. α钛合金

α钛合金有两类,分为超 α 和近 α。超 α 合金包含大量的 α 稳定化元素($>5w_t\%$),并且完全由 α-Ti 晶粒组成。近 α 合金包含大量的 α 稳定化元素和少量的 β 稳定化元素($<2w_t\%$)。近 α 合金组织中含有少量的 β-Ti 晶粒,分散在更大体积的 α-Ti 晶粒之间。近 α 合金比超 α 合金具有更高的强度(由于少量的硬质 β-Ti 相),并且在高温下还具有出色的抗蠕变性。因此,在 500~600℃ 长时间下运行的燃气涡轮发动机和火箭推进系统的组件中,近 α 合金优于超 α 合金。高于此温度,合金会软化和蠕变,需要其他热稳定性更好的材料(例如镍基超合金)。

表 14.4 给出了几种超 α 和近 α 合金的组成和性能。钛合金没有标准化的命名规则,最常用的命名仅列出主要合金元素的重量百分比,如 Ti-8Al-1Mo-1V 包含 8%的铝,1%的钼和 1%的钒,而 Ti-6Al-4V 包含 6%的铝和 4%的钒。

表 14.4　　　　　　　　　　用于燃气轮机的 α 合金的组成和性能

合金类型	成　　分	弹性模量 (GPa)	屈服强度 (MPa)	抗拉强度 (MPa)
超 α 合金	Ti-5Al-2.5Sn(IMI317)	103	760	790
近 α 合金	Ti-6Al-2Sn-4Zr-6Mo	114	862	930
	Ti-5.5Al-3.5Sn-3Zr-1Nb(IMI829)	120	860	960
	Ti-5.8Al-4Sn-3.5Zr-0.7Nb(IMI834)	120	910	1030
	Ti-2.25Al-11Sn-5Zr-1Mo(IMI679)	115	900	1000
	Ti-6Al-4Zr-2Mo(IMI685)	115	960	1030

近 α 钛合金由于其优越的高温性能，特别是强度和抗蠕变性，在飞机中更常用。实际上，仅一种超 α 钛合金在大量使用，如 Ti-5Al-2.5Sn(IMI317)因为低温度下保持高塑性和断裂韧性，从而在低温中使用。近 α 合金 IMI 685、IMI 829 和 IMI 834 用于喷气发动机，这些合金的屈服强度在 800~1000MPa 之内，几乎是时效硬化铝合金的 2 倍。

通过加工硬化、固溶硬化和晶粒细化可实现 α-Ti 合金的强化。通过塑性成形工艺(例如轧制或挤压)进行的加工硬化可使强度从 350MPa 增至 800MPa 以上。添加 1%的合金元素，固溶强化可将抗拉强度提高到 35~70MPa 之间。铝是主要的合金元素，用于稳定 α 相，并增加蠕变和拉伸强度。铝含量对 α-Ti 的屈服强度和塑性的影响大，且因固溶硬化而使强度迅速增加，由于脆化而塑性下降。添加约 9%以上的 Al，会促进脆性铝化钛 (Ti_3Al)沉淀的形成，从而降低断裂韧性和塑性，因此，大多数 α-Ti 合金的铝含量在 6%~7%以下。热处理无法提高 α-Ti 合金的强度，这是其高温应用的原因之一。近 α 钛合金的热稳定性和抗热老化确保了它们在高温长时间运行时不会明显改变其力学性能。

3. β 钛合金

β 钛合金通过添加大量 β 稳定元素来稳定 β 相，如 V、Mo、Nb、Fe 和 Cr(通常为 10~20wt%)。表 14.5 给出了几种 β-Ti 合金的组成和拉伸性能。β-Ti 合金的强度和抗疲劳性通常高于 α-Ti 合金，但 β-Ti 合金使用率非常低。由于在高温下的低抗蠕变性，在航空航天业使用的所有钛合金中所占的比例不到百分之几。

表 14.5　　　　　　　　几种常见 β-Ti 合金的力学性能

合金成分	弹性模量（GPa）	屈服强度（MPa）	抗拉强度（MPa）	延伸率（%）
Ti-13V-11Cr-3Al	101	1268	1372	6
Ti-8V-6Cr-4Mo-4Zr-3Al	100	1240	1310	8
Ti-11.5Mo-6Zr-4Sn(Beta III)	103	1315	1390	8
Ti-10V-2Fe-3Al	110	1250	1320	6-16
Ti-15V-3Al-3Cr-3Sn	103	800-1000	800-1100	10-20
Ti-15Mo-2.7Nb-3Al-0.2Si	103	1170	1240	12
Timetal LCB	110	1350	1420	10

第一种用于商业用途的 β-Ti 合金是 Ti-13V-11Cr-3Al，用于 SR-71 黑鸟军用飞机的机体，如图 14.2 所示。该合金被用于机身框架、机翼和机身蒙皮、纵梁、舱壁、肋骨和起落架。黑鸟被设计成以 2.5 马赫的速度飞行，并以这种速度通过摩擦气动阻力将表皮加热到接近 300℃。铝合金在这些温度下会软化，因此使用钛合金是因为其在高温下具有出色的强度。波音 777 在许多部件中使用 β-Ti 合金，包括起落架、排气塞、喷嘴和机舱部分。波音 777 起落架中使用的 β-Ti 合金为 Ti-10V-2Fe-3Al，可替代高强度钢。β-Ti 合金用于消

除钢氢脆的风险，并可以减轻 270kg 的重量。β 钛合金还用于燃气涡轮发动机的风扇盘中，以减轻重量。风扇盘上最常见的两种 β-Ti 合金是 Ti-5Al-2Zr-2Sn-4Cr-4Mo 和 Ti-6Al-2Sn-4Zr-6Mo，与使用高温钢或高温合金相比，它们的重量减轻了 25% 以上。

图 14.2　SR-71（机身 80% 为钛）

大多数 β-Ti 合金屈服强度在 1150～1300MPa 之间，大于 α-Ti 合金的强度（750～1000MPa），高强度是固溶强化和沉淀硬化的结果。退火条件下，固溶时效处理可以使强度提高 30%～50%。用于增强 β-Ti 合金的热处理条件比铝合金的时效硬化处理更为极端。β-Ti 合金的典型处理方法是，在约 750℃ 的温度下进行固溶处理，然后快速淬火至室温，然后在 450~650℃ 下时效数小时。时效导致 β 相转变为 α-Ti 颗粒，这些粒子在 β 基体弥散分布，并且经常出现在晶界和位错处。颗粒通过沉淀硬化机制提高了 β-Ti 的屈服强度。此外，时效过程会产生 ω 相沉淀颗粒，这些颗粒也会强化 β-Ti 合金。β-Ti 合金的抗拉强度随着 α 和 ω 颗粒的体积分数增加到 1400MPa。β-Ti 合金的强度也可通过加工硬化来提高。可通过冷变形将 β-Ti 合金板增强到 1500MPa。然而，由于冷加工而导致的强度增加伴随着塑性和韧性的损失，因此，冷变形并未广泛用于提高飞机钛合金的强度。

4. α+β 两相钛合金

迄今为止，α+β-Ti 合金是飞机上使用最重要的钛合金。这些合金通过添加 α-稳定元素和 β-稳定元素在室温下促进 α-Ti 和 β-Ti 晶粒形成。α+β-Ti 合金具有出色的高温蠕变强度，塑性和韧性（α-Ti 相）及高强度和耐疲劳性（β-Ti 相）。表 14.6 列出了几种 α+β-Ti 合金的成分和拉伸性能，α 稳定元素和 β 稳定元素通常分别在 2%～6% 和 6%～10% 范围内。

表 14.6　　　　　　　　飞机结构中常见 α+β-Ti 合金的组成及性能

成分	弹性模量（GPa）	屈服强度（MPa）	抗拉强度（MPa）	延伸率（%）
Ti-6Al-4V（IMI318）	114	830	900	10
Ti-6Al-2Sn-4Zr-6Mo	114	1100	1170	10

成分	弹性模量（GPa）	屈服强度（MPa）	抗拉强度（MPa）	延伸率（%）
Ti-2Al-2Sn-4Mo-0.5Si	114	1000	1100	13
Ti-6Al-6V-2Sn	114	1170	1275	10

在 α+β-Ti 合金中，最重要的是 Ti-6Al-4V，是飞机使用最多的钛合金。Ti-6Al-4V 用于喷气发动机和机身。Ti-6Al-4V 占喷气发动机钛的 60% 左右，而机身则占 80%~90%。Ti-6Al-4V 在蠕变条件下的最高工作温度极限为 300~450℃，因此，该合金用于发动机压缩机的风扇和冷却器部件，而 α-Ti 合金用于较热的发动机部件需要较高温度蠕变强度的区域。

α+β-Ti 合金的机械性能通常介于 α-Ti 和 β-Ti 合金。例如，退火 Ti-6Al-4V 的屈服强度约为 925MPa，高于大多数近 α-Ti 合金（~800MPa），但低于许多 β-Ti 合金（1150~1400MPa）。其蠕变强度、抗疲劳性、断裂韧性、塑性和极限拉伸强度也可进行类似比较。α+β-Ti 合金强度来自几种硬化过程，包括固溶硬化、晶界强化、加工硬化，最重要的是 β-Ti 晶粒的沉淀硬化。与 β-Ti 合金一样，α+β-Ti 合金时效会导致某些 β 相转变为 α-Ti 颗粒，且析出 ω 相，从而提高强度。通常在 480~650℃ 的温度下进行时效处理后，α+β-Ti 合金会得到强化，与退火合金相比，其抗拉强度提高了 30%~50%。经过完全时效硬化的 α+β-Ti 合金的拉伸强度超过 1400MPa。

5. 钛铝中间化合物

钛铝中间化合物是一类特殊的钛合金，是下一代航空发动机的重要高温材料。这些材料的密度与传统的钛合金相似或更低，且杨氏模量更高。钛铝中间化合物的密度在 $3.9 \sim 4.3 g/cm^3$ 之间，而钛合金的密度在 $4.4 \sim 4.8 g/cm^3$ 之间。钛铝中间化合物的杨氏模量为 145~175GPa，而钛为 90~120GPa。钛铝中间化合物还具有较高的抗氧化性和高温强度，使其更适用于燃气涡轮发动机和火箭推进系统。几种类型的钛铝中间化合物可将强度保持到 750℃，这比常规钛合金的工作温度极限至少高 150℃。

钛铝中间化合物被归类为有序金属间化合物，它们是在两种或多种金属的原子以固定比例结合以产生结构上与各个金属不同的晶体材料。对于铝钛中间化合物，两种金属是钛（体心立方晶体结构）和铝（面心立方结构）。这些金属结合生成 Ti_3Al 和 $TiAl$ 化合物。Ti_3Al 称为 α_2 相，当合金铝含量约为 25% 时形成。常见的 α_2 合金成分为 Ti-25Al-5Nb、Ti-24Al-11Nb、Ti-25Al-10Nb-3V-1Mo 和 Ti-24.5Al-12.5Nb-1.5Mo。添加铌，产生 Ti_2Nb 沉淀，有助于在高温下保持强度并在室温下增加塑性。TiAl 化合物称为 γ-相，当 Ti 和 Al 含量大致相等时形成。γ-合金包括 Ti-48Al-1V、Ti-48Al-2Mn、Ti-48Al-2Cr-2Nb 和 Ti-47Al-2Cr-2Ni。

钛铝中间化合物可作为结构材料是因为其出色的高温强度。钛铝中间化合物的晶体结构具有少量的滑移系统，限制了位错在高温下的运动，从而保持强度。与高达 800℃ 近 α

合金相比，α_2 合金具有更高的比强度，因此，Ti_3Al 可以用作喷气发动机中常规钛合金的轻质替代品。γ-合金比屈服强度低于近 α-合金，但能够在较高温度下保持其强度。γ-合金最高工作温度类似于喷气发动机中使用的镍超合金。钛铝中间化合物在高压压缩机和涡轮叶片中具有潜在的应用。但 γ-铝化物的密度（$3.9g/cm^3$）是镍合金（$8.7 \sim 8.9g/cm^3$）的一半，因此可以用作轻量化的发动机材料。

钛铝中间化合物出色的高温强度为提高钛基合金的最高温度极限提供了可能，并可替代喷气发动机中的镍合金实现轻量化。塑性低和断裂韧性差而易于脆性断裂是阻碍钛铝中间化合物在飞机发动机中使用的关键因素。通常，钛铝中间化合物室温塑性为 $1\% \sim 2\%$，断裂韧性约为 $15MPa/m^{0.5}$，低于常规钛合金的塑性和韧性。钛铝中间化合物加工成本高，比常规的钛和镍合金昂贵。航空航天公司正在寻找钛铝中间化合物低制造成本和增加塑性的方法，因此钛铝中间化合物最终可用于喷气发动机。

6. 形状记忆钛合金

形状记忆合金是另一类独特的钛合金材料，能够在塑性变形后"记住"其形状。形状记忆合金会通过加热或其他外部刺激恢复到原始形状，但前提是经历的变形在可恢复的范围内。变形和形状恢复的过程可以重复很多次，这为形状记忆合金在飞行控制系统中使用提供了可能性，例如控制面和液压系统。形状记忆合金目前还没有用于飞机，仍值得深入研究。

最常见的形状记忆合金是镍钛，钛含量为 $45\% \sim 50\%$。镍钛合金的商标名为"Nitinol"。镍钛合金的形状记忆特性最有前途的应用之一是操纵面，例如襟翼、方向舵和副翼。在大多数现代飞机上，操纵面的移动是使用液压致动器系统执行的，该系统笨重、昂贵且难以维护。

14.5 航空用钢

14.5.1 简介

与铝和复合材料相比，尽管钢广泛用于许多领域，但在航空航天中的使用量很小。飞机和直升机中钢的使用通常仅限于机身总重量的 $5\% \sim 8\%$（或体积的 $3\% \sim 5\%$）。

在飞机上使用钢通常仅限于对安全性要求很高的结构部件，这些部件要求很高的强度，并且空间有限。当高比强度是材料选择中最重要的标准时，就选择使用钢。飞机用钢的屈服强度高于 $1500 \sim 2000MPa$，高于高强度铝（$500 \sim 650MPa$）、$\alpha+\beta$ 钛（$830 \sim 1300MPa$）或碳-环氧复合材料（$750 \sim 1000MPa$）。除了高强度，飞机上使用的钢还具有高弹性模量、耐疲劳性和断裂韧性，并在高温（$300 \sim 450\,^{\circ}\!C$）下保持其机械性能。这些特性的组合使钢材成为重载的首选材料。然而，由于其重量，钢并未大量使用。钢的密度（$7.2g/cm^3$）比铝高 2.5 倍，比钛高 1.5 倍，钢比碳-环氧复合材料重 3.5 倍以上。除重量问题外，大多数钢还易于腐蚀，导致表面点蚀，应力腐蚀开裂和其他损坏。高强度钢容易因氢脆而损坏。

高强度钢制成的飞机结构部件包括起落架、机翼根部附件、发动机吊架和板条轨道部件。钢材的最大用途是起落架。在起落架中使用钢的主要优点是高刚度、强度和耐疲劳性，为起落架提供了机械性能，可承受着陆时的高冲击载荷，并在滑行和起飞期间支撑飞机的重量。由于钢的高机械性能，起落架的承重部分可以做得相对较小，从而可以在飞机机腹的最小空间内进行存放。钢还因其高刚度、强度、韧性和抗疲劳性而被用于机翼根部附件。

14.5.2　钢在飞机中的应用

钢有数百种，只有少数几种具有飞机结构所需的高强度和高韧性。

1. 中碳低合金钢

中碳低合金钢含有 0.25%～0.5%碳，但合金元素的浓度较高，包含镍、铬、钼、钒和钴等元素，以增加硬度和高温强度。这种钢在飞机上的应用包括起落架组件、轴和其他零件。中碳低合金钢的等级很多，对于航空航天而言，最重要的是 4340、300M 和 H11 型，它们涵盖了从中到高强度的范围，并提供了冲击韧性、蠕变强度和耐疲劳性。我国大飞机 C919 自主研发的起落架采用的是 300M 钢。

2. 马氏体时效钢

马氏体时效钢的强度在 1500～2300MPa 的范围内，这使其成为最坚固的金属材料之一。马氏体时效钢用于重载的航空航天部件。

马氏体时效钢用于飞机起落架、直升机起落架、板条轨道和火箭发动机外壳，这些应用都需要高强度的材料。大多数高强度钢的韧性低，而强度越高，韧性越低，而马氏体时效钢则具有高强度和韧性的罕见组合，使其非常适合要求高强度和损害承受能力的安全关键型飞机结构。马氏体时效钢是一种坚固、坚韧的低碳马氏体钢，其中含有通过热时效形成的硬质沉淀颗粒。

与普通碳素钢淬火形成的马氏体相比，在冷却的马氏体时效钢中的马氏体组织较软。但这种柔软性导致高塑性和韧性而无需回火。淬火后，马氏体时效钢经过最后的强化阶段，包括时效，然后才用于飞机部件。马氏体时效钢在 480～500℃下进行几小时的热处理，以在硬质马氏体基体内形成硬质沉淀物的弥散分布。析出物的主要类型为 Ni_3Mo、Ni_3Ti、Ni_3Al 和 Fe_2Mo。由于合金含量高，析出物的体积分数较高。由于碳含量低，消除了碳化物沉淀。钴是马氏体时效钢中重要的合金元素，具有多种功能。钴用于降低钼的溶解度极限，从而增加富钼沉淀物（如 Ni_3Mo、Fe_2Mo）的体积分数。钴有助于沉淀物均匀分散在马氏体基体中。钴加速沉淀过程，缩短了达到最大硬度的时效时间。马氏体时效钢中的析出物有效地限制了位错的移动，从而通过析出硬化促进强化。与其他时效硬化航空合金（如 2000Al、7000Al、β-Ti 和 α/β-Ti 合金）一样，存在最佳的温度和加热时间，以使马氏体时效钢达到最大强度。在 480～500℃的最佳温度范围内进行时效硬化几个小时后，可以获得大约 2000MPa 的屈服强度，同时保持良好的塑性和韧性。过时效会导致强度降低，这是由于马氏体沉淀粗化和分解，变回奥氏体。马氏体时效钢的强度比多数其他航空航天结构材料要强得多，再加上良好的塑性和韧性，使其成为抗损伤且空间小的重载结构的首选材料。

3. 不锈钢

飞机中使用的沉淀硬化不锈钢具有高强度的回火马氏体微观结构。与马氏体时效钢一样，沉淀硬化型不锈钢通过固溶处理，淬火，然后在 425~550℃ 的温度下进行时效硬化。最著名的沉淀硬化不锈钢是 17-4PH（ASTM A693），其中包含少量的碳（最大含量 0.07%）和大量的铬（15%~17.5%），以及较少的镍（3%~5%）、铜（3%~5%）和其他合金元素（Mo、V、Nb）。镍用于提高韧性，而其他合金元素则通过形成沉淀颗粒来促进强化。

不锈钢的早期应用是在超音速和高超音速飞机的蒙皮中，在这种蒙皮中温度影响很大。Bristol 188 表皮使用不锈钢，该表壳是 1950 年建造的马赫 1.6 实验飞机，用于研究动力学加热效应。美国 X-15 火箭飞机还使用了不锈钢，其速度超过了 6 马赫。这些飞机的蒙皮由于摩擦加热而达到高温，如果使用铝，则会导致铝软化，而钢在 400~450℃ 的温度下具有耐热性，而机械性能没有任何显著降低。由于其他更轻的耐热材料（例如钛）的发展，不锈钢已不再用于超音速和超音速飞机。尽管不锈钢的使用受到限制，但不锈钢目前仍用于发动机塔架和其他一些容易受到应力腐蚀破坏的结构部件中。最常用于飞机的是中碳低合金钢、马氏体时效钢和 PH 不锈钢。

14.6　高温合金

14.6.1　简介

高温合金（又称超合金）是用于飞机涡轮发动机的一组镍、铁和钴基合金，具有出色的耐热性能。喷气发动机中使用的材料必须在高温、高应力和热腐蚀性气体的苛刻环境中长时间运行。尤其是在高温度（高达 1300℃）下保持其刚度、强度、韧性和尺寸稳定性。此外，高温合金具有喷气发动机材料所需的许多性能，如高强度、长疲劳寿命、断裂韧性、高温下的耐蠕变性和耐应力断裂性。高温合金在高温下还具有抗腐蚀和抗氧化的作用。高温合金可在高达 950~1300℃ 的温度下长期运行。高温合金主要用于发动机部件，如高压涡轮叶片、盘、燃烧室、燃烧室和推力反向器。

现代喷气发动机主要部件中，高温合金占总重量的 50% 以上，主要用于涡轮叶片、圆盘、叶片和燃烧室。高温合金还用于低压涡轮机壳体、轴、燃烧器罐、燃烧器和反推力器中。然而，镍基高温合金的一个问题是它的高密度为 $8~9g/cm^3$，大约是钛的 2 倍、铝的 3 倍。

14.6.2　高温合金分类

高温合金在各种温度下具有良好的组织稳定性和可靠性。根据基体元素类别，高温合金可分为铁基、镍基、钴基。

1. 镍基高温合金

镍基超合金是涡轮发动机中最常用的材料，它具有高强度和长寿命，并且在高温下具有良好的抗氧化性和耐腐蚀性。镍基高温合金是要求在 800℃ 以上运行的最热发动机组件的首选材料。毫无疑问，用于喷气发动机的镍基超合金最显著的特性之一是在高温下具有出色的抗蠕变和应力断裂性能。蠕变是一种重要的材料性能，可避免发动机零件卡死和损坏。蠕变涉及材料在承受弹性载荷时的塑性屈服和永久变形。大多数材料在其熔化温度的 30%~40% 的温度下会经历快速蠕变。例如，用于喷气发动机较冷区域的铝和钛合金分别在 150℃ 和 350℃ 以上迅速蠕变。镍超级合金能够很好地抵抗蠕变，因此可在 850℃ 的温度使用，该温度超过其熔点的 70%。在这种高温下，很少其他金属材料具有出色的抗蠕变性。镍超合金具有出色的抗蠕变和应力断裂性能，这意味着发动机可以在更高的温度下运行，以产生更大的推力。与用于飞机结构的材料，如铝、钛和镁合金相比，镍基合金的应力断裂强度非常出色。镍超合金至少含有 50% 的镍。许多高温合金包含十多种合金元素，包括大量的铬（10%~20%）、铝和钛（合计最多 8%）、钴（5%~15%），以及少量的钼、钨和碳。

表 14.7 列出了喷气发动机中使用的几种镍基高温合金的成分。在众多高温合金中，对于 718 合金是最重要的航空航天镍基超合金。例如，718 合金占波音 787 上 CF6 发动机的 34%。Hastelloy X 和 Inconel 625 通常用于燃烧罐，而 Inconel 901、Rene 95 和 Discaloy 则用于涡轮机盘。镍基超合金有挤压，锻造和轧制形式。通常在铸造条件下强度更高，如定向铸造和单晶铸造。PWA1480 和 PWA1422 合金是用于涡轮机叶片的特殊类型的高温合金，分别通过单晶和定向凝固方法生产。

表 14.7   几种常见镍基超合金的成分

合金	成分									
	Ni	Fe	Cr	Mo	W	Co	Nb	Al	C	其他
Astroloy	55.0		15.0	5.3		17.0	—	4.0	0.06	
Hastelloy X	49.0	18.5	22.0	9.0	0.6	1.5	3.6	2.0	0.1	
Inconel 625	61.0	2.5	21.5	9.0				0.2	0.15	<0.25Cu
Nimonic 75	75.0	2.5	19.5					0.15	<0.08	1V
Inconel 100	60.0	<0.6	10.0	3.0		15.0		5.5	<0.08	2.9（Nb+Ta）
Inconel 706	41.5	37.5	16.0				5.1	0.2	0.12	<0.15Cu
Inconel 716	52.5	18.5	19.0	3.0			5.2	0.5	0.05	0.1Zr
Inconel 792	61.0	3.5	12.4	1.9	3.8	9.0		3.5	0.04	
Inconel 901	42.7	34	13.5	6.2				0.2	0.16	0.3V

续表

合金	成　分									
	Ni	Fe	Cr	Mo	W	Co	Nb	Al	C	其他
Discaloy	26.0	55	13.5	2.9			3.5	0.2	0.15	0.5Zr
Rene 95	61.0	<0.3	14.0	3.5	3.5	8.0	—	3.5	0.14	
Rene 104	52.0	—	13.1	3.8	1.9	18.2	1.4	3.5	0.03	2.7Ta
SX PWA1480	64.0	—	10.0		4.0	5.0		5.0		2Hf
DS PWA1422	60.0		10.0		12.5	10.0		5.0		

　　镍超合金通过固溶硬化或固溶与沉淀硬化的结合来获得强度。主要通过固溶强化而硬化的高温合金含有有效的替代强化元素，如钼和钨。这两种合金元素的好处是镍中的原子扩散速率低，并且在高温下非常缓慢地移动穿过晶格结构。蠕变受原子扩散过程控制，蠕变速率随合金元素的扩散速率而增加。因此，合金元素的缓慢移动会阻碍镍的蠕变。

　　固溶硬化镍合金具有良好的耐腐蚀性，尽管其高温性能不如沉淀硬化合金。通过沉淀强化的镍超级合金具有最佳的高温性能，因此，被用于喷气发动机零件，如叶片、盘、环、轴和各种压缩机组件。沉淀硬化的镍合金也用于火箭发动机。沉淀硬化的镍合金包含铝、钛、钽、铌，它们在热处理过程中与镍反应形成硬金属间沉淀物的精细分散体。最重要的沉淀是 γ' 相，它以 Ni_3Al、Ni_3Ti 或 $Ni_3(Al, Ti)$ 化合物的形式出现。这些沉淀物具有出色的长期热稳定性，从而在高温下具有强度和抗蠕变性。为了获得高强度、抗疲劳性和蠕变性能（通常高于 50%），需要高含量的 γ' 沉淀物。γ' 沉淀物是通过热处理工艺形成的，该热处理工艺包括固溶处理，然后进行热时效，以将合金元素溶解为固溶体。固溶处理在 980~1230℃ 下进行。单晶镍合金在更高的温度（最高 1320℃）下进行了固溶处理。经过固溶处理和淬火后，镍合金在 800~1000℃ 时效 4~32h，形成 γ' 沉淀物。时效温度和时间取决于超合金的应用。在要求强度和抗疲劳性的发动机零件（如圆盘）上，需要较低的时效温度和较短的时间产生细小的 γ' 沉淀物。而较高的温度会产生粗糙的 γ' 沉淀物，有利于蠕变和应力破裂应用（如涡轮机叶片）。

2. 铁基高温合金

　　铁基超合金由于其结构特性和高温下的低热膨胀性而被用于燃气涡轮发动机。铁基超合金在高温下的膨胀性小于镍或钴合金，这对于需要严密控制旋转零件之间间隙的发动机部件来说是重要的材料性能。铁基超合金通常比镍基和钴基超级合金便宜。喷气发动机中铁镍合金的主要用途是叶片、圆盘和外壳。

　　表 14.8 列出了喷气发动机中使用的几种铁基超合金的成分，其中大多数含 15%~60% 的铁和 25%~45% 的镍。铁基超合金通过固溶强化和沉淀强化而硬化。铝、铌和碳用作合金元素，以促进形成在高温下稳定的硬金属互化物或碳化物。析出物类似于镍基高温合金中的析出物，包括 γ' $Ni_3(Al, Ti)$、$\gamma''(Ni_3Nb)$ 和各种类型的碳化物。沉淀物使铁镍

合金在高温下具有良好的抗蠕变和应力断裂性能。铬用于形成氧化物表面层，以保护金属免受热腐蚀气体和氧化。

表 14.8　　　　　　　　　　　　　　　铁基超合金的成分

合金	成　分									
	Fe	Ni	Cr	Mo	W	Co	Nb	Al	C	其他
固溶强化合金										
Haynes 556	29.0	21.0	22.0	3.0	2.5	20.0	0.1	0.3	0.1	0.5Ta
Incoloy	44.8	32.5	21.0					0.6	0.36	
沉淀硬化合金										
A-286	55.2	26.0	15.0	1.25				0.2	0.04	0.3V
Incoloy 903	41.0	38.0	<0.1	0.1		15.0	3.0	0.7	0.04	

3. 钴基高温合金

钴基高温合金具有多种特性，使其成为燃气轮机的有用材料，尽管它们比镍高温合金贵。钴合金在含有氧化铅、硫和其他由喷气燃料燃烧产生的化合物的热气氛中，通常比镍基和铁镍合金具有更好的抗热腐蚀性能。钴合金具有良好的抗热腐蚀性气体侵蚀的能力，从而延长了使用寿命，并减少了发动机零件的维护。但是，镍和钴合金之间的比较必须谨慎对待，因为每组高温合金的耐热腐蚀性差异很大。某些镍超合金也具有优异的抗热腐蚀性能。钴合金还具有良好的应力断裂性能，尽管不如沉淀硬化的镍基合金好。

钴超合金含有 30%~60%钴、10%~35%镍、20%~30%铬、5%~10%钨和少于 1%的碳。表 14.9 列出了用于喷气发动机部件的某些钴合金的成分。合金元素的主要功能是通过固溶或沉淀强化来硬化钴。钴合金中形成的析出物并未像镍合金那样在高温强度上提供较大的改善，因此，钴合金的抗蠕变和应力断裂性能不及沉淀硬化的镍基和铁合金。钴合金通常用于在低应力下工作且需要出色的抗热腐蚀性能的组件中。

表 14.9　　　　　　　　　　　　　　　钴基高温合金的成分

合金	成　分									
	Co	Fe	Ni	Cr	Mo	W	Nb	Al	C	其他
Haynes 25	50.0	3.0	10.0	20.0		15.0			0.1	1.5Mn
Haynes 188	37.0	<3.0	22.0	22.0		14.5			0.1	0.9La
MP35-N	35.0		35.0	20.0	10.0					

14.7　金属基复合材料

14.7.1　简介

金属基复合材料(MMC)是少量用于飞机、直升机和航天器的轻质结构材料。MMC 材料由嵌入金属基质相中的硬质增强颗粒组成。MMC 的基质通常是低密度金属合金(如铝、镁、钛)。飞机结构中使用的金属合金,如 2024Al、7075Al 和 Ti-6Al-4V,是许多 MMC 常用的基质材料。镍高温合金可用作高温应用的 MMC 中的基体相。

使用陶瓷或金属氧化物以连续纤维、晶须或颗粒的形式增强金属基体相。硼、碳和碳化硅(SiC)通常用作连续纤维增强材料,它们分布在基体相中。碳化硅、氧化铝(Al_2O_3)和碳化硼(B_4C)是常用的颗粒增强体。MMC 中增强材料的最大体积含量通常低于 30%,低于航空碳-环氧复合材料的纤维含量(55%~65%)。由于 MMC 具有高硬度和低塑性而难以加工成形,因此含量高于 30% 的增强体不经常使用。

14.7.2　航空航天应用

MMC 在航空领域的应用很少,并且由于制造成本高和韧性低,其使用预计不会显著增长。当前应用仅限于某些结构部件。MMC 目前不在民用飞机上使用,仅在很少的军用飞机上使用,如 F-16 Fighting Falcon 位于机翼后方的机身上两个腹鳍由 2024-T4 铝制成。散热片经受湍流的气动抖振,这会引起铝合金疲劳裂纹,使用陶瓷颗粒增强铝基复合材料(6092Al-17.5%SiC)制成的替代腹鳍,可以减轻疲劳问题。该 MMC 将鳍的比刚度提高了40%,从而将刀尖挠度降低了 50%,并降低了抖振引起的扭转载荷。使用 MMC 使鳍片的使用寿命延长约 400%;加上减少的维护、停机和检查成本,美国空军在飞机寿命期内节省了约 2600 万美元。6092Al-17.5%SiC 颗粒复合材料还用于 F-16 飞机的燃料检修门盖。与腹鳍相似,MMC 的较高刚度、强度和疲劳寿命消除了铝合金门盖所遇到的开裂问题。

MMC 用于 Eurocopter EC120 和 N4 直升机的主旋翼桨套。套筒是关键的旋转部件,如出现故障,会导致主转子叶片全部损失。套筒材料需要在转子叶片的工作应力下具有无限的疲劳寿命,并具有较高的比刚度和良好的断裂韧性。套筒通常使用钛合金,但是为了降低成本和重量,同时又保持较高的疲劳性能、强度和韧性,EC120 和 N4 的套筒使用颗粒增强的铝复合材料(2009Al-15%SiC)制成。

使用连续纤维增强 MMC 的第一个成功应用是在航天飞机轨道飞行器中。用于加固轨道器中部(有效载荷)部分的支柱是用 60% 硼纤维增强的铝合金制成的。该复合材料还用于轨道器的起落架拖曳线。连续的硼纤维沿管状支柱和拉线的轴线排列,以提供较高的纵向比刚度。约 300 个 MMC 支柱用作框架和肋骨桁架构件,以形成轨道货舱的承重骨架,与传统铝结构相比,其重量减轻 45%。连续纤维增强 MMC 的另一个太空应用是哈勃太空望远镜的高增益天线臂,吊臂长 3.6m,是一种轻巧的结构,需要较高的轴向刚度和较低的热膨胀系数,以在空间操纵过程中保持天线的位置。动臂还具有波导功能,因此需要良好的导电性才能在航天器和天线碟之间传输信号。动臂由 6061 铝制成,并用连续碳纤维增强。与以前的基于整体式铝或碳-环氧复合材料的设计相比,该材料可减轻 30% 的重量。

由于 MMC 的重量轻,具有高温稳定性和出色的抗蠕变性,在飞机燃气涡轮发动机和超燃冲压发动机中有许多潜在的应用。钛基复合材料可以代替喷气发动机的高压涡轮叶片和压缩机盘中较重的镍基高温合金。

由于有许多难以解决的技术问题,MMC 的引擎和结构应用受到限制。由于制造、成形和机加工的高成本,MMC 是昂贵的材料。由于其低塑性和高硬化率,MMC 难以使用常规的塑性成型工艺(例如轧制或挤压)进行塑性成型。相对较低的塑性成形会在锻造的 MMC 组件中引起微裂纹。MMC 的硬度很高,因此很难通过铣削、钻孔和其他材料去除工艺进行机加工,会导致工具快速磨损。MMC 还具有较差的塑性和低韧性,这是其航空航天应用时的主要关注点,在这些应用中,损伤承受能力是许多结构和发动机组件的关键设计考虑因素。

思考题

1. 铝合金命名规则及常见牌号。
2. 航空航天业常用铝合金是哪两个系列?
3. 航空风扇发动机的涡轮叶片和风扇叶片用的是什么类型的材料?为什么?
4. 航天材料服役的环境如何?
5. 为了保护返地舱中的航天员,可以采取哪些途径来应对返回时的高温?

第 15 章　信息功能材料

15.1　信息及信息材料

现代信息技术是通过各种信息功能器件来实现对信息的收集、存储、处理、传递和显示的一系列技术。由于信息功能器件的核心部件由各种信息功能材料构成，因此，信息技术的发展很大程度上依赖于信息功能材料及其元器件的发展，信息功能材料是信息技术发展的先导和基础。

信息功能材料是指具有信息产生、传输、转换、检测、存储、处理和显示等功能的材料。按照它们在信息技术系统中的功能，分为以下几类：信息收集材料、信息存储材料、信息处理材料、信息传递材料和信息显示材料。例如，信息处理设备中晶体管和集成电路等所用到的硅片就是信息材料的一种。信息功能材料已经渗透到我们生活的方方面面，成为经济社会发展和人类文明进步的基石，更是人工智能发展的核心材料。

15.2　信息收集材料

信息收集材料是指用于探测和传感外界信息(力、热、光、磁、电、化学或生物信息)的材料。因此，这些材料可以称为力敏传感材料、热敏传感材料、光敏传感材料、磁敏传感材料、气敏传感材料、湿敏传感材料、生物传感材料等。这类材料的物理性质(主要是电学性质)或化学性质在外界信息的刺激下会发生相应变化，通过测量这些变化，可精确地探测和感知外界信息的变化。外界信息以及信息变化的探测和收集对于遥感、自动控制、生化检测、消防安全以及生活现代化等具有至关重要的意义。

15.2.1　力敏传感材料

力敏传感材料是指在外力作用下电学性质发生明显变化的材料，主要用于力学传感器。力学传感器能检测和测量张力、压力、拉力、内应力、重量、扭矩、加速度等物理量。主要分为金属应变电阻、半导体压阻和压电材料。

电阻应变式传感器利用特定金属的电阻应变效应实现应力或应变的传感。电阻应变效应是指金属导体在外力作用下发生变形(伸长或缩短)，导致其电阻发生变化的物理现象：当金属电阻丝受到轴向拉力时，其长度增加而横截面变小，电阻增加；反之，当它受到轴向压力时，电阻减小。在一定范围内，金属应变电阻材料的电阻值与应力大小成正比关系，且具有延展性好和抗拉强度高等优点，在高温、强辐射、大应变等场合可以广泛使用。目前，主要有康铜合金、锰铜合金、镍铬合金、铁铬铝合金、镍铁铝铁合金等材料。康铜合金是以镍为主要合金元素（42%~45%镍，1.5%锰）的铜基合金，具有较低的电阻温度系数和较宽的使用温度范围（480℃以下），适用于制作各种仪器的可变电阻和应变电阻元件。家用电压力锅多数使用金属电阻应变片，当锅内压力超过预设的阈值时，机器自动断电，一旦压力降低至某一特定值，电源重新接通，继续加热，将锅内压力维持在一定的范围内。

当半导体受到机械作用力时，载流子迁移率的变化导致电阻率发生相应变化。半导体压阻具有灵敏度高、精度高、动态特性好等优点。相对于金属应变电阻材料，半导体压阻材料的电阻温度系数、温度灵敏度系数等相对较差。半导体压阻材料主要是单晶硅，芯片技术的发展使得力敏传感器件朝着微型化和集成化方向发展，在常温下获得大量应用。

15.2.2 热敏传感材料

热敏传感材料是对温度变化具有灵敏响应的材料，主要是电阻随温度发生显著变化的半导体陶瓷。根据电阻温度系数，可分为正温度系数和负温度系数热敏材料两类。正温度系数材料是指材料的电阻随温度的上升而增大，这类材料称为 PTC 热敏电阻。该类材料主要是以钛酸钡（$BaTiO_3$）、钛酸锶（$SrTiO_3$）或五氧化二钒（V_2O_5）等为基体，掺入微量的 Nb、Ta、Bi、Sb、Y、La 等元素的氧化物进行原子价调控而使之半导化。这类半导体化的材料（如钛酸钡等）因此也称为半导体陶瓷。PTC 热敏电阻在家电、汽车、医疗器械、石油化工等领域应用广泛。负温度系数材料的电阻随温度的上升而减小，这类材料称为 NTC 热敏电阻。NTC 热敏电阻是研究最早、生产工艺成熟、应用最广泛的热敏材料之一。这类热敏材料是 Mn、Cu、Si、Co、Fe、Ni、Zn 等两种或两种以上金属氧化物进行充分混合烧结而成的半导体陶瓷。现在还出现了碳化硅（SiC）、硒化锡（SnSe）、氮化钽（TaN）等非氧化物 NTC 热敏电阻材料。NTC 热敏电阻可广泛应用于温度补偿及延迟等电路和设备，在日常生活中，已经广泛应用于空调、电冰箱、热水器、电子体温计等家用电器的温度检测与控制电路中。

15.2.3 磁敏传感材料

磁敏传感材料主要是指具有磁阻效应的一类材料。磁阻效应是材料的电阻率随外加磁场变化而变化的现象。这类材料的磁化方向与电流方向平行时，阻值最大；垂直于电流方向时，阻值较小，即改变磁化方向与电流方向的夹角，可调节磁敏电阻材料的阻值。磁敏传感材料主要分为半导体磁敏电阻材料和强磁薄膜磁敏电阻材料两种。半导体磁敏电阻材料主要是电子迁移率大的半导体材料，常用的有锑化铟（InSb）、砷化铟（InAs）等。强磁薄膜磁敏电阻主要是 NiCo 和 NiFe 合金薄膜，可制备磁敏二极管或三极管，用于磁场测量，具有灵敏度高、温度特性好的优点。

15.2.4　光敏传感材料

光敏传感材料在光照下因光电效应产生光生载流子，可制作光敏电阻、光敏三极管、光电耦合器和光电探测器等。光电效应主要有外光电效应、内光电效应、光电导效应、光生伏特效应等。在光照射时，电子逸出物体表面向外发射的现象称为外光电效应，向外发射的电子称为光电子。这类材料可应用于光电管、光电倍增管等。半导体材料因受到光照而产生电子-空穴对，其导电性能增强，且导电性随着光强增强而变大的现象称为内光电效应。这类材料可用于光敏电阻、光敏二极管、光敏三极管等。当大于禁带宽度的光子照射到 PN 结后，光生电子-空穴对被内建电场分开，形成电势差的现象，称为光生伏特效应。如果材料内电子吸收光子能量从键合状态过渡到自由状态，引起材料电导率发生变化，该现象称为光电导效应。常见的光敏材料有锗、硅和 II-VI 族、IV-VI 族中的一些半导体化合物，如硫化镉（CdS）、锡化镉（$CdSe$）和硫化铅（PbS）等。光敏传感器中最简单的器件是光敏电阻，它感应光线的强弱而输出微弱的电信号，对电信号进行放大后可用于家用电器等的自动控制，例如，灯具的自动开关，电视亮度的自动调节，照相机的自动曝光及防盗报警装置等。

15.2.5　气敏传感材料

气敏传感材料是电阻值随外界气体种类和浓度的变化而变化的材料。这些材料作气敏传感器，吸附的气体使得载流子数量发生变化，从而导致器件的表面电阻发生变化，进而可以检测气体的种类和浓度。常见的气敏材料有氧化锡（SnO_2）、氧化锌（ZnO）、氧化铁（Fe_2O_3）、氧化锆（ZrO_2）、二氧化钛（TiO_2）和二氧化钨（WO_2）等 N 型或 P 型金属氧化物半导体。

在氧化锆中固溶氧化钙（CaO）、氧化镁（MgO）、氧化钇（Y_2O_3）等，使得氧化锆晶格中产生缺陷，有利于氧离子在其中移动，可用来制作测定氧分压的传感器。这种材料具有多孔结构，比表面大，气体容易渗透进去，与材料的接触面非常大，因此传感响应速度非常快。另外，它还具有电动势稳定、可测定氧分压范围宽、耐高温等优点，现已大量用于汽车尾气排放、炼钢工艺过程中氧的检测等。氧化钛亦可制成氧气传感器。

其他气体（如氢气、二氧化碳、烷烃等）的传感器可使用氧化锡（SnO_2）、氧化锌（ZnO）、氧化铁（Fe_2O_3）、氧化钨（WO_3）、氧化镍（NiO）、氧化铬（Cr_2O_3）、氧化钒（VO_2）等。例如，SnO_2 半导体传感器由于吸附了氧气电阻较大，一旦接触丙烷、氢气等可燃性气体，吸附的氧气被反应而减少，从而导致电阻变小。通过监测电阻的变化，即可检测可燃性气体的泄漏。经过几十年的发展，气敏传感器的检测灵敏度非常高，达到百万分之一的数量级，甚至可达十亿分之一的数量级，远远超过了动物的嗅觉能力。气敏材料广泛应用于石油化工、煤矿、汽车制造、电力电子、环境监测、住宅、国防等领域，用于对易燃易爆、有毒气体的监测。

15.2.6　湿敏传感材料

湿敏传感材料是指电阻率或介电常数随环境湿度改变而显著变化的材料，一般具有亲水性强，富含开口气孔，比表面大等性质。根据材质，可以大致分为陶瓷基和高分子基湿敏材料：陶瓷湿敏材料主要有镁铬尖晶石($MgCr_2O_3$)、锌铬尖晶石($ZnCr_2O_3$)、钨酸锰($MnWO_4$)、钨酸镍($NiWO_4$)等。高分子湿敏材料主要有吸湿电阻率改变的高分子电解质，如硝化纤维膜等。湿敏传感材料广泛应用于湿度监测，例如汽车感应式自动雨刷，通过雨量传感器(本质上是湿度传感器)自动调节雨刷运行速度，为驾驶员提供良好视野；家用除湿机通过湿敏传感器，可自动调节除湿强度或开关除湿功能。

15.3 信息存储材料

信息存储材料是能够记录和存储信息的材料，可用来制作各种信息存储器。这类材料在一定强度的外场(热、光、电、磁等)作用下从某种状态突变到另一个状态，变化前后材料的某些物理性质有很大差别，且变化后的状态能保持比较长的时间。通过测定存储材料变化前后的特定物理性质，并用"0"和"1"来区分这两种状态，实现存储。

信息存储材料目前主要有磁存储材料、光存储材料和半导体存储材料。电子计算机所用的二进制数据存储中，内存储大多使用半导体动态存储器(DRAM)，具有提取时间短(纳秒级)、容量大的特点；外存储大多使用磁记录方式，有磁带、软/硬磁盘等。随着磁记录材料和磁盘制备工艺的改进，磁存储密度有了很大提高。

15.3.1 磁存储材料

磁存储材料是指利用矩形磁滞回线或磁矩的变化来存储信息的一类磁性材料。磁记录装置可将记录下来的信号进行放大或缩小，使数据处理更为方便灵活。磁存储系统(磁存贮器)由磁头(换能器)、记录/存储介质、匹配的电路和伺服机构(传送介质装置)组成，具有存储和读取方便、数据容量大、加工成本低等优点。在磁记录过程(称为写入)中，首先将声音、图像、文字等信息转变为电信号，再通过磁头转变为磁信号，并记录在磁存储材料中。与写入相反的过程则是取出记录信息(称为读出)，即将磁存储材料存储的磁信号通过磁头转变为电信号，再将电信号还原为声音、图像或文字。

由软磁物质构成的磁头，具有磁导率高、饱和磁化强度高、矫顽力低、磁滞损耗低、磁稳定性高的特性。常用的磁头材料有：①锰-锌-铁氧体(Mn，Zn)Fe_2O_4等铁氧体材料；②铁-镍-铌(Fe-Ni-Nb)系等高硬度磁性合金；③铁-镍-硼(Fe-Ni-B)系等非晶合金。由于是非晶材料，没有晶界的存在，磁头尖部不易受到损伤而脱落，磁头和磁带的摩擦噪声也比一般磁头小，使用寿命长且音响效果优良；④磁性不同的多层膜组成的新的磁头材料。

磁记录介质一般由硬磁性材料构成，具有矫顽力高、磁导率低、磁滞特性显著、磁稳定性好等特性。常用的磁记录材料主要有铁氧体和金属两大类，主要有：①γ型三氧化二铁(γ-Fe_2O_3)等铁氧体，这类材料目前应用最广；②铁-钴(Fe-Co)等合金膜；③钡铁氧体($BaFe_2O_9$)系等。磁带、磁卡、磁盘就是常见的磁记录介质。

硬盘主要由磁盘、磁头以及控制电路组成。磁盘的盘体由多个盘片重叠组成。盘片是在非磁性的合金材料表面涂有一薄层的磁性物质(磁性粉末)，并通过磁性物质的磁化来存储信息。由于磁性物质只有一薄层，也称为磁表面存储器(图 15.1)。磁性层被划分成若干个同心圆，称为磁道；每个磁道内有无数个任意取向排列的"小磁铁"，代表着 0 和 1 的状态。在磁头磁力的作用下，这些小磁铁的排列方向会发生改变。磁头的磁力作用下，指定了每一个"小磁铁"的方向(0 或 1 的状态)，这样就能将二进制编码的信息储存进磁盘。每一个磁面都会对应一个磁头。不工作时，磁头在盘片的着陆区与盘面相接触，此区域不存放任何数据，所以不存在损伤数据的问题。读取数据时，盘片在主轴电机的带动下高速旋转，转速达 7200r/min，甚至以上。由于精巧的空气动力学设计，高速旋转的盘片产生的气流浮力使得磁头离开并悬浮在盘片数据区上方 0.2~0.5nm 处，浮力与磁头座架弹簧的反向弹力维持着磁头的平衡。磁头的这个状态也称为飞行状态，既不与盘面接触，又可读取数据。这种非接触式磁头可以有效减少磁头和盘面的摩擦，从而避免了由摩擦产生的热量、阻力和磨损。

主轴（下方是马达和轴承电机）　磁盘　磁头　磁头臂　永磁铁　磁头停泊区　音圈马达

图 15.1　硬盘内部结构

☞ 阅读材料

巨磁阻效应

2007 年，诺贝尔物理学奖项颁给法国巴黎大学阿尔贝·费尔(Albert Fert)教授和德国尤利希研究中心彼得·格林贝格尔(Peter Grünberg)教授，以表彰他们发现的"巨磁阻效应"(Giant magnetoresistance，GMR)。1988 年，费尔教授发现微弱的磁场变化可以导致铁、铬相间多层膜电阻大小的急剧变化，其变化的幅度比通常高十几倍，他将这种效应命名为"巨磁阻效应"。几乎在同时，格林贝格尔教授在具有层间反平行磁化的铁/铬/铁三层膜结构中也发现了完全同样的现象。由于实验条件的差异，格林贝格尔教授观测到的"巨磁阻效应"现象幅度相对较小，但他却较早意识到这项发现的工业价值，并立即申请了专利。

1997 年，也就是发现"巨磁阻效应"之后的 9 年，全球首个基于巨磁阻效应的磁盘读出磁头问世。新式磁头的发明引发了电脑硬盘的"大容量、小型化"革命。瑞典皇家科学院在颁发诺贝尔奖时评价道："用于读取硬盘数据的技术，得益于这项技术，硬盘在近年来迅速变得越来越小。"诺贝尔评委会主席佩尔·卡尔松对比了一台1954 年体积占满整间屋子的电脑图片和如今一个手掌般大小的硬盘图片，通俗易懂地说明了巨磁阻效应发现的重大意义。如今，电脑、智能电子产品中配备的硬盘基本都应用了巨磁阻技术。这也告诉我们，诺贝尔奖并不总是深奥的理论和艰涩的知识，它有可能就在我们身边，深入到我们的日常生活中。

15.3.2　光储存材料

光信息存储是利用调制激光聚焦到记录介质表面，并使介质的光照微区(线度一般在$1\mu m$以下)发生物理或化学的变化，从而将激光所携带的信息"写入"到记录介质。读取信息时，用低功率密度的激光扫描信息轨道，其反射光通过光电探测器检测、解调出相应信息。

光存储材料是由光学匹配的储存介质层、反射层和保护层构成的多层膜结构，其中，记录介质层是光存储材料的核心。常采用的存储介质种类很多，有碲(Te)、碲-碳(Te-C)、碲-硒(Te-Se)、二硫化碳-碲(CS_2-Te)、铋-碲/锑-硒(Bi-Te/Sb-Se)、金-磷(Au-P)、卤化银、染料聚合物、光磁材料、光色材料、液晶材料等。保护层一般采用树脂材料，也有的用二氧化硅或Te/SO_2/Al保护层，直接覆盖在储存介质表面，将它与外界隔离开。保护层要求坚硬牢固，既可防潮、隔绝空气，又可防划伤，真正起到保护存储介质的作用。多层膜结构通常由物理或化学的方法沉积在衬盘上。衬盘的材质通常有塑料(如丙烯酸树脂、聚碳酸酯等)、金属(如铝片等)或玻璃(如硼硅酸玻璃、硝化纤维涂层玻璃等)。综合考虑成本、光学性能以及材料与介质之间的相互作用，衬盘的材料常选用聚甲基丙烯酸甲酯(PMMA)、聚碳酸酯(PC)和玻璃等。这种在衬盘上沉积光储存材料的盘片称为光盘，是目前光存储技术的典型形式。相较于磁盘和软盘，光盘的存储潜力更大，具有更多优点：存储寿命长，可达 10 年以上；非接触式读、写、擦；信息的载噪比高，可达 50dB 以上，且经多次读写不受影响；存储密度高，价格低。不足之处是驱动器较贵，体积较大，传输效率低。

按照读写性能，光盘可分为只读型、一次型和重写型三类。只读型光盘是用金属母盘模压大批量复制出来的，模压过程使光盘发生永久性物理变化，记录的信息只能读出，不能被修改。虽然母盘的制作成本较高，但通过大批量压制(复制)，总体成本很低，最先实现商业化生产，如 CD、CD-ROM、VCD、DVD-ROM 等。大量的文献资料、图书、影音娱乐、软件等都通过它来发行。对于一次型光盘，人们可以在它上面写入信息，写入的信息不能改变，只能读取。这是因为写入过程使的储存介质的物理性质发生永久变化，只能一次性写入。典型产品是可记录光盘(CD-R)。人们可在专用的 CD-R 刻录机上向空白的CD-R 光盘写入数据，并可在 CD-ROM 驱动器中读出。数据一旦写入，将无法修改，具有极高的安全性，因而在银行、证券、保险、法律和医疗领域，在档案馆、图书馆、出版社、政府机关和军事部门的信息存储和传递过程中有着极为广泛的应用。即使在互联网时代，通过网络传输数据变得非常普遍，但为了避免病毒的传播，很多场合依然使用一次型光盘。可以进行写入、擦除、重写的可逆过程的光盘则是重写型光盘，它主要利用激光照射引起储存介质的可逆物理变化进行信息的写入和擦除。

☞ **阅读材料**

光盘的工作原理

  CD、DVD 等光存储介质都是借助激光把经电脑转换后的二进制数据用数据模式刻在盘片上。激光刻出的小凹坑代表二进制的代码"1"，空白处则代表二进制的代码"0"（图 15.2）。与 CD-ROM 相比，DVD 光盘上存放数据的凹坑更小，最小凹坑的长度仅为 $0.4\mu m$，凹坑之间的距离非常小，只是 CD-ROM 的 50%，轨距只有 $0.74\mu m$。所以，DVD 比 CD-ROM 存储的数据量要大得多。读取数据时，光驱内的激光头发出一定波长的激光束，照射到光盘上，光监测器捕捉反射回来的激光，从而识别、读取光盘上的数据。如果激光照射到小凹坑，激光不被反射，代表代码"1"，如果激光被反射回来，那这个点就是代码"0"。经过运算，电脑就可以将这些二进制代码转换成为原始数据。光盘在光驱中作高速转动，激光头在电机的控制下移动，数据就这样源源不断地被读取出来了。

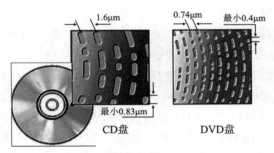

图 15.2 光盘的凹坑结构

15.3.3 半导体存储材料

  半导体存储器是指由大量相同存储单元和输入输出电路等构成的用于数据存储的固态电子器件。按照功能，半导体存储器可分为随机存储器（RAM）和只读存储器（ROM）两大类。随机存储器（RAM）既能读出所存数据，也能随时写入新的数据，因此也叫做读/写储器；它的缺点是，一旦断电，所存的数据会全部丢失。只读存储器（ROM）上存储的数据只能读取，不能写入，且不会因断电而消失，也就是说，具有非易失性。随着半导体集成电路工艺技术的发展，半导体存储器的容量增长十分迅速，单片存储容量已达到兆位级水平。计算机内存储器要求集成度高、存取速度快，一直以半导体动态随机存储器（DRAM）为主。

近年发展迅速的快闪存储器（flash memory），简称闪存，是一种基于半导体二极管集成线路的高容量微型移动存储器，无须物理驱动器，利用 USB 接口，即可与电脑连接实现即插即用。其基本存储单元主要由双层多晶浮栅金属-氧化物半导体场效应管晶体管（MOS-FET）构成，如图 15.3 所示：衬底是 P^+ 型半导体，源极和漏极是两个 N^+ 区，源极和衬底之间是隧道氧化物 N^-，漏极和衬底之间为 P 型半导体。两个浮栅置于 SiO_2 层中，靠近衬底的浮栅无引出线，另一个浮栅由引出线与控制栅相连。闪存的数据写入依赖于电压，读取速度快，且数据不会随时间而消失；由于采用的是晶体管，而非机械式结构，体积小、质量轻，不怕震，移动不会对读写产生影响，因此闪存的数据存储相对于机械硬盘更加安全。闪存已经广泛应用数据存储与传输，现如今，我们日常使用的优盘（也称 U 盘或 USB 闪存盘）和相机中的 SD 卡就是典型的快闪存储器。

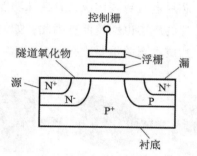

图 15.3　快闪存储器的单元结构

我国科学家开发出多重二维材料堆叠构成的半浮栅结构晶体管，突破传统存储技术，获得了超高的写入和读出速度，写入速度可达 5TB/s，远高于目前 USB3.0 的理论最高传输速度（5GB/s），且降低了存储功耗。同时，该技术可以保证数据在存储设备断电后不会消失，解决了半导体电荷存储技术中"写入速度"与"非易失性"难以兼顾的国际难题。另外，该技术还实现了数据在设定有效期后自然消失的功能，满足了特殊应用场景下数据保密性的要求。

15.4　信息处理材料

信息处理材料是指用于对携带信息的光、电信号进行检波、倍频、混频、限幅、开关、放大等处理的各种器件的关键材料，主要有硅（Si）、锗（Ge）、砷化镓（GaAs）系列、磷化铟（InP）系列、氮化镓（GaN）系列等半导体材料，二氧化硅（SiO_2）等氧化物材料，以及微波铁氧体等。

15.4.1　常温半导体

常温半导体中主要有硅（Si）、锗（Ge）、砷化镓（GaAs）等。硅是单一元素半导体，具有力学强度高，结晶性好等特点，在自然界中以石英砂、硅酸盐等形式存在，且储量丰富。半导体行业主要使用单晶硅，纯度达到 99.9999%，甚至达到 99.9999999% 以上，因为多晶硅会降低电子的运动速度和寿命，严重影响器件的频率特性。单晶硅是目前最重要的半导体材料，占据半导体材料市场的 90% 以上，是信息技术和集成电路的基础材料。

单晶硅通常采用提拉法生产，该技术可以生长出均匀、无缺陷且尺寸较大的单晶硅片。单晶硅片的简要生产流程如图 15.4 所示，从石英砂中提炼出单质硅，将单质硅加热并保持在熔点以上 100℃ 左右，将一颗小的硅籽晶浸入到硅熔体中，然后随着旋转拉杆从熔融硅中缓慢拉出。熔融硅附在籽晶上面，随着旋转提拉晶体尺寸逐渐增大，直至达到设定尺寸，得到棒状单晶硅。将单晶硅切割成片并抛光，制成的硅片叫晶片，尺寸一般有 2、3、4、5、6、8、12、18（单位：英寸）等。籽晶决定了晶片的晶向。在晶片表面集成晶体管等元器件，得到芯片；芯片进行封装构成具有特殊功能的集成块。晶片越大，元器件尺寸越小，集成度越高，芯片的成本也就越低。因此，如何得到大尺寸、低原生缺陷甚至无缺陷的单晶硅对于降低芯片成本至关重要。

图 15.4　制备集成块的简要流程（石英砂-单晶硅-硅晶片-芯片-集成块）

锗（Ge）是具有灰色金属光泽的固体，化学性质与同族的锡和硅相近，具有良好的载流子迁移率，是重要的半导体材料之一。锗的载流子迁移率比硅高，因此，基于锗的器件具有较高的工作频率、较高的开关速度和较低的饱和压降。在晶体管发展初期（第一代），锗曾是晶体管的主要原料，到 20 世纪 60 年代中期才逐步被硅所代替。锗可用作雪崩二极管、高速开关管以及高频小功率三极管等。锗还具有优良的红外透过率和低温性能，可用作红外窗口、棱镜或透镜、低温红外探测器及低温温度计等。

继锗和硅之后，砷化镓（GaAs）晶体是新一代半导体材料，也是目前最重要、最成熟的化合物半导体材料。由于镓（Ga）是周期表中第 ⅢA 族元素，砷（As）是第 ⅤA 族元素，所以砷化镓是 Ⅲ-Ⅴ 族化合物半导体。磷化铟、磷化镓、氮化镓等也是 Ⅲ-Ⅴ 族化合物半导体，都具有优良的半导体特性，主要用于微电子和光电子等领域。砷化镓的电子迁移率比硅大 5~6 倍，具有使用电压低、功率效率高、噪声低、低温性能好、抗辐射能力强等优点。目前，场效应晶体管一般都使用砷化嫁。这些半导体化合物器件已成为微波通信、军事电子技术和卫星数据传输系统的关键部件。例如，汽车自动驾驶中应用的全球定位系统，可为驾驶员提供汽车方位、合理的行车路线等信息，为汽车的无人驾驶提供了前提条件，这套系统主要依赖于砷化镓的微波器件。

15.4.2 高温半导体

国防军事、航空航天等产业要求电子器件能在 500~600℃ 的高温下长期工作，而硅器件工作温度一般不超过 200℃，砷化镓高温下也容易分解，无法满足需求。半导体材料碳化硅（SiC）的能带宽度在 2.39~3.33eV，高温性能稳定，用其制成的 P-N 结可在 500℃ 下工作。与传统的蓝宝石衬底相比，碳化硅的晶格常数和热膨胀系数与氮化镓更为接近，热导率更高，是军用氮化镓微电子器件的首选衬底。此外，金刚石是最理想的高温半导体材料，在高温、高功率器件领域有着极大的潜在应用。金刚石的禁带宽度是 5.45eV，远高于硅的 1.1eV 和氮化镓的 3.4eV，是一种宽禁带材料，工作温度远高于碳化硅、氮化镓等。化学气相沉积（CVD）制备的金刚石的电子迁移率达到 4500cm²/(V·s)，空穴迁移率达到 3800cm²/(V·s)，远高于碳化硅的迁移率 900cm²/(V·s) 和 120cm²/(V·s)。金刚石在高温半导体器件方面的优势还来源于其高于 2000W/(m·K) 的极高热导率。因而，金刚石半导体器件是现今半导体领域的热点之一。

☞ 阅读材料

晶体管的发明

1956 年，诺贝尔物理学奖授予威廉·肖克利（William Shockley，1910—1989）、约翰·巴丁（John Bardeen，1908—1991）和沃尔特·布拉坦（Walter Brattain，1902—1987）三人，以表彰他们对半导体的研究和晶体管效应的发现。时间追溯到 1947 年 12 月 23 日，他们三人公布了他们的晶体管发明，这一天也被认为是晶体管的正式发明日。这个世界上首个晶体管结构其实非常简单：两个非常细的金属探针扎在一块 N 型半导体锗晶体上，在两个探针上分别加上正电压和负电压（也即是发射极和集电极），锗作为基极，形成了有放大作用的 PNP 晶体管。

其实在公布之前半年左右，他们就发现了晶体管效应，由于贝尔电话实验室的研究人员（布拉坦是贝尔电话实验室人员）意识到晶体管的商业价值，为了写专利，保密了半年。当时，巴丁和布拉坦是在肖克利领导的研究小组工作，虽然肖克利任组长，但他发现发明专利上并没有自己的名字，心里非常不痛快。因此，在 1948 年 1 月 23 日，即在晶体管发明公布后一个月，肖克利提出了一个新的晶体管结构：面接触式而不是点接触晶体管结构。后来证明面接触式晶体管才具有真正的实用价值。在巴丁和布拉坦公布发明后，社会和学术界的反应并不如他们期望的那么热烈。《纽约时报》仅用短短几句话报道了这个消息。为了推广发明，他们在 1952 年 4 月举办了公众听证会，希望获得企业界的关注。他们邀请了美国众多的公司参加听证会，但每个公司需交纳 2.5 万美元的入场费，而且许诺一旦采用这个技术，入场费可以从后期费用中扣除。几十家公司参加了听证会，大多是做真空管的，且他们对晶体管的意义不以为然，不是很感兴趣。同时，科学界对这个发明还是给予了非常高的评价，他们三人被授予 1956 年的诺贝尔物理学奖。

　　由于晶体管比电子管体积小、耗能少、寿命长，它的诞生触发了电子工业的革命，加快了自动化和信息化的步伐，彻底改变了我们的生产生活方式，今天日常所用的电器，如电视、电脑、通信设备等几乎没有不用到晶体管的，对人类社会的经济和文化产生的影响不可估量。

　　目前，世界最先进的量产芯片已达到 7nm 制程工艺，例如，我国华为公司 2020 年发布的麒麟 990 芯片搭载了第二代 7nm 制程工艺。2020 年世界半导体大会上，台积电透露其最先进的 3nm 芯片将在 2022 年实现大规模量产。

15.5　信息传递材料

　　1870 年，在英国皇家学会的演讲厅物理学家丁达尔用一个简单的实验向观众清晰地展示了光的全反射原理。在装满水的木桶下部钻一个小孔，然后将灯放在桶上边把水照亮，人们惊奇地发现，放光的水从小孔里流了出来，水流弯曲，光线也跟着弯曲。难道光线不再沿着直线传播了吗？当光线从水中射向空气，当入射角大于某一临界角度时，折射光线消失，光线全部反射回水中。这就是所谓的全反射现象，这个临界角度称为全反射角。在弯曲的水流里，光线依然是沿着直线传播，只不过在水流和空气的界面上发生了多次全反射，光线被限制在水中传播；表面上看，光线在水流中弯曲前进。

　　1966 年 7 月，英籍华裔学者高锟博士（1933—2018）发表了一篇题为《光频率介质纤维表面波导》的论文，从理论上证明了用光作为传输媒介以实现光通信的可能性，科学设想了制造通信用的超低损耗光纤的可能性，并设计了通信用光纤的波导结。1970 年，美国康宁玻璃公司根据高锟博士的设想制造出第一根超低损耗光纤，获得了低损耗光通信的重大实质性突破。随后，世界各发达国家对光纤通信的研究倾注了大量的人力与物力，掀起了一场光纤通信的革命。光纤通信技术取得了极其惊人的进展，来势之猛，速度之快、规模之大远远超出了人们的预料。高锟博士因此获得了众多世界性声誉，被称为"光纤之父"。

　　信息传递材料是用于各种通信器材中能够传递信息的材料。20 世纪，通信技术发展的重要里程碑是用光子作为信息载体，以光导纤维（简称光纤）代替电缆和微波进行通信。电缆通信是将声波转变成电信号，并通过铜导线把电信号传到信息接收端。而光纤通信则是将传输信息转变成光信号，通过光纤把光信号传到信息接收端，最后再将光信号还原成原始信号。

　　光纤是由折射率高的透明纤芯和折射率低的包层组成的圆柱形复合纤维，是一种基于光的全反射的一种光学元件。纤芯的透光率高，包层的折射率比纤芯低，且两者的折射率相差越大越好。为了保护光纤，一般还会在表面增加涂覆层和护套［图 15.5（a）］，以提高光纤机械强度。载有信息的入射光从光纤的一端进入纤芯，纤芯和包层的折射率差异使得光线无法透过界面，形成光壁，保证光线在纤芯内传播，如图 15.5（b）（c）所示。如果光线的入射角大于全反射角，则光线在内外两层的界面发生全反射直至传播到另一端，在这个过程中入射光没有折射能量损失；传输损耗低、传输容量大是光纤的最大优点。光纤光缆还具有如下优点：(1)光纤传输的频带很宽，理论可达 30 亿兆赫兹，大大超过铜导线，是组建大规模网络的必然选择；(2)光纤之间相互干扰小，且具有抗电磁干扰能力，特别适用于强电磁辐射环境；(3)光纤通信不带电，可用于易燃易爆场所，安全性高，可靠性好；(4)使用温度范围宽，耐潮湿，耐化学腐蚀，使用寿命长；(4)体积小，质量轻，有利于运输和铺设。

(a)光纤的结构特点

(b)传输光的光导纤维

(c)光纤实物图

图 15.5　光纤

按材料组分，光纤可分为石英光纤、多组分玻璃光纤、塑料光纤和晶体光纤等。石英光纤纤芯的主要成分是纯度达到 99.9999% 的 SiO_2，并通过有极少量的掺杂，如二氧化锗(GeO_2)、五氧化二磷(P_2O_5)、氧化硼(B_2O_3)或含氟化合物等，来改变纤芯的折射率。石英纤芯具有原料丰富易得、化学性能稳定、膨胀系数小、传输损耗低等优点。目前绝大多数通信光纤是用石英纤芯和包层形成的双层同心玻璃体，包层由纯石英和掺氟低折射率材料组成。多组分玻璃光纤的特点是纤芯-包层折射率在较大范围内变化，可获得大数值孔径(不是所有入射到光纤端面的光都能被光纤传输，只是在某个角度范围内的入射光才可以，这个角度称为光纤的数值孔径。数值孔径大有利于光纤的对接)。塑料光纤的纤芯和包层都使用高分子材料，原料主要有甲基丙烯酸甲酯(PMMA)、聚苯乙烯(PS)和聚碳酸酯(PC)等。其优点是生产成本低，缺点是能量损耗大，一般每千米损耗可达几十 dB，且温度性能较差。晶体光纤的纤芯为光子晶体(photonic crystal)，它的横截面是有着规则排列的气孔和特殊设计的缺陷态(如具有与周围孔洞尺寸不同的孔洞)，且贯穿光纤的整个长度。规则排列的气孔形成光子晶体，与特定波长的光波满足布拉格方程，光子晶体的禁带效应限制光波在缺陷内传播。这种光子晶体光纤具有极低的非线性效应和极低的传输损耗，在高能激光脉冲的传输和信息的远距离传递等方面的潜在优势非常明显。

各种各样的光纤在通信、医学、装饰、汽车船舶等行业得到了广泛的应用。光纤具有柔软、灵活、可以任意弯曲的优点，利用光纤制备的内窥镜可以帮助医生检查食道、胃、直肠、膀胱、子宫等处的疾病。例如，医生就可以将内窥镜经食道插进胃里，直接看见胃里的情形，进行诊断和对症治疗。塑料光纤应用于高档汽车中，满足视频和音频等信号的高质量传输需求。

15.6　信息显示材料

信息显示材料主要是指把电信号、电磁波信号等转变成可见光的物质。以信息显示材料为基础的各类显示器成为信息和人之间的桥梁。信息显示材料主要可以分为三类：（1）电子束激发的显示材料，包括阴极射线管显示材料（CRT）、场发射显示材料（FED）和真空荧光显示材料（VFD）；（2）电场激发显示材料，包括液晶显示材料（LCD）、发光二极管材料（LED）和有机发光二极管材（OLED）；（3）等离子体显示材料（PDP）。下面就几种主要的显示材料作简要介绍。

15.6.1　阴极射线管显示材料（CRT）

2000 年之前，电视、电脑的显示器主要利用的是阴极射线管，它是一种电子束管，可将电信号转变为光学图像。CRT 显像管主要由电子枪、聚焦系统、加速电极、偏转系统和荧光屏构成。其工作原理是：电子枪发射大量电子，经过聚焦和加速，在垂直和水平偏转线圈的控制下产生偏转，最后轰击在荧光屏上，荧光屏上的荧光粉发出可见光。显示信号决定了电子束的电流，信号电压越高，电子束电流越大，荧光粉发光亮度越高。最终在屏幕上形成明暗不同的光点，显示出文字和图案。CRT 显示材料主要是指在电子束轰击下发光的荧光粉。荧光粉的种类非常多，有上百种。用于彩色显像管的典型发光粉主要有硫化锌-银（ZnS-Ag，蓝色）、硫化锌-铜/铝（ZnS-Cu/Al，黄绿色）和硫氧化钇-铕（Y_2O_3S-Eu，红色）等。将这些发光材料纳米化，既可提高材料的发光效率，又可提高显示屏的分辨率。例如，纳米硫化锌-锰（ZnS-Mn）是一种非常不错的发光材料，常用于高清显示。CRT 显示器是最早广泛使用的显示器，具有分辨率高、亮度高、视角大、色彩范围宽、性价比较高等优点；缺点是能耗高、尺寸大、重量大，无法制造大面积显示屏，易受电磁场影响，容易发生线性失真，有较高辐射，对视力影响较大。

15.6.2　液晶显示材料

液晶具有晶体的有序性（各向异性），也具有液体的连续性和流动性。液晶分子可以形成一维和二维的有序结构，状态介于晶体和液体之间，如图 15.6 所示。液晶分子呈棒状或近似棒状，具有刚性，这是其具有各向异性的根本原因；在电场作用下，液晶分子的偶极矩按电场方向取向，引起液晶光学和电学性质的显著改变。这种因外加电场引起液晶光学性质发生变化的现象，称为液晶的电光效应。此外，液晶分子上还含有一定的柔性部分，如烷烃链等，以保持流动性。液晶具有流动性，表明液晶分子间作用力微弱，几伏电压产生的驱动力就足以改变液晶分子的排列取向，因此液晶显示具有电压低、功耗小的优点。

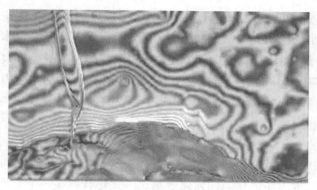

图 15.6　偏光显微镜下的液晶

15.6.3　发光二极管(LED)

LED 利用固体半导体中通过的电子与空穴发生复合而发射出一定波长的可见光。LED 与普通二极管一样,由 PN 结组成(图 15.7),向 LED 加上正向电压后,电子由 N 区注入 P 区,空穴由 P 区注入 N 区。进入对方区域的少数载流子与多数载流子复合,并将多余的能量以可见光的形式释放出来,从而将电能转换成光能。释放的能量越多,则发出光的波长越短,常见的有红光、绿光/黄光、蓝光 LED;光的强弱与电流有关。

2014 年的诺贝尔物理学奖授予了日本名古屋大学和名城大学赤崎勇教授、名古屋大学天野浩教授和美国加利福尼亚大学中村修二教授,以奖励他们"发明高亮度蓝色发光二极管,带来了节能明亮的白色光源"。

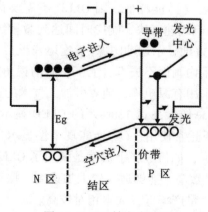

图 15.7　PN 结发光原理

Ⅱ-Ⅳ族化合物和Ⅲ-Ⅴ族化合物被经常用来制作 LED 的 PN 结,如碳化硅(SiC)、氮化镓(GaN)、磷化镓(GaP)、砷化镓(GaAs)等。GaP 是间接跃迁型半导体(发光波长与杂质密切相关),可发出红、绿两种光。SiC 半导体存在多种结晶晶系,物性各不相同;其发光波长受掺杂影响，可发出多种颜色的光。GaN 能发射红、绿、蓝、黄光，甚至可发白光，是目前全球半导体研究的前沿和热点，与 SiC、金刚石等半导体材料一起，被誉为继第一代 Ge、Si 半导体材料和第二代 GaAs、InP 半导体材料之后的第三代半导体材料。GaN 具有直接带隙宽(3.4eV)、热导率高、化学稳定性高、抗辐照能力强等优点，在光电子、高温大功率器件和高频微波器件等方面有着广阔的应用前景。与 GaP 半导体相比，GaN 半导体的成本相对较高。

把两种 Ⅲ-Ⅴ 族化合物按照不同比例做成混晶，便是三元化合物，如 $Al_xGa_{1-x}As$、$GaAs_{1-x}P_x$、$In_{1-x}Ga_xP$ 和 $In_{1-x}Al_xP$ 等。混晶的组分决定了其禁带宽度，可以制成不同的直接能隙材料，使发光二极管多色化。四元化合物比三元化合物多一个元素组分，具有更大的自由度，可以在相当宽的范围内调控禁带宽度与晶格常数，例如四元化合物 InGaAsP 在室温下能发射波长为 $0.55 \sim 3.40 \mu m$ 的光。

LED 已广泛应用于照明、屏幕显示、交通指示灯、家用电器等领域，具有色彩丰富、响应速度快、能耗低、寿命长等优点。现在，日常生活中各种电器的指示灯和仪表盘显示灯基本都采用 LED，最著名的是美国时代广场纳斯达克全彩屏，其面积约 $1004 m^2$，由 1900 万只超高亮蓝、绿、红色 LED 制成。

15.6.4　有机发光二极管(OLED)

有机发光二极管(OLED)又称为有机发光显示，是指正负载流子在电场驱动下注入有机半导体薄膜后复合导致发光的器件。具体来说，阳极产生的空穴和阴极产生的电子在电场的作用下发生迁移，分别注入到空穴传输层和电子传输层，并扩散到发光层。当空穴和电子在发光层复合，释放能量，从而激发发光材料发出可见光。按照发光材料，可以将 OLED 分为两类：小分子 OLED 和高分子 OLED(或 PLED)。

OLED 具有以下显著优点：(1)能耗低，因 OLED 不需要背光源(在 LCD 中耗能占比很大)，比 LCD 更节能；(2)响应速度快，响应时间达到微秒级别，响应速度达到了 LCD 显示器的 1000 倍左右，可更好地显示运动图像(无拖尾残影)；(3)视角宽，OLED 是主动发光，可以保证在大视角范围内画面不失真，上下左右的视角宽度超过 170 度；(4)显示分辨率高，大多 OLED 显示采用有源矩阵，随着微加工技术的进步，其分辨率的提升也非常快，2018 年，谷歌发布了总像素高达 1800 万的 OLED 显示屏；(5)使用温度范围宽，可以在−40℃到 80℃的环境下正常使用；(6)能实现柔性显示，将 OLED 加工到塑料等柔性衬底上，就可以实现柔性屏，如折叠屏手机就是采用了 OLED 柔性屏技术；(7)产品质量轻，OLED 质量小，抗震系数高，能够适应较大加速度、振动等比较恶劣的环境。不足之处是 OLED 显示屏寿命短，量产率低，成本相对较高。

由于 OLED 显示屏色彩艳丽，广泛用作智能手机、笔记本、平板、电视、数码相机等的显示屏。

15.6.5　等离子体显示材料(PDP)

惰性气体在高电压的作用下被激发电离，达到一定的电离度，气体就变成导电状态。

此时，电离气体内正负电荷数相等，整体呈现电中性，这种气体状态称为等离子体。等离子体是很好的导体，可以用电场和磁场来控制。由于其独特的性质，也被称为固、液、气三态之外的物质第四态。等离子体显示（PDP）就是利用等离子体中带电粒子复合直接发射可见光，或由等离子体产生的紫外线激发荧光粉发射可见光，进而实现显示。

等离子体显示材料可简单分为单色 PDP 材料和彩色 PDP 材料。单色 PDP 是利用氖-氩（Ne-Ar）混合气体等离子体粒子复合，直接发出 582nm 橙光而制作的平板显示器。彩色 PDP 是用氦-氙（He-Xe）混合气体等离子体产生的 147nm 紫外线激发荧光粉发光，进而实现显示。彩色 PDP 以惰性气体为工作介质，可在 $-55 \sim 70°C$ 的大温度范围内稳定工作。彩色 PDP 主要用于多媒体终端显示和壁挂式大屏幕显示。另外，由于体积小、便于携带，彩色 PDP 非常适合野外使用，在武器装备中也获得广泛应用。

思考题

1. 何为信息材料？按照功能分，信息材料如何分类？
2. 信息收集材料如何感知外界刺激，可以感知哪些刺激？
3. 信息存储材料如何实现信息的存储和读取？
4. 半导体信息存储材料相对于其他类型存储材料的优点。
5. 可长期高温使用的信息处理材料有哪些？
6. 常见的信息处理材料有哪些？
7. 光纤的工作原理是什么？常见的光纤的主要成分有哪几类？
8. 信息显示材料主要有哪些？
9. 简述 LCD、LED 和 OLED 对应的技术原理，以及技术的优缺点。

第 16 章　生物医用材料

16.1　概述

生物材料(biomaterials)，又称为生物医用材料(biomedical materials)，是指用于诊断、治疗、修复、替代，或矫正人体受损器官或组织的一类特殊功能材料。从广义上讲，与生命相关的材料，不论是天然材料还是合成材料，均属于生物材料的范畴。

生物材料的研究是新工科与大健康完美结合的典范，是材料科学与生命医学交叉的一门综合性新兴学科，其研究内容涉及材料学、机械设计、物理化学、生物学、医学等学科。

生物材料的发展经历了漫长的历史。早在公元前 3500 年，古埃及人就利用棉花纤维、马鬃等高分子材料来缝合伤口。16 世纪开始，人们用金属固定骨折，用黄金线来矫正牙齿。19 世纪中期，人们用金属板固定骨折并应用于临床。

现代意义上的生物材料起源于 20 世纪三四十年代。"二战"期间，医生发现有机玻璃(聚甲基丙烯酸甲酯，PMMA)具有良好的生物相容性，据此推进了其在人工晶体中的应用。20 世纪 60 年代后期，高分子材料的设计和制造推动了医用高分子材料的发展。如今，在日常生活中，我们可以见到许多生物材料的应用实例，例如人工颅骨、人工耳蜗、人工鼻梁、牙种植体、人工气管、人工心脏、心脏瓣膜、血管支架、人造血管、人工皮肤、人工椎间盘、人工关节、植入假肢、人工骨、人工软骨等。

生物材料由于与人体的体液、组织或器官接触，因此对生物材料的性能要求比较严格，其基本要求包括：(1)生物相容性，即要求无毒性，不致癌，不致畸，不刺激免疫系统，不破坏相邻组织，不引起中毒、溶血凝血和过敏等反应；(2)化学性质稳定，具有与人体应用相匹配的力学性能，包括弹性、强度、耐磨性、透气性、降解性等；(3)可加工性，生物材料需要易于制备和加工，并适用于灭菌和消毒。其中，生物相容性是生物材料的基本特征。

16.2　生物医用材料分类

按照不同的分类方法，生物材料可以分成不同种类。最常用的分类方法是按照材料的组分或成分来划分，可分为医用金属材料、医用高分子材料、医用陶瓷材料和医用复合材料。

286

16.2.1　生物医用金属材料

医用金属材料(biomedical metallic materials)在生物材料中占有重要的比重。在临床应用中，医用金属材料是一类最广泛的承力材料，具有高强度、高韧性、优良的抗疲劳性等优点，广泛应用于骨科、牙科、心血管系统等领域。

目前广泛应用于临床的医用金属材料主要有 316L 不锈钢、Co-Cr 合金和钛合金等，另外还包括形状记忆合金、贵金属、钽、铌、锆，以及可降解镁合金等。

1. 医用不锈钢

按其组织结构分，医用不锈钢(biomedical stainless steels)有医用奥氏体、马氏体、铁素体和沉淀硬化不锈钢。医用奥氏体不锈钢是最常用的医用不锈钢，其中以超低碳不锈钢 316L 为代表，在临床上得到广泛医用。医用不锈钢在骨科的置换和修复中，以及牙科临床中的使用最多。

在骨科领域，医用不锈钢被广泛制作成各种人工关节，如接骨连接器、骨固定螺钉、骨固定板、加压钢板、骨螺钉、颅骨板、人工椎体等。这些植入的不锈钢器件可以替代损坏的关节，可用于骨折修复、骨错位矫正、脊柱矫形以及颅骨缺损修复等。

在牙科临床，医用不锈钢被广泛应用于牙根种植、镶牙、牙齿矫形等，例如不同规格的牙齿矫形丝、义齿(即"假牙")等。

在心血管方面，医用不锈钢常用于制作心血管支架的机械支撑材料，如 316L 不锈钢。此外，医用马氏体不锈钢由于其高强度，常常被加工成各种医疗手术器械或工具。

医用不锈钢在临床应用过程中，主要面临的问题有：(1)不锈钢与组织的力学性能匹配不足，例如其密度、强度、弹性模量均高于骨组织，植入后两者的力学性能不匹配，不利于长期植入；(2)生物环境中的腐蚀或磨蚀，不锈钢在体内的腐蚀程度与植入时间相关，植入时间越长，腐蚀情况越严重；(3)金属离子的溶出，不锈钢中含有的潜在有害金属离子的溶出，可能引起水肿、过敏、感染、组织坏死等一系列不良的组织学反应，特别是不锈钢中镍离子的溶出，会引起致敏、发炎、血栓、诱发肿瘤等不良反应。因此，开发无镍不锈钢是医用不锈钢的主要发展趋势之一。

2. 医用钛与钛合金

金属钛属于轻金属(密度 4.5g/cm^3)，强度高，弹性模量低。钛合金具有弹性模量低、比强度高、生物相容性好、耐腐蚀等优点。与其他金属材料相比较，医用钛合金最显著特点是密度较小，其密度更接近人体骨组织；弹性模量较低，与人体组织的力学性能的匹配度更高。

20 世纪 40 年代，纯钛已经被用作外科植入材料，并证实纯钛具有良好的生物相容性。20 世纪 60—70 年代，钛及其合金被广泛应用于整形外科、口腔外科、心血管系统等。目前应用较多的医用钛合金是 Ti-6Al-4V。

临床上，医用钛和钛合金主要是用于制造医疗器件、人工假体和辅助治疗设备等。

在创伤骨科，常用于制作各种骨折固定器械，如接骨板、骨螺钉等。钛合金也广泛用做各种人工关节。钛合金还被用来制作脊柱矫正稳定的卡环。

在口腔及颌面外科，钛和钛合金可制作假牙、牙床、牙冠等，在口腔矫形和种植等领域有良好的临床效果。

在脑外科中，钛网可以用来保护和修复坏损的头盖骨，能有效保护脑组织。

在人工心血管材料方面，钛及其合金可用来制造人工心脏瓣膜和瓣笼。

3. 医用形状记忆合金

形状记忆合金（shape memory alloy）是一类具有形状记忆效果的特殊功能材料，在经过一定塑性变形后，能在一定条件下恢复其原始形状。

目前，使用最多的记忆合金是镍钛合金（Ni-Ti alloy）。在 20 世纪 70 年代，镍钛合金较早地实现了临床应用。形状记忆镍钛合金的形状回复温度在 32℃ 左右，与人体温度比较接近，有利于在体温时恢复原始形状。镍钛合金的力学性能、耐磨性、耐腐蚀性均明显优于医用 316L 不锈钢，被广泛用于临床。

在口腔领域，镍钛合金用于制作牙齿矫形丝、齿冠、额骨固定、齿根种植等。在骨外科领域，镍钛合金用于制作接骨板、人工关节、脊椎矫形器械、人工颈椎椎间关节、颅骨板等。在心血管领域，镍钛合金用于制作血栓过滤器、血管扩张支架、脑动脉瘤夹、血栓过滤器等。例如，血栓过滤器的工作原理是：将细的镍钛合金丝通过导管插入病人的静脉中；插入后，合金丝被体温加热，使其回忆起原来的网状，在静脉中变成一个网兜状的滤网，阻止血栓块流向心脏。

镍钛合金在医学中另一典型的应用实例是牙齿矫形丝，其工作原理是：固定在牙齿托上的镍钛合金丝，被体温加热时，镍钛合金丝逐步向其原始形状恢复，合金丝从而给牙齿温和拉力，逐渐改变牙齿位置，从而达到矫正牙齿的目的。

4. 医用可降解金属

生物可降解金属（biodegradable metals）是近年来迅速发展的新一代医用金属材料，其中以镁基合金、铁合金和锌合金为典型代表。这类可降解医用金属材料巧妙地结合了合金在人体环境中容易发生降解的特点，在使用过程中逐渐降解，直到最终消失。由于镁、铁、锌元素是人体必需的微量元素，具有良好的生物相容性，因此其医用前景极为广阔。

（1）可降解镁合金。在 20 世纪 30—40 年代，人们尝试将镁金属植入体内，但由于其在体内的降解速度过快而失败。随着技术的发展和改进，目前镁合金的降解速度已能被很好地控制。镁合金由于其弹性模量和密度更接近于人体组织，在心血管支架、骨科植入物等临床得到应用。

德国采用 WE43 镁合金制作出可吸收心血管支架，并进行了临床试验，结果验证了镁合金作为可降解吸收材料的生物安全性和可行性。我国在生物可降解镁合金的研究方面也走在世界前列。

（2）可降解铁合金。Fe 是人体必需的微量元素之一，对人体正常生理功能的维持起着重要作用。可降解铁基支架由于质量轻、体内降解速率慢，因此其在体内的系统毒性相对较低。可降解铁基支架主要包含纯铁和注氮铁支架。其中，注氮铁支架在植入体内 3 个月内不降解，满足植入初期径向支撑的力学性能要求，随后在 3~13 个月逐步快速降解。

16.2.2 生物医用陶瓷材料

医用陶瓷材料具有机械强度高、结构稳定性高、生物相容性良好、耐高温、耐腐蚀等优势，主要应用于人体硬组织的替换、修复或重建。根据材料的活性程度，生物医用陶瓷材料可分为生物惰性陶瓷、生物活性陶瓷；根据材料与植入生物体之间的反应情况，生物医用陶瓷材料可分为生物降解/可吸收陶瓷等。

1. 生物惰性陶瓷

生物惰性陶瓷是在生物体内不具有活性的一类生物陶瓷材料。在植入体内后，不与体内组织相结合，不能被吞噬，也不能被排出体外。目前，氧化铝、氧化锆、氧化硅等陶瓷为主体制成的人工骨、人工关节等广泛应用于临床。

氧化铝陶瓷以刚玉（$\alpha\text{-Al}_2\text{O}_3$）为主晶相。氧化铝以离子键为主，键合力较强，使得氧化铝陶瓷具有很高的熔点、耐化学腐蚀，以及稳定的物理和生物化学性能，能够满足长期使用的要求。氧化铝陶瓷在临床上广泛应用于人工骨、牙根、人工关节头和关节窝等。

与氧化铝陶瓷相比，氧化锆陶瓷的机械强度更优异，其有良好的生物相容性、长期稳定性，以及很好的光学性能，其颜色与牙齿相匹配，已在口腔种植领域得到广泛应用，例如氧化锆全陶瓷牙。除此之外，氧化锆也常用于骨科修复材料。

2. 生物活性陶瓷

生物活性陶瓷是在生理环境中，能与周围的组织之间形成牢固的化学键结合的一类陶瓷材料。这些陶瓷材料能够通过体液溶解、吸收或者被人体代谢从而排出体外。这类生物活性陶瓷，以羟基磷灰石为代表，它与人体骨组成相似，具有骨诱导作用，促进骨的修复和重建。

羟基磷灰石是自然骨骼和牙齿中的主要化学成分，其化学式为 $\text{Ca}_{10}(\text{PO}_4)_6(\text{OH})_2$。该晶体为六方晶系，每个晶胞中含有 10 个 Ca^{2+}、6 个 PO_4^{3-} 和 2 个 OH^-，这些离子之间形成的网络结构具有良好的稳定性。

由于在组成上与天然骨和牙齿相似，羟基磷灰石与人体的各种组织（包括硬组织、皮肤、肌肉组织等）都有良好的生物相容性，植入体内后安全无毒，具有非常好的生物活性，且具有生物降解性，并能被人体吸收，同时能诱导新骨的生长。临床上，羟基磷灰石基的生物活性材料主要用于牙齿、骨骼缺损的修复和修复。我国在骨组织工程方面的研究处于世界前列，四川大学张兴栋院士、清华大学崔福斋教授、华南理工大学王迎军院士等团队在利用生物活性陶瓷诱导骨组织的修复和再生方面做出了巨大贡献。

16.2.3 生物医用高分子材料

医用高分子材料品种繁多，其表面易于进行改性，可以获得良好的生物相容性，以满足临床需求，广泛应用于医学领域。医用高分子材料根据来源可以分为天然高分子和合成高分子材料。

1. 天然高分子

（1）天然多糖类高分子。壳聚糖是由自然界广泛存在的，如虾、蟹外壳中的甲壳素经过化学处理得到的。壳聚糖的生物相容性、血液相容性、微生物降解性能优良，广泛应用于组织工程和药物载体。例如，南通大学顾晓松院士团队，将壳聚糖基的人工神经移植物应用于修复神经缺损的临床研究，为我国神经组织工程研究与转化走在国际前沿做出了突出贡献。

海藻酸钠是一种从海藻中提取的天然高分子材料，具有优异的生物相容性，毒性低，且能够与钙离子结合，形成固态凝胶。在生物医学领域被广泛用作组织再生修复支架、伤口敷料、药物控释载体等。

透明质酸（俗称玻尿酸）是一种天然形成的多糖化合物，广泛存在于皮肤、软骨中，在人体中起到维持组织形态、参与细胞信号传导等结构力学和生物学功能。在临床应用中，透明质酸可作为组织工程支架、药物传输等。此外，由于透明质酸极高的保水能力，因此常用作注射液用于皮肤美容等。

（2）天然蛋白类高分子。胶原蛋白是由成人体细胞合成的天然高分子，是皮肤、肌腱和骨骼的主要组成成分。胶原蛋白来源广、生物相容性优异、生物可降解/可吸收，在临床中应用广泛。从动物提取的天然胶原蛋白可以用于制作伤口敷料、止血海绵、人工血管、人工皮肤、人工肌腱、外科缝合线、血液透析膜等。

白蛋白是人体血浆中天然存在的一种蛋白质，具有无毒、无免疫原性、血液相容性和稳定性等优点，常用于制备药物载体。例如，利用白蛋白结合抗癌药紫杉醇制备而成的纳米药物制剂（Abraxane®），直径约为 130nm，该纳米制剂 2005 年已经被美国 FDA 批准，用于乳腺癌、肺癌、胰腺癌等的治疗。

2. 合成高分子

（1）不可降解医用高分子。不可降解医用高分子的特点是在生理环境中能长期保持稳定，不发生降解，一般具有良好的物理化学稳定性和较好的机械性能。常见的不可降解医用高分子有：

聚乙烯（polyethylene，PE），是最早应用于临床的高分子材料之一。其中，超高分子量聚乙烯（UHMWPE）具有极长的分子量，抗冲击强度高，因此在医学上常用于人工关节（如膝关节和髋关节）的置换材料等。

聚丙烯（polypropylene，PP），其密度较低，耐热性和耐疲劳性较好。在临床上常用于制造手术缝合线、注射器和输液袋等。

聚氯乙烯（polyvinyl chloride，PVC），具有抗冲击强度高、阻燃性高、耐酸碱溶剂腐蚀等特性，在临床上主要应用于塑料输液瓶、吸氧管、透析导管等。

聚乙烯醇(polyvinyl alcohol，PVA)，是一种水溶性高分子，其耐光性好，折光率为1.49~1.53，具有良好的生物相容性，同时具有很好的成膜性能。因此，常用于制备隐形眼镜、人造玻璃体、软骨材料等，也用于药物敷料等。

聚四氟乙烯(polytetrafluoroethylene，PTFE)，商品名为泰氟隆(Teflon)，有"塑料之王"之称。PTFE 具有化学稳定、高韧性、非粘合性和疏水性、耐高温、无毒等特点。PTFE 可用作细胞培养耗材、人工输尿管、人工气管、人工血管、人工心脏瓣膜、软组织填充物、组织间隙填料等。

聚甲基丙烯酸甲酯(polymethyl methacralate，PMMA)，即"有机玻璃"，但 PMMA 不同于玻璃，其在碎裂时不易产生锋利的碎片。PMMA 具有疏水性，其机械强度高、韧性好、化学稳定、生物相容性良好、耐老化。PMMA 具有很好高的透明度，允许光通过。已被广泛应用在硬性隐形眼镜、人工晶状体等方面。

(2)可降解医用高分子。可降解医用高分子在生理环境中会发生降解，在植入体内完成使命后能降解消失，避免对人体造成的负担。

聚羟基乙酸(polyglycolide acid，PGA)是一种高度结晶的高分子，其结晶度为 45%~55%，PGA 具有较高的拉伸模量。PGA 是最早用于生物医学领域的可降解高分子材料，在 4~6 月完成降解，分解后生成羟基乙酸。PGA 可用作牙龈细胞生长的支架材料和软骨组织工程支架。

聚乳酸(polylactic acid，PLA)降解速率慢，在体内完全降解需要 2~6 年。PLA 具有优异的生物相容性，常用于制作可吸收的手术缝合线、血管支架、药物载体、组织工程支架等。

乳酸-羟基乙酸共聚物(polylactic-co-glycolic acid，PLGA)采用乳酸(lactic acid，LA)和羟基乙酸(glycolic acid，GA)形成共聚物而成。PLGA 的结晶度和熔点大大降低。通过调节共聚物中 LA/GA 的比例，可以控制 PLGA 降解速度和降解时间。PLGA 生物相容性良好，降解速率可控，常用于制备可吸收缝合线、药物载体、组织修复材料、人工血管支架等。

聚己内酯(polycaprolactone，PCL)是一种半结晶高分子，结晶度约为 45%，柔韧性较好，具有良好的生物相容性。与 PGA 和 PLA 有类似的吸收代谢过程。PCL 具有很好的通透性，可用于药物缓释载体、手术缝合线、伤口敷料、骨科固定器件等。

三类生物医用材料分别有各自的优点和不足，见表 16.1。

表 16.1   三类生物医用材料的性能比较

	金属	陶瓷	高分子
生物相容性	不太好	很好	较好
耐侵蚀性	多数金属不耐侵蚀，表面易变质	化学性能稳定，耐侵蚀，不易氧化和水解	化学性能稳定，耐侵蚀
耐热性	较好，耐热冲击	热稳定性好，耐热冲击	受热易变性，易老化

续表

	金属	陶瓷	高分子
强度	很高	很高	差
耐磨性	不太好。磨损产物容易污染周围的人体组织	耐磨性好，有一定润滑性能	不耐磨
加工及成形性能	非常好，易于加工成不同形状，延展性良好	脆性大，无延展性，加工困难	加工性好，有一定韧性

16.2.4　生物医用复合材料

为了克服单一种类材料的不足之处，人们往往将不同材料混合或结合，以获得性能更优的生物医用材料，即生物医用复合材料。生物医用复合材料的应用非常广泛。下面从植入人体的复合材料的几组实例来进行说明。

1. 人工心脏瓣膜

人工心脏瓣膜(artificial heat valve)是可以植入人体心脏部位，代替心脏瓣膜功能的一种人工器官。当心脏瓣膜严重病变或其功能严重不足时，须采用人工心脏瓣膜置换术。

图 16.1 所示是人工机械瓣膜的实物图，其中，瓣叶部分由较轻的热解碳材料组成，瓣架由表面钛合金改性的不锈钢组成，缝合环由涤纶或聚四氟乙烯组成，分别结合了复合材料各成分的优点，以满足其临床应用的需求。

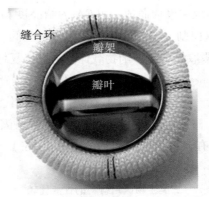

缝合环　瓣架　瓣叶

图 16.1　人工心脏瓣膜——机械瓣膜

2. 人工血管支架

随着心血管疾病的高发，在病变血管中进行血管支架植入的患者越来越多。血管支架的植入，是指在球囊扩张成形的基础上，将血管支架放置于病变的血管部位，从而支撑狭窄或闭塞段的血管，保持血管通畅，如图 16.2 所示。

图 16.2　血管支架植入治疗冠状动脉狭窄

西南交通大学黄楠教授团队开发了心血管生物材料及其表面改性技术，该团队首先在国际上提出时序功能性血管支架的新概念。团队开发了一种复合涂层的血管支架，其结构构成依次为 316L 不锈钢金属支架丝、氧化钛涂层、可降解载药涂层，分别用以满足机械支撑性能、优良的血液相容性、抗增生抗感染药物缓释的需求。该血管支架具有优异的抗凝血性能、减少炎症反应、降低晚期支架内血栓的发生风险等性能。目前该血管支架（HELIOS®）在临床应用中已经超过 30 余万例。

3. 人工髋关节假体

当人体髋关节发生疼痛、僵硬或变形，又无法用药物或其他治疗方法缓解时，临床上可以为病人进行人工髋关节置换的手术。

人工髋关节假体仿照人体髋关节的结构，如图 16.3 所示，包含一个碗状的髋臼、一个球形的股骨头和股骨柄，各部分的结构和材料组成说明如下：

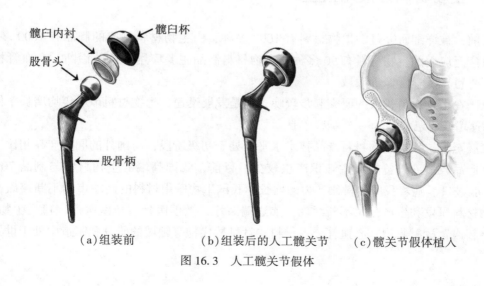

(a) 组装前　　　　(b) 组装后的人工髋关节　　　(c) 髋关节假体植入

图 16.3　人工髋关节假体

髋臼杯：一般采用钛合金或钴铬钼合金制造，使用时该结构植入骨盆腔的髋臼内。

髋臼内衬：一般采用超高分子量聚乙烯（UHMWPE）或陶瓷制成，作为关节的界面，提高人工关节的抗磨损性。

股骨头：一般用氧化铝、氧化锆陶瓷或金属材料制成，股骨头接合在股骨柄上，和内衬作关节界面来活动。

股骨柄：一般采用钛合金、超低碳不锈钢等材料来制造，用于体内承载条件，起到机械支撑作用。一般在股骨柄外部涂覆生物活性陶瓷涂层，来提高人工关节的生物相容性和生物活性。

4. 人工假肢

人工义肢，即常说的假肢，是为了弥补肢体不全者而专门设计和制备的医用器材。

"刀锋战士"，即著名的南非残疾人运动员奥斯卡·皮斯托瑞斯（Oscar Pistorius），他的下肢就使用了义肢结构。他的名为"猎豹"的义肢，是由碳纤维和部分钛合金制成的，该复合材料具有强度大、密度小且弹力强等优点。

5. 可吸收螺钉

可吸收螺钉是一种医用的可生物降解材料制成的螺钉，对人体无毒无害，可以被人体吸收，它的优点是不需要二次手术取钉。

可吸收螺钉采用羟基磷灰石陶瓷材料和 PLGA 高分子材料复合而成，用于骨科手术的固定材料。由于其在体内可降解吸收，植入体内无需二次手术取出，相对于不可降解的不锈钢螺钉，大大减少了患者的痛苦。

16.3　生物材料发展与展望

目前，被详细研究过的生物材料有 1000 多种，由生物材料制成的制品有 1800 多种，其中被广泛应用的生物材料有 90 多种。生物材料制品主要应用于体外诊断、心血管植入器械、骨科、医学影像等领域。

我国在生物材料领域的研究起步较晚，但是发展迅速，生物材料市场年均增长率保持 20% 高速增长，已经成为一个新型产业。

发展至今，我国生物材料产品技术水平尚处于初级阶段；与国外的同类产品相比，我国仿制产品较多，具备的自主知识产权较少。目前，我国高端的生物材料与制品 70%～80% 依靠进口。随着我国的科研实力的增长，我国生物医用材料的高端市场不断突破，高端生物材料研发和生产公司不断涌现，如迈瑞医疗、微创医疗、鱼跃医疗、冠昊生物等，在数字超声、放射影像、心血管介入材料、骨科替代物等领域的研发和制造中处于世界领先水平。

思考题

1. 生物材料应该具有哪些基本性能?
2. 怎么理解生物材料的生物相容性?
3. 试述生物材料按材料属性的分类方法。
4. 金属基、高分子基、陶瓷基和复合型生物医用材料的优缺点比较。
5. 生活中常见的生物材料/医疗器械有哪些? 它们的材料组成成分是什么? 应用到材料的哪些特点与性能?

第17章 新型材料

17.1 新型材料简介

随着新技术、新工艺方法、新装备的发展，已制备得到了性能或功能明显提高的材料，甚至具有传统材料不具备的性能或功能的材料，这一类材料称为新型材料。

17.1.1 新型材料的主要特征

新型材料一般具有以下特点：

具有某些优异的性能或特殊的功能。例如，优异的力学性能（如超硬、超强、超塑性等），或特殊的功能（如超导、隐身等特殊性能）。

相对传统材料而言，制备新型材料更多需要在理论指导下进行。因此，新型材料的发展与材料科学理论发展之间的关系更为密切。

新型材料的加工和制备与新技术、新工艺、新装备的发展紧密相关。例如利用3D打印、4D打印技术制备具有特殊结构和功能的材料。

新型材料的发展是多学科交叉和相互渗透的结果，而且更新换代非常快。例如手机的电池材料，在短短的20年间便经历了从镍镉电池到镍氢电池、锂离子电池等的变化。

不同于劳动集约型的传统材料，新型材料大多是涉及知识和技术密集型、高价值的一类高科技材料。

17.1.2 新型材料的应用领域

新型材料根据其在各领域的应用，大致可以分为以下几类：

信息功能材料，即与信息的获得、传输、存储、处理及显示相关的材料。

航空航天材料，其发展要求相应的耐高温、高比强度的工程结构材料和先进陶瓷材料。

与能源领域有关的含能材料、功能材料与结构材料。

以纳米材料为代表的低维材料。

与医学、仿生学以及生物工程相关的生物材料。

与环境工程相关的生态环境材料，即绿色材料。

与信息产业相关的智能化材料。

与国防、武器装备相关的军工新材料等。

17.1.3 新材料的发展方向

进入 21 世纪后,美国、德国、日本等发达国家把发展新型材料作为重大科学研究领域之一。新型材料的发展方向和趋势体现在以下几方面:

高新性能的金属结构材料的发展依然受到重视。新型金属材料仍然是 21 世纪材料的主导发展方向。新型金属材料的发展主要是依赖于高技术和新工艺,使得金属材料的性能大幅度提高,材料的强度和塑性韧性也得到提高。

多相复合材料大力发展。单一材料往往存在缺点和不足,把不同材料进行复合,充分利用各组元的优势,可优化得到性能和功能更优的新型复合材料,成为工程结构材料发展的重要趋势。例如,将质量轻、强度高的碳纤维添加到金属材料、陶瓷材料基体中,制备得到碳纤维增强复合材料,大大提高了基体材料的力学性能和热学性能,并使其向轻量化发展。

低维材料的应用不断扩展。低维材料是近几十年来发展最快的新型材料之一,特别是纳米材料及纳米结构的发展,被各国列在材料科学研究领域的首位。

非晶材料日益受到重视。与晶态物质相比,非晶材料具有与之相当的力学性能,以及优异的物理、化学特性,开发前景良好。非晶薄膜材料在太阳能电池、显示器等领域的应用十分显著。

功能材料的发展速度迅速。功能材料是现代能源技术、空间技术、计算机和信息技术、生物技术等发展的物质基础,功能材料发展迅速,并且日益受到重视。

特殊条件下应用的材料得到研发。例如在航空航天领域,材料在特殊工作条件下,其结构、组织和性能会发生变化。为了改善在特殊条件下材料的应用,需要研究材料的内在变化规律。

根据所需性能进行材料的设计。由于计算机技术的迅猛发展,科学家可以根据所需性能来进行材料的选材和设计。通过计算机技术、量子力学、统计学等学科的综合应用,实现材料的设计和选用,并使之最佳化。

17.1.4 新材料的类别

新型材料的种类多种多样,根据材料的用途,可以分为结构新型材料和功能新型材料两大类,但是,许多新型材料具有结构材料和功能材料的双重性能。在前面的章节已经介绍了航空航天材料、电子信息材料、生物医用材料、能源材料等领域新型材料的发展。本章将主要介绍纳米材料和智能材料等。

17.2 纳米材料

纳米材料是指在三维空间中至少有一维处于纳米尺寸的一类新型材料。

17.2.1 纳米材料的分类

根据不同的维度，纳米材料可以分为零维纳米材料、一维纳米材料、二维纳米材料。

1. 零维纳米材料

在三维方向上均处于纳米尺度范围的一类材料，如粒径比较小的颗粒，包括纳米颗粒、量子点、原子团簇等。

2. 一维纳米材料

有两个维度方向上处于纳米尺寸，第三维度方向上为宏观尺度的材料，如纳米纤维、纳米丝、纳米管、纳米棒等。以碳纳米管为代表，介绍其性能和应用。

碳纳米管(carbon nanotube，CNT)是研究最多的纳米材料之一。碳纳米管主要由呈六边形排列的碳原子构成一层或多层的同轴圆管，如图 17.1 所示。碳纳米管直径一般为几纳米到几十纳米，长度可达几个微米甚至数毫米，所以是一种准一维纳米材料。

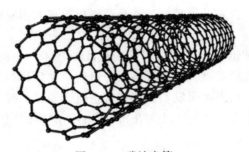

图 17.1 碳纳米管

碳纳米管具有很多优异的特性，包括：

（1）良好的力学性能。CNT 的拉伸强度高达 100GPa，是钢材的 100 倍，而其密度只有钢材的 1/6；CNT 的弹性模量高达 1TPa 以上，约为钢的 5 倍；比强度高达 $62.5GPa/(g/cm^3)$；碳纳米管的硬度高，可与金刚石比拟，却具有良好的柔韧性，可以拉伸。

（2）良好的导电性能。CNT 具有与石墨的片层结构相同的结构，电学性能良好。

（3）高熔点。碳纳米管的熔点为 3652~3697℃，是已知材料中最高的。

碳纳米管有很多独特性能，在高新技术诸多领域，如军事、能源、航空航天、显示器、芯片、建筑等领域有很大的应用前景。

3. 二维纳米材料

二维纳米材料是指有一个维度处于纳米尺寸的材料。如纳米薄膜，包括石墨烯、二硫化钼、氮化硼等。下面介绍石墨烯的性能和应用。

石墨烯是由单层碳原子组成的、呈现六角型蜂巢晶格的二维纳米材料，如图 17.2 所示，于 2004 年由英国曼彻斯特大学科学家 Andre K. Geim 和 Konstantin Novoselov 采用机械剥离方法获得。因为石墨烯的发明，两位科学家也获得 2010 年诺贝尔物理学奖。

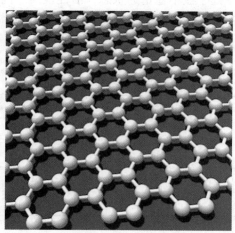

图 17.2 石墨烯结构

石墨烯的特殊结构使其表现出许多优异的物理、化学、力学特殊性质。石墨烯具有高杨氏模量(高达 1100GPa)、高强度(高达 125GPa)、极高的热传导性[导热系数 5000W/(m·K)]、极快的电子迁移速度[15000cm²/(V.s)]，且具有极好的透光性等。

由于其具有优异的光学、电学、力学特性，因此石墨烯被誉为"材料之王"，在航空航天、电子器件、光子器件、微纳加工、信息储存、超导、半导体、光电显示、能源、生物医药等领域均具有重要的应用前景。2019 年，武汉大学袁荃团队开发了一种大面积石墨烯/碳纳米管复合薄膜，该纳米膜具备优异的机械强度，出色的过滤能力，为海水淡化带来新活力。

除了以上根据不同维度来分类之外，根据不同的材料组分，纳米材料可划分为以下四种：纳米金属材料、纳米非金属材料、纳米高分子材料和纳米复合材料。

根据不同的形态，纳米材料可分为纳米颗粒、块体、膜材料，以及纳米液体材料等。

根据不同的使用功能，纳米材料可划分为纳米生物材料、纳米磁性材料、纳米催化材料、纳米吸波材料、纳米热敏材料、纳米发光材料、纳米环保材料、纳米能源材料等。

17.2.2 纳米材料的神奇效应

纳米材料具有表面效应、小尺寸效应、量子尺寸效应和宏观量子隧道效应等特殊效应，这些神奇的效应会引起材料的某个或某些性能(如力学、热学、光学、电学、磁学、化学性质)发生显著的变化。

1. 表面效应

随着纳米粒子的尺寸减少，纳米粒子的表面原子数与总原子数的比值大大增加，从而引起性能变化，这种现象称为表面效应。随着粒径的减小，纳米粒子的表面原子数迅速增大，比表面积（即表面积与体积的比值）增大，其表面能和表面张力也随之增加（表17.1）。因此，纳米粒子的表面原子具有较高的化学活性、处在不稳定状态。

　　许多超微粒子在室温下处于极不稳定的状态，活性很高。例如，金属纳米粒子在空气中会迅速氧化，发生燃烧甚至爆炸。利用这一特点，将火箭的固体燃料制成纳米颗粒，将会产生更大的推动力。

表 17.1　　　　　　　　　　　　纳米粒子的尺寸与表面原子数的关系

粒径(nm)	包含原子数	表面原子比例	表面能量(J/mol)	表面能量/总能量
10	30000	20%	4.08×10^4	7.6
5	4000	40%	8.16×10^4	14.3
2	250	80%	2.04×10^5	35.3
1	30	99%	9.23×10^5	82.2

2. 小尺寸效应

　　当纳米粒子的尺寸与光波的波长、德布罗意波长等物理特征尺寸相当或更小时，宏观材料的周期性边界条件被破坏，导致其物理化学性能或力学性能发生显著的变化，这种因为尺寸的减小而导致的性能变化称为小尺寸效应。因此，纳米粒子具有特殊的光学性质（如颜色变化），特殊的力学性质（如超韧性与延展性），特殊的热学、电学、磁学性质等。

　　例如，纳米颗粒的熔点远低于块状本体，利用这种性质，将超微镍颗粒添加到钨颗粒中，可以将钨的烧结温度从3000℃降低到1200~1300℃。

3. 量子尺寸效应

　　当粒子尺寸下降到某一值时，费米能级附近的电子能级由准连续变为离散能级的现象，称为量子尺寸效应。由于量子尺寸效应的存在，纳米材料的磁、光、声、电、热以及超导电性与常规材料有显著差异。例如，由于量子尺寸效应，一些纳米材料的光学性质与常规材料明显不同。半导体材料 Si、Ge 等，在粗晶状态下很难发光，但是在粒径减小到纳米级的状态下却表现出明显的发光现象。常规金属仅有光泽，而金属超微粉失去光泽、呈现黑色，可以用作防红外、防雷达的隐身材料。

4. 宏观量子隧道效应

　　当微观粒子的总能量小于势垒高度时，该粒子仍能穿越这一势垒，微观粒子贯穿势垒的能力称为隧道效应。近年来，人们发现一些宏观量，例如纳米颗粒的磁化强度、量子相干器件中的磁通量等，也具有穿越宏观系统势垒而发生变化的隧道效应，称为宏观隧道效应。

17.3　智能材料

智能材料(intelligent materials)是指能够感知环境刺激，进行分析和处理，并采取一定的措施进行响应反应的一类特征材料。

具体来说，智能材料有以下特征：(1)具有感知功能，能够感受外界(或者内部)的刺激，如力、热、光、电、磁、化学、辐射等；(2)具有驱动功能，能够响应外界变化；(3)能够按照设定的方式选择和控制响应；(4)当外部刺激消除后，能够迅速恢复到原始状态。

智能材料由基体材料、感知系统和执行材料组成。基体材料是起承载作用的智能材料结构，一般为轻质材料。感知材料是具有传感作用的关键结构，可以感知应力、温度、电磁场、pH 值(酸碱度)等的变化。执行材料则是智能材料中起到响应与控制作用的结构。

智能材料的设计、制造、加工等，都是材料科学领域的前沿研究方向，是现代高技术新型材料发展的重要方向之一。

按照不同的功能来分，智能材料分为形状记忆材料、压电材料、电(磁)流变体材料、电(磁)致伸缩材料、变色材料等。其在军事、航空航天、医学等领域应用广泛。

2016 年，哈佛大学研究人员受到植物随周围环境刺激而发生变化的启发，开发了一种仿生智能材料，如图 17.3 所示，在可编程的复合水凝胶结构中，由于水凝胶中添加的纤维素按照打印规定的路径排列，导致复合水凝胶溶胀性能产生各向异性。将打印结构浸泡在水中，打印结构会随着时间的推移而变形。

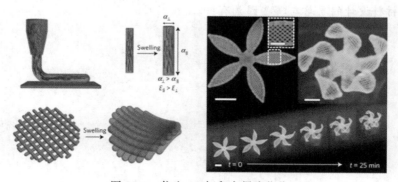

图 17.3　仿生 4D 打印水凝胶花朵

2019 年，美国罗格斯大学研究团队开发了一种智能超材料，能更好地实现减震和变形，如图 17.4 所示。利用形状记忆的高分子材料，可制备几何形状可重构、机械性能可调的超轻质超材料。这种智能结构材料在受到冲击时，像海绵一样变软，吸收震动；并且在加热后改变形状，根据需要恢复其原始形状。这一技术有望应用于无人机机翼、软机器人和微型植入式生物医学设备等。

加热 → 扭曲 → 冷却

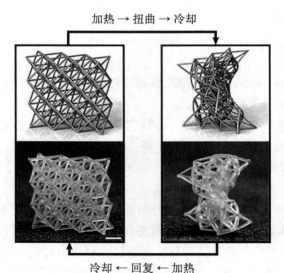

冷却 ← 回复 ← 加热

图 17.4 4D 打印软硬可变、形状可变的超材料

思考题

1. 试对新型材料的发展和最新应用进行评价和展望。
2. 纳米材料具有哪些特有的效应？
3. 碳纳米管作为"太空天梯"的理想材料，利用了碳纳米管的哪些特性？
4. 智能材料设计的思路与哪些因素有关？

参 考 文 献

[1]胡赓祥，蔡珣，戎咏华. 材料科学基础[M]. 上海：上海交通大学出版社，2010.

[2]刘智恩. 材料科学基础[M]. 第四版. 西安：西北工业大学出版社，2013.

[3]顾宜，赵长生. 材料科学与工程基础[M]. 第二版. 北京：化学工业出版社，2011.

[4]刘娇，郭生华. 中国机械发展[J]. 科技资讯，2012(34)：71-72.

[5]邹力行. 全球化：从人类历史看发展趋势[J]. 科学决策，2015(6).

[6]谢清果，张丹. 观象制器：夏商周时期青铜器图像的文化符号表征[J]. 符号与传媒，2018(2)：77-92.

[7]陈建立，毛瑞林，王辉，等. 甘肃临潭磨沟寺洼文化墓葬出土铁器与中国冶铁技术起源[J]. 文物，2012(8)：45-51.

[8]刘超. 材料促进了人类文明的产生[J]. 新材料产业，2016(1).

[9]李铁. 新型碳基功能材料的制备、表征及其应用研究[D]. 上海：复旦大学，2014.

[10]曹茹，韩洪鹏. 浅述材料发展史[J]. 商情，2010(5).

[11]杨璇. 材料科学与工程学科建设现状与发展动态[J]. 城市建设理论研究(电子版)，2015，5(34)：678-678.

[12]邵立勤. 新材料技术和产业的发展趋势与战略[J]. 新材料产业，2008(11)：8-11.

[13]阿斯克兰德. 材料科学与工程基础[M]. 北京：清华大学出版社，2005.

[14]黄根哲. 材料科学与工程基础[M]. 北京：国防工业出版社，2010.

[15]乔纳森. 维克特，等. 机械工程概论(原书第3版)[M]. 北京：机械工业出版社，2018.

[16]王培铭. 无机非金属材料学[M]. 上海：同济大学出版社，1999.

[17]樊先平，洪樟连，翁文剑. 无机非金属材料科学基础[M]. 杭州：浙江大学出版社，2004.

[18]高长有. 高分子材料概论[M]. 北京：化学工业出版社，2018.

[19]王荣国，武卫莉，谷万里. 复合材料概论[M]. 哈尔滨：哈尔滨工业大学出版社，2015.

[20]杜双明，王晓刚. 材料科学与工程概论[M]. 西安：西安电子科技大学出版社，2011.

[21]赵长生，顾宜. 材料科学与工程基础[M]. 第三版. 北京：化学工业出版社，2020.

[22]付华，张光磊. 材料性能学[M]. 第2版. 北京：北京大学出版社，2020.

[23]国家自然科学基金委员会. 中国学科发展战略·材料科学与工程[M]. 北京：科学出版社，2020.

[24]坚增运. 计算材料学[M]. 北京：化学工业出版社，2019.

[25]理查德·莱萨. 计算材料科学导论——原理与应用[M]. 北京：科学出版社，2020.

[26]刘云圻，等. 纳米材料前沿——石墨烯：从基础到应用[M]. 北京：化学工业出版社 2017.

[27]吴超群. 增材制造技术[M]. 北京：机械工业出版社，2020.

[28]崔忠圻. 金属学及热处理[M]. 哈尔滨：哈尔滨工业大学出版社，2007.

[29]石德珂. 材料科学基础[M]. 北京：机械工业出版社，2003.

[30]王亚男，陈树江，张峻巍，等. 材料科学基础教程[M]. 北京：冶金工业出版社，2011.

[31]蔡珣. 材料科学与工程基础[M]. 上海：上海交通大学出版社，2013.

[32]徐恒钧. 材料科学基础[M]. 北京：北京工业大学出版社，2001.

[33]曹明盛. 物理冶金基础[M]. 上海：上海交通大学出版社，1988.

[34]张联盟，程晓敏，陈文副，等. 材料学[M]. 北京：高等教育出版社，2005.

[35]刘智恩. 材料科学基础[M]. 西安：西北工业大学出版社，2007.

[36]刘宗昌，任慧平，等. 金属材料工程概论[M]. 北京：冶金工业出版社，2018.

[37]陈文凤. 机械工程材料[M]. 北京：北京理工大学出版社，2018.

[38]江利. 现代金属材料及应用[M]. 北京：中国矿业大学出版社，2009.

[39]刘红. 工程材料[M]. 北京：北京理工大学出版社，2019.

[40]唐代明. 金属材料学[M]. 成都：西南交通大学出版社，2014.

[41]强文江，吴承建. 金属材料学[M]. 北京：冶金工业出版社，2016.

[42]刘朝福. 工程材料[M]. 北京：北京理工大学出版社，2015.

[43]贺毅，向军，胡志华. 工程材料[M]. 成都：西南交通大学出版社，2015.

[44]张留成，瞿雄伟，丁会利. 高分子材料基础[M]. 北京：化学工业出版社，2013.

[45]吴其晔，冯莺. 高分子材料概论[M]. 北京：机械工业出版社，2004.

[46]Cai J, Zhang L, Zhou J, et al. Novel Fibers Prepared from Cellulose in NaOH/Urea Aqueous Solution[J]. Macromolecular Rapid Communications, 2010, 25(17): 1558-1562.

[47]Song J, Chen C, Zhu S, et al. Processing Bulk Natural Wood into a High-Performance Structural Material[J]. Nature, 2018, 554(7691): 224-228.

[48]Jia C, Chen C, Mi R, et al. Clear Wood toward High-Performance Building Materials[J]. ACS Nano, 2019, 13(9): 9993-10001.

[49]沈新元. 先进高分子材料[M]. 北京：中国纺织出版社，2006.

[50]Meng L, Zhang Y, Wan X, et al. Organic and Solution-Processed Tandem Solar Cells with 17. 3% Efficiency[J]. Science, 2018, 361(6407): 1094-1098.

[51]Deng J, Li J, Chen P, et al. Tunable Photothermal Actuators Based on a Pre-Programmed Aligned Nanostructure[J]. Journal of the American Chemical Society, 2016, 138(1): 225-230.

[52]Wang X, Yang B, Tan D, et al. Bioinspired Footed Soft Robot with Unidirectional All-

Terrain Mobility[J]. Materials Today, 2020, 35: 42-47.

[53] Tan D, Wang X, Liu Q, et al. Switchable Adhesion of Micropillar Adhesive on Rough Surfaces[J]. Small, 2019, 15(50): 1904248.

[54] Wang X, Tan D, Hu S, et al. Reversible Adhesion via Light-Regulated Conformations of Rubber Chains[J]. ACS Applied Materials & Interfaces, 2019, 11(49): 46337-46343.

[55] Li J, Celiz A D, Yang J, et al. Tough Adhesives for Diverse Wet Surfaces[J]. Science, 2017, 357(6349): 378-381.

[56] Adrian P. Mouritz. Introduction to Aerospace Materials[M]. Woodhead Publishing Limited, 2012.

[57] 刘光智. 中国航空航天产业创新能力及其评价研究[D]. 合肥：合肥工业大学.

[58] 李红英，汪冰峰，等. 航空航天用先进材料[M]. 北京：化学工业出版社，2019.

[59] Stefano Gialanella, Alessio Malandruccolo. Aerospace Alloys [M]. Springer Nature Switzerland AG, 2020.

[60] Francis Froes, Rodney Boyer. Additive Manufacturing for the Aerospace Industry [M]. Elsevier, Amsterdam, Netherlands, 2019.

[61] 王建国，王祝堂. 航空航天变形铝合金的进展[J]. 轻合金加工技术，2013.

[62] 曹景竹，王祝堂. 铝合金在航空航天器中的应用[J]. 轻合金加工技术，2013(03): 5-16.

[63] 李加壮. 浅谈先进复合材料在航空航天领域的应用[J]. 魅力中国，2018，000 (005): 248.

[64] 姚毅中，陈小青. 铝及铝合金在航空航天及军工工业中的应用[J]. 铝加工，1993 (02): 13-18.

[65] 全宏声. 铝锂合金在美国航空航天工业的应用[J]. 材料工程，1997(003): 48-49.

[66] 吴秀亮，刘铭，臧金鑫，等. 铝锂合金研究进展和航空航天应用[J]. 材料导报，2016 (2): 571-578.

[67] 蒋斌，刘文君，肖旅，等. 航空航天用镁合金的研究进展[J]. 上海航天，2019，36 (002): 22-30.

[68] 钟皓，刘培英，周铁涛. 镁及镁合金在航空航天中的应用及前景[J]. 航空工程与维修，2002(4): 41-42.

[69] 丁文江，付彭怀，彭立明，等. 先进镁合金材料及其在航空航天领域中的应用[J]. 航天器环境工程，2011，28(002): 103-109.

[70] Valentin N Moiseyev. Titanium Alloys—Russian Aircraft and Aerospace Applications[M]. Taylor & Francis Group, 2005.

[71] Gerd Lütjering, James C Williams. Titanium[M]. 2nd Edition. Springer-Verlag Berlin Heidelberg, 2007.

[72] Roger C Reed. TheSuperalloys: Fundamentals and Applications[M]. Cambridge University Press, 2008.

［73］干福熹. 信息材料［M］. 天津：天津大学出版社，2000.

［74］吕银样，袁俊杰，邵则准. 现代信息材料导论［M］. 上海：华东理工大学出版社，2008.

［75］盖学周. 压电材料的研究发展方向和现状［J］. 中国陶瓷，2008，5（44）：9-13.

［76］李邓化，等. 新型压电复合换能器及其应用［M］. 北京：清华大学出版社，2007.

［77］王恩信，王鹏程. NTC 热敏电阻器的现状与发展趋势［J］. 电子元件与材料，2016（4）：1-9.

［78］祝诗平. 传感器与检测技术［M］. 北京：北京大学出版社，2006.

［79］李艳辉，黄玉东，刘宇艳. 高分子湿敏材料［J］. 材料科学与工艺，2003，11（03）：332-336.

［80］耿冰，马桂荣. 磁信息材料的特点与应用［J］. 电大理工，2007（04）：11-15.

［81］张磊. 光盘刻录［M］. 上海：上海科学技术出版社，2001.

［82］Liu C，Yan X，Song X，et al. A semi-floating gate memory based on van der Waals heterostructures for quasi-non-volatile applications［J］. Nature Nanotechnology，2018，13（5）：404-410.

［83］尹建华，李志伟. 半导体硅材料基础［M］. 北京：化学工业出版社，2012.

［84］许乔蓁. 晶体管效应的发现——纪念第一个晶体管诞生四十周年［J］. 自然辩证法通讯，1988（5）：50-57.

［85］陈坚邦. 砷化镓材料发展和市场前景［J］. 稀有金属（3）：208-217.

［86］裴素华. 半导体物理与器件［M］. 北京：机械工业出版社，2008.

［87］胡志先. 光纤与光缆技术［M］. 北京：电子工业出版社，2007.

［88］丁小平，王薇，付连春. 光纤传感器的分类及其应用原理［J］. 光谱学与光谱分析，2006，26（06）：202-204.

［89］黄子强. 液晶显示原理［M］. 北京：国防工业出版社，2006.

［90］方志烈. 发光二极管材料与器件的历史、现状和展望［J］. 物理，2003，32（05）：16-22.

［91］邵作叶，郑喜凤，陈宇. 平板显示器中的 OLED［J］. 液晶与显示，2005，20（01）：52-56.

［92］马瑞雪，石鹏飞，孙琪. 浅谈 OLED 显示技术及其应用［J］. 机械管理开发，2016（6）：54-55.

［93］冯庆玲. 生物材料概论［M］. 北京：清华大学出版社，2009.

［94］吕杰，生物医用材料导论［M］. 上海：同济大学出版社，2016.

［95］崔福斋，刘斌，谭荣伟. 生物材料的医疗器械转化［M］. 北京：科学出版社，2019.

［96］K S Novoselov，A K Geim，et al. Electric field effect in atomically thin carbon films［J］. Science，2004，306（5696）：666-669.

［97］Jennifer A Lewis，et al. Biomimetic 4D printing［J］. Nature Materials，2016，15：413-418.

［98］Howon Lee，et al. 4D printing reconfigurable，deployable and mechanically tunable metamaterials［J］. Materials Horizons，2019，6（6）：1244-1250.